高等学校土木工程专业"十三五"规划教材
高校土木工程专业规划教材

高层建筑结构设计

（第三版）

沈蒲生　编著

中国建筑工业出版社

图书在版编目（CIP）数据

高层建筑结构设计/沈蒲生编著. —3 版. —北京：
中国建筑工业出版社，2017.8
高等学校土木工程专业"十三五"规划教材. 高校土
木工程专业规划教材
ISBN 978-7-112-21005-3

Ⅰ. ①高…　Ⅱ. ①沈…　Ⅲ. ①高层建筑-结构设
计-高等学校-教材　Ⅳ. ①TU973

中国版本图书馆 CIP 数据核字（2017）第 172405 号

本书主要根据新颁布实施的《建筑抗震设计规范》GB 50011—2010
（2016 年版）和《建筑结构荷载规范》GB 50009—2012 进行修订。主要介绍
高层建筑混凝土结构设计的基本设计计算方法。全书以我国高层结构设计有关
的规范、规程为依据，阐述高层建筑结构各种体系的常用设计计算问题，在高
层框架结构体系中还介绍了一些国际上常用的分析方法。本次修订增加了装配
式高层混凝土结构设计和超限高层建筑结构设计要点等内容。

本书除作土木工程专业高年级选修课及研究生课教材外，还可供建筑结构
设计人员参考。

为更好地支持本课程教学，本书作者制作了多媒体教学课件，需要的老师
可发送邮件至：jiangongkejian@163.com 免费索取。

* * *

责任编辑：吉万旺　王　跃
责任校对：李欣慰　关　健

高等学校土木工程专业"十三五"规划教材
高校土木工程专业规划教材
高层建筑结构设计（第三版）
沈蒲生　编著
*
中国建筑工业出版社出版、发行（北京海淀三里河路 9 号）
各地新华书店、建筑书店经销
霸州市顺浩图文科技发展有限公司制版
北京圣夫亚美印刷有限公司印刷
*
开本：787×1092 毫米　1/16　印张：22½　字数：543 千字
2017 年 9 月第三版　2018 年 9 月第二十二次印刷
定价：**43.00** 元（赠课件）
ISBN 978-7-112-21005-3
（30648）

第三版前言

本书第二版已经出版六年多时间。这六年多来，《中国地震动参数区划图》GB 1830进行了修订，《建筑抗震设计规范》GB 50011也作了局部修改，装配式高层建筑在工程中得到了广泛的应用，高层建筑的高度愈来愈高，跨度愈来愈大，结构愈来愈复杂，超限的高层建筑愈来愈多。因此需要对本书第二版进行修订。

在修订的过程中，对本书第二版的相关内容作了少许删节。但是增加了第11章装配式高层混凝土结构设计和第12章超限高层建筑结构设计要点。

由于水平所限，不妥之处在所难免，欢迎读者批评指正。

沈蒲生
2017 年 6 月

第二版前言

最近 10 年，高层建筑在数量迅速增多、高度大幅度提升的同时，结构形式也发生了很大的变化，出现了迪拜哈利法塔、上海环球金融中心大厦、南京紫峰大厦、广州西塔等一大批有代表性的高层建筑。与此同时，高层建筑结构在抗震性能设计和在突发事件下抗连续倒塌等方面的研究也取得了较大的进展。为了及时地总结这些成果，并且用于指导高层建筑结构的设计与施工，近年来，有关单位对《高层建筑混凝土结构技术规程》JGJ 3-2002 进行了修订，住房和城乡建设部已于 2010 年 10 月 21 日发布了新的《高层建筑混凝土结构技术规程》JGJ 3-2010（以下简称为《高规》），并于 2011 年 10 月 1 日开始实施。

本书第二版是在总结以往使用情况的基础上，按照新颁布的《高层建筑混凝土结构技术规程》JGJ 3-2010 修订而成的。第二版反映了最近 10 年世界高层建筑的发展，补充了高层建筑结构抗震性能设计和突发事件下防连续性倒塌设计等内容，并且按照新《高规》对原有的部分内容进行了修改。

本书由三部分组成：第一部分为第 1 章至第 4 章，讲述高层建筑结构的发展与一般设计方法。这是设计任何高层建筑结构都必须掌握的基础知识。第二部分为第 5 章至第 8 章，介绍框架结构、剪力墙结构、框架-剪力墙结构和筒体结构等几种基本的、量大面广的高层建筑结构的设计方法。第三部分为第 9 章和第 10 章，介绍几种新型、复杂高层建筑结构的设计方法。

由于水平所限，不妥之处在所难免，欢迎读者批评指正。

沈蒲生

2011 年 8 月

第一版前言

我国的可耕地面积只占世界可耕地面积的百分之七，却要养活世界上百分之二十的人口。为了节约土地、保证吃饭和基本建设等问题，发展高层建筑是理所当然的事情。

高层建筑体量较大，造价较高，发展高层建筑需要有雄厚的经济实力做后盾。20 多年来，随着我国经济的迅速发展，高层建筑有如雨后春笋般地在全国各地迅猛发展，数量之多，速度之快，在世界高层建筑的发展史上都是少见的。

本书将对高层建筑结构的基本知识、结构选型与结构布置、荷载与地震作用、设计计算的基本规定、高层框架结构设计、高层剪力墙结构设计、高层框架-剪力墙结构设计、高层筒体结构设计、复杂高层结构设计和高层混合结构设计等问题进行讨论。

学习高层建筑结构设计重要的是要搞清楚概念，掌握基本的设计计算方法。为此，本书以介绍基本设计计算方法为主要内容。全书以我国现行有关高层建筑结构设计的规范和规程为依据，阐述高层建筑结构常用设计计算方法，在高层框架结构体系中还介绍了一些国际上常用的分析方法。对其他体系则兼述了我国学者在这方面的一些研究成果，也包括我和我的研究生们最近几年所做的部分工作。

本书与作者近年来所写的《高层建筑结构疑难释义》（中国建筑工业出版社，2003）和《高层建筑结构设计例题》（中国建筑工业出版社，2005）形成系列，内容上相互呼应。

由于我们的水平所限，书中的缺点和错误在所难免，欢迎批评指正。

沈蒲生

2005 年 6 月

目　　录

1 绪 论

1.1 高层建筑的定义

高层建筑是指层数较多、高度较高的建筑。但是，迄今为止，世界各国对多层建筑与高层建筑的划分界限并不统一，甚至同一个国家和地区的不同规范对多层建筑与高层建筑的划分界限也可能不尽相同。表 1.1 中列出了一部分国家和组织对高层建筑起始高度的规定。

一部分国家和组织对高层建筑起始高度的规定　　　　　　表 1.1

国家和组织名称	高层建筑起始高度
联合国	大于等于 9 层，分为四类： 第一类：9～16 层(最高到 50m)； 第二类：17～25 层(最高到 75m)； 第三类：26～40 层(最高到 100m)； 第四类：40 层以上(高度在 100m 以上时，为超高层建筑)
苏　联	住宅为 10 层及 10 层以上，其他建筑为 7 层及 7 层以上
美　国	22～25m，或 7 层以上
法　国	住宅为 8 层及 8 层以上，或大于等于 31m
英　国	24.3m
日　本	11 层，31m
德　国	大于等于 22m(从室内地面起)
比利时	25m(从室外地面起)

我国《高层建筑混凝土结构技术规程》JGJ 3—2010 将 10 层及 10 层以上或房屋高度大于 28m 的住宅建筑，以及房屋高度大于 24m 的其他高层民用建筑混凝土结构，称为高层建筑。而《高层民用建筑设计防火规范》GB 50045—95（2005 年版）和《民用建筑设计通则》GB 50352—2005，将 10 层及 10 层以上的居住建筑和建筑高度超过 24m 的公共建筑（不包含单层建筑），称为高层建筑。

世界上已经建成的高层建筑中，层数最多的已达 160 层，高度最高的已达 828m，为什么世界各国仍然将高层建筑定位在 10 层或 30m 左右？这是因为划定多层建筑与高层建筑的界限时，要考虑多方面的因素，例如，火灾发生时，不超过 10 层的建筑可通过消防车进行扑救，更高的建筑利用消防车扑救则很困难，需要有许多自救措施。又如，从受力上讲，10 层以下的建筑，由竖向荷载产生的内力占主导地位，水平荷载的影响较小。更高的建筑在水平均布荷载作用下，由于弯矩与高度的平方成正比，侧移与高度的四次方成正比（图 1.1），风荷载和地震作用占主导地位，竖向荷载的影响相对较小，侧移验算不可忽视。此外，高层建筑由于荷载较大，内力大，梁柱截面尺寸也较大，竖向荷载中恒载

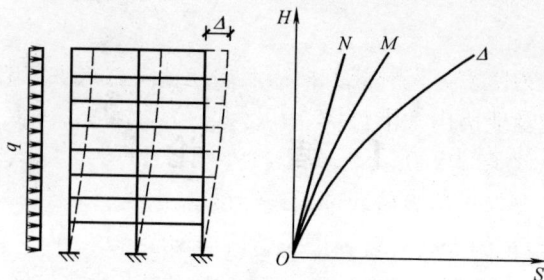

图 1.1　框架结构在水平均布荷载下的轴力、弯矩与侧移

所占比重较大。

1.2　发展高层建筑的意义

地球表面 71% 的面积为水所覆盖，陆地面积只占 29%。陆地面积中，绝大部分为高山、丘陵、森林和沙漠，可用于居住和耕种的土地只占地球表面面积的 6.3%。然而，地球上人口的数量却不断增加。特别是自 18 世纪开始，人口以前所未有的速度迅猛增长。表 1.2 和图 1.2 所示为从纪元初到现在世界人口数量的变化情况。

世界人口数量变化　　　　　　　　　　　表 1.2

公元(年)	纪元初	1600	1800	1830	1930	1960	1975	1987	1999	2011
人口(亿)	1.5	5	9	10	20	30	40	50	60	70

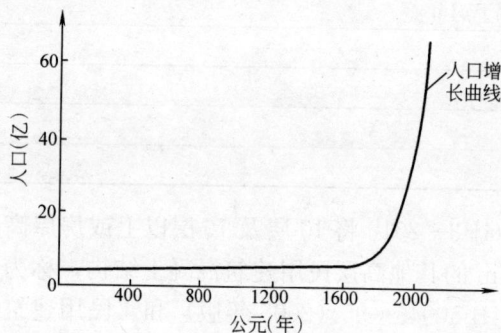

图 1.2　世界人口数量变化图

地球上已经人满为患。人类为了自身的生存与发展，除了要控制人口增长以外，还要尽量少占耕地。因此，高层建筑的发展势在必行。

发展高层建筑至少具有以下三个方面的意义：

（1）节约用地；

（2）节省城市基础设施费用；

（3）改善城市市容。

高层建筑是一个国家和地区经济繁荣与科技进步的象征。我国人口众多，可耕地少，最需要发展高层建筑。可是，在过去漫长的岁月中，由于经济落后等原因，高层建筑未能得到发展。近 30 年来，随着经济的迅猛发展，科学技术的不断进步，高层建筑在全国各地如雨后春笋般地发展。

1.3　高层建筑发展简况

高层建筑何时开始出现尚无考究。但是，可以肯定的是，它不是近代和现代的产物。我们的祖先在很久以前便开始修建高层建筑，只是随着经济的不断发展，科技的日益进步，高层建筑建造的数量愈来愈多，规模愈来愈大，地域也愈来愈广。

1. 古代

古代的高层建筑是为防御、宗教或航海需要而建造。有代表性的高层建筑有：

公元前 280 年，埃及亚历山大港灯塔，150m 高，石结构。

公元前 338 年，巴比伦城巴贝尔塔，90m 高。

公元 523 年，河南登封嵩岳寺塔，中国现存最早密檐砖塔，10 层，40m。

公元 1049 年，开封祐国寺塔，现存最早的琉璃饰面砖塔。

公元 1055 年，河北定县开元寺塔，84m 高，中国现存最高砖塔。

公元 1056 年，山西应县佛宫寺释迦塔，67m 高，木结构。

古代高层建筑的特点是：

(1) 以砖、石、木材为主要建筑材料；

(2) 不以居住和办公为主要目的；

(3) 没有现代化的垂直交通运输设施；

(4) 缺少防火、防雷等设施。

古代高层建筑为近代和现代高层建筑的发展奠定了基础。在结构方面，古代将高层建筑的平面大多设计成圆形或正多边形，不但造型优美，而且可减小水平荷载作用效应，增大结构刚度，受力好，为许多近代和现代高层建筑所仿效。

2. 近代与现代

近代高层建筑主要是为商业和居住需要而建造。经济的发展为高层建筑的发展提供了经济基础，电力、升降机、钢铁、水泥的出现为高层建筑的发展提供了物质基础。

美国是近代高层建筑的发源地。早在 19 世纪末和 20 世纪初，美国就建造了芝加哥家庭保险公司大楼、纽约 Park Row 大厦、纽约帝国大厦等一批高层建筑。到了 20 世纪 70 年代，美国又建造了芝加哥西尔斯大厦和纽约世界贸易中心等知名建筑，使建筑的高度提升到 442m。根据 1993 年底的统计资料，到 1993 年底，世界已建和在建的最高 10 栋建筑中，美国占了 8 栋，中国香港占了 2 栋，中国大陆为 0 栋。美国是 20 世纪高层建筑的中心。

自 20 世纪 70 年代末开始，随着中国和亚洲的经济崛起，高层建筑在中国和亚洲无论是数量上还是建筑高度上都得到了飞速的发展。根据 2016 年底的统计资料，到 2016 年底，世界已建和在建的最高 10 栋建筑全部在亚洲。其中，中国 6 栋，沙特阿拉伯 2 栋，阿联酋 1 栋，韩国 1 栋，美国 0 栋（表 1.3）。高层建筑的重心已经转移到了中国，转移到了亚洲。

世界已建和在建最高的 10 栋建筑（截至 2016 年底）　　　　表 1.3

排名	工程名称	建造地点	建筑物高度（m）	竣工年限
1	吉达塔	吉达，沙特阿拉伯	1000	2019
2	哈利法塔	迪拜，阿联酋	828	2010
3	苏州中南中心	苏州，中国	729	—
4	武汉绿地中心	武汉，中国	636	2018
5	上海中心大厦	上海，中国	632	2015

排名	工程名称	建造地点	建筑物高度(m)	竣工年限
6	麦加皇家钟塔饭店	麦加,沙特阿拉伯	601	2012
7	平安金融中心	深圳,中国	599	2016
8	高银金融117	天津,中国	597	2018
9	宝能环球金融中心	沈阳,中国	568	2018
10	乐天世界大厦	首尔,韩国	555	2016

注：本表引自世界高层都市建筑学会（CTBUH）发布的资料。

(a) (b)

(c) (d)

图1.3 2016年底全球已建和在建最高的四栋建筑
(a) 吉达塔；(b) 迪拜哈利法塔；(c) 苏州中南中心；(d) 武汉绿地中心

最近30年以来，世界高层建筑在层数不断加多、高度迅速攀升、地域不断扩大的同时，结构材料由早期的以钢结构为主，扩大为混凝土结构和钢-混凝土混合结构。结构体系由早期的框架、剪力墙、框剪、筒体结构，扩大到多塔、连体、带转换层、带加强层、错层等复杂的结构形式，为高层建筑的进一步发展奠定了基础。

3. 未来的展望

未来几十年内，高层建筑有可能朝以下几个方向发展：

（1）世界高层建筑的重心仍然在亚洲。亚洲人口众多，经济增长速度快，发展高层建筑是必然选择。因此，亚洲各国还将大量建造高层建筑。

（2）高度超过1000m的高层建筑会愈来愈多。20世纪80年代以来，高层建筑虽然在世界各地迅猛发展，但建筑高度一直在400～500m徘徊。直到2010年，迪拜的哈利法塔将建筑的高度大幅度地提升至828m，沙特阿拉伯正在建造高度为1000m的吉达塔。因此，在不久的将来，高度超过1000m的高层建筑会愈来愈多。

（3）采用合理的结构外形或多种结构的有机组合。

（4）材料将朝轻质、高强、新型、复合方向发展。

（5）动力非线性分析方法、抗震性能设计、结构控制理论和全概率设计法将广泛用于高层建筑分析与设计中。

（6）高层建筑的用途将朝综合化方向发展。

（7）地下空间将得到统一规划与统一开发利用。

（8）智能化将成为高层建筑必须具备的条件。

（9）结构损伤将通过仪表自动显示并进行报警。

（10）结构防震、防火、防腐、防撞击、防风、防爆炸和防海啸的能力将有很大的增强。

高层建筑结构的发展史，是一部与各种灾害作斗争的历史。高层建筑结构在其使用过程中，除了要承受各种正常的荷载以外，还要抵抗风灾、火灾、地震、泥石流、海啸等各种自然灾害。2001年9月11日，纽约世界贸易中心两栋110层、412m高的建筑遭受恐怖袭击倒塌以后，建筑工作者又将研究重点扩大到人为破坏的领域，研究建筑在遭遇突发事件时如何防止连续倒塌。建筑工作者从与各种灾害作斗争的过程中，总结了经验与教训，学会了与之斗争的方法，从而使高层建筑建造得愈来愈高，愈来愈安全可靠。

1.4　本课程学习要点

学习本课程时，重点应放在以下几个方面：

（1）了解发展高层建筑的意义。

（2）了解高层建筑上的荷载与地震作用，并且能够进行计算。

（3）掌握高层建筑结构的选型与布置原则，并且能够正确地进行结构形式选择与结构布置。

（4）了解各类高层建筑结构的受力特点。

（5）掌握框架结构、剪力墙结构、框架-剪力墙结构和筒体结构等高层建筑结构内力与变形的计算方法。

（6）掌握各类高层建筑结构构件与节点的配筋计算方法及构造要求。

习 题

1-1 什么建筑称为高层建筑?

1-2 为什么将高层建筑定义为 10 层和 30m 左右?

1-3 为什么要发展高层建筑?

1-4 上网查找并用表格形式列出世界上最高 30 幢高层建筑的名称、建造地点（包括国家、地区及城市）、竣工时间、采用材料和结构形式,并对其按国家和地区分布进行统计分析。

1-5 上网查找并用表格形式列出我国国内最高 30 幢高层建筑的名称、建造地点、竣工时间、采用材料和结构形式,并对其按地区分布进行统计分析。

1-6 阐述你对我国及世界高层建筑发展的看法。

2 结构选型与结构布置

2.1 高层建筑结构设计的基本要求

高层建筑结构设计的基本原则是：注重概念设计，重视结构选型与平、立面布置的规则性，择优选用抗震和抗风好且经济的结构体系，加强构造措施。在抗震设计中，应保证结构的整体性能，使整个结构具有必要的承载力、刚度和延性。高层建筑不应采用严重不规则的结构体系，并应满足下列基本要求：

（1）具有必要的承载力、刚度和变形能力。

（2）避免因局部破坏而导致整个结构破坏。

（3）对可能的薄弱部位采取加强措施。

（4）避免局部突变和扭转效应形成的薄弱部位。

（5）宜具有多道抗震防线。

结构概念设计是一些结构设计理念，是设计思想和设计原则。例如，结构在地震作用下要求"小震不坏、中震可修、大震不倒"的设计思想和结构设计中应尽可能地使结构"简单、规则、均匀、对称"的设计原则，都属于概念设计的范畴。结构概念设计有的有明确的标准，有量的界限，但有的可能只有原则，需要设计人员设计时认真去领会，并结合具体情况去创造发挥。概念设计对结构的抗震性能起决定性作用。国内外许多规范和规程都以众多条款规定了结构抗震概念设计的主要内容。

目前编写计算程序时采用的计算模型很难完全反映结构的实际受力情况，因此，设计时不能认为不管结构规则不规则，只要计算通得过就可以。结构的规则性和整体性是概念设计的核心。若结构严重不规则、整体性差，则仅按目前的结构设计计算水平，难以保证结构的抗震、抗风性能，尤其是抗震性能。

现有抗震设计方法的前提之一是假定整个结构能发挥耗散地震能量的作用。在此前提下，才能按多遇地震作用进行结构计算和构件设计，或采用动力时程分析进行验算，以达到在罕遇地震作用下结构不倒塌的目标。结构抗震概念设计的目标是使整体结构能发挥耗散地震能量的作用，避免结构出现敏感的薄弱部位。地震能量的耗散如果只是集中在极少数薄弱部位，将会导致结构过早破坏。

高层建筑结构宜采取措施减少混凝土收缩、温度变化、基础差异沉降等非荷载效应的不利影响。房屋高度不低于150m的高层建筑，外墙宜采用各类建筑幕墙，以减小主体结构的温度应力。

高层建筑设计中对建设场地的选择，应选取对建筑抗震有利的地段，尽量避开对建筑抗震不利的地段。当无法避开时，应采取有效措施。高层建筑不应建造在危险地段上。

对建筑抗震有利、一般、不利和危险地段的划分见表2.1。

地段类别	地质、地形、地貌
有利地段	稳定基岩，坚硬土，开阔、平坦、密实、均匀的中硬土等
一般地段	不属于有利、不利和危险的地段
不利地段	软弱土，液化土，条状突出的山嘴，高耸孤立的山丘，陡坡，陡坎，河岸和边坡的边缘，平面分布上成因、岩性、状态明显不均匀的土层(含故河道、疏松的断层破碎带、暗埋的塘浜沟谷和半填半挖地基)，高含水量的可塑黄土，地表存在结构性裂缝等
危险地段	地震时可能发生滑坡、崩塌、地陷、地裂、泥石流等及发震断裂带上可能发生地表错位的部位

2.2 高层建筑的结构选型

2.2.1 高层建筑结构选型的主要内容

结构选型包括以下主要内容：

（1）选择合适的竖向承重结构；

（2）选择合适的水平承重结构；

（3）选择合适的基础结构。

高层建筑的竖向承重结构有框架、剪力墙、框架-剪力墙、筒体等多种形式，水平承重结构有单向板肋形楼盖、双向板肋形楼盖、井式楼盖、密肋楼盖、无梁楼盖等多种形式，基础结构有独立基础、条形基础、筏形基础、箱形基础、桩基础等多种形式。为了要选择合适的结构形式，要求对各种结构的受力特点及适用范围有较好的了解。

根据房屋高度、高宽比、抗震设防类别、抗震设防烈度、场地类别、结构材料和施工技术等因素考虑其适宜的结构体系。这个结构体系应符合以下要求：

——满足使用要求；

——尽可能地与建筑形式相一致；

——平面和立面形式规则，受力好，有足够的承载力、刚度和延性；

——施工简便；

——经济合理。

2.2.2 高层建筑竖向承重结构的选型

1. 竖向承重结构的类型及特点

（1）框架结构

框架结构是由梁和柱为主要构件组成的承受竖向和水平作用的结构，节点一般为刚性节点（图 2.1）。

框架结构具有以下主要特点：

——布置灵活；

——可形成大的使用空间；

——施工简便；

——较经济；

——侧向刚度小，侧移大；

——对支座不均匀沉降较敏感。

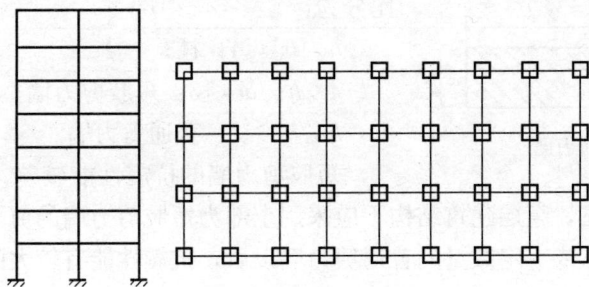

图 2.1 框架结构

框架结构不包括无剪力墙或井筒的板柱结构，也不包括异形柱框架。

板柱结构是指由无梁楼板和柱组成的结构，这种结构中无梁、无剪力墙或井筒。板柱结构由于侧向刚度和抗震性能较差，不适宜用于高层建筑结构中。板柱结构中加入剪力墙或井筒以后，侧向刚度和抗震性能有所改善，但改善的程度仍然有限。因此，采用板柱-剪力墙结构时房屋的最大高度应加以控制。

异形柱是指截面为 T 形、十字形、L 形和 Z 形，其宽度等于墙厚的柱（图 2.2）。由异形柱组成的结构称为异形柱结构。异形柱结构的最大优点是，柱截面宽度等于墙厚，室内墙面平整，便于布置。但是，这种结构的抗震性能较差，设计时应满足《混凝土异形柱结构技术规程》JGJ 149 的要求。异形柱伸出的每一肢都较为单薄，受力情况不好，因此，每一肢的高宽比不宜大于 4。

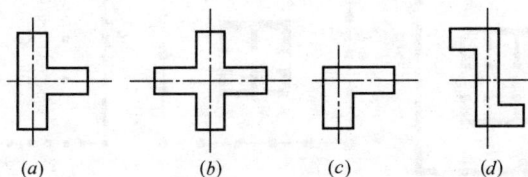

图 2.2 异形柱
(a) T 形；(b) 十字形；(c) L 形；(d) Z 形

(2) 剪力墙结构

剪力墙是一种能较好地抵抗水平荷载的墙，通常为混凝土墙。我国《建筑抗震设计规范》GB 50011—2010 将其称为抗震墙，《建筑结构设计术语和符号标准》GB/T 50083 称其为结构墙。

剪力墙由于能有效抵抗水平荷载，因此剪力墙结构具有以下的主要特点：

——抗侧刚度大，侧移小（图 2.3）；

——室内墙面平整；

——平面布置不灵活；

——结构自重大，吸收地震能量大；

——施工较麻烦，造价较高。

剪力墙（图 2.4）按墙肢截面长度与宽度之

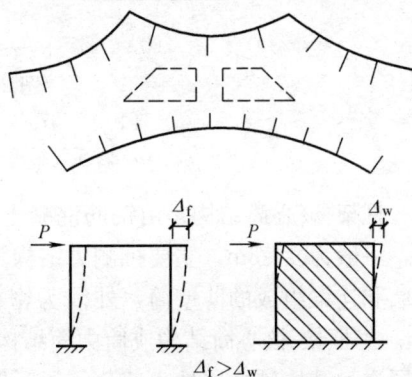

图 2.3 剪力墙结构

9

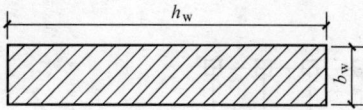

图 2.4　剪力墙

比分为：

$h_w/b_w \leqslant 4$：柱；

$4 < h_w/b_w \leqslant 8$：短肢剪力墙；

$h_w/b_w > 8$：普通剪力墙。

短肢剪力墙的抗震性能较差，在地震区应用的经验不多，为安全起见，高层建筑结构不应采用全部为短肢剪力墙的剪力墙结构。在短肢剪力墙结构中布置筒体或一定数量的普通剪力墙以后，抗震性能有较大的改善，可以用于高层建筑中。

（3）框架-剪力墙结构

框架-剪力墙结构是由框架和剪力墙组成的结构体系（图 2.5），具有两种结构的优点，既能形成较大的使用空间，又具有较好的抵抗水平荷载的能力，因而在实际工程中应用较为广泛。

（4）筒体结构

筒体结构的种类很多，有筒中筒结

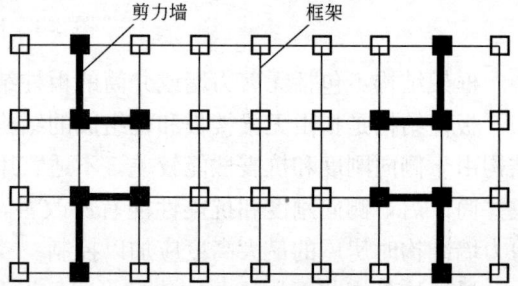

图 2.5　框架-剪力墙结构

构、框架-核心筒结构、框筒-框架结构、多重筒结构、成束筒结构和多筒体结构等多种形式（图 2.6）。

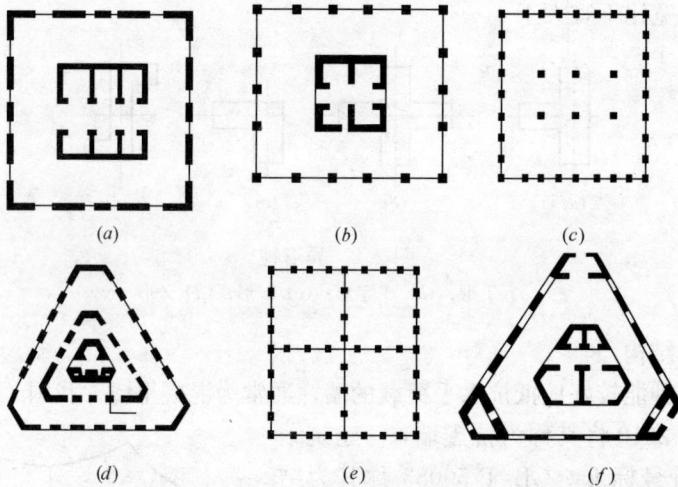

图 2.6　筒体结构的形式

（a）筒中筒结构；（b）框架-核心筒结构；（c）框筒-框架结构；
（d）多重筒结构；（e）成束筒结构；（f）多筒体结构

框架-核心筒结构是由钢筋混凝土核心筒（薄壁筒）和周边框架组成，框架柱距比较大，一般为 5～8m，主要抗侧力结构为核心筒。筒中筒结构的内筒一般是由钢筋混凝土剪力墙和连梁组成的薄壁筒，外筒为密柱和裙梁组成的框筒，框筒柱距较密，一般为 3～4m。当框架-核心筒结构或筒中筒结构的外围框架或框筒，根据建筑需要，在底部一层或几层通过结构转换层抽去部分柱子，但上部的核心筒贯穿转换层落地，即形成所谓的底部大空间筒体结构，核心筒成为整个结构中抗侧力的主要构件。

10

筒体结构是空间结构，其抵抗水平作用的能力更大，因而特别适合在超高层结构中采用。目前世界最高的100幢高层建筑约有2/3采用筒体结构。

（5）其他结构

较为新颖的竖向承重结构有多塔结构、连体结构、带转换层结构、带加强层结构、错层结构等复杂结构。此外还有悬挂结构、巨型框架结构、巨型桁架结构、高层钢结构中带刚性横梁或刚性桁架的结构以及高层混合结构等多种形式（图2.7）。这些结构形式已经

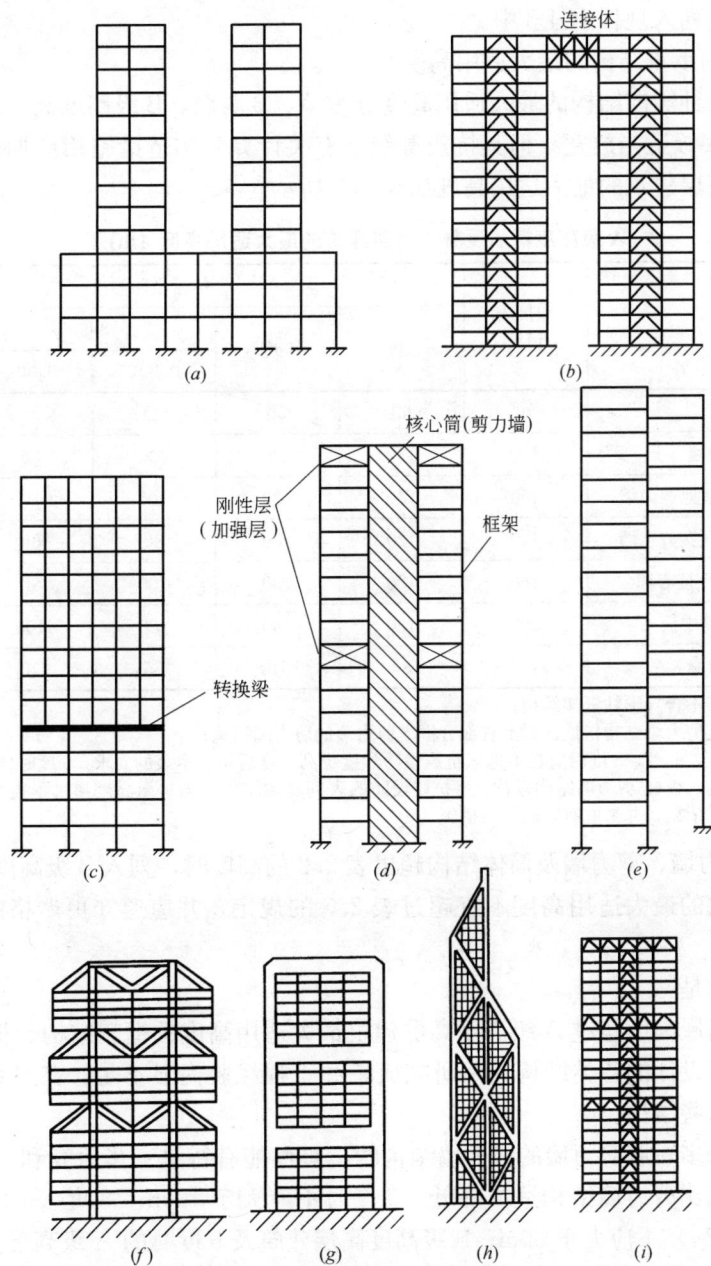

图 2.7　新的竖向承重结构体系

（*a*）多塔结构；（*b*）连体结构；（*c*）带转换层结构；（*d*）带加强层结构；（*e*）错层结构；

（*f*）悬挂结构；（*g*）巨型框架结构；（*h*）巨型桁架结构；（*i*）带斜撑钢框架结构

在实际工程中得到应用，如香港汇丰银行大楼采用的是悬挂结构，深圳香格里拉大酒店采用的是巨型框架结构，香港中国银行采用的是巨型桁架结构。

巨型结构的特点是结构分两级，第二级为一般框架，只承受竖向荷载，并将其传递给第一级结构。第一级结构承受全部水平荷载和竖向荷载。巨型结构适合于超高层建筑采用。

一些较新颖的结构体系（如巨型框架结构、巨型桁架结构、悬挂和悬挑结构和隔震减振结构等），目前工程中采用较少、经验还不多，宜针对具体工程进一步研究其设计方法，因此暂未将它们列入规程 JGJ 3 中。

2. 各种竖向承重结构的最大适用高度

高层建筑各种竖向结构的最大适用高度分为 A、B 两级，B 级高度高层建筑结构的最大适用高度较 A 级适当放宽，但其抗震等级、有关计算和构造措施相应加严。A 级高度的钢筋混凝土高层建筑的最大适用高度如表 2.2 所示。

A 级高度钢筋混凝土高层建筑的最大适用高度（m） 　　表 2.2

结 构 体 系		非抗震设计	抗震设防烈度				
			6 度	7 度	8 度		9 度
					0.20g	0.30g	
框架		70	60	50	40	35	—
框架-剪力墙		150	130	120	100	80	50
剪力墙	全部落地剪力墙	150	140	120	100	80	60
	部分框支剪力墙	130	120	100	80	50	不应采用
筒体	框架-核心筒	160	150	130	100	90	70
	筒中筒	200	180	150	120	100	80
板柱-剪力墙		110	80	70	55	40	不应采用

注：1. 表中框架不含异形柱框架结构；
　　2. 部分框支剪力墙结构指地面以上有部分框支剪力墙的剪力墙结构；
　　3. 甲类建筑，6、7、8 度时宜按本地区抗震设防烈度提高一度后符合本表的要求，9 度时应专门研究；
　　4. 框架结构、板柱-剪力墙结构以及 9 度抗震设防的表列其他结构，当房屋高度超过本表数值时，结构设计应有可靠依据，并采取有效的加强措施。

当框架-剪力墙、剪力墙及筒体结构超出表 2.2 的高度时，列入 B 级高度高层建筑。B 级高度高层建筑的最大适用高度不宜超过表 2.3 的规定，并应遵守更严格的计算和构造措施。

需要注意的是：

（1）对于房屋高度超过 A 级高度高层建筑最大适用高度的框架结构、板柱-剪力墙结构以及 9 度抗震设计的各类结构，因研究成果和工程经验尚显不足，在 B 级高度高层建筑中不应采用这些结构。

（2）具有较多短肢剪力墙的剪力墙结构的抗震性能有待进一步研究和工程实践检验，其最大适用高度比剪力墙结构适当降低，7 度时不应大于 100m，8 度（0.2g）不应大于 80m，8 度（0.3g）不应大于 60m；B 级高度高层建筑及 9 度时的 A 级高度高层建筑不应采用这种结构。

（3）高度超出表 2.3 的特殊工程，则应通过专门的审查、论证，补充多方面的计算分析，必要时进行相应的结构试验研究，采取专门的加强构造措施，才能予以实施。

结 构 体 系		非抗震设计	抗震设防烈度			
			6 度	7 度	8 度	
					0.20g	0.30g
框架-剪力墙		170	160	140	120	100
剪力墙	全部落地剪力墙	180	170	150	130	110
	部分框支剪力墙	150	140	120	100	80
筒体	框架-核心筒	220	210	180	140	120
	筒中筒	300	280	230	170	150

注：1. 部分框支剪力墙结构指地面以上有部分框支剪力墙的剪力墙结构；

　　2. 甲类建筑，6、7 度时宜按本地区设防烈度提高一度后符合本表的要求，8 度时应专门研究；

　　3. 当房屋高度超过表中数值时，结构设计应有可靠依据，并采取有效的加强措施。

（4）框架-核心筒结构中，除周边框架外，内部带有部分仅承受竖向荷载的板柱结构时，不属于本条所说的板柱-剪力墙结构。

（5）最大适用高度表中，框架-剪力墙结构的高度均低于框架-核心筒结构的高度，其主要原因是，框架-核心筒结构的核心筒相对于框架-剪力墙结构的剪力墙较强，核心筒成为主要抗侧力构件。

3. 各种竖向承重结构适用的最大高宽比

高宽比对房屋结构的刚度、整体稳定、承载力和经济合理性有重大影响，设计时应对其进行控制。

高宽比的限值见表 2.4。

钢筋混凝土高层建筑结构适用的高宽比　　　表 2.4

结 构 体 系	非抗震设计	抗震设防烈度		
		6 度、7 度	8 度	9 度
框架	5	4	3	—
板柱-剪力墙	6	5	4	—
框架-剪力墙、剪力墙	7	6	5	4
框架-核心筒	8	7	6	4
筒中筒	8	8	7	5

在复杂体型的高层建筑中，如何计算高宽比是比较难以确定的问题。一般场合，可按所考虑方向的最小投影宽度计算高宽比，但对突出建筑物平面很小的局部结构（如楼梯间、电梯间等），一般不应包含在计算宽度内；对于不宜采用最小投影宽度计算高宽比的情况，应由设计人员根据实际情况确定合理的计算方法；对带有裙房的高层建筑，当裙房的面积和刚度相对于其上部塔楼的面积和刚度较大时，计算高宽比的房屋高度和宽度可按裙房以上部分考虑。

高宽比较大时，应注意复核地震下地基基础的承载力和稳定。

2.2.3　高层建筑水平承重结构的选型

1. 水平承重结构的主要类型及特点

水平承重结构对保证建筑物的整体稳定和传递水平力有重要作用。

楼盖结构的主要形式及选择方法如下：

（1）普通肋形楼盖：常为混凝土楼盖。

特点：板薄，混凝土用量少，自重轻，施工方便，较经济。但板底不平，可能影响美观和使用。

类型：单向板肋形楼盖；

　　　双向板肋形楼盖；

　　　井式楼盖与密肋楼盖。

（2）无梁楼盖：需与剪力墙或筒体结构配合使用。

1）实心平板

非预应力混凝土平板；

无粘结预应力混凝土平板。

2）空心平板

板厚 30～40cm，内埋大孔空心管。

（3）组合式楼盖：常与钢竖向承重结构一起使用。

1）压型钢板-混凝土楼板（图 2.8a）；

2）钢梁-混凝土板组合楼盖（图 2.8b）；

3）网架楼盖（图 2.8c）。

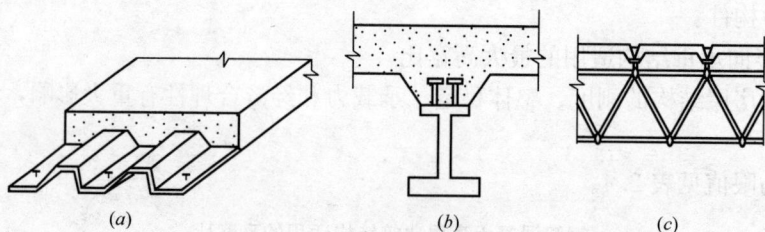

图 2.8　组合式楼盖

(a) 压型钢板-混凝土楼板；(b) 钢梁-混凝土板组合楼盖；(c) 网架楼盖

2. 水平承重结构的选择

楼盖结构应满足下列基本要求：

（1）房屋高度超过 50m 时，框架-剪力墙结构、筒体结构及复杂高层建筑结构应采用现浇楼盖结构，剪力墙结构和框架结构宜采用现浇楼盖结构。

（2）房屋高度不超过 50m 时，8、9 度抗震设计时宜采用现浇楼盖结构；6、7 度抗震设计时可采用装配整体式楼盖，且应符合下列要求：

1）无现浇叠合层的预制板，板端搁置在梁上的长度不宜小于 50mm。

2）预制板板端宜预留胡子筋，其长度不宜小于 100mm。

3）预制空心板孔端应有堵头，堵头深度不宜小于 60mm，并应采用强度等级不低于 C20 的混凝土浇灌密实。

4）楼盖的预制板板缝上缘宽度不宜小于 40mm，板缝大于 40mm 时应在板缝内配置钢筋，并宜贯通整个结构单元。现浇板缝、板缝梁的混凝土强度等级宜高于预制板的混凝土强度等级。

5）楼盖每层宜设置钢筋混凝土现浇层。现浇层厚度不应小于 50mm，并应双向配置直径不小于 6mm、间距不大于 200mm 的钢筋网，钢筋应锚固在梁或剪力墙内。

（3）房屋的顶层、结构转换层、大底盘多塔楼结构的底盘顶层、平面复杂或开洞过大的楼层、作为上部结构嵌固部位的地下室楼层应采用现浇楼盖结构。一般楼层现浇楼板厚度不应小于80mm，当板内预埋暗管时不宜小于100mm；顶层楼板厚度不宜小于120mm，宜双层双向配筋；转换层楼板应符合第9章的有关规定；普通地下室顶板厚度不宜小于160mm；作为上部结构嵌固部位的地下室楼层的顶楼盖应采用梁板结构，楼板厚度不宜小于180mm，应采用双层双向配筋，且每层每个方向的配筋率不宜小于0.25%。

（4）现浇预应力混凝土楼板厚度可按跨度的1/50～1/45采用，且不宜小于150mm。

（5）现浇预应力混凝土板设计中应采取措施防止或减小主体结构对楼板施加预应力的阻碍作用。

（6）应加强楼板的整体性，尽量避免在楼面上开大洞。楼板局部开大洞时，容易导致较多数量的长短柱共用和形成细腰形平面，出现过大的地震扭转效应，对结构可能造成不利的影响。当楼板开洞较大时，宜进行截面受剪承载力验算。

2.2.4 高层建筑下部结构的选型

高层建筑的基础是高层建筑的重要组成部分。它将上部结构传来的巨大荷载传递给地基。高层建筑基础形式选择的好坏，不但关系到结构的安全，而且对房屋的造价、施工工期等有重大的影响。因此，在确定基础形式时，应对上部结构和地质勘探资料进行认真研究，选用多个基础方案进行比较，使建筑物不致发生过量沉降或倾斜，满足正常使用要求，还应注意与相邻建筑及地下设施的相互影响，确保结构安全。

高层建筑基础形式及其适用范围如下：

1. 柱下独立基础

适用：层数不多、土质较好的框架结构。

当地基为岩石时，可采用地锚将基础锚固在岩石上，锚入长度≥40d。

2. 交叉梁基础（图2.9和图2.10）

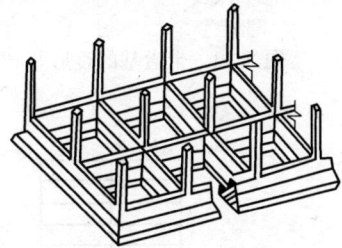

图2.9 交叉梁基础

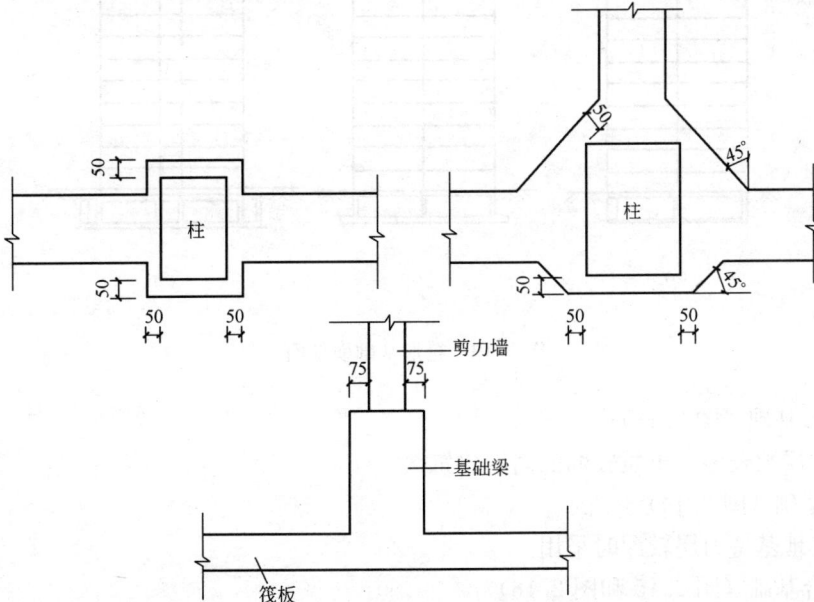

图2.10 交叉梁与上部结构连接

双向为条形基础。

适用：层数不多、土质一般的框架、剪力墙、框架-剪力墙结构。

3. 筏形基础（图 2.11 和图 2.12）

适用：层数不多、土质较弱，或层数较多、土质较好时适用。当基岩埋置深度很深，地下水位又很高，但是在距地表不深处有一层具有一定承载力和一定厚度的持力层时，选用筏形基础比选用桩基础可以节省投资和缩短工期。但是，筏形基础的刚度较弱，应注意对基础的不均匀沉降、筏板的变形和裂缝进行验算。当地下水位很高时，还要对房屋和结构物施工期间或建成后的抗浮性进行验算。如果抗浮性不符合要求，应采取设置锚杆等措施进行处理。

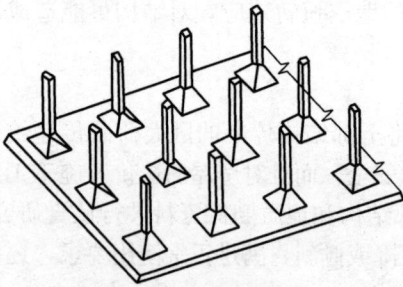

图 2.11　带墩基的筏形基础

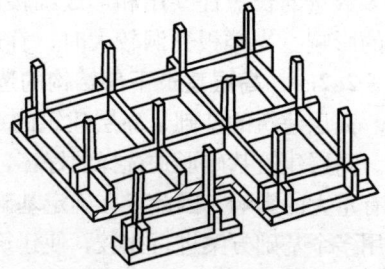

图 2.12　梁板式筏形基础

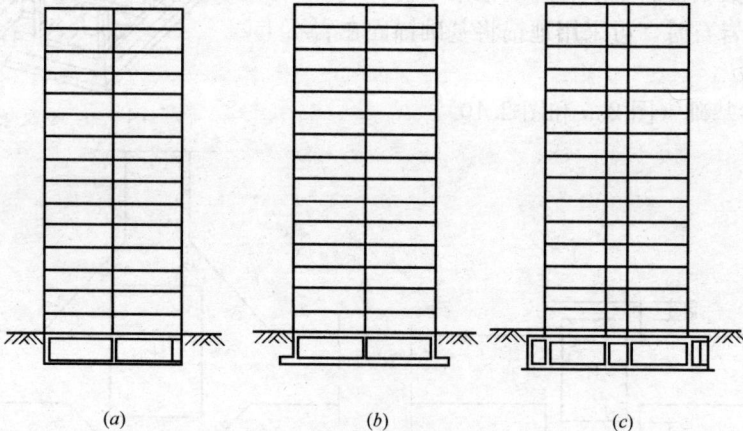

（a）　　　　　　　（b）　　　　　　　（c）

图 2.13　箱形基础横剖面

4. 箱形基础（图 2.13）

适用：层数较多、土质较弱的高层建筑。

5. 桩基础（图 2.14）

适用：地基持力层较深时采用。

6. 复合基础（图 2.15 和图 2.16）

适用：层数较多或土质较弱时采用。

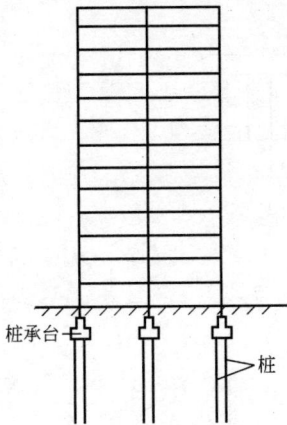

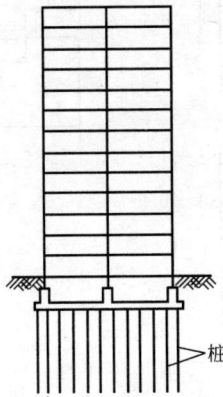

图 2.14　桩基础　　　　　图 2.15　桩筏基础　　　　　图 2.16　桩箱基础

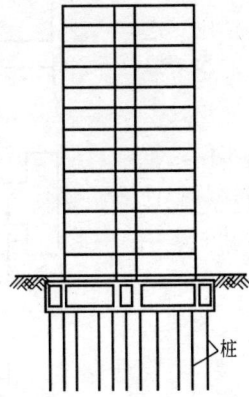

2.3　高层建筑的结构布置

结构形式选定后，要进行结构布置。结构布置包括以下主要内容：

（1）结构平面布置。即确定梁、柱、墙、基础等在平面上的位置。

（2）结构竖向布置。即确定结构竖向形式、楼层高度、电梯机房、屋顶水箱、电梯井和楼梯间的位置和高度，是否设地下室、转换层、加强层、技术夹层以及它们的位置和高度。

结构布置除应满足使用要求外，应尽可能地做到简单、规则、均匀、对称，使结构具有足够的承载力、刚度和变形能力，避免因局部破坏而导致整个结构破坏，避免局部突变和扭转效应而形成薄弱部位，使结构具有多道抗震防线。

我国对高层建筑设计有一套严格的审查制度。高层建筑设计需经过方案设计审查、初步设计审查和施工图设计审查等多项审查。对于严重超高、超限和特别不规则的建筑，还需经过结构抗震专项设计审查。

2.3.1　高层建筑的结构平面布置

1. 一般原则

每一独立结构单元的结构布置宜满足以下要求：

（1）简单、规则、均匀、对称。

（2）承重结构应双向布置，偏心小，构件类型少。

（3）平面长度和突出部分应满足表 2.5（图 2.17）的要求，凹角处宜采用加强措施。

平面尺寸及突出部位尺寸的比值限值　　　　　　　　　　　　表 2.5

设防烈度	L/B	l/B_{max}	l/b
6 度和 7 度	≤6.0	≤0.35	≤2.0
8 度和 9 度	≤5.0	≤0.30	≤1.5

平面过于狭长的建筑物在地震时由于两端地震波输入有位相差，容易产生不规则震动，造成较大的震害。

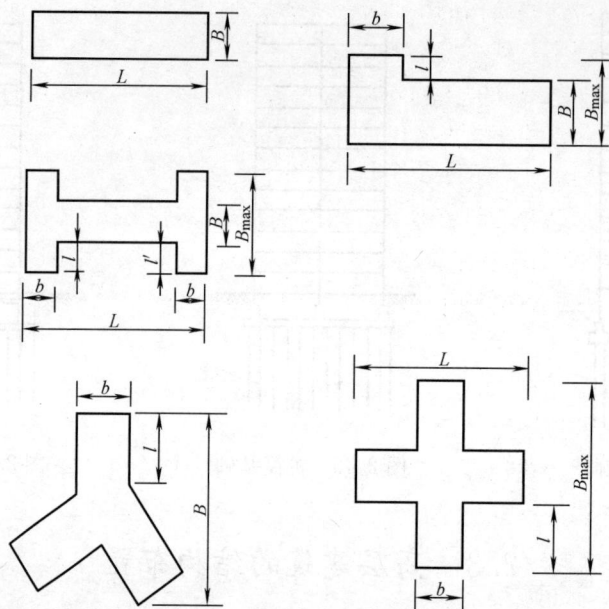

图 2.17 建筑平面

平面有较长的外伸时，外伸段容易产生局部振动而引发凹角处破坏。角部重叠和细腰的平面容易产生应力集中，使楼板开裂、破坏，不宜采用。

（4）施工简便，造价低。

2. 平面形状选择

进行高层建筑平面形状选择时，应注意以下问题：

（1）高层建筑承受较大的风力。在沿海地区，风力成为高层建筑的控制性荷载，应尽可能采用对抗风有利的平面形状。

对抗风有利的平面形状是简单规则的凸平面，如圆形、正多边形、椭圆形、鼓形等平面。对抗风不利的平面是有较多凹凸的复杂形状平面，如 V 形、Y 形、H 形、弧形等平面。

（2）平面过于狭长的建筑物在地震时容易产生较大的震害，表 2.5 给出了（图 2.17）L/B 的最大限值。在实际工程中，L/B 值，在 6、7 度抗震设计中最好不超过 4，在 8、9 度抗震设计中最好不超过 3。

平面有较长的外伸时，外伸段容易产生凹角处破坏，外伸部分 l/b 的限值在表 2.5 中已列出，但在实际工程设计中最好控制 l/b 不大于 1。

（3）角部重叠和细腰形的平面（图 2.18），在中央形成狭窄部位，地震中容易产生震害，尤其在凹角部位，因应力集中容易使楼板开裂、破坏。这些部位应采用加大楼板厚度，增加板内配筋，设置集中配筋的过梁，配置 45°斜向钢筋等方法予以加强。

图 2.18 对抗震不利的建筑平面

（4）B 级高度钢筋混凝土结构及混合结构的最大适用高度已放松到比较高的程度，与此相应，对其结构的规则性要求必须严格；复杂高层建筑结构的竖向布置已不规则，对这些结构的平面布置的规则性应严格要求。因此，对上述结构的平面布置应做到简单、规则，减小偏心。

（5）楼板有较大凹入或开有大面积洞口后，被凹口或洞口划分开的各部分之间的连接较为薄弱，地震时容易产生相对振动而使削弱部位产生震害，因此对凹入或洞口的大小应加以限制。设计中应同时满足规定的各项要求。以图 2.19 所示平面为例，L_2 不宜小于 $0.5L_1$，a_1 与 a_2 之和不宜小于 $0.5L_2$ 且不宜小于 5m，a_1 和 a_2 均不应小于 2m，开洞面积不宜大于楼面面积的 30%。

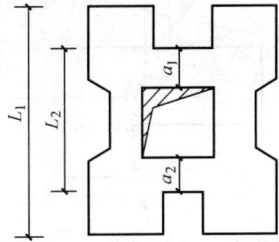

图 2.19　楼板净宽度要求示意

（6）楼（电）梯间无楼板而使楼面产生较大削弱，应将楼（电）梯间周边的楼板加厚，并加强配筋。

（7）当楼板平面比较狭长、有较大的凹入或开洞时，应在设计中考虑其对结构产生的不利影响。有效楼板宽度不宜小于该层楼面宽度的 50%；楼板开洞总面积不宜超过楼面面积的 30%；在扣除凹入或开洞后，楼板在任一方向的最小净宽度不宜小于 5m，且开洞后每一边的楼板净宽度不应小于 2m。

（8）卄字形、井字形等外伸长度较大的建筑，当中央部分楼板有较大削弱时，应加强楼板以及连接部位墙体的构造措施，必要时可在外伸段凹槽处设置连接梁或连接板。

（9）楼板开大洞削弱后，宜采取下列措施：

1）加厚洞口附近楼板，提高楼板的配筋率，采用双层双向配筋；

2）洞口边缘设置边梁、暗梁；

3）在楼板洞口角部集中配置斜向钢筋。

规则结构：指体型规则、平面布置均匀、对称，并具有很好的抗扭刚度；竖向质量和刚度无突变的结构。《建筑抗震设计规范》GB 50011—2010 规定的几类不规则平面的定义如表 2.6 及图 2.20～图 2.22 所示。

平面不规则的类型　　　　　　　　　　　　　　　　　　　　表 2.6

不规则的类型	定　义
扭转不规则	在具有偶然偏心的规定水平力作用下,楼层两端抗侧力构件弹性水平位移(或层间位移)的最大值与平均值的比值大于 1.2
凹凸不规则	平面凹进的尺寸,大于相应投影方向总尺寸的 30%
楼板局部不连续	楼板的尺寸和平面刚度急剧变化,例如,有效楼板宽度小于该楼层楼板典型宽度的 50%,或开洞面积大于该层楼面面积的 30%,或有较大的楼层错层

结构平面布置应减少扭转的影响。在考虑偶然偏心影响的规定水平地震力作用下，楼层竖向构件最大的水平位移和层间位移，A 级高度高层建筑不宜大于该楼层平均值的 1.2 倍，不应大于该楼层平均值的 1.5 倍；B 级高度高层建筑、超过 A 级高度的混合结构及复杂高层建筑不宜大于该楼层平均值的 1.2 倍，不应大于该楼层平均值的 1.4 倍。结构扭转为主的第一自振周期 T_t 与平动为主的第一自振周期 T_1 之比，A 级高度高层建筑不应大于 0.9，B 级高度高层建筑、超过 A 级高度的混合结构及复杂高层建筑不应大于 0.85。

当楼层的最大层间位移角不大于表 4.8 规定的限值的 40% 时，该楼层竖向构件的最

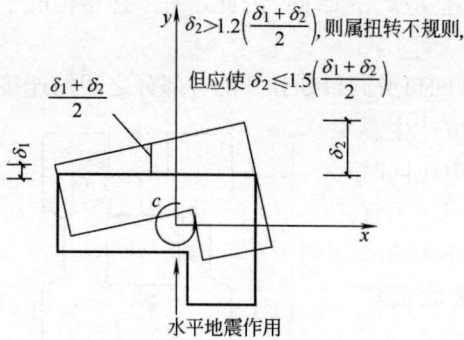

图 2.20 建筑结构平面的扭转不规则示例

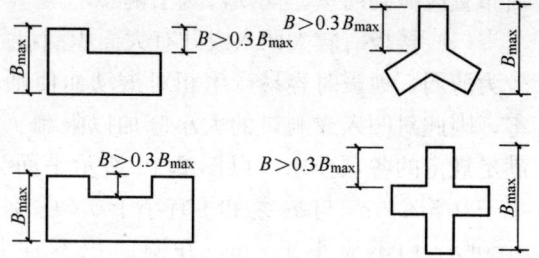

图 2.21 建筑结构平面的凹角或凸角不规则示例

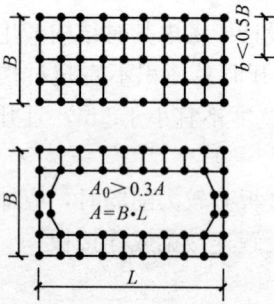

图 2.22 建筑结构平面的局部不连续示例（大开洞）

大水平位移和层间位移与该楼层平均值的比值可适当放松，但不应大于 1.6。

2.3.2 高层建筑的结构竖向布置

1. 结构竖向布置应满足的要求

竖向结构布置要满足以下要求：

（1）竖向体型宜规则、均匀，避免有过大的外挑和内收。结构的刚度宜下大上小，逐渐均匀变化。

（2）抗震设计时，高层建筑相邻楼层的侧向刚度变化应符合下列规定：

1）对框架结构，楼层与其相邻上层的侧向刚度比 γ_1 可按式（2.1）计算，且本层与相邻上层的比值不宜小于 0.7，与相邻上部三层刚度平均值的比值不宜小于 0.8。

$$\gamma_1 = \frac{D_i}{D_{i+1}} = \frac{V_i/\Delta_i}{V_{i+1}/\Delta_{i+1}} = \frac{V_i \Delta_{i+1}}{V_{i+1} \Delta_i} \tag{2.1}$$

式中　γ_1——楼层侧向刚度比；

V_i、V_{i+1}——第 i 层和第 $i+1$ 层的地震剪力标准值（kN）；

Δ_i、Δ_{i+1}——第 i 层和第 $i+1$ 层在地震作用标准值作用下的层间位移（m）。

2）对框架-剪力墙、板柱-剪力墙结构、剪力墙结构、框架-核心筒结构、筒中筒结构，楼层与其相邻上层的侧向刚度比 γ_2 可按式（2.2）计算，且本层与相邻上层的比值不宜小于 0.9；当本层层高大于相邻上层层高的 1.5 倍时，该比值不宜小于 1.1；对结构底部嵌固层，该比值不宜小于 1.5。

$$\gamma_2 = \frac{D_i h_i}{D_{i+1} h_{i+1}} = \frac{V_i \Delta_{i+1}}{V_{i+1} \Delta_i} \frac{h_i}{h_{i+1}} \tag{2.2}$$

式中　γ_2——考虑层高修正的楼层侧向刚度比。

（3）A 级高度高层建筑的楼层层间抗侧力结构的受剪承载力不宜小于其相邻上一层受剪承载力的 80%，不应小于其上一层受剪承载力的 65%；B 级高度高层建筑不应小于 75%。

（4）抗震设计时，结构竖向抗侧力结构宜上下连续贯通。竖向抗侧力结构上下未贯通（图 2.23）时，底层结构易发生破坏。

（5）抗震设计时，当结构上部楼层收进部位到室外地面的高度 H_1 与房屋高度 H 之比大于 0.2 时，上部楼层收进后的水平尺寸 B_1 不宜小于下部楼层水平尺寸的 75%；当上部结构楼层相对于下部楼层外挑时，下部楼层的水平尺寸 B 不宜小于上部楼层水平尺寸 B_1 的 0.9 倍，且水平外挑尺寸 a 不宜大于 4m。如图 2.24 所示。

（6）楼层质量沿高度宜均匀分布，楼层质量不宜大于相邻下部楼层质量的 1.5 倍。

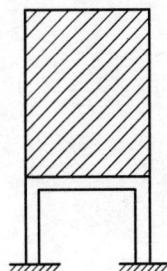

图 2.23 框支剪力墙
（竖向抗侧力结构上下未贯通）

（7）不宜采用同一楼层刚度和承载力变化同时不满足第（2）点和第（3）点规定的高层建筑结构。

（8）侧向刚度变化、承载力变化、竖向抗侧力构件连续性不符合第（2）点、第（3）点和第（4）点要求的楼层，其对应于地震作用标准值的剪力应乘以 1.25 的增大系数。

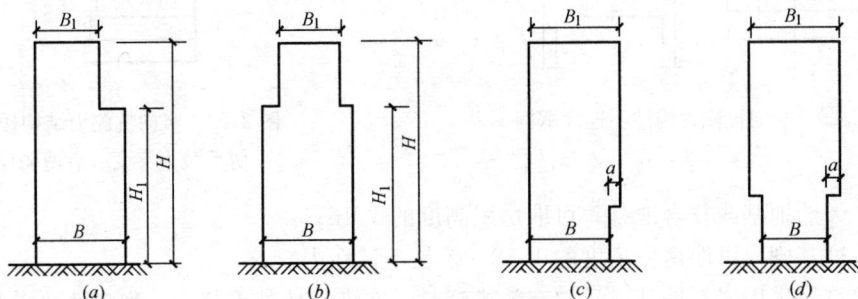

图 2.24 结构竖向收进和外挑示意图

（9）结构顶层取消部分墙、柱形成空旷房间时，宜进行弹性或弹塑性时程分析补充计算并采取有效的构造措施。

2. 竖向不规则结构

《建筑抗震设计规范》GB 50011—2010 规定，符合表 2.7 及图 2.25～图 2.27 规定的结构，属竖向不规则结构。

竖向不规则的类型 　　　　　　　　　　　　　　　　　　　　表 2.7

不规则的类型	定　义
侧向刚度不规则	该层的侧向刚度小于相邻上一层的 70%，或小于其上相邻三个楼层侧向刚度平均值的 80%；除顶层外，局部收进的水平向尺寸大于相邻下一层的 25%
竖向抗侧力构件不连续	竖向抗侧力构件（柱、抗震墙、抗震支撑）的内力由水平转换构件（梁、桁架等）向下传递
楼层承载力突变	抗侧力结构的层间受剪承载力小于相邻上一楼层的 80%

3. 基础埋置深度及地下室设置

为了防止高层建筑发生倾覆和滑移，高层建筑的基础应有一定的埋置深度。在确定埋置深度时，应考虑建筑物的高度、体型、地基土质、抗震设防烈度等因素。埋置深度可从室外地坪算至基础底面，并宜符合下列要求：

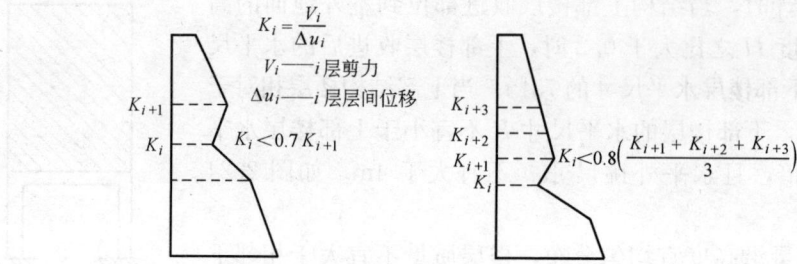

$$K_i = \frac{V_i}{\Delta u_i}$$

V_i——i 层剪力

Δu_i——i 层层间位移

$K_i < 0.7 K_{i+1}$

$$K_i < 0.8 \left(\frac{K_{i+1} + K_{i+2} + K_{i+3}}{3} \right)$$

图 2.25 沿竖向的侧向刚度不规则（有柔软层）

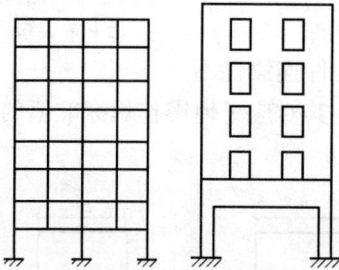

图 2.26 竖向抗侧力构件不连续示例

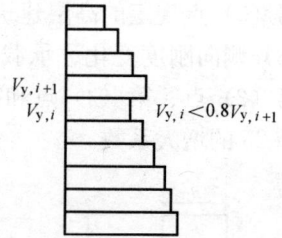

$V_{y,i} < 0.8 V_{y,i+1}$

图 2.27 竖向抗侧力结构楼层受剪承载力突变（有薄弱层）

（1）天然地基或复合地基，可取房屋高度的 1/15；

（2）桩基础，可取房屋高度的 1/18（桩长不计在内）。

当建筑物采用岩石地基或采取有效措施时，在满足地基承载力、稳定性要求及基底零应力区满足要求的前提下，基础埋深可不受前面第（1）、（2）两款的限制。当地基可能产生滑移时，应采取有效的抗滑移措施。当地下水位较高时，需进行结构抗浮验算。

地震作用下结构的动力效应与基础埋置深度关系较大，软弱土层时更为明显。因此，高层建筑的基础应有一定的埋置深度。当抗震设防烈度高、场地差时，宜采用较大埋置深度，以抗倾覆和滑移，确保建筑物的安全。

高层建筑设置地下室有如下的结构功能：

（1）利用土体的侧压力防止水平力作用下结构的滑移和倾覆；

（2）减小土的重量，降低地基的附加压力；

（3）提高地基土的承载能力；

（4）减少地震作用对上部结构的影响。

地震震害调查表明：有地下室的建筑物震害明显减轻。同一结构单元应全部设置地下室，不宜采用部分地下室，且地下室应当有相同的埋深。

2.3.3 变形缝设置

进行结构平面布置时，除了要考虑梁、柱、墙等结构构件的布置外，还要考虑是否需要设置变形缝。变形缝包括：

（1）温度伸缩缝或简称伸缩缝；

（2）沉降缝；

（3）防震缝。

高层建筑中是否设置变形缝，是进行结构平面布置时要考虑的重要问题之一。

1. 伸缩缝

高层建筑结构不仅平面尺度大，而且竖向的高度也很大，温度变化和混凝土收缩不仅会产生水平方向的变形和内力，而且也会产生竖向的变形和内力。

但是，高层钢筋混凝土结构一般不计算由于温度、收缩产生的内力。因为一方面高层建筑的温度场分布和收缩参数等都很难准确地确定；另一方面混凝土又不是弹性材料，它既有塑性变形，还有徐变和应力松弛，实际的内力要远小于按弹性结构的计算值。

钢筋混凝土高层建筑结构的温度-收缩问题，一般由构造措施来解决。

当屋面无隔热或保温措施时，或位于气候干燥地区、夏季炎热且暴雨频繁地区的结构，可适当减少伸缩缝的距离。

当混凝土的收缩较大或室内结构因施工而外露时间较长时，伸缩缝的距离也应减小。

相反，当有充分依据，采取有效措施时，伸缩缝间距可以放宽。

如上所述，温度缝是为防止温度变化和混凝土收缩导致房屋开裂而设。

伸缩缝的最大间距见表2.8。

伸缩缝最大间距

表2.8

结构体系	施工方法	最大间距(m)	结构体系	施工方法	最大间距(m)
框架结构	现浇	55	剪力墙结构	现浇	45

注：1. 框架-剪力墙结构的伸缩缝间距可根据结构的具体布置情况取表中框架结构与剪力墙结构之间的数值；
    2. 当屋面无保温或隔热措施时，混凝土的收缩较大或室内结构因施工外露时间较长时，伸缩缝间距应适当减小；
    3. 位于气候干燥地区、夏季炎热且暴雨频繁地区的结构，伸缩缝的间距宜适当减小。

伸缩缝只设在上部结构，基础可不设伸缩缝。

伸缩缝处宜做双柱，伸缩缝最小宽度为50mm。

伸缩缝与结构平面布置有关。结构平面布置不好时，可能导致房屋开裂。

设置伸缩缝可以避免由于温度变化导致房屋开裂。但是，伸缩缝使施工带来不便，工期延长，房屋立面效果也受到一定影响。因此，目前的趋势是采取适当的措施，尽可能地不设或少设伸缩缝。

当采用有效的构造措施和施工措施减小温度和混凝土收缩对结构的影响时，可适当放宽伸缩缝的间距。这些措施可包括但不限于下列方面：

（1）顶层、底层、山墙和纵墙端开间等受温度变化影响较大的部位提高配筋率；

（2）顶层加强保温隔热措施，外墙设置外保温层；

（3）每30～40m间距留出施工后浇带，带宽800～1000mm，钢筋采用搭接接头，后浇带混凝土宜在45d后浇筑（图2.28）；

（4）采用收缩小的水泥、减少水泥用量、在混凝土中加入适宜的外加剂；

（5）提高每层楼板的构造配筋率或采用部分预应力结构。

后浇带应通过建筑物的整个横截面，分开全部墙、梁和楼板，使两边都可以自由收缩。后浇带可以选择对结构受力影响较小的部位曲折通过，不要处在一个平面内，以免全部钢筋都在同一平面内搭接。一般情况下，后浇带可设在框架梁和楼板的1/3跨处；设在剪力墙洞口上方连梁的跨中或内外墙连接处（图2.29）。

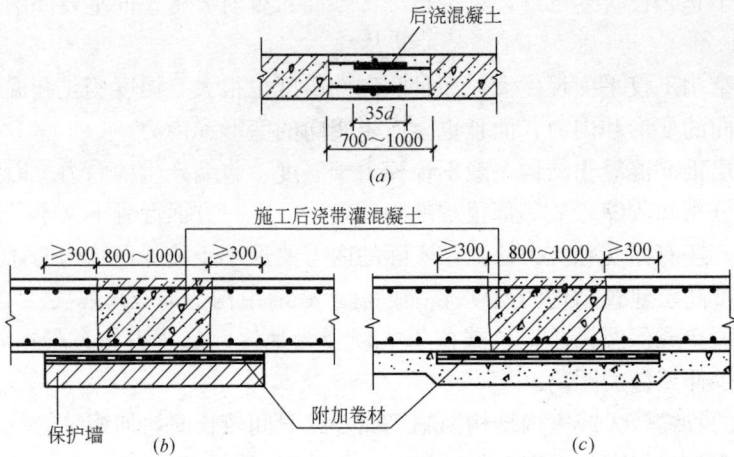

后浇混凝土

35d
700~1000
(a)

施工后浇带灌混凝土

≥300 800~1000 ≥300   ≥300 800~1000 ≥300

保护墙   (b)   附加卷材   (c)

图 2.28　施工后浇带
(a) 梁板；(b) 外墙；(c) 底板

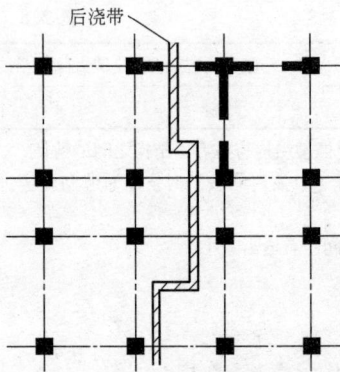

后浇带

图 2.29　后浇带的位置

由于后浇带混凝土是后浇的，钢筋搭接，其两侧结构长期处于悬臂状态，所以模板的支柱在补浇混凝土前本跨不能全部拆除。当框架主梁跨度较大时，梁的钢筋可以直通而不切断，以免搭接长度过长而造成施工困难，也防止其在悬臂状态下产生不利的内力和变形。

采取下列措施可控制温差影响：

（1）高层建筑水平温差影响主要集中在底部筒体、剪力墙，使其受到较大的弯矩和剪力，下部楼屋梁板将受到较大的轴向拉力。因此，底部筒体和剪力墙的配筋、剪压比应留有余地，下部楼层的梁板配筋应加强，楼板宜采用双层双向配筋并且拉通。

（2）剪力墙结构的屋盖水平温差收缩，因受到剪力墙的约束而会产生较大的温度应力，屋盖梁板配筋宜双层双向设置并予以加强。

（3）高层建筑竖向温差影响主要集中在顶部若干层，与内外竖向构件直接相连的框架梁受到较大弯矩和剪力的作用；底部若干层内外竖向构件将受到较大轴向压力或拉力；外表竖向构件受到局部温差引起的较大弯矩。因此，竖向构件要控制轴压比和保证合适含钢率，顶部若干层框架配筋要留有适当余地。

（4）在外表的竖向构件因直接外露，其温差内力较大，应注意局部温差内力的影响，加强配筋。外表构件宜做好保温隔热措施，减小竖向温差作用的影响，以提高结构耐久性，减少或防止室内填充墙等非结构构件出现裂缝。

2. 沉降缝

房屋建成之后，都会有不同程度的沉降。如果沉降是均匀的，不会引起房屋开裂；反之，如果沉降不均匀且超过一定量值，房屋便有可能开裂。高层建筑层数高、体量大，对不均匀沉降较敏感。特别是当房屋的地基不均匀或房屋不同部位的高差较大时，不均匀沉降的可能性更大。

为防止地基不均匀或房屋层数和高度相差很大引起房屋开裂而设的缝称为沉降缝。沉降缝不但要将上部结构断开，也要将基础断开。

高层建筑是否设置沉降缝，应通过沉降量计算确定。

一般场合，当差异沉降小于5mm时，其影响较小，可忽略不计；当已知或预知差异沉降量大于10mm时，必须计及其影响，并采取相应构造加强措施，如控制下层边柱设计轴压比，下层框架梁边支座配筋要留有余地。

当高层建筑与裙房之间不设置沉降缝时，宜在裙房一侧设置后浇带，后浇带的位置宜设在距主楼边的第二跨内。后浇带混凝土宜根据实测沉降情况确定浇筑时间。

不设沉降缝的措施有：

- 采用端承桩基础。
- 主楼与裙房用不同形式的基础。
- 先施工主楼，后施工裙房。

3. 防震缝

地震区为防止房屋或结构单元在发生地震时相互碰撞而设置的缝，称为防震缝。

按抗震设计的高层建筑在下列情况下宜设防震缝：

（1）平面长度和外伸长度尺寸超出了规程限值而又没有采取加强措施时；

（2）各部分结构刚度相差很远，采取不同材料和不同结构体系时；

（3）各部分质量相差很大时；

（4）各部分有较大错层时。

此外，各结构单元之间设了伸缩缝或沉降缝时，此伸缩缝或沉降缝可同时兼作防震缝，但其缝宽应满足防震缝宽度的要求。

防震缝应在地面以上沿全高设置，当不作为沉降缝时，基础可不设防震缝。但在防震缝处基础应加强构造和连接，高低层之间不要采用在主楼框架柱设牛腿而将低层屋面或楼面梁搁在牛腿上的做法，也不要用牛腿托梁的办法设防震缝，因为地震时各单元之间，尤其是高低层之间的振动情况是不相同的，连接处容易压碎、拉断。

防震缝两侧结构体系不同时，防震缝宽度应按不利的结构类型确定；防震缝两侧的房屋高度不同时，防震缝宽度应按较低的房屋高度确定；当相邻结构的基础存在较大沉降差时，宜增大防震缝的宽度；防震缝宜沿房屋全高设置；地下室、基础可不设防震缝，但在与上部防震缝对应处应加强构造和连接措施；结构单元之间或主楼与裙房之间如无可靠措施，不应采用牛腿托梁的做法设置防震缝。

防震缝最小宽度应符合下列规定：

（1）框架结构房屋，高度不超过15m时不应小于100mm；高度超过15m时，6度、7度、8度、9度分别每增加高度5m、4m、3m和2m，宜加宽20mm；

（2）框架-剪力墙结构房屋可按第一项规定的70%采用，剪力墙结构房屋可按第一项规定的50%采用，但二者均不宜小于100mm。

在抗震设计时，建筑物各部分之间的关系应明确：如分开，则彻底分开；如相连，则连接牢固。

主楼与裙房间设置防震缝时，考虑到主楼的刚度可能较小，变形可能较大，防震缝的宽度应适当加大。

2.3.4　混凝土收缩与徐变的影响

混凝土徐变是指其在荷载保持不变的情况下，随着时间的推移，变形不断增加的现象。混凝土徐变是混凝土材料固有的特性。结构竖向构件在重力荷载作用下一般都处于长期受压状态。

理论上讲，混凝土徐变有利于高层建筑整体结构变形协调，并有利于减缓整体结构的应力集中。所以，一般情况下，混凝土徐变对整体结构承载力和稳定的影响较小，然而，对上部连梁和高层建筑中非结构构件的影响则很大。从保证建筑物使用质量的观点来看，分析混凝土徐变对高层钢筋混凝土结构的影响，并针对其中的不利影响，采取对策，以对建筑结构和非结构构件提供较可靠的质量保证，是高层钢筋混凝土结构设计中又一重要内容。世界各国结构工程师早在 20 世纪 60 年代开始就注意高层、超高层钢筋混凝土结构混凝土徐变的影响，在结构设计中采取措施，以保证建筑质量和正常使用。

混凝土受压产生徐变变形，通常伴随着混凝土收缩变形同时发生。高层建筑竖向构件混凝土受压的竖向徐变变形与其混凝土收缩变形同向，从而加大了竖向构件后期变形，也可将之统称为混凝土收缩徐变变形。混凝土收缩变形的量级一般较接近于或略大于混凝土徐变变形，其变形规律十分接近于混凝土徐变变形。这样，混凝土徐变变形与混凝土收缩变形叠加，将使整个高层建筑结构竖向构件后期非荷载作用直接引起的塑性变形较大，有时会超过直接荷载引起的弹性变形。因此，高层建筑结构宜采取措施减少混凝土收缩、徐变等非荷载效应的不利影响。

习　　题

2-1　什么是概念设计？概念设计对高层建筑结构设计的重要性如何？

2-2　高层建筑结构设计的基本要求有哪些？

2-3　高层建筑结构设计对建设场地的选择有什么要求？

2-4　高层建筑结构选型包括哪些主要内容？

2-5　高层建筑结构选型应符合哪些要求？

2-6　高层建筑竖向承重结构有哪些主要形式？各种竖向承重结构有哪些主要特点？如何选用？

2-7　对 B 级高度钢筋混凝土高层建筑有什么要求？

2-8　高层建筑水平承重结构有哪些主要形式？各种水平承重结构有什么主要特点？如何选用？

2-9　高层建筑基础有哪些主要形式？各种基础有什么主要特点？如何选用？

2-10　高层建筑结构平面布置的一般原则有哪些？

2-11　什么是平面不规则结构？

2-12　什么是竖向不规则结构？

2-13　高层建筑基础埋置为什么应具有一定的深度？基础埋置深度应满足什么要求？

2-14　何谓变形缝？如何设置变形缝？

2-15　混凝土的收缩、徐变对高层建筑结构的受力性能有什么影响？

3 荷载与地震作用

3.1 高层建筑结构上作用的类型

凡是能够使结构产生内力、位移、变形、开裂、破坏，影响其耐久性的因素，统称为结构上的作用。高层建筑结构在设计使用年限以内可能承受的主要作用有荷载和非荷载因素。荷载可以分为恒载、活荷载和偶然荷载，活荷载又可以分为楼面活荷载、屋面活荷载、雪荷载和风荷载。非荷载因素主要有地震作用、温度作用和混凝土的收缩、徐变等。

高层建筑结构可能承受的主要作用可采用图 3.1 所示框图表示。

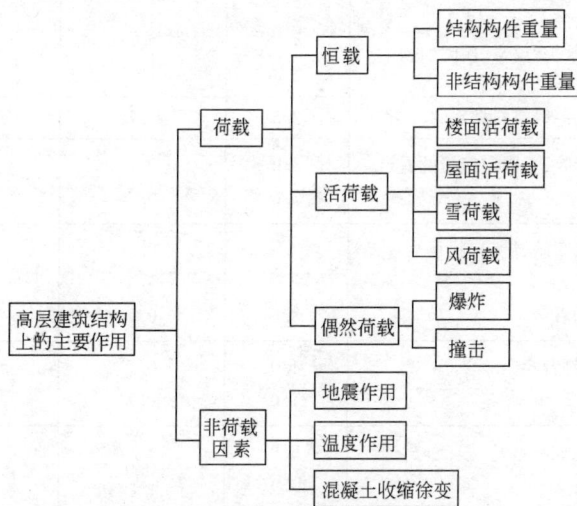

图 3.1 高层建筑结构上的主要作用

本章主要对荷载和地震作用进行讨论。温度变化本来不是荷载，考虑到设计人员的习惯和使用方便，荷载规范将其视为活荷载。

3.2 恒 载

恒载包括结构构件（梁、板、柱、墙、支撑等）和非结构构件（抹灰、饰面材料、填充墙、吊顶等）的重量。这些重量的大小、方向和作用点不随时间而改变，又称为永久荷载。

恒载标准值等于构件的体积乘以材料的自重标准值。常用材料的自重标准值为：

钢筋混凝土　25kN/m³　　　　　　　铝型材　　　28kN/m³

水泥砂浆　　20kN/m³　　　　　　　杉木　　　　4kN/m³

砂土	17kN/m³		玻璃	25.6kN/m³
钢材	78.5kN/m³		腐殖土	16kN/m³
混合砂浆	17kN/m³		卵石	18kN/m³

其他材料的自重标准值可从《建筑结构荷载规范》GB 50009—2012 中查得。

3.3 楼面活荷载

高层建筑以民用为主。对于民用建筑楼面均布活荷载标准值，可根据调查统计而得。我国《建筑结构荷载规范》GB 50009—2012 规定的民用建筑楼面均布活荷载标准值及其组合值、频遇值和准永久值系数如表 3.1 所示。

民用建筑楼面均布活荷载标准值及其组合值、频遇值和准永久值系数　　表 3.1

项次	类　别	标准值 (kN/m²)	组合值系数 Ψ_c	频遇值系数 Ψ_f	准永久值系数 Ψ_q
1	(1)住宅、宿舍、旅馆、办公楼、医院病房、托儿所、幼儿园	2.0	0.7	0.5	0.4
	(2)试验室、阅览室、会议室、医院门诊室	2.0	0.7	0.6	0.5
2	教室、食堂、餐厅、一般资料档案室	2.5	0.7	0.6	0.5
3	(1)礼堂、剧场、影院、有固定座位的看台	3.0	0.7	0.5	0.3
	(2)公共洗衣房	3.0	0.7	0.6	0.5
4	(1)商店、展览厅、车站、港口、机场大厅及其旅客等候室	3.5	0.7	0.6	0.5
	(2)无固定座位的看台	3.5	0.7	0.5	0.3
5	(1)健身房、演出舞台	4.0	0.7	0.5	0.3
	(2)运动场、舞厅	4.0	0.7	0.6	0.3
6	(1)书库、档案库、贮藏室	5.0	0.9	0.9	0.8
	(2)密集柜书库	12.0			
7	通风机房、电梯机房	7.0	0.9	0.9	0.8
8	汽车通道及停车库：(1)单向板楼盖(板跨不小于 2m)和双向板楼盖(板跨不小于 3m×3m) 客车	4.0	0.7	0.7	0.6
	消防车	35.0	0.7	0.5	0.0
	(2)双向板楼盖(板跨不小于 6m×6m)和无梁楼盖(柱网尺寸不小于 6m×6m) 客车	2.5	0.7	0.7	0.6
	消防车	20.0	0.7	0.5	0.0
9	厨房：(1)餐厅	4.0	0.7	0.7	0.7
	(2)其他	2.0	0.7	0.6	0.5
10	浴室、厕所、盥洗室	2.5	0.7	0.6	0.5

项次	类　　别	标准值 （kN/m²）	组合值系数 Ψ_c	频遇值系数 Ψ_f	准永久值 系数 Ψ_q
11	走廊、门厅： （1）宿舍、旅馆、医院病房、托儿所、幼儿园、住宅	2.0	0.7	0.5	0.4
	（2）办公楼、教室、餐厅、医院门诊部	2.5	0.7	0.6	0.5
	（3）教学楼及其他人流可能密集时	3.5	0.7	0.5	0.3
12	楼梯： （1）多层住宅 （2）其他	2.0 3.5	0.7 0.7	0.5 0.5	0.4 0.3
13	阳台： （1）当人群有可能密集时 （2）其他	3.5 2.5	0.7 0.7	0.6 0.6	0.5 0.5

注：1. 本表所给各项活荷载适用于一般使用条件，当使用荷载较大或情况特殊时，应按实际情况采用；
　　2. 第6项书库活荷载当书架高度大于2m时，书库活荷载尚应按每米书架高度不小于2.5kN/m²确定；
　　3. 第8项中的客车活荷载只适用于停放载人少于9人的客车；消防车活荷载是适用于满载总重为300kN的大型车辆；当不符合本表的要求时，应将车轮的局部荷载按结构效应的等效原则，换算为等效均布荷载；
　　4. 第8项消防车活荷载，当双向板楼盖板跨介于3m×3m～6m×6m之间时，应按跨度线性插值确定；
　　5. 第12项楼梯活荷载，对预制楼梯踏步平板，尚应按1.5kN集中荷载验算；
　　6. 本表各项荷载不包括隔墙自重和二次装修荷载。对固定隔墙的自重应按恒荷载考虑，当隔墙位置可灵活布置时，非固定隔墙的自重应取每延米长墙重（kN/m）的1/3作为楼面活荷载的附加值（kN/m²）计入，附加值不小于1.0kN/m²。

　　考虑到负荷面积越大的构件，楼面每 $1m^2$ 面积上活荷载在同一时刻都能达到其标准值的可能性越小，因此，设计楼面梁、墙、柱及基础时，楼面活荷载可以折减。

　　设计楼面梁、墙、柱及基础时，表 3.1 中的楼面活荷载标准值在下列情况下应乘以规定的折减系数。

　　1. 设计楼面梁时的折减系数

　　（1）第 1（1）项当楼面梁从属面积超过 $25m^2$ 时，应取 0.9；

　　（2）第 1（2）～7 项当楼面梁从属面积超过 $50m^2$ 时，应取 0.9；

　　（3）第 8 项对单向板楼盖的次梁和槽形板的纵肋应取 0.8；对单向板楼盖的主梁应取 0.6；对双向板楼盖的梁应取 0.8；

　　（4）第 9～13 项应采用与所属房屋类别相同的折减系数。

　　2. 设计墙、柱和基础时的折减系数

　　（1）第 1（1）项应按表 3.2 规定采用；

活荷载按楼层的折减系数　　　　　　　表 3.2

墙、柱、基础计算截面以上的层数	1	2～3	4～5	6～8	9～20	＞20
计算截面以上各楼层活荷载总和的折减系数	1.00 （0.90）	0.85	0.70	0.65	0.60	0.55

注：当楼面梁的从属面积超过 $25m^2$ 时，应采用括号内的系数。

　　（2）第 1（2）～7 项应采用与其楼面相同的折减系数；

　　（3）第 8 项对单向板楼盖应取 0.5；对双向板楼盖和无梁楼盖应取 0.8；

　　（4）第 9～13 项应采用与所属房屋类别相同的折减系数。

　　注：楼面梁的从属面积应按梁两侧各延伸二分之一梁间距的范围内的实际面积确定。

目前，国内高层建筑结构绝大部分为钢筋混凝土结构，采用的混凝土强度等级较低（较多为C40以下），隔墙材料也较重，所以结构截面较大，自重也较大。从大量工程设计的结果来看，钢筋混凝土高层建筑结构竖向荷载平均值约为15kN/m^2，其中，框架和框架-剪力墙结构大约12～14kN/m^2；剪力墙和筒中筒结构大约14～16kN/m^2。这些竖向荷载估算的经验数据，在方案设计阶段非常有用，它是估算地基承载力和结构底部剪力以及初定结构截面的依据。

高层建筑中，活荷载占的比例很小，特别在大量的住宅、旅馆和办公楼中，活荷载一般在2.0～2.5kN/m^{2}范围内，只占全部竖向荷载的15%～20%；其次，高层建筑结构是复杂的空间体系，层数、跨数很多，计算工作量极大。为简化起见，计算高层建筑竖向荷载作用下产生的内力时，一般可以不考虑活荷载的不利布置，按满布活荷载计算。

高层建筑结构内力计算中，如果活荷载较大，其不利分布对梁中弯矩的影响会比较明显，计算时应予考虑。当楼面活荷载大于4kN/m^{2}时，楼面活荷载的不利布置将引起梁弯矩的增大应予考虑；而对柱、剪力墙的影响相对不明显。高层建筑结构层数很多，每层的房间也很多，活荷载在各层间的分布情况极其不同，难以一一计算。所以，一般考虑楼面活荷载不利布置时，也仅考虑活荷载在同一楼层内的不利布置，而不考虑不同层之间的相互影响。

当施工中采用爬塔、附墙塔等对结构受力有影响的施工机械时，要验算这些施工机械产生的施工荷载。旋转餐厅轨道和驱动设备的自重应按其实际情况确定。擦窗机等清洗设备应按其实际情况确定其自重大小和作用位置。

3.4 屋面活荷载

屋面活荷载可按下述方法取值：

1. 房屋建筑的屋面，其水平投影面上的屋面均布活荷载，应按表3.3采用。

屋面均布活荷载 表3.3

项次	类别	标准值(kN/m^2)	组合值系数 Ψ_c	频遇值系数 Ψ_f	准永久值系数 Ψ_q
1	不上人的屋面	0.5	0.7	0.5	0
2	上人的屋面	2.0	0.7	0.5	0.4
3	屋顶花园	3.0	0.7	0.6	0.5
4	屋顶运动场地	3.0	0.7	0.6	0.4

注：1. 不上人的屋面，当施工或维修荷载较大时，应按实际情况采用；对不同结构应按有关设计规范的规定采用，但不得低于0.3kN/m^2；

2. 上人的屋面，当兼作其他用途时，应按相应楼面活荷载采用；

3. 对于因楼面排水不畅或堵塞等引起的积水荷载，应采取构造措施加以防止；必要时，应按积水的可能深度确定屋面活荷载；

4. 屋顶花园活荷载不包括花圃土石等材料自重。

2. 直升机平台的活荷载应采用下列两款中能使平台产生最大内力的荷载：

（1）直升机总重量引起的局部荷载，按由实际最大起飞重量决定的局部荷载标准值乘以动力系数确定。对具有液压轮胎起落架的直升机，动力系数可取1.4；当没有机型技术资料时，局部荷载标准值及其作用面积可根据直升机类型按表3.4取用。

直升机类型	局部荷载标准值(kN)	作用面积
轻型(最大起飞重量 2t)	20.0	0.20m×0.20m
中型(最大起飞重量 4t)	40.0	0.25m×0.25m
重型(最大起飞重量 6t)	60.0	0.30m×0.30m

（2）等效均布活荷载 5kN/m²。

直升机荷载的组合值系数应取 0.7，频遇值系数应取 0.6，准永久值系数应取 0。

不上人的屋面均布活荷载，可不与雪荷载和风荷载同时组合。

3.5 雪 荷 载

3.5.1 屋面水平投影面上雪荷载标准值计算公式

屋面水平投影面上的雪荷载标准值，应按下式计算：

$$s_k = \mu_r s_0 \tag{3.1}$$

式中 s_k——雪荷载标准值（kN/m²）；

μ_r——屋面积雪分布系数；

s_0——基本雪压（kN/m²）。

3.5.2 基本雪压的确定

雪压是指单位水平面积上的雪重，单位为"kN/m²"。

基本雪压 s_0 是根据全国 672 个地点的气象台（站）从建站起到 1995 年的最大雪压或雪深资料，经统计得出 50 年一遇最大雪压，即重现期为 50 年的最大雪压，以此规定当地的基本雪压。

全国各城市重现期为 10 年、50 年和 100 年的雪压值见《建筑结构荷载规范》GB 50009—2012 附表 E.5。全国各城市重现期为 50 年的基本雪压还可以由《建筑结构荷载规范》GB 50009—2012 图 E.6.1 查得。

雪荷载的组合值系数可取 0.7；频遇值系数可取 0.6；准永久值系数应按雪荷载分区Ⅰ、Ⅱ和Ⅲ区的不同，分别取 0.5、0.2 和 0；雪荷载准永久值系数分区图可参见《建筑结构荷载规范》GB 50009—2012 图 E.6.2。

3.5.3 屋面积雪分布系数

屋面积雪分布系数见表 3.5。

屋面积雪分布系数 表 3.5

项次	类　别	屋面形式及积雪分布系数 μ_r							
1	单跨单坡屋面								
		α	≤25°	30°	35°	40°	45°	50°	55°	≥60°
		μ_r	1.0	0.85	0.7	0.55	0.4	0.25	0.1	0

项次	类　别	屋面形式及积雪分布系数 μ_r		
2	单跨双坡屋面	均匀分布的情况　　　　　　　μ_r 不均匀分布的情况　$0.75\mu_r$　　$1.25\mu_r$ α μ_r 按第一项规定采用		
3	拱形屋面	μ_r $60°$　f $\mu_r=\dfrac{1}{8f}\cdot\dfrac{l}{}$ $\mu_r=\dfrac{1}{8}\cdot\dfrac{l}{f}$ $(0.4\leqslant\mu_r\leqslant1.0)$		
4	高低屋面	$\mu_{r,m}$ 情况1：1.0　1.0　　　1.0 　　　　　a　　　　　a 情况2：1.0　2.0　1.0　1.0　2.0 　　　　a　　　　　　a h　　　　　　　h b_1　　b_2　　b_1　$b_2{<}a$ $a=2h(4m{<}a{<}8m)$ $\mu_{r,m}=(b_1+b_2)/2h(2.0\leqslant\mu_{r,m}\leqslant4.0)$		

注：第 2 项单跨双坡屋面仅当 $20°\leqslant\alpha\leqslant30°$ 时，可采用不均匀分布情况。

3.6 风　荷　载

3.6.1　风对高层建筑结构作用的特点

由于气压变化引起大气运动，形成风。

风对高层建筑结构的作用具有如下特点：

（1）风力作用与建筑物的外形直接有关，圆形与正多边形受到风力较小，对抗风有利；相反，平面凹凸多变的复杂建筑物受到的风力较大，而且容易产生风力扭转作用，对抗风不利。

（2）风力受建筑物周围环境影响较大，处于高层建筑群中的高层建筑，有时会出现受力更为不利的情况。例如，由于不对称遮挡而使风力偏心产生扭转；相邻建筑物之间的狭缝风力增大，使建筑物产生扭转等。在这些情况下要适当加大安全度。

（3）风力作用具有静力作用与动力作用两重性质。

（4）风力在建筑物表面的分布很不均匀，在角区和建筑物内收的局部区域，会产生较大的风力。

（5）与地震作用相比，风力作用持续时间较长，其作用更接近于静力荷载。但对建筑物的作用期间出现较大风力的次数较多。

（6）由于有较长期的气象观测，大风的重现期很短，对风力大小的估计要比地震作用大小的估计较为可靠，因而抗风设计也具有较大的可靠性。

3.6.2 风荷载标准值

1. 单位面积风荷载标准值

垂直于建筑物表面上的风荷载标准值，应按下述公式计算：

（1）当计算主要受力结构时

$$w_k = \beta_z \mu_s \mu_z w_0 \tag{3.2}$$

式中　w_k——风荷载标准值（kN/m^2）；

$\quad\quad w_0$——基本风压（kN/m^2）；

$\quad\quad \mu_z$——风压高度变化系数；

$\quad\quad \mu_s$——风荷载体型系数；

$\quad\quad \beta_z$——高度 z 处的风振系数。

（2）当计算围护结构时

$$w_k = \beta_{gz} \mu_{sl} \mu_z w_0 \tag{3.3}$$

式中　β_{gz}——高度 z 处的阵风系数；

$\quad\quad \mu_{sl}$——局部风压体型系数。

2. 总风荷载标准值

计算风荷载下结构产生的内力及位移时，需要计算作用在建筑物上的全部风荷载，即建筑物承受的总风荷载。以图 3.2 所示的 Y 字形建筑为例，建筑物外围共有 9 个表面积（每一个平面作为一个表面积），则总风荷载是各个表面承受风力在该方向的投影之和，并且是沿高度变化的分布荷载。图 3.2 中的 B_i 为第 i 个表面的宽度；数字为该表面的风载体型系数，正号表示风荷载在该表面为压力，负号表示为吸力。

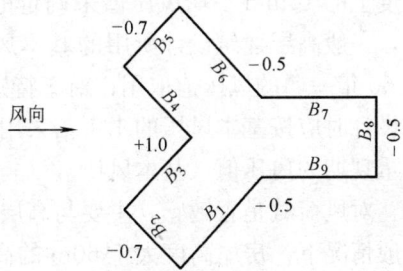

图 3.2　风荷载体型系数示例

（1）作用于第 i 个建筑物表面上高度 z 处的风荷载沿风作用方向的风载标准值是：

$$w_{iz} = \beta_z \mu_z w_0 B_i \mu_{sl} \cos\alpha_i = \left(\mu_z + \frac{z}{H}\xi \cdot \nu\right) w_0 B_i \mu_{sl} \cos\alpha_i$$

$$= \left(\mu_z + \frac{z}{H}\xi \cdot \nu\right) w_i \tag{3.4}$$

$$w_i = w_0 B_i \mu_{sl} \cos\alpha_i \tag{3.5}$$

式中　α_i——第 i 个表面外法线与风作用方向的夹角；

B_i、μ_{sl}——分别为第 i 个表面的宽度和风荷载体型系数。

其余符号含义同前。

（2）整个建筑物在高度 z 处沿风作用方向的风荷载标准值 w_z，是各表面高度 z 处沿该方向风荷载标准值之和，即：

$$w_z = \sum w_{iz} = \left(\mu_z + \frac{z}{H}\xi \cdot \nu\right)\sum w_i \quad (kN/m) \tag{3.6}$$

（3）第 i 楼层（包括小塔楼）高程处（取 $z=H_i$，H_i 为第 i 楼层的标高）的风荷载合力 P_i 为：

$$P_i = w_z \cdot \left(\frac{h_i}{2} + \frac{h_{i+1}}{2} \right) \quad (\text{kN}) \tag{3.7}$$

式中　h_i、h_{i+1}——第 i 层楼面上、下层层高，计算顶层集中荷载时，$h_{i+1}/2$ 取女儿墙高度。

3.6.3　基本风压

风作用在建筑物上，一方面使建筑物受到一个基本上比较稳定的风压力；另一方面又使建筑物产生风力振动（风振）。由于这种双重作用，建筑物既受到静力的作用，又受到动力的作用。

作用在建筑物上的风压力与风速有关，可表示为：

$$w_0 = \frac{1}{2} \rho v_0^2 \tag{3.8}$$

式中　w_0——用于建筑物表面的风压（N/m²）；

　　　ρ——空气的密度，取 $\rho=1.25\text{kg/m}^3$；

　　　v_0——平均风速（m/s）。

我国《建筑结构荷载规范》GB 50009—2012 给出了各城市、各地区的设计基本风压 w_0。这个基本风压值是根据各地气象台站多年的气象观测资料，取当地 50 年一遇、10m 高度上的 10min 平均风压值来确定的。对于高层建筑来说，风荷载是主要荷载之一，所以，一般高层建筑设计所用的基本风压 w_0 应按《建筑结构荷载规范》GB 50009—2012 中 50 年一遇的风压值取用；对于特别重要的高层建筑和对风荷载敏感的高层建筑，承载力设计时应按基本风压的 1.1 倍采用，对于正常使用极限状态（如位移计算），可采用 50 年重现期的风压值（基本风压）。

对风荷载是否敏感，主要与高层建筑的自振特性有关，目前还没有实用的划分标准。一般情况下，房屋高度大于 60m 的高层建筑可按基本风压的 1.1 倍采用；对于房屋高度不超过 60m 的高层建筑，其基本风压是否提高，可由设计人员根据实际情况确定。

全国 10 年、50 年和 100 年一遇的风压标准值可由《建筑结构荷载规范》GB 50009—2012 附表 E.5 中查得。50 年一遇的风压标准值还可以由《建筑结构荷载规范》GB 50009—2012 图 E.6.3 查得。

3.6.4　风压高度变化系数

离地面越高，空气流动受地面摩擦力的影响越小，风速越大，风压也越大。

由于《建筑结构荷载规范》的基本风压是按 10m 高度给出的，所以不同高度上的风压应将 w_0 乘以高度系数 μ_z 得出。风压高度系数 μ_z 取决于粗糙度指数。目前，《建筑结构荷载规范》将地面粗糙度等级分为 A、B、C、D 四类：

——A 类指近海海面、海岛、海岸、湖岸及沙漠地区；

——B 类指田野、乡村、丛林、丘陵以及房屋比较稀疏的乡镇；

——C 类指有密集建筑群的城市市区；

——D 类指有密集建筑群且房屋较高的城市市区。

高度变化系数 μ_z 如表 3.6。

离地面或海平面 高度(m)	地面粗糙度类别			
	A	B	C	D
5	1.09	1.00	0.65	0.51
10	1.28	1.00	0.65	0.51
15	1.42	1.13	0.65	0.51
20	1.52	1.23	0.74	0.51
30	1.67	1.39	0.88	0.51
40	1.79	1.52	1.00	0.60
50	1.89	1.62	1.10	0.69
60	1.97	1.71	1.20	0.77
70	2.05	1.79	1.28	0.84
80	2.12	1.87	1.36	0.91
90	2.18	1.93	1.43	0.98
100	2.23	2.00	1.50	1.04
150	2.46	2.25	1.79	1.33
200	2.64	2.46	2.03	1.58
250	2.78	2.63	2.24	1.81
300	2.91	2.77	2.43	2.02
350	2.91	2.91	2.60	2.22
400	2.91	2.91	2.76	2.40
450	2.91	2.91	2.91	2.58
500	2.91	2.91	2.91	2.74
≥550	2.91	2.91	2.91	2.91

在大气边界层内，风速随离地面高度而增大。当气压场随高度不变时，风速随高度增大的规律，主要取决于地面粗糙度和温度垂直梯度。通常认为在离地面高度为 300～500m 时，风速不再受地面粗糙度的影响，也即达到所谓"梯度风速"，该高度称之梯度风高度。地面粗糙度等级低的地区，其梯度风高度比等级高的地区为低。

对于山区的建筑物，风压高度变化系数可按平坦地面的粗糙度类别，由表 3.6 确定外，还应考虑地形条件的修正，修正系数 η 分别按下述规定采用：

1. 对于山峰和山坡，其顶部 B 处的修正系数可按下述公式采用：

$$\eta_B = \left[1 + k\tan\alpha\left(1 - \frac{z}{2.5H}\right)\right]^2 \qquad (3.9)$$

式中　$\tan\alpha$——山峰或山坡在迎风面一侧的坡度；当 $\tan\alpha > 0.3$ 时，取为 0.3；

k——系数，对山峰取 2.2，对山坡取 1.4；

H——山顶或山坡全高（m）；

z——建筑物计算位置离建筑物地面的高度（m）；当 $z > 2.5H$ 时，取 $z = 2.5H$。

对于山峰和山坡的其他部位，可按图 3.3 所示，取 A、C 处的修正系数 η_A、η_C 为 1，AB 间和 BC 间的修正系数按 η 值线性插值确定。

2. 山间盆地、谷地等闭塞地形 $\eta = 0.75\sim0.85$；对于与风向一致的谷口、山口 $\eta = 1.20\sim1.50$。

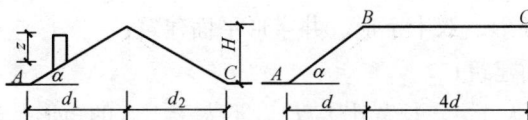

图 3.3　山峰和山坡的示意图

远离海岸的海岛上的高层建筑物，其风压高度变化系数可按 A 类粗糙度类别，由表 3.6 确定外，还应考虑表 3.7 中给出的修正系数。

海岛的修正系数 η

表 3.7

距海岸距离（km）	η	距海岸距离（km）	η
<40	1.0	60~100	1.1~1.2
40~60	1.0~1.1		

3.6.5 风荷载体型系数

风力在建筑物表面上分布是很不均匀的，一般取决于其平面形状、立面体型和房屋高

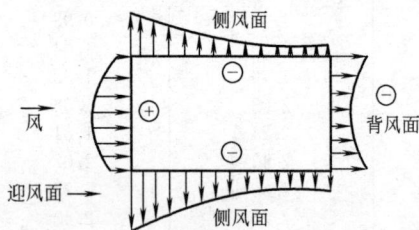

图 3.4 风压在建筑物平面上的分布

宽比。通常，在迎风面上产生风压力，侧风面和背风面产生风吸力（图 3.4）。用体型系数 μ_s 来表示不同体型建筑物表面风力的大小。体型系数通常由建筑物的风压现场实测或由建筑物模型的风洞试验求得。

建筑物表面各处的体型系数 μ_s 是不同的。在进行主体结构的内力与位移计算时，对迎风面和背风面取一个平均的体型系数。当验算围护构件本身的承载力和刚度时，则按最大的体型系数来考虑。特别是对外墙板、玻璃幕墙、女儿墙、广告牌、挑檐和遮阳板等局部构件进行抗风设计时，要考虑承受最大风压的可能性。

除了上述风力分布的空间特性外，风力还随时间不断变化，因而脉动变化的风力会使建筑物产生风力振动（风振）。将建筑物受到的最大风力与平均风力之比称为风振系数 β_z。风振系数反映了风荷载的动力作用，它取决于建筑物的高宽比、基本自振周期及地面粗糙度类别。

为了便于高层建筑结构设计计算起见，《高层建筑混凝土结构技术规程》JGJ 3—2010 给出了风荷载体型系数的计算公式或系数值。

1. 风荷载体型系数的一般规定

风荷载体型系数与高层建筑的体型、平面尺寸等有关，可按下列规定采用：

（1）圆形平面建筑取 0.8；

（2）正多边形及截角三角形平面建筑，按式（3.10）计算：

$$\mu_s = 0.8 + 1.2/\sqrt{n} \tag{3.10}$$

式中 n——多边形的边数。

（3）高宽比 H/B 不大于 4 的矩形、方形、十字形平面建筑取 1.3；

（4）下列建筑的风荷载体型系数为 1.4：

1）V 形、Y 形、弧形、双十字形、井字形平面建筑；

2）L 形和槽形平面建筑；

3）高宽比 H/B_{max} 大于 4，长宽比 L/B_{max} 不大于 1.5 的矩形、鼓形平面建筑。

（5）迎风面积可取垂直于风向的最大投影面积；

（6）在需要更细致进行风荷载计算的情况下，风荷载体型系数可按第 2 点中（1）～（12）规定查取，或由风洞试验确定。

复杂体型的高层建筑在进行内力与位移计算时，正反两个方向风荷载的绝对值可按两个方向中的较大值采用。

2. 各种体型的风荷载体型系数

风荷载体型系数应根据建筑物平面形状按下列规定取用：

（1）矩形平面（图 3.5 和表 3.8）

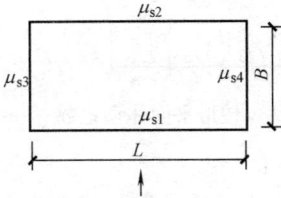

图 3.5 矩形平面

矩形平面体型系数　　表 3.8

μ_{s1}	μ_{s2}	μ_{s3}	μ_{s4}
0.80	$-\left(0.48+0.03\dfrac{H}{L}\right)$	-0.60	-0.60

注：H 为房屋高度。

（2）L 形平面（图 3.6 和表 3.9）

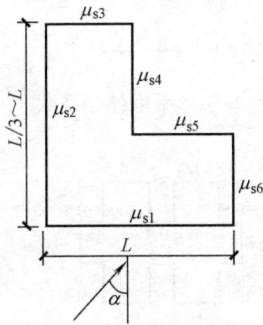

图 3.6 L 形平面

L 形平面体型系数　　表 3.9

α \ μ_s	μ_{s1}	μ_{s2}	μ_{s3}	μ_{s4}	μ_{s5}	μ_{s6}
0°	0.80	-0.70	-0.60	-0.50	-0.50	-0.60
45°	0.50	0.50	-0.80	-0.70	-0.70	-0.80
225°	-0.60	-0.60	0.30	0.90	0.90	0.30

（3）槽形平面（图 3.7）

（4）正多边形平面、圆形平面（图 3.8）

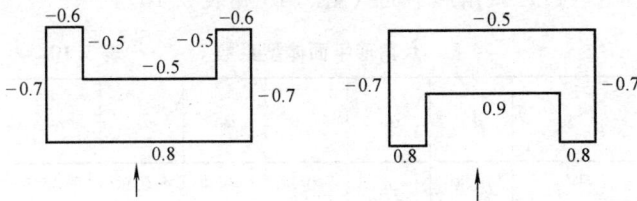

图 3.7　槽形平面体型系数

图 3.8　正多边形平面和圆形平面

1）$\mu_s=0.8+\dfrac{1.2}{\sqrt{n}}$（$n$ 为边数）；

2）当圆形高层建筑表面较粗糙时，$\mu_s=0.8$。

（5）扇形平面（图 3.9）

(6) 梭形平面（图 3.10）

(7) 十字形平面（图 3.11）

(8) 井字形平面（图 3.12）

(9) X 形平面（图 3.13）

(10) ╫形平面（图 3.14）

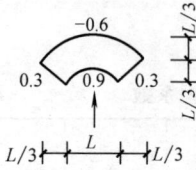

图 3.9　扇形平面体型系数

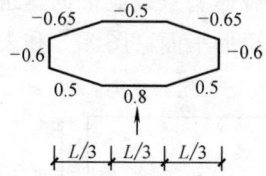

图 3.10　梭形平面体型系数

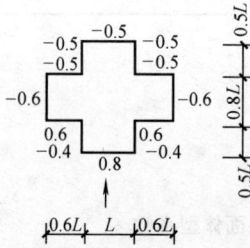

图 3.11　十字形平面体型系数

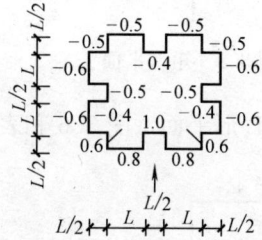

图 3.12　井字形平面体型系数

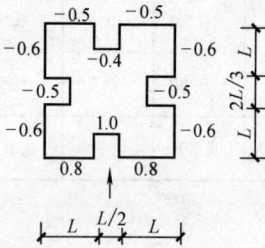

图 3.13　X 形平面体型系数

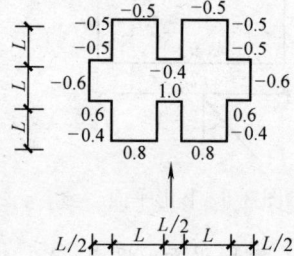

图 3.14　╫形平面体型系数

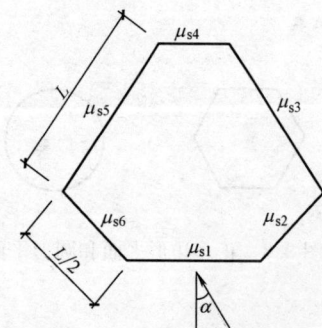

图 3.15　六角形平面体型系数

(11) 六角形平面（图 3.15 和表 3.10）

六角形平面体型系数　　　表 3.10

μ_s α	μ_{s1}	μ_{s2}	μ_{s3}	μ_{s4}	μ_{s5}	μ_{s6}
0°	0.80	−0.45	−0.50	−0.60	−0.50	−0.45
30°	0.70	0.40	−0.55	−0.50	−0.55	−0.55

(12) Y 形平面（图 3.16 和表 3.11）

檐口、雨篷、遮阳板、阳台等水平构件，计算局部上浮风荷载时，风荷载体型系数 μ_s 不宜小于 2.0。

当多个建筑物，特别是群集的高层建筑，相互间距较近时，宜考虑风力相互干扰的群体效应。一般可将单独建筑物的体型系数 μ_s 乘以相互干扰增大系数，该系数可参考类似条件的试验资料确定，必要时宜通过风洞试验得出。

验算围护构件及其连接的承载力时，可按下列规定采用局部风压体型系数：

（1）外表面

Y 形平面体型系数 表 3.11

μ_s ＼ α	0°	10°	20°	30°	40°	50°	60°
μ_{s1}	1.05	1.05	1.00	0.95	0.90	0.50	−0.15
μ_{s2}	1.00	0.95	0.90	0.85	0.80	0.40	−0.10
μ_{s3}	−0.70	−0.10	0.30	0.50	0.70	0.85	0.95
μ_{s4}	−0.50	−0.50	−0.55	−0.60	−0.75	−0.40	−0.10
μ_{s5}	−0.50	−0.55	−0.60	−0.65	−0.75	−0.45	−0.15
μ_{s6}	−0.55	−0.55	−0.60	−0.70	−0.65	−0.15	−0.35
μ_{s7}	−0.50	−0.50	−0.50	−0.55	−0.55	−0.55	−0.55
μ_{s8}	−0.55	−0.55	−0.55	−0.50	−0.50	−0.50	−0.50
μ_{s9}	−0.50	−0.55	−0.60	−0.65	−0.75	−0.45	−0.15
μ_{s10}	−0.50	−0.50	−0.50	−0.50	−0.50	−0.50	−0.50
μ_{s11}	−0.70	−0.60	−0.55	−0.55	−0.55	−0.55	−0.55
μ_{s12}	1.00	0.95	0.90	0.80	0.75	0.65	0.35

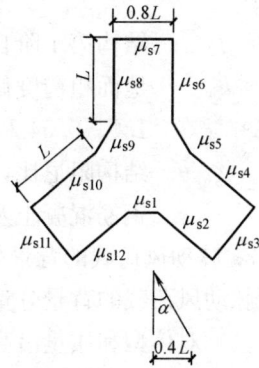

图 3.16 Y 形平面体型系数

正压区按规范规定采用，负压区按下列规定取值：

——对墙面，取 −1.0；

——对墙角边，取 −1.8；

——对屋面局部部位（周边和屋面坡度大于 10°的屋脊部位），取 −2.2；

——对檐口、雨篷、遮阳板等突出构件，取 −2.0。

对墙角边和屋面局部部位的作用宽度为房屋宽度的 0.1 或房屋平均高度的 0.4，取其小者，但不小于 1.5m。

（2）内表面

对封闭式建筑物，按外表面风压的正负情况取 −0.2 或 0.2。

3.6.6 顺风向风振和风振系数

1. 风振系数计算公式

高层建筑结构当高度大于 30m、高宽比大于 1.5 时，应考虑风压脉动对结构产生顺风向风振的影响，并可仅考虑结构第一振型的影响，结构的顺风向风荷载可按公式（3.2）计算。子高度处的风振系数可按式（3.11）计算：

$$\beta_z = 1 + 2g I_{10} B_z \sqrt{1 + R^2} \qquad (3.11)$$

式中 g——峰值因子，可取 2.5；

I_{10}——10m 高度名义湍流强度，对应 A、B、C 和 D 类地面粗糙度，可分别取 0.12、0.14、0.23 和 0.39；

R——脉动风荷载的共振分量因子；

B_z——脉动风荷载的背景分量因子。

2. 脉动风荷载的共振分量因子计算公式

脉动风荷载的共振分量因子可按下列公式计算：

$$R=\sqrt{\frac{\pi}{6\zeta_1}\frac{x_1^2}{(1+x_1^2)^{4/3}}} \tag{3.12}$$

$$x_1=\frac{30f_1}{\sqrt{k_w w_0}},x_1>5 \tag{3.13}$$

式中　f_1——结构第1阶自振频率（Hz）；

k_w——地面粗糙度修正系数，对 A 类、B 类、C 类和 D 类地面粗糙度分别取 1.28、1.0、0.54 和 0.26；

ζ_1——结构阻尼比，对钢结构可取 0.01，对有填充墙的钢结构房屋可取 0.02，对钢筋混凝土及砌体结构可取 0.05，对其他结构可根据工程经验确定。

3. 脉动风荷载的背景分量因子计算公式

脉动风荷载的背景分量因子可按下列规定确定：

（1）对体型和质量沿高度均匀分布的高层建筑和高耸结构，可按下式计算：

$$B_z=kH^{a_1}\rho_x\rho_z\frac{\phi_1(z)}{\mu_z} \tag{3.14}$$

式中　$\phi_1(z)$——结构第1阶振型系数；

H——结构总高度（m），对 A、B、C 和 D 类地面粗糙度，H 的取值分别不应大于 300m、350m、450m 和 550m；

ρ_x——脉动风荷载水平方向相关系数；

ρ_z——脉动风荷载竖直方向相关系数；

k、a_1——系数，按表 3.12 取值。

系数 k 和 a_1 表 3.12

粗糙度类别		A	B	C	D
高层建筑	k	0.944	0.670	0.295	0.112
	a_1	0.155	0.187	0.261	0.346
高耸结构	k	1.276	0.910	0.404	0.155
	a_1	0.186	0.218	0.292	0.376

（2）对迎风面和侧风面的宽度沿高度按直线或接近直线变化，而质量沿高度按连续规律变化的高耸结构，式（3.14）计算的背景分量因子 B_z 应乘以修正系统 θ_B 和 θ_v。θ_B 为构筑物在 z 高度处的迎风面宽度 $B(z)$ 与底部宽度 $B(0)$ 的比值；θ_v 可按表 3.13 确定。

修正系数 θ_v 表 3.13

$B(z)/B(0)$	1	0.9	0.8	0.7	0.6	0.5	0.4	0.3	0.2	≤0.1
θ_v	1.00	1.10	1.20	1.32	1.50	1.75	2.08	2.53	3.30	5.60

脉动风荷载的空间相关系数可按下列规定确定：

（1）竖直方向的相关系数可按下式计算：

$$\rho_z = \frac{10\sqrt{H + 60 e^{-H/60} - 60}}{H} \tag{3.15}$$

式中　H——结构总高度（m）；对 A、B、C 和 D 类地面粗糙度，H 的取值分别不应大于 300m、350m、450m 和 550m。

（2）水平方向相关系数可按下式计算：

$$\rho_x = \frac{10\sqrt{B + 50 e^{-B/50} - 50}}{B} \tag{3.16}$$

式中　B——结构迎风面宽度（m），$B \leqslant 2H$。

（3）对迎风面宽度较小的高耸结构，水平方向相关系数可取 $\rho_x = 1$。

4. 结构第 1 阶振型系数

振型系数应根据结构动力计算确定。对外形、质量、刚度沿高度按连续规律变化的竖向悬臂型高耸结构及沿高度比较均匀的高层建筑，结构第 1 阶振型系数 $\phi_1(z)$ 也可根据相对高度 z/H 按表 3.14 确定。

高层建筑结构第 1 阶振型系数 　　　　　　　表 3.14

z/H	0.1	0.2	0.3	0.4	0.5	0.6	0.7	0.8	0.9	1.0
$\phi_1(z)$	0.02	0.08	0.17	0.27	0.38	0.45	0.67	0.74	0.86	1.00

5. 阵风系数计算公式

计算围护结构风荷载时采用的阵风系数可按表 3.15 确定。

阵风系数 β_{gz} 　　　　　　　　　　　表 3.15

离地面高度	地面粗糙度类别			
（m）	A	B	C	D
5	1.65	1.70	2.05	2.40
10	1.60	1.70	2.05	2.40
15	1.57	1.66	2.05	2.40
20	1.55	1.63	1.99	2.40
30	1.53	1.59	1.90	2.40
40	1.51	1.57	1.85	2.29
50	1.49	1.55	1.81	2.20
60	1.48	1.54	1.78	2.14
70	1.48	1.52	1.75	2.09
80	1.47	1.51	1.73	2.04
90	1.46	1.50	1.71	2.01
100	1.46	1.50	1.69	1.98
150	1.43	1.47	1.63	1.87
200	1.42	1.45	1.59	1.79
250	1.41	1.43	1.57	1.74
300	1.40	1.42	1.54	1.70
350	1.40	1.41	1.53	1.67
400	1.40	1.41	1.51	1.64
450	1.40	1.41	1.50	1.62
500	1.40	1.41	1.50	1.60
550	1.40	1.41	1.50	1.59

3.6.7　横风向和扭转风振

1. 横向风

对于横风向风振作用效应明显的高层建筑以及细长圆形截面构筑物，宜考虑横风向风振的影响。

横风向风振的等效风荷载可按下列规定采用：

（1）对于平面或立面体型较复杂的高层建筑和高耸结构，横风向风振的等效风荷载 w_{Lk} 宜通过风洞试验确定，也可比照有关资料确定；

（2）对于圆形截面高层建筑及构筑物，其由跨临界强风共振（旋涡脱落）引起的横风向风振等效风荷载 w_{Lk} 可按荷载规范附录 H.1 确定；

（3）对于矩形截面及凹角或削角矩形截面的高层建筑，其横风向风振等效风荷载 w_{Lk} 可按荷载规范附录 H.2 确定。

高层建筑横风向风振加速度可按荷载规范附录 J 计算。

对圆形截面的结构，应按下列规定对不同雷诺数 Re 的情况进行横风向风振（旋涡脱落）的校核：

（1）当 $Re < 3 \times 10^5$ 且结构顶部风速 v_H 大于 v_{cr} 时，可发生亚临界的微风共振。此时，可在构造上采取防振措施，或控制结构的临界风速 v_{cr} 不小于 15m/s。

（2）当 $Re \geqslant 3.5 \times 10^6$ 且结构顶部风速 v_H 的 1.2 倍大于 v_{cr} 时，可发生跨临界的强风共振，此时应考虑横风向风振的等效风荷载。

（3）当雷诺数为 $3 \times 10^5 \leqslant Re < 3.5 \times 10^6$ 时，则发生超临界范围的风振，可不作处理。

（4）雷诺数 Re 可按下列公式确定：

$$Re = 69000vD \tag{3.17}$$

式中　v——计算所用风速，可取临界风速值 v_{cr}；

　　　D——结构截面的直径（m），当结构的截面沿高度缩小时（倾斜度不大于 0.02），可近似取 2/3 结构高度处的直径。

（5）临界风速 v_{cr} 和结构顶部风速 v_H 可按下列公式确定：

$$v_{cr} = \frac{D}{T_i St} \tag{3.18}$$

$$v_H = \sqrt{\frac{2000\mu_H w_0}{\rho}} \tag{3.19}$$

式中　T_i——结构第 i 振型的自振周期，验算亚临界微风共振时取基本自振周期 T_1；

　　　St——斯脱罗哈数，对圆截面结构取 0.2；

　　　μ_H——结构顶部风压高度变化系数；

　　　w_0——基本风压（kN/m^2）；

　　　ρ——空气密度（kg/m^3）。

2. 扭转风振

对于扭转风振作用效应明显的高层建筑及高耸结构，宜考虑扭转风振的影响。

扭转风振等效风荷载可按下列规定采用：

（1）对于体型较复杂以及质量或刚度有显著偏心的高层建筑，扭转风振等效风荷载 w_{Tk} 宜通过风洞试验确定，也可比照有关资料确定；

（2）对于质量和刚度较对称的矩形截面高层建筑，其扭转风振等效风荷载 w_{Tk} 可按荷载规范附录 H.3 确定。

顺风向风荷载、横风向风振及扭转风振等效风荷载宜按表 3.16 考虑风荷载组合工况。表 3.16 中的单位高度风力 F_{Dk}、F_{Lk} 及扭矩 T_{Tk} 标准值应按下列公式计算：

$$F_{Dk} = (w_{k1} - w_{k2})B \tag{3.20}$$

$$F_{Lk} = w_{Lk}B \tag{3.21}$$

$$T_{Tk} = w_{Tk}B^2 \tag{3.22}$$

式中　F_{Dk}——顺风向单位高度风力标准值（kN/m）；

F_{Lk}——横风向单位高度风力标准值（kN/m）；

T_{Tk}——单位高度风致扭矩标准值（kN·m/m）；

w_{k1}、w_{k2}——迎风面、背风面风荷载标准值（kN/m²）；

w_{Lk}、w_{Tk}——横风向风振和扭转风振等效风荷载标准值（kN/m²）；

B——迎风面宽度（m）。

风荷载组合工况　　　　　　　　　　　表 3.16

工况	顺风向风荷载	横风向风振等效风荷载	扭转风振等效风荷载
1	F_{Dk}	—	—
2	$0.6F_{Dk}$	F_{Lk}	—
3	—	—	T_{Tk}

3.6.8 风洞试验

房屋高度大于 200m 或有下列情况之一时，宜进行风洞试验判断确定建筑物的风荷载：

——平面形状或立面形状复杂；

——立面开洞或连体建筑；

——周围地形和环境较复杂。

3.6.9 风荷载换算

采用近似法计算高层建筑结构内力时，需将由式（3.14）计算的各楼层标高处的集中荷载换算成三种典型水平荷载（顶点集中荷载、均布荷载和倒三角形荷载），以适应现有的协同内力计算公式或图表。风荷载的换算可按以下方法确定：作用于出屋面小塔楼（电梯机房、水箱等）的风荷载传至主体结构顶上，可按集中力 F_k 计算；对主体结构部分，取第二层楼面处的风荷载集度为均布荷载 q_{1k}，再将剩余风荷载按对基础顶面（主体结构嵌固于地下室顶板时，为地下室顶板处）弯矩等效的原则简化为倒三角形荷载（图3.17）。倒三角形荷载最大值 q_k 为：

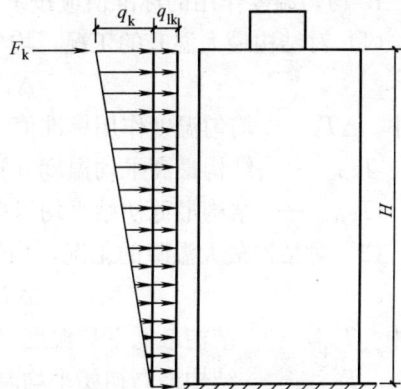

$$q_k = \frac{3}{H^2}\left(\sum F_i \cdot H_i - \frac{1}{2}q_{1k}H^2\right) \tag{3.23}$$

图 3.17　风荷载换算图

也可以将主体结构上楼面处的集中风荷载全部换算成倒三角形荷载，则

$$q_k = \frac{3}{H^2} \sum F_i \cdot H_i \qquad (3.24)$$

3.7 温度作用

3.7.1 一般规定

1. 温度作用应考虑气温变化、太阳辐射及使用热源等因素，作用在结构或构件上的温度作用应采用其温度的变化来表示。

2. 计算结构或构件的温度作用效应时，应采用材料的线膨胀系数 α_T。常用材料的线膨胀系数可按表 3.17 采用。

常用材料的线膨胀系数 α_T　　　　　　　　　　表 3.17

材料	线膨胀系数 $\alpha_T(\times 10^{-6}/℃)$	材料	线膨胀系数 $\alpha_T(\times 10^{-6}/℃)$
轻骨料混凝土	7	钢、锻铁、铸铁	12
普通混凝土	10	不锈钢	16
砌体	6～10	铝、铝合金	24

3. 温度作用的组合值系数、频遇值系数和准永久值系数可分别取 0.6、0.5 和 0.4。

3.7.2 基本气温

1. 基本气温可采用按 50 年重现期的月平均最高气温 T_{max} 和月平均最低气温 T_{min}。全国各城市的基本气温值可按荷载规范附录 E 中表 E.5 采用。当城市或建设地点的基本气温值在附录 E 中没有给出时，基本气温值可根据当地气象台站记录的气温资料，按附录 E 规定的方法通过统计分析确定。当地没有气温资料时，可根据附近地区规定的基本气温，通过气象和地形条件的对比分析确定；也可比照《建筑结构荷载规范》GB 50009—2012 中图 E.6.4 和图 E.6.5 近似确定。

2. 对金属结构等对气温变化较敏感的结构，宜考虑极端气温的影响，基本气温 T_{max} 和 T_{min} 可根据当地气候条件适当增加或降低。

3.7.3 均匀温度作用

1. 均匀温度作用的标准值应按下列规定确定：

（1）对结构最大温升的工况，均匀温度作用标准值按下式计算：

$$\Delta T_k = T_{s,max} - T_{0,min} \qquad (3.25)$$

式中　ΔT_k——均匀温度作用标准值（℃）；

　　　$T_{s,max}$——结构最高平均温度（℃）；

　　　$T_{0,min}$——结构最低初始平均温度（℃）。

（2）对结构最大温降的工况，均匀温度作用标准值按下式计算：

$$\Delta T_k = T_{s,min} - T_{0,max} \qquad (3.26)$$

式中　$T_{s,min}$——结构最低平均温度（℃）；

　　　$T_{0,max}$——结构最高初始平均温度（℃）。

2. 结构最高平均温度 $T_{s,max}$ 和最低平均温度 $T_{s,min}$ 宜分别根据基本气温 T_{max} 和 T_{min} 按热工学的原理确定。对于有围护的室内结构，结构平均温度应考虑室内外温差的影响；对于暴露于室外的结构或施工期间的结构，宜依据结构的朝向和表面吸热性质考虑太阳辐射的影响。

3. 结构的最高初始平均温度 $T_{0,max}$ 和最低初始平均温度 $T_{0,min}$ 应根据结构的合拢或形成约束的时间确定，或根据施工时结构可能出现的温度按不利情况确定。

3.8 偶然荷载

3.8.1 一般规定

1. 偶然荷载应包括爆炸、撞击、火灾及其他偶然出现的灾害引起的荷载。本节规定仅适用于爆炸和撞击荷载。

2. 当采用偶然荷载作为结构设计的主导荷载时，在允许结构出现局部构件破坏的情况下，应保证结构不致因偶然荷载引起连续倒塌。

3. 偶然荷载的荷载设计值可直接取用按本章规定的方法确定的偶然荷载标准值。

3.8.2 爆炸

1. 由炸药、燃气、粉尘等引起的爆炸荷载宜按等效静力荷载采用。

2. 在常规炸药爆炸动荷载作用下，结构构件的等效均布静力荷载标准值，可按下式计算：

$$q_{ce} = K_{dc} p_c \qquad (3.27)$$

式中 q_{ce}——作用在结构构件上的等效均布静力荷载标准值；

     p_c——作用在结构构件上的均布动荷载最大压力，可按国家标准《人民防空地下室设计规范》GB 50038—2005 中第 4.3.2 条和第 4.3.3 条的有关规定采用；

     K_{dc}——动力系数，根据构件在均布动荷载作用下的动力分析结果，按最大内力等效的原则确定。

其他原因引起的爆炸，可根据其等效 TNT 装药量，参考本条方法确定等效均布静力荷载。

3. 对于具有通口板的房屋结构，当通口板面积 A_V 与爆炸空间体积 V 之比在 $0.05\sim$ 0.15 之间且体积 V 小于 $1000m^3$ 时，燃气爆炸的等效均布静力荷载 p_k 可按下列公式计算并取其较大值：

$$p_k = 3 + p_V \qquad (3.28)$$

$$p_k = 3 + 0.5 p_V + 0.04 \left(\frac{A_V}{V}\right)^2 \qquad (3.29)$$

式中 p_V——通口板（一般指窗口的平板玻璃）的额定破坏压力（kN/m^2）；

     A_V——通口板面积（m^2）；

     V——爆炸空间的体积（m^3）。

3.8.3 撞击

1. 电梯竖向撞击荷载标准值可在电梯总重力荷载的 $4\sim6$ 倍范围内选取。

2. 汽车的撞击荷载可按下列规定采用：

（1）顺行方向的汽车撞击力标准值 P_k（kN）可按下式计算：

$$P_k = \frac{mv}{t} \tag{3.30}$$

式中 m——汽车质量（t），包括车自重和载重；

　　　v——车速（m/s）；

　　　t——撞击时间（s）。

（2）撞击力计算参数 m、v、t 和荷载作用点位置宜按照实际情况采用；当无数据时，汽车质量可取 15t，车速可取 22.2m/s，撞击时间可取 1.0s，小型车和大型车的撞击力荷载作用点位置可分别取位于路面以上 0.5m 和 1.5m 处。

（3）垂直行车方向的撞击力标准值可取顺行方向撞击力标准值的 0.5 倍，二者可不考虑同时作用。

3. 直升飞机非正常着陆的撞击荷载可按下列规定采用：

（1）竖向等效静力撞击力标准值 P_k(kN) 可按下式计算：

$$P_k = C\sqrt{m} \tag{3.31}$$

式中 C——系数，取 3kN·kg$^{-0.5}$；

　　　m——直升飞机的质量（kg）。

（2）竖向撞击力的作用范围宜包括停机坪内任何区域以及停机坪边缘线 7m 之内的屋顶结构。

（3）竖向撞击力的作用区域宜取 2m×2m。

3.9　地　震　作　用

3.9.1　地震的基本知识

1. 地震、震源、震中和震中距

地球在不停地运动过程中，深部岩石的应变超过容许值时，岩层将发生断裂、错动和碰撞，从而引发地面振动，称之为地震或构造地震。除此之外，火山喷发和地面塌陷也将引起地面振动，但其影响较小，因此，通常所说的地震是指构造地震。强烈的构造地震影响面广，破坏性大，发生的频率高，约占破坏性地震总量的 90% 以上。

地震像刮风和下雨一样，是一种自然现象。地球上每年都有许许多多次地震发生，只不过它们之中绝大部分是人们难于感觉得到而已。

地壳深处岩层发生断裂、错动和碰撞的地方称为震源。震源深度小于 60km 的称为浅源地震；震源深度为 60～300km 的称为中源地震；震源深度大于 300km 的称为深源地震。浅源地震造成的地面破坏比中源地震和深源地震大。我国发生的地震绝大多数属浅源地震。

震源正上方的地面为震中。地面上某点至震中的距离称为震中距。一般地说，震中距愈远，所遭受的地震破坏愈小。

2. 地震波、震级和地震烈度

（1）地震波

地震以波的形式向四周传播，这种波称为地震波。

地震波按其在地壳传播的位置不同，可按图 3.18 分类。

体波在地球内部传播，面波沿地球表面传播。体波又分为纵波和横波。纵波是由震源向四周传播的压缩波，横波是由震源向四周传播的剪切波。

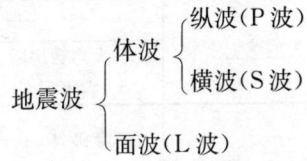

$$地震波 \begin{cases} 体波 \begin{cases} 纵波（P 波） \\ 横波（S 波） \end{cases} \\ 面波（L 波） \end{cases}$$

图 3.18　地震波的分类

纵波的周期短，振幅小，波速快。横波的周期长，振幅大，波速慢。面波是体波经地层界面多次反射、折射形成的次生波，其波速慢，振幅大，振动方向复杂，对建筑物的影响较大。

（2）震级

衡量地震释放能量大小的等级，称为震级，用符号 M 表示。

1935 年，里克特首先提出震级的确定方法，称为里氏震级。里氏震级的定义是：用周期为 0.8s，阻尼系数为 0.8 和放大倍数为 2800 的标准地震仪，在距震中为 100km 处记录的以微米（μm，$1\mu m = 1 \times 10^{-3}$ mm）为单位的最大水平地面位移（振幅）A 的常用对数值，即：

$$M = \lg A \tag{3.32}$$

$M < 2$ 的地震称为微震或无感地震；$M = 2 \sim 4$ 的地震称为有感地震；$M > 5$ 的地震称为破坏性地震；$M > 7$ 的地震称为强震或大地震；$M > 8$ 的地震称为特大地震。

（3）地震烈度

地震烈度是指地震时在一定地点震动的强烈程度。《中国地震烈度表（1980）》（表3.18）将地震烈度分为 12 度，并且将宏观标志、定量的物理标志与地面运动参数联系在一起。

中国地震烈度表（1980 年） 表 3.18

烈度	人的感觉	一般房屋		其他现象	参考物理指标	
		大多数房屋震害程度	平均震害指数		水平加速度（mm/s²）	水平速度（mm/s）
1	无感					
2	室内个别静止中的人感觉					
3	室内少数静止中的人感觉	门、窗轻微作响		悬挂物微动		
4	室内多数人感觉。室外少数人感觉。少数人梦中惊醒	门、窗作响		悬挂物明显摆动，器皿作响		
5	室内普遍感觉。室外多数人感觉。多数人梦中惊醒	门窗、屋顶、屋架颤动作响，灰土掉落，抹灰出现微细裂缝		不稳定器物翻倒	310（220～440）	30（20～40）
6	惊慌失措，仓皇逃出	损坏——个别砖瓦掉落、墙体微细裂缝	0～0.1	河岸和松软土上出现裂缝。饱和砂层出现喷砂冒水。地面上有的砖烟囱轻度裂缝、掉头	630（450～890）	60（50～90）

47

烈度	人的感觉	一般房屋		其他现象	参考物理指标	
		大多数房屋震害程度	平均震害指数		水平加速度（mm/s²）	水平速度（mm/s）
7	大多数人仓皇逃出	轻度破坏——局部破坏、开裂，但不妨碍使用	0.11～0.30	河岸出现坍方。饱和砂层常见喷砂冒水。松软土上地裂缝较多。大多数砖烟囱中等破坏	1250（900～1770）	130（100～180）
8	摇晃颠簸，行走困难	中等破坏——结构受损，需要修理	0.31～0.50	干硬土上亦有裂缝。大多数砖烟囱严重破坏	2500（1780～3530）	250（190～350）
9	坐立不稳。行动的人可能摔跤	严重破坏——墙体龟裂、局部倒塌，复修困难	0.51～0.70	干硬土上有许多地方出现裂缝，基岩上可能出现裂缝。滑坡，坍方常见。砖烟囱出现倒塌	5000（3540～7070）	500（360～710）
10	骑自行车的人会摔倒。处不稳状态的人会摔出几尺远。有抛起感	倒塌——大部倒塌，不堪修复	0.71～0.90	山崩和地震断裂出现。基岩上的拱桥破坏。大多数砖烟囱从根部破坏或倒塌	10000（7080～14140）	1000（720～1410）
11		毁灭	0.91～1.00	地震断裂延续很长。山崩常见。基岩上拱桥毁坏		
12				地面剧烈变化、山河改观		

注：1. 1～5度以地面上人的感觉为主，6～10度以房屋震害为主，人的感觉仅供参考，11、12度以地表现象为主。11、12度的评定，需要专门研究。

2. 一般房屋包括用木构架和土、石、砖墙构造的旧式房屋和单层或数层的、未经抗震设计的新式砖房。对于质量特别差或特别好的房屋，可根据具体情况，对列各烈度的震害程度和震害指数予以提高或降低。

3. 震害指数以房屋"完好"为0，"毁灭"为1，中间按列震害程度分级。平均震害指数指所有房屋的震害指数的总平均值而言，可以用普查或抽查方法确定之。

4. 使用本表时可根据地区具体情况，作出临时的补充规定。

5. 在农村可以自然村为单位，在城镇可以分区进行烈度的评定，但面积以 1km² 左右为宜。

6. 烟囱指工业或取暖用的锅炉房烟囱。

7. 表中数量词的说明：个别：10%以下；少数：10%～50%；多数：50%～70%；大多数：70%～90%；普遍，90%以上。

《中国地震烈度区划图（1990）》给出了全国各地地震基本烈度取值。许多大城市还有自己的地震烈度区划图。基本烈度是指该地区在今后 50 年期限内，在一般场地条件下可能遭遇超越概率为 10% 的地震烈度。它是该地区进行抗震设计的基本依据。

3.9.2 高层建筑结构的抗震设防

1. 高层建筑抗震设防分类

建筑抗震设防类别划分，应根据下列因素的综合分析确定：

（1）建筑破坏造成的人员伤亡、直接和间接经济损失及社会影响的大小。

（2）城镇的大小、行业的特点、工矿企业的规模。

（3）建筑使用功能失效后，对全局的影响范围大小、抗震救灾影响及恢复的难易程度。

（4）由防震缝分开的结构单元、平面内使用功能不同的部分或上下使用功能不同的部分，称为区段。建筑各区段的重要性有显著不同时，可按区段划分抗震设防类别。下部区段的类别不应低于上部区段。

（5）不同行业的相同建筑，当所处地位及地震破坏所产生的后果和影响不同时，其抗震设防类别可不相同。

我国《建筑工程抗震设防分类标准》GB 50223—2008 规定，建筑工程应分为以下四个抗震设防类别：

（1）特殊设防类：指使用上有特殊设施，涉及国家公共安全的重大建筑工程和地震时可能发生严重次生灾害等特别重大灾害后果，需要进行特殊设防的建筑。简称甲类。

（2）重点设防类：指地震时使用功能不能中断或需尽快恢复的生命线相关建筑，以及地震时可能导致大量人员伤亡等重大灾害后果，需要提高设防标准的建筑。简称乙类。

（3）标准设防类：指大量的除（1）、（2）、（4）款以外按标准要求进行设防的建筑。简称丙类。

（4）适度设防类：指使用上人员稀少且震损不致产生次生灾害，允许在一定条件下适度降低要求的建筑。简称丁类。

高层建筑结构抗震设计时，按其重要性可分为甲、乙、丙三类，无丁类。

甲类高层建筑指有特殊要求的高层建筑，如遇地震破坏会导致严重后果的高层建筑。例如：三级医院中承担特别重要医疗任务的门诊、医技、住院大楼，国家和区域的电力调度中心，国际出入口局，国际无线电台，国家卫星通信地球站，国际海缆登陆站大楼，国家级、省级高度大于 250m 的混凝土电视调频广播发射塔和高度大于 300m 的钢电视调频广播发射塔，国家级卫星地球站上行站大楼等，应划为特殊设防类（甲类）高层建筑。这类高层建筑应根据具体情况，按国家规定的审批权限审批后确定。甲类高层建筑应采取专门的设计方法，例如：对建筑物的不同使用要求规定专门的设防标准；采用地震危险性分析提出专门的地震动参数；采取规范以外的特殊抗震方案、抗震措施和抗震验算方法等。

乙类高层建筑属于重要高层建筑物，指在抗震救灾时需要的高层建筑物。例如：

（1）二、三级医院的门诊、医技、住院用房，具有外科手术室或急诊科的乡镇卫生院的医疗用房，县级及以上急救中心的指挥、通信、运输系统的重要建筑，县级以上的独立采供血机构的建筑，抗震设防类别应划为重点设防类。

（2）20 万人口以上的城镇和县及县级市防灾应急指挥中心的主要建筑，抗震设防类别不应低于重点设防类。

（3）省、自治区、直辖市的电力调度中心，抗震设防类别宜划为重点设防类。

（4）省中心及省中心以上通信枢纽楼、长途传输一级干线枢纽站、国内卫星通信地球站、本地网通枢纽楼及通信生产楼、应急通信用房，抗震设防类别应划为重点设防类。

（5）文化娱乐建筑中，大型的电影院、剧场、礼堂、图书馆的视听室和报告厅、文化馆的观演厅和展览厅、娱乐中心建筑，抗震设防类别应划为重点设防类。

（6）教育建筑中，幼儿园、小学、中学的教学用房以及学生宿舍和食堂，抗震设防类别应不低于重点设防类。

（7）高层建筑中，当结构单元内经常使用人数超过 8000 人时，抗震设防类别宜划为重点设防类。

更多的按重点设防类抗震设防的建筑，可查阅《建筑工程抗震设防分类标准》GB

50223—2008。

一般民用高层建筑属丙类建筑，其抗震计算和构造措施一般按设防烈度考虑。

2. 高层建筑的设防标准

各抗震设防类别建筑的抗震设防标准，应符合下列要求：

（1）标准设防类，应按本地区抗震设防烈度确定其抗震措施和地震作用，达到在遭遇高于当地抗震设防烈度的预估罕遇地震影响时不致倒塌或发生危及生命安全的严重破坏的抗震设防目标。

（2）重点设防类，应按高于本地区抗震设防烈度一度的要求加强其抗震措施；但抗震设防烈度为9度时应按比9度更高的要求采取抗震措施；地基基础的抗震措施，应符合有关规定。同时，应按本地区抗震设防烈度确定其地震作用。

（3）特殊设防类，应按高于本地区抗震设防烈度提高一度的要求加强其抗震措施；但抗震设防烈度为9度时应按比9度更高的要求采取抗震措施。同时，应按批准的地震安全性评价的结果且高于本地区抗震设防烈度的要求确定其地震作用。

（4）适度设防类，允许比本地区抗震设防烈度的要求适当降低其抗震措施，但抗震设防烈度为6度时不应降低。一般情况下，仍应按本地区抗震设防烈度确定其地震作用。

对于划为重点设防类而规模很小的工业建筑，当改用抗震性能较好的材料且符合抗震设计规范对结构体系的要求时，允许按标准设防类设防。

我国地震活动的频度高、震源浅、强度大、分布广，地震灾害严重。1976年7月28日发生的唐山大地震和2008年发生的四川汶川大地震等，给我国造成了巨大的人员伤亡和经济损失，同时也给我们留下了极其深刻的教训和启示。地震引起的建（构）筑物倒塌破坏是导致人员伤亡和经济损失的主要原因，只有科学合理地确定抗震设防要求，严格按照抗震设防要求和抗震设计规范进行设计和施工，才能保证建（构）筑物具备相应的抗御地震的能力。中国地震局组织编制的《中国地震动参数区划图》是国家强制性标准，是进行结构抗震设计的重要依据之一。

地震区划图是依据当地可能的地震危险程度对国土进行区域划分，这种划分综合考虑了地震环境、工程重要程度和可接受的地震风险水平、经济承受能力及所要达到的安全目标等因素，是一般建设工程的抗震设防要求和编制社会经济发展、国土利用规划、防灾减灾规划及环境保护规划等相关规划的依据。过去，由于受到经济条件等因素的限制，我国国土划分为抗震设防区和非抗震设防区。随着我国社会和经济的快速发展，广大人民群众的地震安全需求不断提高，国家对防震减灾工作提出了更新、更高的要求。新修订的《中国地震动参数区划图》GB 18306—2015取消了不设防地区，即全国城镇房屋等建筑工程的设计都要考虑抗震设计进行设计，并且从2016年6月1日起已经开始实施。

除此之外，中国地震局对于特殊设防类（甲类）的房屋建筑工程，还要求对工程所在场地进行地震安全性评价，提出该场地的抗震设计计算参数，供建筑工程的抗震设计采用。

3. 高层建筑的抗震设防目标

我国《建筑抗震设计规范》对建筑结构采用"三水准、二阶段"方法作为抗震设防目标，其要求是："小震不坏，中震可修，大震不倒"。三水准的内容是：

第一水准：高层建筑在其使用期间，对遭遇频率较高、强度较低的地震时，建筑不损坏，不需要修理，结构应处于弹性状态，可以假定服从线性弹性理论，用弹性反应谱进行地震作用计算，按承载力要求进行截面设计，并控制结构弹性变形符合要求。

第二水准：建筑物在基本烈度的地震作用下，允许结构达到或超过屈服极限（钢筋混凝土结构会产生裂缝），产生弹塑性变形，依靠结构的塑性耗能能力，使结构稳定地保存下来，经过修复还可使用。此时，结构抗震设计应按变形要求进行。

第三水准：在预先估计到的罕遇地震作用下，结构进入弹塑性大变形状态，部分产生破坏，但应防止结构倒塌，以避免危及生命安全。这一阶段应考虑防倒塌的设计。

根据地震危险性分析，一般认为，我国烈度的概率密度函数符合极值Ⅲ型分布（图3.19）。基本烈度为在设计基准期内超越概率为10%的地震烈度。众值烈度（小震烈度）是发生频度最大的地震烈度，即烈度概率密度分布曲线上的峰值所对应的烈度。大震烈度为在设计基准期内超越概率为2%～3%的地震烈度。小震烈度比基本烈度约低1.55度，大震烈度比基本烈度约高1度（图3.19）。

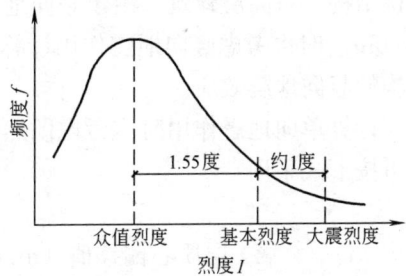

图 3.19　三个水准下的烈度

从三个水准的地震出现的频度来看，第一水准，即多遇地震，约50年一遇；第二水准，即基本烈度设防地震，约475年一遇；第三水准，即罕遇地震，约为2000年一遇的强烈地震。

二阶段抗震设计是对三水准抗震设计思想的具体实施。通过二阶段设计中第一阶段对构件截面承载力验算和第二阶段对弹塑性变形验算，并与概念设计和构造措施相结合，从而实现"小震不裂、中震可修、大震不倒"的抗震要求。

（1）第一阶段设计

对于高层建筑结构，首先应满足第一、二水准的抗震要求。为此，首先应按多遇地震（即第一水准，比设防烈度约低1.55度）的地震动参数计算地震作用，进行结构分析和地震内力计算，考虑各种分项系数、荷载组合值系数进行荷载与地震作用产生内力的组合，进行截面配筋计算和结构弹性位移控制，并相应地采取构造措施保证结构的延性，使之具有与第二水准（设防烈度）相应的变形能力，从而实现"小震不裂"和"中震可修"。这一阶段设计对所有抗震设计的高层建筑结构都必须进行。

（2）第二阶段设计

对地震时抗震能力较低、容易倒塌的高层建筑结构（如纯框架结构）以及抗震要求较高的建筑结构（如甲类建筑），要进行易损部位（薄弱层）的塑性变形验算，并采取措施提高薄弱层的承载力或增加变形能力，使薄弱层的塑性水平变位不超过允许的变位。这一阶段设计主要是对甲类建筑和特别不规则的结构。

4. 地震作用计算原则

各抗震设防类别的高层建筑地震作用的计算，应符合下列规定：

（1）甲类建筑：应按批准的地震安全性评价的结果且高于本地区抗震设防烈度计算；

（2）乙、丙类建筑：应按本地区抗震设防烈度计算。

高层建筑结构应按下列原则考虑地震作用：

（1）一般情况下，应至少在结构两个主轴方向分别考虑水平地震作用计算；有斜交抗侧力构件的结构，当相交角度大于15°时，应分别计算各抗侧力构件方向的水平地震作用；

（2）质量与刚度分布明显不对称的结构，应计算双向水平地震作用下的扭转影响；其他情况，应计算单向水平地震作用下的扭转影响；

（3）高层建筑中的大跨度、长悬臂结构，7 度（0.15g）、8 度抗震设计时应计入竖向地震作用；

（4）9 度抗震设计时应计算竖向地震作用。

大跨度指跨度大于 24m 的楼盖结构、跨度大于 8m 的转换结构、悬挑长度大于 2m 的悬挑结构。对高层建筑，由于竖向地震作用效应放大比较明显，因此抗震设防烈度为 7 度（0.15g）时也考虑竖向地震作用计算。大跨度、长悬臂结构应验算其自身及其支承部位结构的竖向地震效应。

计算单向地震作用时应考虑偶然偏心的影响。每层质心沿垂直于地震作用方向的偏移值可按下式采用：

$$e_i = \pm 0.05 L_i \tag{3.33}$$

式中 e_i——第 i 层质心偏移值（m），各楼层质心偏移方向相同；

L_i——第 i 层垂直于地震作用方向的建筑物总长度（m）。

3.9.3 水平地震作用计算

地震以波的形式向四周传播，引起地面及建筑物发生振动，在振动过程中作用在结构上的惯性力就是地震作用。

地震作用是动力作用，它不仅与地震烈度大小和震中距有关，而且与建筑结构的动力特性（自振周期、阻尼等）有密切关系。

我国《建筑抗震设计规范》GB 50011—2010 采用反应谱理论来确定地震作用。

由于地震的作用，建筑物产生位移 x、速度 $\dot{x}$ 和加速度 $\ddot{x}$。把不同周期下建筑物反应值的大小画成曲线，这些曲线称为反应谱。一般来说，随周期的延长，位移反应谱为上升的曲线；速度反应谱比较恒定；而加速度的反应谱则大体为下降的曲线（图 3.20）。

一般说来，设计的直接依据是加速度反应谱。加速度反应谱在周期很短时有一个上升段（高层建筑的基本自振周期一般不在这一区段），当建筑物周期与场地的特征周期接近时，出现峰值，随后逐渐下降。出现峰值时的周期与场地的类型有关：Ⅰ类场地约为 0.1～0.2s；Ⅱ类场地约为 0.3～0.4s；Ⅲ类场地约为 0.5～0.6s；Ⅳ类场地约为 0.7～1.0s（图 3.21）。

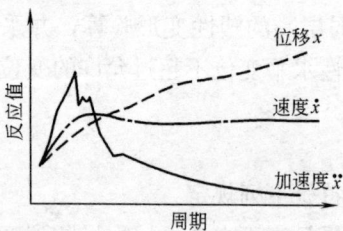

图 3.20　反应谱的大体趋势

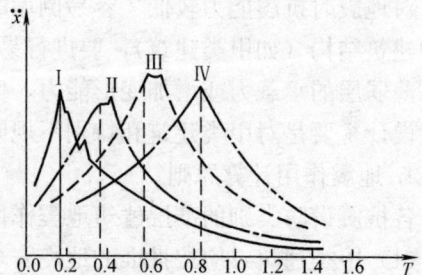

图 3.21　加速度反应谱

建筑物受到地震作用的大小并不是固定的，而取决于建筑物的自振周期和场地的特性。一般来说，随建筑物周期延长，地震作用减小。

目前，在设计中应用的地震作用计算方法有：底部剪力法、振型分解反应谱法和时程分析法。

底部剪力法最为简单，根据建筑物的总重力荷载可计算出结构底部的总剪力，然后按一定的规律分配到各楼层，得到各楼层的水平地震作用，然后按静力方法计算结构内力。

振型分解法首先计算结构的自振振型，选取前若干个振型分别计算各振型的水平地震作用，再计算各振型水平地震作用下的结构内力，最后将各振型的内力进行组合，得到地震作用下的结构内力。

时程分析法又称直接动力法，将高层建筑结构作为一个多质点的振动体系，输入已知的地震波，用结构动力学的方法，分析地震全过程中每一时刻结构的振动状况，从而了解地震过程中结构的反应（加速度、速度、位移和内力）。

高层建筑结构应根据不同情况，分别采用相应的地震作用计算方法：

（1）高度不超过40m，以剪切变形为主且质量与刚度沿高度分布比较均匀的高层建筑结构，可采用底部剪力法。

框架、框架-剪力墙结构是比较典型的以剪切变形为主的结构。由于底部剪力法比较简单，可以手算，是一种近似计算方法，也是方案设计和初步设计阶段进行方案估算的方法，在设计中广泛应用。

（2）除上述情况外，高层建筑结构宜采用振型分解反应谱法。对质量和刚度不对称、不均匀的结构以及高度超过100m的高层建筑结构，应采用考虑扭转耦联振动影响的振型分解反应谱法。

振型分解反应谱法是高层建筑结构地震作用分析的基本方法。几乎所有高层建筑结构设计程序都采用了这一方法。

（3）7～9度抗震设防的高层建筑，下列情况应采用弹性时程分析法进行多遇地震下的补充计算：

——甲类高层建筑结构；

——表3.19所列属于乙、丙类的高层建筑结构；

采用时程分析法的高层建筑结构 表3.19

设防烈度、场地类别	建筑高度范围	设防烈度、场地类别	建筑高度范围
8度Ⅰ、Ⅱ类场地和7度	>100m	9度	>60m
8度Ⅲ、Ⅳ类场地	>80m		

——竖向不规则的高层建筑结构；

——复杂高层建筑结构；

——质量沿竖向分布特别不均匀的高层建筑结构。

不同的结构采用不同的分析方法在各国抗震规范中均有体现，振型分解反应谱法和底部剪力法仍是基本方法。对高层建筑结构主要采用振型分解反应谱法（包括不考虑扭转耦联和考虑扭转耦联两种方式），底部剪力法的应用范围较小。弹性时程分析法作为补充计算方法，在高层建筑结构分析中已得到比较普遍的应用。

1. 底部剪力法

按照反应谱理论，地震作用的大小与重力荷载代表值的大小成正比：

$$F_E = mS_a = \frac{G}{g}S_a = \frac{S_a}{g}G = \alpha G \qquad (3.34)$$

式中　G——重力荷载代表值；

　　　α——地震影响系数，即单质点体系在地震时最大反应加速度，以 g 为单位；

　　F_E——地震作用。

采用底部剪力法计算高层建筑结构的水平地震作用时，各楼层在计算方向可仅考虑一个自由度（图 3.22），并应符合下列规定：

（1）结构总水平地震作用标准值应按下列公式计算：

$$F_{Ek} = \alpha_1 G_{eq} \qquad (3.35)$$

$$G_{eq} = 0.85G_E \qquad (3.36)$$

式中　F_{Ek}——结构总水平地震作用标准值；

　　　α_1——相应于结构基本自振周期 T_1 的水平地震影响系数，结构基本自振周期 T_1 可按式（3.43）近似计算，并应考虑非承重墙体的影响予以折减；

　　G_{eq}——计算地震作用时，结构等效总重力荷载代表值；

　　G_E——计算地震作用时，结构总重力荷载代表值，应取各质点重力荷载代表值之和。

图 3.22　底部剪力法计算示意图

1）重力荷载代表值

计算地震作用时，重力荷载代表值应取恒荷载标准值和可变荷载组合值之和。可变荷载的组合值系数应按表 3.20 采用：

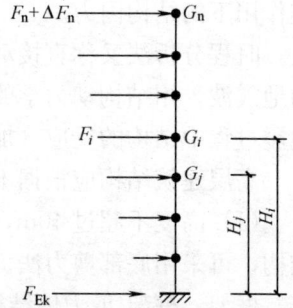

组合值系数　　　　　　　　　　　　　　表 3.20

可变荷载种类	组合值系数	可变荷载种类		组合值系数
雪荷载	0.5	按等效均布荷载计算的楼面活荷载	藏书库、档案库	0.8
屋面积灰荷载	0.5		其他民用建筑	0.5
屋面活荷载	不计入	吊车悬吊物重力	硬钩吊车	0.3
按实际情况计算的楼面活荷载	1.0		软钩吊车	不计入

注：硬钩吊车的吊重较大时，组合值系数应按实际情况采用。

2）地震影响系数

地震影响系数取决于场地类别、建筑物的自振周期和阻尼比等诸多因素，反映这些因素与 α 的关系曲线称为反应谱曲线（图 3.23）。

弹性反应谱理论仍是现阶段抗震设计的最基本理论，《建筑抗震设计规范》GB 50011—2010 的设计反应谱以地震影响系数曲线的形式给出，曲线制定时考虑了以下因素：

① 设计反应谱周期延至 6s。根据地震学研究和强震观测资料统计分析，在周期 6s 范围内，有可能给出比较可靠的数据，也基本满足了国内绝大多数高层建筑和长周期结构的抗震设计需要。对于周期大于 6s 的结构，抗震设计反应谱应进行专门研究。

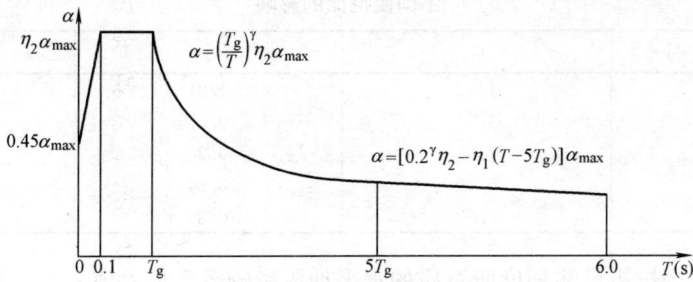

图 3.23 地震影响系数曲线

α—地震影响系数；α_{max}—地震影响系数最大值；T—结构自振周期；T_g—特征

周期；γ—衰减指数；η_1—直线下降段下降斜率调整系数；η_2—阻尼调整系数

② 理论上，设计反应谱存在两个下降段，即：速度控制段和位移控制段，在加速度反应谱中，前者衰减指数为 1，后者衰减指数为 2。设计反应谱是用来预估建筑结构在其设计基准期内可能经受的地震作用，通常根据大量实际地震记录的反应谱进行统计，并结合工程经验判断以及对原抗震规范的延续性加以规定。

建筑结构地震影响系数曲线（图 3.23）的阻尼调整和形状参数应符合下列要求：

① 除有专门规定外，建筑结构的阻尼比应取 0.05，地震影响系数曲线的阻尼调整系数应按 1.0 采用，形状参数应符合下列规定：

a. 直线上升段，周期小于 0.1s 的区段。

b. 水平段，自 0.1s 至特征周期 T_g 的区段，应取最大值 α_{max}。

c. 曲线下降段，自特征周期至 5 倍特征周期区段，衰减指数应取 0.9。

d. 直线下降段，自 5 倍特征周期至 6s 区段，下降斜率调整系数 η_1 应取 0.02。

② 当建筑结构的阻尼比按有关规定不等于 0.05 时，地震影响系数曲线的阻尼调整系数 η_2 和形状参数应符合下列规定：

a. 曲线下降段的衰减指数应按下式确定：

$$\gamma = 0.9 + \frac{0.05 - \zeta}{0.3 + 6\zeta} \tag{3.37}$$

式中 γ——曲线下降段的衰减指数；

ζ——阻尼比。

b. 直线下降段的下降斜率调整系数应按下式确定：

$$\eta_1 = 0.02 + (0.05 - \zeta)/(4 + 32\zeta) \tag{3.38}$$

式中 η_1——直线下降段的下降斜率调整系数，小于 0 时取 0。

c. 阻尼调整系数应按下式确定：

$$\eta_2 = 1 + \frac{0.05 - \zeta}{0.08 + 1.6\zeta} \tag{3.39}$$

式中 η_2——阻尼调整系数，当小于 0.55 时，应取 0.55。

对应于不同阻尼比计算地震影响系数的调整系数见表 3.21。

不同阻尼比的影响   表 3.21

阻尼比 ζ	η_2	γ	η_1
0.01	1.42	1.01	0.0293
0.02	1.27	0.97	0.0265
0.05	1.00	0.90	0.0200
0.10	0.79	0.84	0.0131
0.20	0.63	0.80	0.006

现阶段仍采用抗震设防烈度所对应的水平地震影响系数最大值 α_{max}，多遇地震烈度和罕遇地震烈度分别对应于 50 年设计基准期内超越概率为 63％和 2％～3％的地震烈度，也就是通常所说的小震烈度和大震烈度。为了与新的地震动参数区划图接口，水平地震影响系数最大值 α_{max} 除沿用《建筑抗震设计规范》GBJ 11—89 中 6、7、8、9 度所对应的设计基本加速度值外，对于 7～8 度、8～9 度之间各增加一档，用括号内的数字表示，分别对应于设计基本地震加速度为 0.15g 和 0.30g 的地区，如表 3.22。

水平地震影响系数最大值 α_{max} 表 3.22

地震影响	6 度	7 度	8 度	9 度
多遇地震	0.04	0.08(0.12)	0.16(0.24)	0.32
设防地震	0.12	0.23(0.34)	0.45(0.68)	0.90
罕遇地震	0.28	0.50(0.72)	0.90(1.20)	1.40

注：7、8 度时括号内数值分别用于设计基本地震加速度为 0.15g 和 0.30g 的地区。

3）场地类别与特征周期

建筑的场地类别，根据土层等效剪切波速和场地覆盖层厚度按表 3.23 划分为四类。当有可靠的剪切波速和覆盖层厚度且其值处于表 3.23 所列场地类别的分界线附近时，应允许按插值方法确定地震作用计算所用的设计特征周期。

各类建筑场地的覆盖层厚度（m）   表 3.23

岩石的剪切波速或土的等效剪切波速（m/s）	场 地 类 别				
	I_0	I_1	II	III	IV
v_s＞800	0				
800≥v_s＞500		0			
500≥v_s＞250		＜5	≥5		
250≥v_s＞140		＜3	3～50	＞50	
v_s≤140		＜3	3～15	＞15～80	＞80

v_s＞800m/s 的土为岩石，800m/s≥v_s＞500m/s 的土为坚硬土或软质岩石，500m/s≥v_s＞250m/s 的土为中硬土，250m/s≥v_s＞140m/s 的土为中软土，v_s≤140m/s 的土为软弱土。

设计特征周期是指抗震设计用的地震影响系数曲线中，反映地震等级、震中距和场地类别等因素的下降段起始点对应的周期值（图 3.23）。

为了与我国地震动参数区划图接轨，根据设计地震分组和不同场地类别确定反应谱特

征周期 T_g，即特征周期不仅与场地类别有关，而且还与设计地震分组有关，同时反映了震级大小、震中距和场地条件的影响，如表 3.24。设计地震分组中的一组、二组、三组分别反映了近、中、远震的不同影响。

特征周期值 T_g (s)   表 3.24

场地类别 设计地震分组	I_0	I_1	II	III	IV
第一组	0.20	0.25	0.35	0.45	0.65
第二组	0.25	0.30	0.40	0.55	0.75
第三组	0.30	0.35	0.45	0.65	0.90

我国各主要城镇的抗震设防烈度、设计基本地震加速度和设计地震分组见《建筑抗震设计规范》GB 50011—2010 附录 A。

4）结构的自振周期

按振型分解法计算多质点体系的地震作用时，需要确定体系的基频和高频以及相应的主振型。从理论上讲，它们可通过解频率方程得到。但是，当体系的质点数多于三个时，手算就会感到困难。因此，在工程计算中，常采用近似法。

近似法有瑞利法、折算质量法、顶点位移法、矩阵迭代法等多种方法。

《高层建筑混凝土结构技术规程》JGJ 3—2010 对比较规则的结构，推荐了结构基本自振周期 T_1 的计算公式：

① 求风振系数 β_z 时

框架结构：

$$T_1=(0.08\sim0.1)n \tag{3.40}$$

框架-剪力墙结构和框架-核心筒结构：

$$T_1=(0.06\sim0.08)n \tag{3.41}$$

剪力墙结构和筒中筒结构：

$$T_1=(0.05\sim0.06)n \tag{3.42}$$

式中　n——结构层数。

② 求水平地震影响系数和顶部附加地震作用系数时

对于质量和刚度沿高度分布比较均匀的框架结构、框架-剪力墙结构和剪力墙结构，其基本自振周期可按下式计算：

$$T_1=1.7\psi_T\sqrt{u_T} \tag{3.43}$$

式中　T_1——结构基本自振周期（s）；

u_T——假想的结构顶点水平位移（m），即假想把集中在各楼层处的重力荷载代表值 G_i 作为该楼层水平荷载计算的结构顶点弹性水平位移；

ψ_T——考虑非承重墙刚度对结构自振周期影响的折减系数。

结构基本自振周期也可采用根据实测资料并考虑地震作用影响的经验公式确定。

大量工程实测周期表明：实际建筑物自振周期短于计算的周期。尤其是实心砖填充墙的框架结构，由于实心砖填充墙的刚度大于框架柱的刚度，其影响更为显著，实测周期约为计算周期的 0.5～0.6 倍。在剪力墙结构中，由于填充墙数量少，实测周期与计算周期比较接近。因此，规程 JGJ 3—2010 规定，当非承重墙体为填充砖墙时，高层建筑结构的计算自振周期折减系数 ψ_T 可按下列规定取值：

① 框架结构可取 0.6~0.7；

② 框架-剪力墙结构可取 0.7~0.8；

③ 框架-核心筒结构可取 0.8~0.9；

④ 剪力墙结构可取 0.8~1.0。

对于其他结构体系或采用其他非承重墙体时，可根据工程情况确定周期折减系数。

（2）质点 i 的水平地震作用标准值可按式（3.44）计算：

$$F_i = \frac{G_i H_i}{\sum\limits_{j=1}^{n} G_j H_j} F_{Ek}(1-\delta_n) \tag{3.44}$$

$$(i = 1, 2, \cdots\cdots, n)$$

式中　F_i——质点 i 的水平地震作用标准值；

G_i、G_j——集中于质点 i、j 的重力荷载代表值；

H_i、H_j——质点 i、j 的计算高度；

δ_n——顶部附加地震作用系数，可按表 3.25 采用。

顶部附加地震作用系数 δ_n 　　　　　　　　表 3.25

$T_g(s)$	$T_1 > 1.4T_g$	$T_1 \leqslant 1.4T_g$
$\leqslant 0.35$	$0.08T_1 + 0.07$	不考虑 0.0
$0.35 \sim 0.55$	$0.08T_1 + 0.01$	
> 0.55	$0.08T_1 - 0.02$	

注：T_g 为场地特征周期；T_1 为结构基本自振周期。

（3）主体结构顶层附加水平地震作用标准值可按式（3.45）计算：

$$\Delta F_n = \delta_n F_{Ek} \tag{3.45}$$

式中　ΔF_n——主体结构顶层附加水平地震作用标准值。

塔楼放在屋面上，受到的是经过主体建筑放大后的地震加速度，因而受到强化的激励，水平地震作用远远大于在地面时的作用。所以，屋上塔楼产生显著的鞭梢效应。地震中屋面上塔楼震害严重表明了这一点。

1）突出屋面小塔楼的地震作用

小塔楼指一般突出屋面的楼电梯间、水箱间、高度小、体积不大，通常 1~2 层。这时，可将小塔楼作为一个质点计算它的地震作用，这时顶部集中作用的水平地震作用 $F_n = \delta_n F_{Ek}$，作用在大屋面、主体结构的顶层。小塔楼的实际地震作用可按下式计算：

$$F_n = \beta_n F_{n0} \tag{3.46}$$

小塔楼地震作用放大系数 β_n 按表 3.26 取值。表中 K_n、K 分别为小塔楼和主体结构的层刚度；G_n、G 分别为小塔楼和主体结构重力荷载设计值。K_n、K 可由层剪力除以层间位移求得。

放大后的小塔楼地震作用 F_n 用于设计小塔楼自身及小塔楼直接连接的主体结构构件。

$T_1/(\text{s})$	G_n/G ＼ K_n/K	0.001	0.010	0.050	0.100
0.25	0.01	2.0	1.6	1.5	1.5
	0.05	1.9	1.8	1.6	1.6
	0.10	1.9	1.8	1.6	1.5
0.50	0.01	2.6	1.9	1.7	1.7
	0.05	2.1	2.4	1.8	1.8
	0.10	2.1	2.4	2.0	1.8
0.75	0.01	3.6	2.3	2.2	2.2
	0.05	2.7	3.4	2.5	2.3
	0.10	2.2	3.3	2.5	2.3
1.00	0.01	4.8	2.9	2.7	2.7
	0.05	3.6	4.3	2.9	2.7
	0.10	2.4	4.1	3.2	3.0
1.50	0.01	6.6	3.9	3.5	3.5
	0.05	3.7	5.8	3.8	3.6
	0.10	2.4	5.6	4.2	3.7

2）突出屋面高塔的地震作用

广播、通信、电力调度等建筑物，由于天线高度以及其他功能的要求，常在主体建筑物的顶部再建一个细高的塔楼，塔高常超过主体建筑物高度的 1/4 以上，甚至超过建筑物的高度，塔楼的层数较多，刚度较小。塔楼的高振型影响很大，其地震作用比按底部剪力法的计算结果大很多，远远不止 3 倍，有些工程甚至大 8～10 倍。因此，一般情况下塔与建筑物应采用振型分解反应谱法（6～8 个振型）或时程分析法进行分析，求出其水平地震作用。

在初步设计阶段，为迅速估算高塔的地震作用，可以先将塔楼作为一个单独建筑物放在地面上，按底部剪力法计算其塔底及塔顶的剪力 V_{t1}^0、V_{t2}^0，然后乘以放大系数 β_1、β_2 即可得到设计用地震作用标准值：

$$V_{t1} = \beta_1 V_{t1}^0 \qquad (3.47)$$
$$V_{t2} = \beta_2 V_{t2}^0 \qquad (3.48)$$

β_1、β_2 的数值由表 3.27 查得。表中，H_t 和 H_b 为塔楼和主体建筑的高度。

H_t/H_b ＼ β ＼ S_t/S_b	塔底 β_1				塔顶 β_2			
	0.5	0.75	1.00	1.25	0.5	0.75	1.00	1.25
0.25	1.5	1.5	2.0	2.5	2.0	2.0	2.5	3.0
0.50	1.5	1.5	2.0	2.5	2.0	2.5	3.0	4.0
0.75	2.0	2.5	3.0	3.5	2.5	3.5	5.0	6.0
1.00	2.0	2.5	3.0	3.5	3.0	4.5	5.5	6.0

$$S_t = T_t/H_t \qquad (3.49)$$
$$S_b = T_b/H_b \qquad (3.50)$$

式中 T_t、T_b——塔楼、主体结构的基本自振周期。

求得塔底剪力 V_{t1} 后，可将 V_{t1} 作用于主体结构顶部，将主体结构作为单独建筑物处理。主体结构的楼层剪力不再乘放大系数。

现行国家标准《建筑抗震设计规范》GB 50011—2010 中，对平面规则的结构，采用增大边榀结构地震内力的简化方法考虑偶然偏心的影响。对于高层建筑而言，增大边榀结构内力的简化方法不尽合适。因此，规程规定直接取各层质量偶然偏心为 $0.05L_i$（L_i 为垂直于地震作用方向的建筑物总长度）来计算水平地震作用。实际计算时，可将每层质心沿主轴的同一方向（正向或负向）偏移。

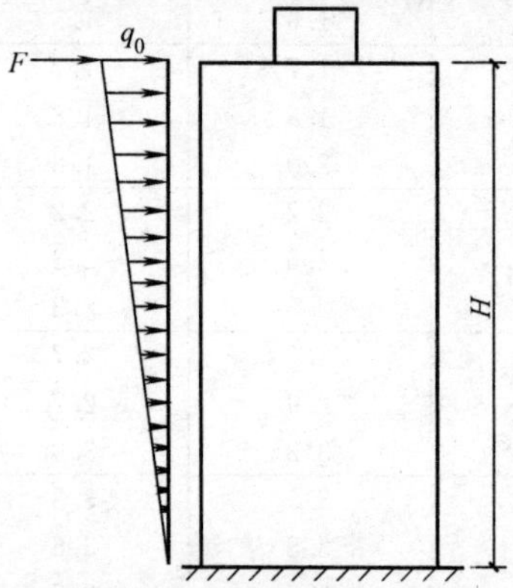

采用底部剪力法计算地震作用时，也应考虑偶然偏心的不利影响。

（4）水平地震作用换算

由式（3.44）和式（3.45）计算得到的各楼层处的水平地震作用 F_i 和顶部附加水平地震作用 ΔF_n（图 3.22），按照底部总弯矩和底部总剪力相等的原则，等效地折算成倒三角形荷载 q_0 和顶点集中荷载 F（图 3.24），q_0 和 F 按下式计算：

图 3.24 水平地震作用换算图

$$q_0 H^2/3 + FH = \Delta F_n \times H + \sum F_i H_i \qquad (3.51)$$

$$q_0 H/2 + F = \sum F_i + \Delta F_n \qquad (3.52)$$

式中 q_0——倒三角形荷载的最大荷载集度。

将式（3.52）每一项乘以 H 后得：

$$\frac{q_0 H^2}{2} + FH = H \sum F_i + \Delta F_n \cdot H \qquad (3.53)$$

将式（3.53）减式（3.51）得：

$$\left(\frac{1}{2} - \frac{1}{3}\right) q_0 H^2 = H \sum F_i - \sum F_i H_i$$

$$q_0 = \frac{6}{H^2} \sum F_i (H - H_i) \qquad (3.54)$$

以式（3.54）代入式（3.52）得：

$$\frac{H}{2} \cdot \frac{6}{H^2} \sum F_i (H - H_i) + F = \sum F_i + \Delta F_n$$

$$F = \sum F_i + \Delta F_n - \frac{3}{H} \sum F_i (H - H_i) \qquad (3.55)$$

也可以按底部总弯矩相等的原则将主体结构上全部地震作用折算成倒三角形荷载，此时：

$$q_0 = \frac{3}{H^2} \sum F_i H_i \qquad (3.56)$$

当建筑物有突出屋面的小塔楼（楼梯间、电梯间或其他体形较主体结构小很多的突出物）时，由于结构的刚度突变，受到地震影响时会产生所谓"鞭梢效应"。因此，按底部剪力法进行抗震计算时，突出屋面的小塔楼的地震作用效应，宜乘以增大系数 3，以此增大的地震作用效应设计突出屋面的这些结构及主体结构中直接与其相连的构件，此地震作用效应增大部分不往下传递。

2. 振型分解反应谱法

采用振型分解反应谱方法时，对于不考虑扭转耦联振动影响的结构，可按下列规定进行地震作用和作用效应的计算：

（1）结构第 j 振型 i 质点的水平地震作用的标准值应按下式确定：

$$F_{ji}=\alpha_j\gamma_j X_{ji}G_i \tag{3.57}$$

$$\gamma_j=\frac{\sum\limits_{i=1}^{n}X_{ji}G_i}{\sum\limits_{i=1}^{n}X_{ji}^2 G_i}(i=1,2,\cdots\cdots,n;j=1,2,\cdots\cdots,m) \tag{3.58}$$

式中　G_i——质点 i 的重力荷载代表值；

　　F_{ji}——第 j 振型 i 质点水平地震作用的标准值；

　　α_j——相应于 j 振型自振周期的地震影响系数；

　　X_{ji}——j 振型 i 质点的水平相对位移；

　　γ_j——j 振型的参与系数；

　　n——结构计算总质点数，小塔楼宜每层作为一个质点参与计算；

　　m——结构计算振型数。规则结构可取 3，当建筑较高、结构沿竖向刚度不均匀时可取 5~6。

（2）水平地震作用效应（内力和位移），当相邻振型的周期比小于 0.85 时，可按式 （3.47）计算：

$$S=\sqrt{\sum_{j=1}^{m}S_j^2} \tag{3.59}$$

式中　S——水平地震作用效应；

　　S_j——j 振型的水平地震作用效应（弯矩、剪力、轴向力和位移等）。

考虑扭转影响的结构，各楼层可取两个正交的水平位移和一个转角位移共三个自由度，按下列振型分解法计算地震作用和作用效应。确有依据时，尚可采用简化计算方法确定地震作用效应。

（1）j 振型 i 层的水平地震作用标准值，应按下列公式确定：

$$\left.\begin{array}{l}F_{xji}=\alpha_j\gamma_{tj}X_{ji}G_i\\F_{yji}=\alpha_j\gamma_{tj}Y_{ji}G_i\\F_{tji}=\alpha_j\gamma_{tj}r_i^2\varphi_{ji}G_i\end{array}\right\}\ (i=1,\ 2,\ \cdots\cdots,\ n;\ j=1,\ 2,\ \cdots\cdots,\ m) \tag{3.60}$$

式中　F_{xji}、F_{yji}、F_{tji}——j 振型 i 层的 x 方向、y 方向和转角方向的地震作用标准值；

　　　　X_{ji}、Y_{ji}——j 振型 i 层质心在 x、y 方向的水平相对位移；

　　　　φ_{ji}——j 振型 i 层的相对扭转角；

　　　　r_i——i 层转动半径，可取 i 层绕质心的转动惯量除以该层质量的商的正二次方根；

　　　　α_j——相应于第 j 振型自振周期 T_j 的地震影响系数；

　　　　γ_{tj}——考虑扭转的 j 振型参与系数；

　　　　n——结构计算总质点数，小塔楼宜每层作为一个质点参加计算；

m——结构计算振型数，一般情况下可取 9～15，多塔楼建筑每个塔楼的振型数不宜小于 9。

当仅考虑 x 方向地震作用时：

$$\gamma_{tj} = \sum_{i=1}^{n} X_{ji} G_i \Big/ \sum_{i=1}^{n} (X_{ji}^2 + Y_{ji}^2 + \varphi_{ji}^2 r_i^2) G_i \tag{3.61}$$

当仅考虑 y 方向地震作用时：

$$\gamma_{tj} = \sum_{i=1}^{n} Y_{ji} G_i \Big/ \sum_{i=1}^{n} (X_{ji}^2 + Y_{ji}^2 + \varphi_{ji}^2 r_i^2) G_i \tag{3.62}$$

当考虑与 x 方向夹角为 θ 的地震作用时：

$$\gamma_{tj} = \gamma_{xj} \cos\theta + \gamma_{yj} \sin\theta \tag{3.63}$$

式中　γ_{xj}、γ_{yj}——由式（3.61）、式（3.62）求得的振型参与系数。

（2）单向水平地震作用下，考虑扭转的地震作用效应，应按下列公式确定：

$$S = \sqrt{\sum_{j=1}^{m} \sum_{k=1}^{m} \rho_{jk} S_j S_k} \tag{3.64}$$

$$\rho_{jk} = \frac{8\sqrt{\zeta_j \zeta_k}(\zeta_j + \lambda_T \zeta_k) \lambda_T^{1.5}}{(1 - \lambda_T^2)^2 + 4\zeta_j \zeta_k (1 + \lambda_T^2) \lambda_T + 4(\zeta_j^2 + \zeta_k^2) \lambda_T^2} \tag{3.65}$$

式中　S——考虑扭转的地震作用效应；

　S_j、S_k——j、k 振型地震作用效应；

　　ρ_{jk}——j 振型与 k 振型的耦联系数；

　　λ_T——k 振型与 j 振型的自振周期比；

　ζ_j、ζ_k——j、k 振型的阻尼比。

（3）考虑双向水平地震作用下的扭转地震作用效应，应按下列公式中的较大值确定：

$$S = \sqrt{S_x^2 + (0.85 S_y)^2} \tag{3.66}$$

或

$$S = \sqrt{S_y^2 + (0.85 S_x)^2} \tag{3.67}$$

式中　S_x——为仅考虑 X 向水平地震作用时的地震作用效应；

　　S_y——为仅考虑 Y 向水平地震作用时的地震作用效应。

此处引用现行国家标准《建筑抗震设计规范》GB 50011—2011 的规定。增加了考虑双向水平地震作用下的地震效应组合方法。根据强震观测记录的统计分析，两个方向水平地震加速度的最大值不相等，两者之比约为 1∶0.85，而且两个方向的最大值不一定发生在同一时刻，因此采用平方和开平方计算两个方向地震作用效应。公式中的 S_x 和 S_y 是指在两个正交的 x 和 y 方向地震作用下，在每个构件的同一局部坐标方向上的地震作用效应。

式（3.57）和式（3.60）所建议的振型数是对质量和刚度分布比较均匀的结构而言的。对于质量和刚度分布很不均匀的结构，振型分解反应谱法所需的振型数一般可取为振型有效质量达到总质量的 90% 时所需的振型数。振型有效质量与总质量之比可由计算分析程序提供。

3. 时程分析法

进行动力时程分析时，应符合下列要求：

（1）应按建筑场地类别和设计地震分组选用不少于二组实际地震记录和一组人工模拟的加速度时程曲线，其平均地震影响系数曲线应与振型分解反应谱法所采用的地震影响系数曲线在统计意义上相符，且弹性时程分析时，每条时程曲线计算所得的结构底部剪力不应小于振型分解反应谱法求得的底部剪力的 65%，多条时程曲线计算所得的结构底部剪力的平均值不应小于振型分解反应谱法求得的底部剪力的 80%；

（2）地震波的持续时间不宜小于建筑结构基本自振周期的 5 倍和 15s，地震波的时间间距可取 0.01s 或 0.02s；

（3）输入地震加速度的最大值，可按表 3.28 采用；

时程分析时输入地震加速度的最大值（cm/s²）　　　　表 3.28

设防烈度	6 度	7 度	8 度	9 度
多遇地震	18	35(55)	70(110)	140
设防地震	50	100(150)	200(300)	400
罕遇地震	125	220(310)	400(510)	620

注：7、8 度时括号内数值分别用于设计基本地震加速度为 0.15g 和 0.30g 的地区，此处 g 为重力加速度。

（4）结构地震作用效应可取多条时程曲线计算结果的平均值与振型分解反应谱法计算结果的较大值。

4. 各楼层最小地震剪力

反应谱曲线是向下延伸的曲线，当结构的自振周期较长、刚度较弱时，所求得的地震剪力会较小，设计出来的高层建筑结构在地震中可能不安全，因此对于高层建筑规定其最小的地震剪力。

水平地震作用计算时，结构各楼层对应于地震作用标准值的剪力应符合式（3.68）要求：

$$V_{Eki} \geqslant \lambda \sum_{j=i}^{n} G_j \qquad (3.68)$$

式中　V_{Eki}——第 i 层对应于水平地震作用标准值的剪力；

λ——水平地震剪力系数，不应小于表 3.29 规定的值；对于竖向不规则结构的薄弱层，尚应乘以 1.15 的增大系数。

楼层最小地震剪力系数值　　　　表 3.29

类　别	6 度	7 度	8 度	9 度
扭转效应明显或基本周期小于 3.5s 的结构	0.008	0.016(0.024)	0.032(0.048)	0.064
基本周期大于 5.0s 的结构	0.006	0.012(0.018)	0.024(0.036)	0.048

注：1. 基本周期介于 3.5s 和 5.0s 之间的结构，应允许线性插入取值；

2. 7、8 度时括号内数值分别用于设计基本地震加速度为 0.15g 和 0.30g 的地区。

由于地震影响系数在长周期段下降较快，对于基本周期大于 3s 的结构，由此计算所得的水平地震作用下的结构效应可能偏小。而对于长周期结构，地震地面运动速度和位移可能对结构的破坏具有更大影响，但是规范所采用的振型分解反应谱法尚无法对此作出估计。出于结构安全的考虑，增加了对各楼层水平地震剪力最小值的要求，规定了不同烈度下的楼层地震剪力系数（即剪重比），结构水平地震作用效应应据此进行相应调整。对于竖向不规则结构的薄弱层的水平地震剪力应乘以 1.15 的增大系数，并应符合本条的规定，即楼层最小剪力系数不应小于 1.15λ。

扭转效应明显的结构，一般是指楼层最大水平位移（或层间位移）大于楼层平均水平位移（或层间位移）1.2 倍的结构。

住房城乡建设部 2015 年 5 月 21 日印发的《超限高层建筑工程抗震设防专项审查要点》[建质（2015）67 号]通知中，对剪力系数的规定作了以下调整：

结构总地震剪力以及各层的地震剪力与其以上各层总重力荷载代表值的比值，应符合抗震规范的要求，Ⅲ、Ⅳ类场地时尚宜适当增加。当结构底部计算的总地震剪力偏小需调整时，其以上各层的剪力、位移也均应适当调整。

基本周期大于 6s 的结构，计算的底部剪力系数比规定值低 20% 以内，基本周期 3.5~5s 的结构比规定值低 15% 以内，即可采用规范关于剪力系数最小值的规定进行设计。基本周期在 5~6s 的结构可以插值采用。

6 度（0.05g）设防且基本周期大于 5s 的结构，当计算的底部剪力系数比规定值低但按底部剪力系数 0.8% 换算的层间位移满足规范要求时，即可采用规范关于剪力系数最小值的规定进行抗震承载力验算。

3.9.4 竖向地震作用计算

（1）需要考虑竖向地震作用的结构与构件

按规程 JGJ 3—2010 的规定，不是所有的高层建筑都需要考虑竖向地震作用。虽然几乎所有的地震过程中都或多或少的伴随着竖向地震作用，但其对结构的影响程度却主要取决于地震烈度、建筑场地以及建筑物自身的受力特性。规程 JGJ 3—2010 规定，下列情况应考虑竖向地震作用计算或影响：

1）9 度抗震设防的高层建筑；

2）7 度（0.15g）和 8 度抗震设防的大跨度或长悬臂结构；

3）7 度（0.15g）和 8 度抗震设防的带转换层结构的转换构件；

4）7 度（0.15g）和 8 度抗震设防的连体结构的连接体。

跨度大于 24m 的楼盖结构、跨度大于 12m 的转换结构和连体结构和悬挑长度大于 5m 的悬挑结构，结构竖向地震作用标准值宜采用动力时程分析方法或反应谱方法进行计算。时程分析计算时输入的地震加速度最大值可按规定的水平输入最大值的 65% 采用，反应谱分析时结构竖向地震影响系数最大值可按水平地震影响系数最大值的 65% 采用，但设计特征周期可按设计第一组采用。

（2）竖向地震作用计算方法

结构的竖向地震作用的精确计算比较繁杂，为简化计算，将竖向地震作用取为重力荷载代表值的百分比，直接加在结构上进行内力分析。

结构竖向地震作用标准值可按下列规定计算（图 3.25）：

1）结构竖向地震作用的总标准值可按下列公式计算：

图 3.25 结构竖向地震作用计算示意图

$$F_{Evk} = \alpha_{vmax} G_{eq} \tag{3.69}$$

$$G_{eq} = 0.75 G_E \tag{3.70}$$

$$\alpha_{vmax} = 0.65 \alpha_{max} \tag{3.71}$$

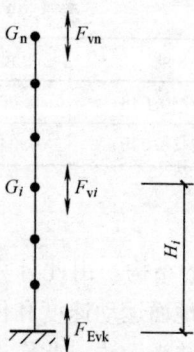

2）结构质点 i 的竖向地震作用标准值可按式（3.72）计算：

$$F_{vi} = \frac{G_i H_i}{\sum\limits_{j=1}^{n} G_j H_j} F_{Evk} \tag{3.72}$$

式中　F_{Evk}——结构总竖向地震作用标准值；

　　　α_{vmax}——结构竖向地震影响系数的最大值；

　　　G_{eq}——结构等效总重力荷载代表值；

　　　G_E——计算竖向地震作用时，结构总重力荷载代表值，应取各质点重力荷载代表值之和；

　　　F_{vi}——质点 i 的竖向地震作用标准值；

　G_i、G_j——分别为集中于质点 i、j 的重力荷载代表值；

　H_i、H_j——分别为质点 i、j 的计算高度。

3）楼层各构件的竖向地震作用效应可按各构件承受的重力荷载代表值比例分配，9 度抗震设计时宜乘以增大系数 1.5。

高层建筑中，大跨度结构、悬挑结构、转换结构、连体结构的连接体的竖向地震作用标准值，不宜小于结构或构件承受的重力荷载代表值与表 3.30 所规定的竖向地震作用系数的乘积。

竖向地震作用系数　　　　　　　　　　表 3.30

设 防 烈 度	7 度	8 度		9 度
设计基本地震加速度	0.15g	0.20g	0.30g	0.40g
竖向地震作用系数	0.08	0.10	0.15	0.20

注：g 为重力加速度。

习　题

3-1　高层建筑可能承受哪些主要作用？

3-2　如何计算恒载？

3-3　民用建筑楼面活荷载的取值原则是什么？

3-4　如何计算雪荷载？

3-5　基本雪压是如何确定的？

3-6　风对高层建筑结构的作用有何特点？

3-7　如何计算风荷载？

3-8　如何确定风压高度变化系数？

3-9　什么是梯度风高度？

3-10　如何确定风荷载的体型系数？

3-11　如何计算风振系数？

3-12　温度作用应考虑哪些因素？

3-13　作用在结构构件上的温度作用应采用什么来表示？

3-14　哪些荷载属偶然荷载？

3-15　什么是地震反应谱？

3-16　为什么从 6 度开始设防？

3-17　什么是三水准设防？

4 设计计算的基本规定

4.1 结 构 材 料

1. 高层建筑混凝土结构宜采用高强高性能混凝土和高强钢筋；构件内力较大或抗震性能有较高要求时，宜采用型钢混凝土、钢管混凝土构件。

2. 各类结构用混凝土的强度等级均不应低于C20，并应符合下列规定：

(1) 抗震设计时，一级抗震等级框架梁、柱及其节点的混凝土强度等级不应低于C30；

(2) 筒体结构的混凝土强度等级不宜低于C30；

(3) 作为上部结构嵌固部位的地下室楼盖的混凝土强度等级不宜低于C30；

(4) 转换层楼板、转换梁、转换柱、箱形转换结构以及转换厚板的混凝土强度等级均不应低于C30；

(5) 预应力混凝土结构的混凝土强度等级不宜低于C40、不应低于C30；

(6) 型钢混凝土梁、柱的混凝土强度等级不宜低于C30；

(7) 现浇非预应力混凝土楼盖结构的混凝土强度等级不宜高于C40；

(8) 抗震设计时，框架柱的混凝土强度等级，9度时不宜高于C60，8度时不宜高于C70；剪力墙的混凝土强度等级不宜高于C60。

3. 高层建筑混凝土结构的受力钢筋及其性能应符合现行国家标准《混凝土结构设计规范》GB 50010—2010 的有关规定。按一、二、三级抗震等级设计的框架和斜撑构件，其纵向受力钢筋尚应符合下列规定：

(1) 钢筋的抗拉强度实测值与屈服强度实测值的比值不应小于1.25；

(2) 钢筋的屈服强度实测值与屈服强度标准值的比值不应大于1.30；

(3) 钢筋最大拉力下的总伸长率实测值不应小于9%。

4. 抗震设计时混合结构中钢材应符合下列规定：

(1) 钢材的屈服强度实测值与抗拉强度实测值的比值不应大于0.85；

(2) 钢材应有明显的屈服台阶，且伸长率不应小于20%；

(3) 钢材应有良好的焊接性和合格的冲击韧性。

5. 混合结构中的型钢混凝土竖向构件的型钢及钢管混凝土的钢管宜采用 Q345 和 Q235 等级的钢材，也可采用 Q390、Q420 等级或符合结构性能要求的其他钢材；型钢梁宜采用 Q235 和 Q345 等级的钢材。

4.2 结构计算的一般规定

1. 计算原则

高层建筑结构可按下述原则计算：

（1）内力与变形可按弹性方法计算，截面设计则应考虑材料弹塑性性质。

（2）对于比较柔软的结构，要考虑重力二阶效应的不利影响。

（3）复杂结构和混合结构高层建筑的计算分析，除应符合本章要求外，尚应符合第9章和第10章的有关规定。

（4）框架梁及连梁等构件可考虑局部塑性变形引起的内力重分布。

2. 计算模型

高层建筑结构的计算模型很多，如图4.1所示的质点系模型、刚片系模型、杆系模型、有限元模型等。高层建筑结构分析模型应根据结构实际情况确定。所选取的分析模型应能较准确地反映结构中各构件的实际受力情况。

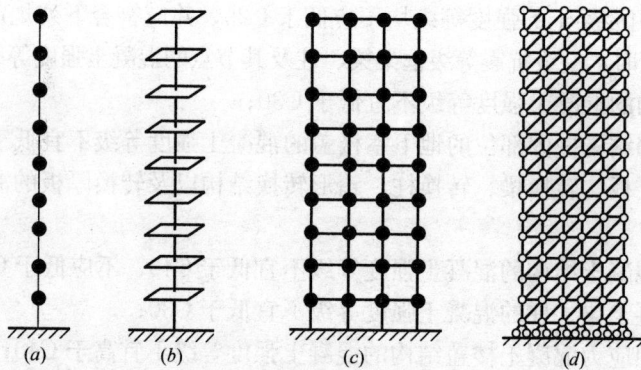

图 4.1　几种计算模型

（a）质点系模型；（b）刚片系模型；（c）杆系模型；（d）有限元模型

高层建筑结构常用的计算模型有：

——平面结构空间协同模型；

——空间杆系模型；

——空间杆-薄壁杆系模型；

——空间杆-墙板元模型；

——其他组合有限元模型。

对于平面和立面布置简单规则的框架结构、框架-剪力墙结构宜采用空间分析模型，也可采用平面结构空间协同模型；对剪力墙结构、筒体结构和复杂布置的框架结构、框架-剪力墙结构应采用空间分析模型。目前国内商业化的结构分析软件所采用的力学模型主要有：空间杆系模型、空间杆-薄壁杆系模型、空间杆-墙板元模型及其他组合有限元模型。

体型复杂、结构布置复杂的高层建筑结构，应采用至少两个不同力学模型的结构分析软件进行整体计算，以保证力学分析的可靠性。

体型复杂、结构布置复杂的结构，一般包括复杂高层建筑结构和不规则结构（平面不规则、竖向不规则）等。"应采用至少两个不同力学模型的结构分析软件进行整体计算"包含两层含义，一个是比较适合的不同的两个力学计算模型，另一个是两个不同的计算软件（比如不是同一单位开发的软件）。对同一个结构采取两个或两个以上计算软件进行分析计算，可以互相比较和校核，对把握结构的实际受力状况是十分必要的。

对结构分析软件的计算结果，应进行分析判断，确认其合理性、有效性。

在计算机和计算机软件广泛应用的条件下，除了要根据具体工程情况，选择使用合适、可靠的计算分析软件外，还应对计算软件产生的计算结果从力学概念和工程经验等方面加以分析判断，确认其合理性和可靠性，方可用于工程设计。工程经验上的判断一般包括：结构整体位移、结构楼层剪力、振型形态和位移形态、结构自振周期、超筋超限情况等。

3. 结构构件刚度

（1）楼盖和屋盖刚度

高层建筑结构中，楼、屋盖的刚度按如下所述考虑：

1）高层建筑的楼、屋面绝大多数为现浇钢筋混凝土楼板和有现浇面层的预制装配整体式楼板，进行高层建筑内力与位移计算时，可视其为水平放置的深梁，具有很大的面内刚度，可近似认为楼板在其自身平面内为无限刚性。

2）对于楼板有效宽度较窄的环形楼面，或其他有大开洞楼面、有狭长外伸段楼面、局部变窄产生薄弱连接的楼面、连体结构的狭长连接体楼面等场合，因楼板面内刚度有较大削弱且不均匀，楼板的面内变形会使楼层内抗侧刚度较小的构件的位移和受力加大（相对刚性楼板假定而言），计算时应考虑楼板面内变形的影响。考虑楼板的实际刚度时可采用将楼板等效为剪弯水平梁的简化方法，也可采用有限单元法进行计算。

3）当需要考虑楼板面内变形而计算中采用楼板面内为无限刚性假定时，应对所得的计算结果进行适当调整。一般可对楼板削弱部位的抗侧刚度相对较小的结构构件，适当增大其计算内力，加强配筋和构造措施。

4）对于无梁楼盖结构，因为楼板比较厚，其面外刚度在结构整体计算时不能忽略，否则会对结构的整体分析带来较大影响，进行近似计算时，可将楼板的面外刚度以等代框架梁的方法加以考虑。无梁楼盖的面外刚度可按有限元方法计算或近似将柱上板带等效为扁梁计算。

高层建筑一般采用现浇楼面和装配整体式楼面，楼板作为梁的有效翼缘形成 T 形或倒 L 形截面梁，提高了楼面梁的刚度，从而也提高了结构整体的侧向刚度。因此，结构整体计算时应予考虑。近似考虑时，楼面梁刚度增大系数可根据翼缘情况取 1.3～2.0。

对于无现浇面层的装配式结构，虽然有现浇板缝等构造做法，一定程度上也可起到梁的翼缘作用，但作用效果有限，且不同的构造做法差异较大，因此整体计算时可不考虑楼面翼缘的刚度贡献。

（2）连梁刚度

框架-剪力墙或剪力墙结构中的连梁刚度相对墙体刚度较小，而承受的弯矩和剪力往往较大，截面配筋设计困难。因此，抗震设计时，可考虑在不影响其承受竖向荷载能力的前提下，允许其适当开裂（降低刚度）而把内力转移到墙体等其他构件上。通常，设防烈度低时连梁刚度可少折减一些（6、7 度时可取 0.7），设防烈度高时可多折减一些（8、9度时可取 0.5）。连梁刚度折减系数不宜小于 0.5，以保证连梁承受竖向荷载的能力和正常使用极限状态的性能。

对框架-剪力墙结构中一端与柱连接、一端与墙连接的梁，以及剪力墙结构中的某些连梁，如果跨高比较大（比如大于5），其重力作用效应比水平风荷载或水平地震作用效应更为明显，此时，应慎重考虑梁刚度的折减问题，折减幅度不宜过大，以控制正常使用阶段梁裂缝的发生和发展。

（3）楼面梁抗扭刚度

高层建筑结构楼面梁受楼板（有时还有次梁）的约束作用，当结构计算中未考虑楼盖对梁扭转的约束作用时，梁的扭转变形和扭矩计算值过大，往往与实际不符，造成抗扭截面设计比较困难，因此对梁的计算扭矩可予适当折减。

（4）地下室顶板刚度

地下室顶板作为上部结构嵌固部位时，应满足以下要求：

1）地下室结构的楼层侧向刚度不宜小于相邻上部结构楼层侧向刚度的2倍。计算地下室结构楼层侧向刚度时，可考虑地上结构以外的地下室相关部位，一般指地上结构四周外扩不超过地上对应边尺寸的1.5倍且不大于30m的范围。

2）地下室楼层应采用现浇结构，地下室楼层的顶楼盖应采用梁板结构。

3）地下室顶板厚度不宜小于180mm，混凝土强度等级不宜低于C30，应采用双层双向配筋，且每层每个方向的配筋率不宜小于0.25%。

4.计算简图

结构计算简图应根据结构的实际形状和尺寸、构件的连接构造、支承条件和边界条件、构件的受力和变形特点等合理地确定，既要符合工程实际，又要抓住主要矛盾和矛盾的主要方面，弃繁就简，满足工程设计精度要求，保证设计安全。

（1）构件偏心和计算长度

实际工程中，往往存在以下三种构件偏心：

1）上柱与下柱沿一边或两边变断面造成上、下柱偏心，边柱和角柱常常如此；

2）剪力墙上、下形状不同或变截面造成的偏心；

3）楼面梁布置与柱形心不重合造成梁柱偏心。

上述构件偏心，对结构构件的内力与位移计算结果会产生不利影响，计算中应加以考虑。楼面梁与柱子的偏心一般可按实际情况参与整体计算；当偏心不大时，也可采用柱端附加偏心弯矩的方法予以近似考虑。

当构件截面相对其跨度较大时，构件交点处会形成相对的刚性节点区域；在确定为刚性区段内，构件不发生弯曲和剪切变形，但仍保留轴向变形和扭转变形。杆端刚域的大小取决于交汇于同一节点的各构件的截面尺寸和节点构造，刚域尺寸的合理确定，会在一定程度上影响结构的整体分析结果。刚域长度（图4.2）的近似计算公式（4.1）～式（4.4）在实际工程中已多年应用，有一定的代表性。当按式（4.1）～式（4.4）计算的刚域长度为负值时，应取为零。确定计算模型时，壁式框架梁、柱轴线可取为剪力墙连梁和墙肢的形心线（图4.2）。

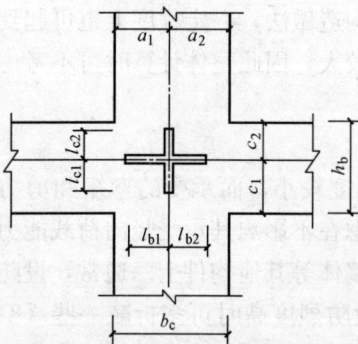

图4.2 节点刚域长度

$$l_{b1} = a_1 - 0.25h_b \tag{4.1}$$
$$l_{b2} = a_2 - 0.25h_b \tag{4.2}$$
$$l_{c1} = c_1 - 0.25b_c \tag{4.3}$$
$$l_{c2} = c_2 - 0.25b_c \tag{4.4}$$

（2）密肋楼盖和无梁楼盖

密肋楼盖和无梁楼盖宜按实际情况参与整体计算。无梁楼盖必须考虑面外刚度，宜选用可考虑楼盖面外刚度的软件进行计算。

当密肋梁较多时，如果软件的计算容量有限，也可采用简化方法计算，此时可将密肋梁均匀等效为柱上框架梁参与整体计算。当密肋梁截面高度相等时，等效框架梁的截面宽度可取被等效的密肋梁截面宽度之和，截面高度取密肋梁的截面高度，钢筋混凝土构件的计算配筋可均匀分配给各密肋梁。

如果计算软件不能考虑楼板的面外刚度，可采用近似方法加以考虑。此时，柱上板带可等效为框架梁参与整体抗侧力计算，等效框架梁的截面宽度可取等代框架方向板跨的3/4 及垂直于等代框架方向板跨的1/2 两者的较小值。

（3）复杂平面和立面剪力墙

随着建筑功能和体型的多样化，剪力墙结构、框架-剪力墙结构中复杂平面和立面的剪力墙不断出现：有的上下开洞不规则，有的平面形状上下不一致。对这些复杂剪力墙，除应采用适合的计算模型进行分析外，尚应根据工程实际情况和计算软件的分析模型，对其进行必要的模型化处理。当采用有限元模型时，应在复杂变化处合理地选择单元类型和划分单元。当采用杆-薄壁杆系模型时，对错洞墙可采用适当的模型化处理后进行整体计算；对平面形状上大下小的剪力墙，也可采用开设计算洞（施工洞）使之传力明确。必要时应在整体分析的基础上，对结构复杂局部进行二次补充计算分析，保证局部构件计算分析的可靠性。

对复杂平面和立面剪力墙，在结构内力与位移整体计算中，当对其局部做适当的和必要的简化处理时，不应改变结构的整体变形和受力特点。模型简化时的计算洞口，在施工时宜留设施工洞，保证实际结构与计算模型基本一致。

与复杂剪力墙相类似，对复杂高层建筑结构，如转换层结构、加强层结构、连体结构、错层结构、多塔楼结构等，应按情况选用合适的计算单元进行分析。模型化处理时，应保证反映结构的实际受力和变形特点。比如，多塔楼结构，一般不应按单塔楼结构计算分析。在整体计算中对转换层、加强层、连接体等复杂受力部位做简化处理的（如未考虑构件的轴向变形等），整体计算后应对其局部进行补充计算分析。

（4）结构嵌固部位

高层建筑结构计算中，主体结构计算模型的底部嵌固部位，理论上应能限制构件在两个水平方向的平动位移和绕竖轴的转角位移，并将上部结构的剪力全部传递给地下室结构。因此，对作为主体结构嵌固部位地下室楼层的整体刚度和承载能力应加以控制。当地下室顶板作为上部结构嵌固部位时，应满足本节所述的控制条件。一般情况下，这些控制条件是容易满足的。当地下室不能满足嵌固部位的楼层侧向刚度比规定时，有条件时可增加地下室楼层的侧向刚度，或者将主体结构的嵌固部位下移至符合要求的部位，例如，筏形基础顶面或箱形基础顶面等。

（5）出屋面结构和装饰构架

出屋面结构和装饰构架自身较高或体型相对复杂时，应参与整体结构分析，材料不同时还需适当考虑阻尼比不同的影响，应特别加强其与主体结构的连接部位。

5. 各类构件应考虑的变形

高层建筑按空间整体工作计算时，应考虑下列变形：

——梁的弯曲、剪切、扭转变形，必要时考虑轴向变形；

——柱的弯曲、剪切、轴向、扭转变形；

——墙的弯曲、剪切、轴向、扭转变形。

高层建筑层数多、重量大，墙、柱的轴向变形影响显著，计算时应考虑。

构件内力是与其变形相对应的，分别为弯矩、剪力、轴力、扭矩等，这些内力是构件截面承载力计算的基础，如梁的弯、剪、扭、柱的压（拉）、弯、剪、扭，墙肢的压（拉）、弯、剪等。

在内力与位移计算中，型钢混凝土和钢管混凝土构件宜按实际情况直接参与计算，此时，要求计算软件具有相应的计算单元。对结构中只有少量型钢混凝土和钢管混凝土构件时，也可等效为混凝土构件进行计算，比如可采用等刚度原则。构件的截面设计应按国家现行有关标准进行。

6. B级高度高层建筑结构和复杂高层建筑结构

对B级高度高层建筑结构和复杂高层建筑结构，计算上有下列要求：

（1）应采用至少两个不同力学模型的三维空间分析软件进行整体内力和位移计算；

（2）抗震计算时，宜考虑平扭耦联计算结构的扭转效应，振型数不应小于15，对多塔楼结构的振型数不应小于塔楼数的9倍，且计算振型数应使振型参与质量不小于总质量的90%；

（3）应采用弹性时程分析法进行补充计算；

（4）宜采用弹塑性静力或弹塑性动力分析方法补充计算。

对受力复杂的结构构件，宜按应力分析的结果校核配筋设计。

所谓受力复杂的结构构件，是指结构整体分析中不能较准确地求得其内力、应力分布的构件，如竖向布置复杂的剪力墙、加强层构件、转换层构件、错层构件、连接体及其相关构件等。对这些构件，除结构整体分析外，尚应按有限元等方法进行局部应力分析，掌握应力分布规律，并根据需要按应力分析结果进行截面配筋设计校核。

对竖向不规则的高层建筑结构，包括某楼层抗侧刚度小于其上一层的70%或小于其上相邻三层侧向刚度平均值的80%，或结构楼层层间抗侧力结构的承载力小于其上一层的80%，或某楼层竖向抗侧力构件不连续，其薄弱层对应于地震作用标准值的地震剪力应乘以1.15的增大系数。结构的计算分析应符合上述四点的规定，并应对薄弱部位采取有效的抗震构造措施。

需要注意的是，对竖向不规则结构的薄弱层首先应按地震作用标准值计算的楼层剪力乘以1.15的增大系数，然后仍应满足关于楼层最小地震剪力系数（剪重比）的规定，即楼层最小地震剪力系数不应小于 1.15λ （λ 取值见表3.34），以提高薄弱层的抗震承载能力。

7. 风荷载效应分析

高层建筑结构进行水平风荷载作用效应分析时，除对称结构外，因风荷载体型系数可能不同，结构构件在正反两个方向的风荷载作用下的效应一般是不相同的，按两个方向风效应的较大值采用，是为了保证安全的前提下进行简化计算。

体型复杂的高层建筑，应考虑不同方向风荷载作用（即考虑风向角变化），进行风荷载效应对比分析，增加结构抗风计算的安全性。

8. 重力荷载下施工过程的模拟

高层建筑结构是逐层施工的，其竖向刚度和竖向荷载（如自重和施工荷载）也是逐层形成的。这种情况与结构刚度一次形成、竖向荷载一次施加的计算方法存在较大差异。房屋越高，构件竖向刚度相差越大，其影响越大。因此，高层建筑结构在进行重力荷载作用分析时，柱、墙、斜撑等构件的轴向变形宜采用适当的计算模型考虑施工过程的影响；房屋高度 150m 以上及复杂高层建筑，应考虑施工过程的影响。

9. 多塔结构

多塔结构的振动形态复杂，整体模型计算有时不容易判断结果的合理性。因此，对多塔楼结构，宜按整体模型和各塔楼分开的模型分别计算，并采用较不利的结果进行结构设计。当塔楼周边的裙楼超过两跨时，分塔楼模宜至少附带两跨的裙楼结构。

4.3 结构稳定与抗倾覆验算

4.3.1 重力二阶效应与结构稳定

1. 重力二阶效应的概念

重力二阶效应一般包括两部分：一是由于构件自身挠曲引起的附加重力效应，即 P-δ 效应，二阶内力与构件挠曲形态有关，一般中段大，端部为零；二是结构在水平风荷载或水平地震作用下产生侧移变位后，重力荷载由于该侧移而引起的附加效应，即重力 P-Δ 效应。分析表明，对一般高层建筑结构而言，由于构件的长细比不大，其挠曲二阶效应的影响相对很小，一般可以忽略不计。但由于结构侧移和重力荷载引起的 P-Δ 效应相对较为明显，可使结构的位移和内力增加，当位移较大时甚至导致结构失稳（图4.3）。因此，高层建筑混凝土结构的稳定设计，主要是控制、验算结构在风或地震作用下，重力荷载产生的 P-Δ 效应对结构性能降低的影响以及由此可能引起的结构失稳。

高层建筑结构只要有水平侧移，便会引起重力荷载作用下的侧移二阶效应（P-Δ 效应），其大小与结构侧移和重力荷载自身大小直接相关，而结构侧移又与结构侧向刚度和水平作用大小密切相关。控制结构有足够的侧向刚度，宏观上有两个容易判断的指标：一是结构侧移应满足规程的位移限制条件，二是结构的楼层剪力与该层及其以上各层重力荷载代表值的比值（即楼层剪重比）应满足最小值规定。一般情况下，满足了这些规定，即可基本保证结构的整体稳定性，且重力二阶效应的影响较小。对抗震设计的结构，楼层剪重比必须满足公式（3.56）的规定；对于非抗震设计的结构，虽然《建筑结构荷载规范》GB 50009—2012 规定基本风压的取值不得小于 $0.3kN/m^2$，可保证水平风荷载产生的楼层剪力不至于过小，但对楼层剪重比没有最小值规定。因此，对非抗震设计的高层建筑结构，当水平荷载较小时，虽然侧移满足楼层位移

图 4.3 结构失稳

限制条件，但侧向刚度可能依然偏小，可能不满足结构整体稳定要求或重力二阶效应不能忽略。

重力 P-Δ 效应的考虑方法很多，第一类是按简化的弹性有限元方法近似考虑，该方法之一是根据楼层重力和楼层在水平力作用下产生的层间位移，计算出考虑 P-Δ 效应的等效荷载向量，结构构件刚度不折减，利用结构分析的有限元方法求解其影响；该方法之二是对结构的线弹性刚度进行折减，如《混凝土结构设计规范》GB 50010—2010 规定可将梁、柱、剪力墙的弹性抗弯刚度分别乘以折减系数 0.4、0.6、0.45，然后根据折减后的刚度按考虑二阶效应的弹性分析方法直接计算结构的内力，截面设计时不再考虑受压构件的偏心距增大系数 η。但是，弹塑性阶段结构刚度的衰减是十分复杂的，而且，结构刚度改变后，按照目前抗震规范规定的反应谱方法计算的地震力会随之减小；与弹性分析相比，构件之间的内力会产生不同的分配关系；另外，结构位移控制条件也不明确，因为弹性位移和弹塑性位移的控制条件相差很大。第二类方法是对不考虑重力 P-Δ 效应的构件内力乘以增大系数。该方法之一是《混凝土结构设计规范》GB 50010—2010 规定的偏心受压构件的偏心距增大系数法，即采用标准偏心受压柱（即两端铰接的等偏心距压杆）求得的偏心距增大系数与柱计算长度相结合来近似估计重力二阶效应（弯矩）的影响，综合考虑了构件挠曲二阶效应和侧移二阶效应的影响，但对破坏形态接近弹性失稳的细长柱的误差较大。该方法之二是楼层内力和位移增大系数法，即将不考虑二阶效应的初始内力和位移乘以考虑二阶效应影响的增大系数后，作为考虑二阶效应的内力和位移，该方法对线弹性或弹塑性计算同样适用，规程 JGJ 3—2010 采用了这种方法。

2. 框架结构的重力二阶效应与稳定要求

（1）框架结构的临界荷载

在水平力作用下，高层剪力墙结构的变形形态一般为弯曲型或弯剪型，框架-剪力墙结构和筒体结构的变形形态一般为弯剪型，框架结构的变形形态一般为剪切型。

忽略杆件的弯曲变形时，图 4.4（a）中的杆件代表第 i 层框架的所有柱在水平荷载下的受力和位移情况，图 4.4（b）为第 i 层框架各柱在水平荷载以及第 i 层和第 i 层以上各层传来的重力荷载共同作用下的内力和位移情况，图 4.4（c）为图 4.4（b）的柱用等效水平力 V^* 替代的情况。

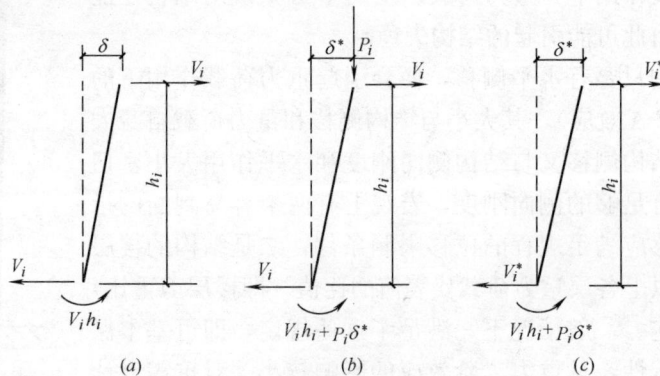

图 4.4 框架柱二阶效应图

柱的侧向刚度为：

$$D_i = \frac{V_i}{\delta_i} \tag{4.5}$$

74

由此可得

$$\delta_i = \frac{V_i}{D_i} \tag{4.6}$$

式中　V_i——第 i 层各柱的剪力；

　　　D_i——第 i 层各柱的侧向刚度；

　　　δ_i——第 i 层由水平荷载产生的一阶侧移。

由图 4.4（c）的静力平衡条件可以求得：

$$V_i^* = V_i + \Delta V_i = V_i + \frac{P_i \delta_i^*}{h_i} \tag{4.7}$$

式中　ΔV_i——第 i 层各柱考虑重力二阶效应后的剪力增量；

　　　δ_i^*——第 i 层考虑重力二阶效应后的侧移。

$$\delta_i^* = \frac{V_i^*}{D_i} = \frac{V_i + \dfrac{P_i \delta_i^*}{h_i}}{\dfrac{V_i}{\delta_i}} = \delta_i + \frac{P_i \delta_i}{V_i h_i} \delta_i^* \tag{4.8}$$

由式（4.8）可得：

$$\delta_i^* = \frac{1}{1 - \dfrac{P_i \delta_i}{V_i h_i}} \delta_i \tag{4.9}$$

如果框架失稳，则 δ_i^* 应趋于无穷大，即式（4.9）中分母应趋于零，由此得：

$$\frac{P_{i,\mathrm{cr}} \delta_i}{V_i h_i} = 1 \tag{4.10}$$

则　　　　　　　　　　$$P_{i,\mathrm{cr}} = \frac{V_i h_i}{\delta_i} = D_i h_i \tag{4.11}$$

由式（4.11）可见，第 i 层的临界荷载等于该层柱的侧向刚度与该层层高的乘积，$D_i h_i$ 可称为第 i 层框架各柱的侧向刚度。

（2）内力与位移放大系数

将式（4.11）代入式（4.9）可得：

$$\delta_i^* = \frac{1}{1 - \dfrac{P_i \delta_i}{V_i h_i}} \delta_i = \frac{1}{1 - \dfrac{P_i}{P_{i,\mathrm{cr}}}} \delta_i = \frac{1}{1 - \dfrac{P_i}{D_i h_i}} \delta_i \tag{4.12}$$

$$P_i = \sum_{j=i}^{n} G_j \tag{4.13}$$

将式（4.13）代入式（4.12）得：

$$\delta_i^* = \frac{1}{1 - \displaystyle\sum_{j=i}^{n} G_j / (D_i h_i)} \delta_i = F_{1i} \delta_i \tag{4.14}$$

$$F_{1i} = \frac{1}{1 - \displaystyle\sum_{j=i}^{n} G_j / (D_i h_i)} \qquad (j = 1,\ 2,\ \cdots\cdots,\ n) \tag{4.15}$$

式中　F_{1i}——框架结构考虑重力二阶效应的位移放大系数。

弯矩和剪力可以仿照位移相似的方法乘放大系数。但是在位移计算时不考虑结构刚度的折减，以便与规程 JGJ 3—2010 的弹性位移限制条件一致；而在内力增大系数计算时，结构构件的弹性刚度考虑 0.5 倍的折减系数，结构内力增量控制在 20% 以内。则

$$M^* = F_{2i}M \tag{4.16}$$

$$V^* = F_{2i}V \tag{4.17}$$

$$F_{2i} = \cfrac{1}{1 - 2\sum_{j=i}^{n} G_j/(D_i h_i)} \qquad (j=1, 2, \cdots\cdots, n) \tag{4.18}$$

式中　F_{2i}——框架结构考虑重力二阶效应的内力放大系数。

因此，高层框架结构重力二阶效应，可采用弹性方法进行计算，也可采用对未考虑重力二阶效应的计算结果乘以增大系数的方法近似考虑。

重力二阶效应以侧移二阶效应（$P\text{-}\Delta$）效应为主，构件挠曲二阶效应（$P\text{-}\delta$）的影响比较小，一般可以忽略。

（3）稳定要求

为便于分析讨论，将式（4.14）写成如下形式：

$$\delta_i^* = \cfrac{1}{1 - \sum_{j=i}^{n} G_j/(D_i h_i)}\delta_i = \cfrac{1}{1 - 1/\left[(D_i h_i)\Big/\sum_{j=i}^{n} G_j\right]}\delta_i \tag{4.19}$$

由式（4.19）可知，结构的侧向刚度与重力荷载设计值之比（简称为刚重比）$D_i h_i\Big/\sum_{j=i}^{n} G_j$ 是影响重力二阶效应的主要参数。现将 $(\delta_i^* - \delta_i)/\delta_i$ 与 $D_i h_i\Big/\sum_{j=i}^{n} G_j$ 的关系用图 4.5 表示。图中，左侧平行于纵轴的直线为双曲线的渐近线，其方程为：

$$(D_i h_i)\Big/\sum_{j=i}^{n} G_j = 1 \tag{4.20}$$

即结构临界荷重的近似表达式。当 $(D_i h_i)\Big/\sum_{j=i}^{n} G_j$ 趋近于 1 时，δ^* 趋向于无穷大。

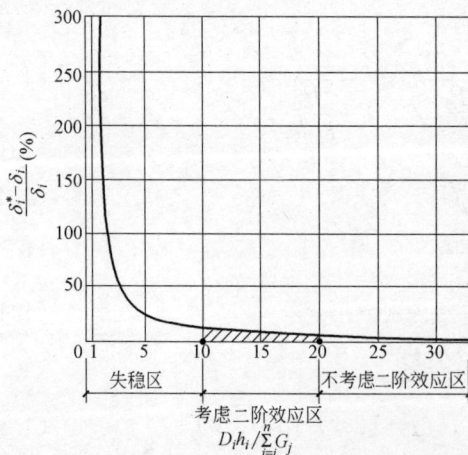

图 4.5　剪切型结构二阶效应图

由图 4.5 可明显看出，$P\text{-}\Delta$ 效应随着结构刚重比的降低呈双曲线关系增加。如果控制结构的刚重比，则可以控制结构不失去稳定。我国规程 JGJ 3—2010 对框架结构以刚重比等于 10 作为结构稳定的下限条件，即要求：

$$D_i \geqslant 10\sum_{j=i}^{n} G_j/h_i \qquad (j=1, 2, \cdots\cdots, n) \tag{4.21}$$

高层建筑结构的稳定设计主要是控制在风荷载或水平地震作用下，重力荷载产生的二阶效应（重力 $P\text{-}\Delta$ 效应）不致过大，

以致引起结构的失稳倒塌。如果结构的刚重比满足式（4.21）的规定，则重力 $P\text{-}\Delta$ 效应可控制在 20% 之内，结构的稳定具有适宜的安全储备。若结构的刚重比进一步减小，则重力 $P\text{-}\Delta$ 效应将会呈非线性关系急剧增长，直至引起结构的整体失稳。在水平力作用下，高层建筑结构的稳定应满足本条的规定，不应再放松要求。如不满足上述规定，应调整并增大结构的侧向刚度。

当结构的设计水平力较小，如计算的楼层剪重比过小（如小于 0.02），结构刚度虽能满足水平位移限值要求，但有可能不满足稳定要求。

（4）可不考虑重力二阶效应的条件

由图 4.3 可见，高层框架结构当刚重比不小于 20，即

$$D_i \geqslant 20 \sum_{j=i}^{n} G_j / h_i \qquad (j=1,\ 2,\ \cdots\cdots,\ n) \tag{4.22}$$

这时，重力二阶效应的影响已经很小，可以忽略不计。

3. 弯剪型结构的重力二阶效应及稳定要求

（1）临界荷载

剪力墙结构、框架-剪力墙结构和筒体结构属弯剪型结构。

竖向弯曲型悬臂杆的顶点欧拉临界荷载为：

$$P_{\mathrm{cr}} = \frac{\pi^2 EJ}{4H^2} \tag{4.23}$$

式中　P_{cr}——作用在悬臂杆顶部的竖向临界荷载；

　　　EJ——悬臂杆的弯曲刚度；

　　　H——悬臂杆的高度，即房屋高度。

对总层数为 n 层的高层建筑结构，重力荷载可假定沿竖向均匀分布，为简化起见，临界荷载 P_{cr} 可近似地取为：

$$P_{\mathrm{cr}} = 3 \times \frac{\pi^2 EJ}{4H^2} = 7.4 \frac{EJ}{H^2} \tag{4.24}$$

对于弯剪型悬臂杆，近似计算中，可用等效抗侧刚度 EJ_{d} 代替弯曲型悬臂杆的弯曲刚度 EJ。因此，作为临界荷载的近似计算公式，可对弯曲型和弯剪型悬臂杆统一表示为：

$$P_{\mathrm{cr}} = 7.4 \frac{EJ_{\mathrm{d}}}{H^2} \tag{4.25}$$

（2）变形和内力放大系数

仿照式（4.13），可将剪力墙结构、框架-剪力墙结构和筒体结构考虑重力二阶效应的结构侧移表示为：

$$\Delta^* = \frac{1}{1 - \dfrac{P_i}{P_{\mathrm{cr}}}} \Delta \tag{4.26}$$

$$P_i = \sum_{j=1}^{n} G_j \tag{4.27}$$

式中　Δ^*、Δ——考虑 $P\text{-}\Delta$ 效应及不考虑 $P\text{-}\Delta$ 效应计算的结构侧移；

$\sum\limits_{j=1}^{n} G_j$——各楼层重力荷载设计值之和。

将式（4.25）和式（4.27）代入式（4.26）可得：

$$\Delta^* = \frac{1}{1-0.14H^2 \sum\limits_{j=1}^{n} G_j/(EJ_{\mathrm{d}})} \Delta = F_1 \Delta \qquad (4.28)$$

与框架结构一样，求内力时，将结构构件的弹性刚度考虑 0.5 倍的折减系数，因此，考虑 P-Δ 效应后结构构件弯矩 M^* 与不考虑 P-Δ 效应时的弯矩 M 的关系为：

$$M^* = \frac{1}{1-0.28H^2 \sum\limits_{j=1}^{n} G_j/(EJ_{\mathrm{d}})} M = F_2 M \qquad (4.29)$$

式（4.28）和式（4.29）中的 F_1 和 F_2，分别为剪力墙结构、框架-剪力墙结构和筒体结构考虑重力二阶效应影响时位移增大系数和内力增大系数，计算公式为：

$$F_1 = \frac{1}{1-0.14H^2 \sum\limits_{j=1}^{n} G_j/(EJ_{\mathrm{d}})} \qquad (4.30)$$

$$F_2 = \frac{1}{1-0.28H^2 \sum\limits_{j=1}^{n} G_j/(EJ_{\mathrm{d}})} \qquad (4.31)$$

（3）稳定性要求

为便于分析，将式（4.28）写成如下形式：

$$\Delta^* = \frac{1}{1-0.14 \big/ \big[(EJ_{\mathrm{d}}) \big/ H^2 \sum\limits_{j=1}^{n} G_j \big]} \Delta \qquad (4.32)$$

式中，EJ_{d} 为弯剪型结构的抗弯刚度，$\sum\limits_{j=1}^{n} G_j$ 为重力荷载。因此，刚重比是影响重力二阶效应的主要参数。现将 $(\Delta^* - \Delta)/\Delta$ 与 $(EJ_{\mathrm{d}})/H^2 \sum\limits_{j=1}^{n} G_j$ 的关系表示在图 4.6 中。

图 4.6 中，左侧平行于纵轴的直线为双曲线的渐近线，其方程为：

$$EJ_{\mathrm{d}}/H^2 \sum\limits_{j=1}^{n} G_j = 0.14 \qquad (4.33)$$

由式（4.33）可以看出，当 $EJ_{\mathrm{d}}/H^2 \sum\limits_{j=1}^{n} G_j$ 趋近于 0.14 时，Δ^* 趋向于无穷大。式（4.33）为弯剪结构临界荷载的近似表达式。

从图 4.6 可以看出，P-Δ 效应随着结构刚重比的降低呈双曲线关系增加。当刚重比小于 1.4 时，P-Δ 效应迅速增加，甚至引起失稳。因此，为了保持剪力墙结构、框架-剪力墙结构和筒体结构的整体稳定，要求：

$$EJ_d \geqslant 1.4H^2 \sum_{j=1}^{n} G_j \qquad (4.34)$$

（4）可不考虑重力二阶效应的条件

由图 4.6 可见，剪力墙结构、框架-剪力墙结构和筒体结构当刚重比大于 2.7 时，重力 $P\text{-}\Delta$ 导致的内力和位移增量在 5% 左右，即使考虑实际刚度折减 50% 时，结构内力和位移增量也控制在 10% 以内。因此，当结构满足以下条件时：

$$EJ_d \geqslant 2.7H^2 \sum_{j=1}^{n} G_j \qquad (4.35)$$

重力二阶效应的影响可以忽略不计。

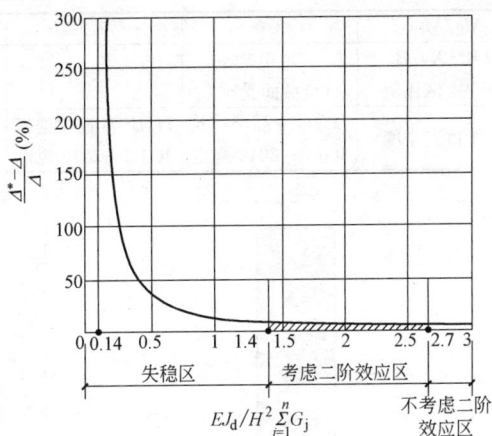

图 4.6 弯剪型结构二阶效应图

4.3.2 抗倾覆验算

为了防止高层建筑在风荷载和地震作用下发生倾覆（图 4.7），高层建筑的基础除了要满足 3.4 节的埋置深度以外，对于高宽比大于 4 的高层建筑，还要求其基础底面不宜出现零应力区，即应按图 4.8（a）、（b）分布，不应按图 4.8（c）分布；高宽比不大于 4 的高层建筑，基础底面与地基之间零应力区面积不应超过基础底面面积的 15%。

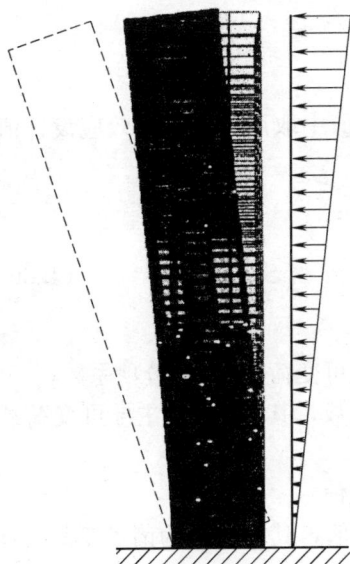

图 4.7 结构倾覆

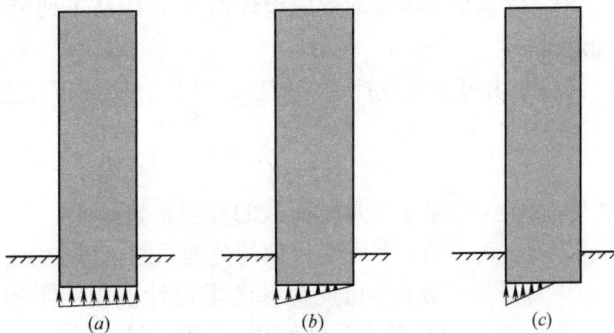

图 4.8 基础底面应力分布
（a）梯形分布；（b）三角形分布；（c）带零应力区分布

基础底面零应力区比例与抗倾覆安全度的近似关系如表 4.1 所示。

表中，M_R 为抗倾覆力矩标准值，M_{OV} 为倾覆力矩标准值。当抗倾覆验算不满足时，可采用加大基础埋置深度、扩大基础底面面积或底板上加设锚杆等措施（图 4.9）。

79

M_R/M_{OV}	3.0	2.3	1.5	1.3	1.0
$(B-X)/B$ 零应力区比例	0 （全截面受压）	15%	50%	65.4%	100%
抗倾覆安全度	$H/B>4$ 高层建筑 JGJ 3—2010 规定	$H/B\leqslant4$ 高层建筑 JGJ 3—2010 规定	JZ 102—79 规定值	JGJ 3—91 规定值	基址点临界平衡

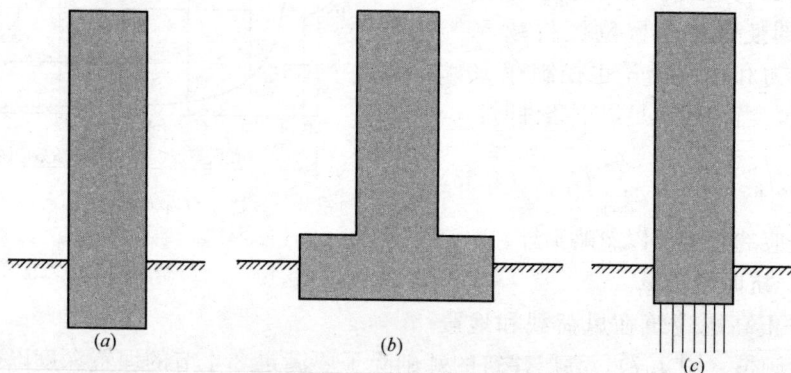

图 4.9　结构防止倾覆措施
(a) 加大基础埋置深度；(b) 做刚性较大底盘；(c) 增设锚杆

4.4　作用效应组合

4.4.1　无地震作用效应组合

1. 荷载基本组合的效应设计值 S_d，应从下列荷载组合值中取用最不利的效应设计值确定：

（1）由可变荷载控制的效应设计值，应按下式进行计算：

$$S_d = \sum_{j=1}^{m} \gamma_{G_j} S_{G_j k} + \gamma_{Q_1} \gamma_{L_1} S_{Q_1 k} + \sum_{i=2}^{n} \gamma_{Q_i} \gamma_{L_i} \psi_{c_i} S_{Q_i k} \tag{4.36}$$

式中　γ_{G_j}——第 j 个永久荷载的分项系数；

γ_{Q_i}——第 i 个可变荷载的分项系数，其中 γ_{Q_1} 为主导可变荷载 Q_1 的分项系数；

γ_{L_i}——第 i 个可变荷载考虑设计使用年限的调整系数，其中 γ_{L_1} 为主导可变荷载 Q_1 考虑设计使用年限的调整系数；

$S_{G_j k}$——按第 j 个永久荷载标准值 G_{jk} 计算的荷载效应值；

$S_{Q_i k}$——按第 i 个可变荷载标准值 Q_{ik} 计算的荷载效应值，其中 $S_{Q_1 k}$ 为诸可变荷载效应中起控制作用者；

ψ_{c_i}——第 i 个可变荷载 Q_i 的组合值系数；

m——参与组合的永久荷载数；

n——参与组合的可变荷载数。

（2）由永久荷载控制的效应设计值，应按下式进行计算：

$$S_d = \sum_{j=1}^{m} \gamma_{G_j} S_{G_j k} + \sum_{i=2}^{n} \gamma_{Q_i} \gamma_{L_i} \psi_{c_i} S_{Q_i k} \tag{4.37}$$

基本组合中的效应设计值仅适用于荷载与荷载效应为线性的情况；

当对 S_{Q_1k} 无法明显判断时，应轮次以各可变荷载效应作为 S_{Q_1k}，并选取其中最不利的荷载组合的效应设计值。

基本组合的荷载分项系数，应按下列规定采用：

（1）永久荷载的分项系数应符合下列规定：

1）当永久荷载效应对结构不利时，对由可变荷载效应控制的组合应取 1.2，对由永久荷载效应控制的组合应取 1.35；

2）当永久荷载效应对结构有利时，不应大于 1.0。

（2）可变荷载的分项系数应符合下列规定：

1）对标准值大于 $4kN/m^2$ 的工业房屋楼面结构的活荷载，应取 1.3；

2）其他情况，应取 1.4。

（3）对结构的倾覆、滑移或漂浮验算，荷载的分项系数应满足有关的建筑结构设计规范的规定。

可变荷载考虑设计使用年限的调整系数 γ_L 应按下列规定采用：

（1）楼面和屋面活荷载考虑设计使用年限的调整系数 γ_L 应按表 4.2 采用。

楼面和屋面活荷载考虑设计使用年限的调整系数 γ_L 表 4.2

结构设计使用年限(年)	5	50	100
γ_L	0.9	1.0	1.1

注：1 当设计使用年限不为表中数值时，调整系数 γ_L 可按线性内插确定；

    2 对于荷载标准值可控制的活荷载，设计使用年限调整系数 γ_L 取 1.0。

（2）对雪荷载和风荷载，应取重现期为设计使用年限，按第 3 章的规定确定基本雪压和基本风压，或按有关规范的规定采用。

2. 荷载偶然组合的效应设计值 S_d 可按下列规定采用：

（1）用于承载能力极限状态计算的效应设计值，应按下式进行计算：

$$S_d = \sum_{j=1}^{m} S_{G_jk} + S_{A_d} + \psi_{f_1} S_{Q_1K} + \sum_{i=2}^{n} \psi_{q_i} S_{Q_ik} \tag{4.38}$$

式中 S_{A_d}——按偶然荷载标准值 A_d 计算的荷载效应值；

    ψ_{f_1}——第 1 个可变荷载的频遇值系数；

    ψ_{q_i}——第 i 个可变荷载的准永久值系数。

（2）用于偶然事件发生后受损结构整体稳固性验算的效应设计值，应按下式进行计算：

$$S_d = \sum_{j=1}^{m} S_{G_jk} + \psi_{f_1} S_{Q_1k} + \sum_{i=2}^{n} \psi_{q_i} S_{Q_ik} \tag{4.39}$$

组合中的设计值仅适用于荷载与荷载效应为线性的情况。

3. 对于正常使用极限状态，应根据不同的设计要求，采用荷载的标准组合、频遇组合或准永久组合。

（1）荷载标准组合的效应设计值 S_d 应按下式进行计算：

$$S_d = \sum_{j=1}^{m} S_{G_jk} + S_{Q_1k} + \sum_{i=2}^{n} \psi_{c_i} S_{Q_ik} \tag{4.40}$$

（2）荷载频遇组合的效应设计值 S_d 应按下式进行计算：

$$S_d = \sum_{j=1}^{m} S_{G_j k} + \psi_{f_1} S_{Q_1 k} + \sum_{i=2}^{n} \psi_{q_i} S_{Q_i k} \tag{4.41}$$

（3）荷载准永久组合的效应设计值 S_d 应按下式进行计算：

$$S_d = \sum_{j=1}^{m} S_{G_j k} + \sum_{i=2}^{n} \psi_{q_i} S_{Q_i k} \tag{4.42}$$

公式（4.40）～公式（4.42）组合中的设计值仅适用于荷载与荷载效应为线性的情况。

4.4.2 有地震作用效应组合

地震设计状况下，当作用与作用效应按线性关系考虑时，荷载效应和地震作用效应组合的设计值应按式（4.43）确定：

$$S_d = \gamma_G S_{GE} + \gamma_{Eh} S_{Ehk} + \gamma_{Ev} S_{Evk} + \psi_w \gamma_w S_{wk} \tag{4.43}$$

式中 S_d——荷载效应和地震作用效应组合的设计值；

    S_{GE}——重力荷载代表值的效应；

    S_{Ehk}——水平地震作用标准值的效应，尚应乘以相应的增大系数或调整系数；

    S_{Evk}——竖向地震作用标准值的效应，尚应乘以相应的增大系数或调整系数；

    γ_G——重力荷载分项系数；

    γ_w——风荷载分项系数；

    γ_{Eh}——水平地震作用分项系数；

    γ_{Ev}——竖向地震作用分项系数；

    ψ_w——风荷载的组合值系数，一般取 0.0，对 60m 以上的高层建筑取 0.2。

有地震作用效应组合时，荷载效应和地震作用效应的分项系数应按下列规定采用：

（1）承载力计算时，分项系数应按表 4.3 采用。当重力荷载效应对结构承载力有利时，表 4.3 中 γ_G 不应大于 1.0；

有地震作用组合时荷载和作用的分项系数   表 4.3

所考虑的组合	γ_G	γ_{Eh}	γ_{Ev}	γ_w	说　明
重力荷载及水平地震作用	1.2	1.3	—	—	抗震设计的高层建筑结构均应考虑
重力荷载及竖向地震作用	1.2	—	1.3	—	9 度抗震设计时考虑；水平长悬臂和大跨度结构 7 度（0.15g）、8 度、9 度抗震设计时考虑
重力荷载、水平地震及竖向地震作用	1.2	1.3	0.5	—	9 度抗震设计时考虑；水平长悬臂和大跨度结构 7 度（0.15g）、8 度、9 度抗震设计时考虑
重力荷载、水平地震作用及风荷载	1.2	1.3	—	1.4	60m 以上的高层建筑考虑
重力荷载、水平地震作用、竖向地震作用及风荷载	1.2	1.3	0.5	1.4	60m 以上的高层建筑，9 度抗震设计时考虑；水平长悬臂和大跨度结构 7 度（0.15g）、8 度、9 度抗震设计时考虑
	1.2	0.5	1.3	1.4	水平长悬臂结构和大跨度结构，7 度（0.15g）、8 度、9 度抗震设计时考虑

注：表中"—"号表示组合中不考虑该项荷载或作用效应。

（2）位移计算时，式（4.43）中各分项系数均应取1.0。

依据式（4.43）和表4.3的规定，有地震作用效应的组合数是非常多的，实际工程设计时，可以根据情况对那些不起控制作用的组合进行必要删减，以减小工作量。

4.5 构件承载力计算

1. 计算公式

高层建筑结构构件承载力应按下列公式验算：

无地震作用组合 $\qquad\gamma_0 S_d \leqslant R_d$ (4.44)

有地震作用组合 $\qquad S_d \leqslant R_d / \gamma_{RE}$ (4.45)

式中 γ_0——结构重要性系数，对安全等级为一级或设计使用年限为100年及以上的结构构件，不应小于1.1；对安全等级为二级或设计使用年限为50年的结构构件，不应小于1.0；

S_d——作用效应组合的设计值；

R_d——构件承载力设计值；

γ_{RE}——构件承载力抗震调整系数。

抗震设计时，钢筋混凝土构件的承载力抗震调整系数应按表4.4采用；型钢混凝土构件和钢构件的承载力抗震调整系数分别按表4.5和表4.6采用。当仅考虑竖向地震作用组合时，各类结构构件的承载力抗震调整系数均应取为1.0。

承载力抗震调整系数 表4.4

构件类别	梁	轴压比小于0.15的柱	轴压比不小于0.15的柱	剪 力 墙		各类构件	节 点
受力状态	受弯	偏压	偏压	偏压	局部承压	受剪、偏拉	受剪
γ_{RE}	0.75	0.75	0.80	0.85	1.0	0.85	0.85

型钢混凝土构件承载力抗震调整系数 γ_{RE} 表4.5

正截面承载力计算				斜截面承载力计算	连 接
梁	柱	剪力墙	支撑	各类构件及节点	焊缝及高强螺栓
0.75	0.80	0.85	0.85	0.85	0.90

注：轴压比小于0.15的偏心受压柱，其承载力抗震调整系数 γ_{RE} 应取0.75。

钢构件承载力抗震调整系数 γ_{RE} 表4.6

钢梁	钢柱	钢支撑	节点及连接螺栓	连接焊缝
0.75	0.75	0.80	0.85	0.90

2. 结构抗震等级

（1）各抗震设防类别的高层建筑结构，其抗震措施应符合下列要求：

1）甲类、乙类建筑：应按本地区抗震设防烈度提高一度的要求加强其抗震措施，但抗震设防烈度为9度时应按比9度更高的要求采取抗震措施。当建筑场地为Ⅰ类时，应允许仍按本地区抗震设防烈度的要求采取抗震构造措施；

2）丙类建筑：应按本地区抗震设防烈度确定其抗震措施。当建筑场地为Ⅰ类时，除 6 度外，应允许按本地区抗震设防烈度降低一度的要求采取抗震构造措施。

（2）当建筑场地为Ⅲ、Ⅳ类时，对设计基本地震加速度为 0.15g 和 0.30g 的地区，宜分别按抗震设防烈度 8 度（0.20g）和 9 度（0.40g）时各类建筑的要求采取抗震构造措施。

（3）抗震设计时，高层建筑钢筋混凝土结构构件应根据烈度、结构类型和房屋高度采用不同的抗震等级，并应符合相应的计算和构造措施要求。A 级高度丙类建筑钢筋混凝土结构的抗震等级应按表 4.7 确定。当本地区的设防烈度为 9 度时，A 级高度乙类建筑的抗震等级应按特一级采用，甲类建筑应采取更有效的抗震措施。

"特一级和一、二、三、四级"即"抗震等级为特一级和一、二、三、四级"的简称。

表 4.7

A 级高度的高层建筑结构抗震等级

结构类型			烈　　　度						
			6 度		7 度		8 度		9 度
框架结构			三		二		一		一
框架-剪力墙结构	高度(m)		≤60	>60	≤60	>60	≤60	>60	≤50
	框架		四	三	三	二	二	一	一
	剪力墙		三		二		一		一
剪力墙结构	高度(m)		≤80	>80	≤80	>80	≤80	>80	≤60
	剪力墙		四	三	三	二	二	一	一
部分框支剪力墙结构	非底部加强部位的剪力墙		四		三		二		—
	底部加强部位的剪力墙		三		二		一		—
	框支框架(m)		二		二		一		—
筒体结构	框架-核心筒	框架	三		二		一		一
		核心筒	二		二		一		一
	筒中筒	内筒	三		二		一		一
		外筒							
板柱-剪力墙结构	高度(m)		≤35	>35	≤35	>35	≤35	>35	
	框架、板柱及柱上板带		三	二	二	二	一	一	
	剪力墙		二	二	二	二	一	一	

注：1. 接近或等于高度分界时，应结合房屋不规则程度及场地、地基条件适当确定抗震等级；
　　2. 底部带转换层的筒体结构，其框支框架的抗震等级应按表中部分框支剪力墙结构的规定采用；
　　3. 当框架-核心筒结构的高度不超过 60m 时，其抗震等级允许按框架-剪力墙结构采用。

（4）抗震设计时，B 级高度丙类建筑钢筋混凝土结构的抗震等级应按表 4.8 确定。

（5）抗震设计的高层建筑，当地下室顶层作为上部结构的嵌固端时，地下一层的抗震等级应按上部结构采用，地下一层以下抗震构造措施的抗震等级可逐层降低一级，但不应低于四级；地下室中超出上部主楼范围且无上部结构的部分，其抗震等级可根据具体情况采用三级或四级。

结构类型		烈 度		
		6度	7度	8度
框架-剪力墙	框架	二	一	一
	剪力墙	二	一	特一
剪力墙	剪力墙	二	一	特一
框支剪力墙	非底部加强部位剪力墙	二	一	一
	底部加强部位剪力墙	二	一	特一
	框支框架	一	特一	特一
框架-核心筒	框架	二	一	一
	筒体	二	一	特一
筒中筒	外筒	二	一	特一
	内筒	二	一	特一

注：底部带转换层的筒体结构，其框支框架和底部加强部位筒体的抗震等级应按表中框支剪力墙结构的规定采用。

（6）抗震设计时，与主楼连为整体的裙房的抗震等级；除应按裙房本身确定外，相关范围不应低于主楼的抗震等级；主楼结构在裙房顶板上、下各一层应适当加强抗震构造措施。裙房与主楼分离时，应按裙房本身确定抗震等级。

裙房与主楼相连，一般指主楼周边外扩不少于三跨的裙房结构，相关范围以外的裙房可按自身的结构类型确定抗震等级。

3. 特一级抗震等级的构造要求

特一级是比一级抗震等级更严格的构造措施。这些措施主要体现在：采用型钢混凝土或钢管混凝土构件提高延性，增大构件配筋率和配箍率，加大强柱弱梁和强剪弱弯的调整系数，加大剪力墙的受弯和受剪承载力，加强连梁的配筋构造等。框架角柱的弯矩和剪力设计值仍应按 5.9 节的规定，乘以不小于 1.1 的增大系数。

高层规程中，特一级抗震等级主要用于抗震设计的 B 级高度高层建筑、复杂高层建筑结构、9 度抗震设防的乙类高层建筑结构。

高层建筑结构中，抗震等级为特一级的钢筋混凝土构件，除应符合一级抗震等级的基本要求外，尚应满足下列规定：

（1）特一级框架柱应符合下列要求：

1）宜采用型钢混凝土柱、钢管混凝土柱；

2）柱端弯矩增大系数 η_c、柱端剪力增大系数 η_{vc} 应增大 20%；

3）钢筋混凝土柱柱端加密区最小配箍特征值 λ_v，应按表 5.29 规定的数值增加 0.02 采用；全部纵向钢筋最小构造配筋百分率，中、边柱取 1.4%，角柱取 1.6%。

（2）特一级框架梁应符合下列要求：

1）梁端剪力增大系数 η_{vb} 应增大 20%；

2）梁端加密区箍筋构造最小配箍率应增大 10%。

（3）特一级框支柱应符合下列要求：

1）宜采用型钢混凝土柱、钢管混凝土柱；

2）底层柱下端及与转换层相连的柱上端的弯矩增大系数取 1.8，其余层柱端弯矩增大系数 η_c 应增大 20%；柱端剪力增大系数 η_{vc} 应增大 20%；地震作用产生的柱轴力增大系数取 1.8，但计算柱轴压比时可不计该项增大；

3）钢筋混凝土柱柱端加密区最小配箍特征值 λ_v 应按表 5.29 的数值增大 0.03 采用，且箍筋体积配箍率不应小于 1.6%；全部纵向钢筋最小构造配筋百分率取 1.6%。

（4）特一级剪力墙、筒体墙应符合下列要求：

1）底部加强部位的弯矩设计值应乘以 1.1 的增大系数，其他部位的弯矩设计值应乘以 1.3 的增大系数；底部加强部位的剪力设计值，应按考虑地震作用组合的剪力计算值的 1.9 倍采用，其他部位的剪力设计值，应按考虑地震作用组合的剪力计算值的 1.2 倍采用；

2）一般部位的水平和竖向分布钢筋最小配筋率应取为 0.35%，底部加强部位的水平和竖向分布钢筋的最小配筋率应取为 0.4%；

3）约束边缘构件纵向钢筋最小构造配筋率应取为 1.4%，配箍特征值宜增大 20%；构造边缘构件纵向钢筋的配筋率不应小于 1.2%；

4）框支剪力墙结构的落地剪力墙底部加强部位边缘构件宜配置型钢，型钢宜向上、下各延伸一层；

5）连梁的要求同一级。

4.6　正常使用条件下的水平位移验算和舒适度要求

4.6.1　水平位移验算

高层建筑层数多、高度大，为保证高层建筑结构具有必要的刚度，应对其层位移加以控制。这个控制实际上是对构件截面大小、刚度大小的一个相对指标。

国外一般对层间位移角（剪切变形角）加以限制，而不包括建筑物整体弯曲产生的水平位移，数值较宽松。

在正常使用条件下，限制高层建筑结构层间位移的主要目的有两点：

（1）保证主结构基本处于弹性受力状态。对钢筋混凝土结构来讲，就是要避免混凝土墙或柱出现裂缝；同时，将混凝土梁等楼面构件的裂缝数量、宽度和高度限制在规范允许范围之内。

（2）保证填充墙、隔墙和幕墙等非结构构件的完好，避免产生明显损伤。

迄今，控制层间变形的参数有三种，即：层间位移与层高之比（层间位移角）；有害层间位移角；区格广义剪切变形。其中层间位移角是过去应用最广泛，最为工程技术人员所熟知的，规程 JGJ 3—91 也采用了这个指标。

1）层间位移与层高之比（简称层间位移角）

$$\theta_i = \frac{\Delta u_i}{h_i} = \frac{u_i - u_{i-1}}{h_i} \tag{4.46}$$

2）有害层间位移角

$$\theta_{id} = \frac{\Delta u_{id}}{h_i} = \theta_i - \theta_{i-1} = \frac{u_i - u_{i-1}}{h_i} - \frac{u_{i-1} - u_{i-2}}{h_{i-1}} \tag{4.47}$$

式中，θ_i、θ_{i-1} 为 i 层上、下楼盖的转角，即 i 层、$i-1$ 层的层间位移角。

3）区格的广义剪切变形（简称剪切变形）

$$\gamma_{ij} = \theta_i - \theta_{i-1,j} = \frac{u_i - u_{i-1}}{h_i} + \frac{v_{i-1,j} - v_{i-1,j-1}}{l_j} \tag{4.48}$$

式中，γ_{ij} 为区格 ij 剪切变形，其中脚标 i 表示区格所在层次，j 表示区格序号；$\theta_{i-1,j}$ 为区格 ij 下楼盖的转角，以顺时针方向为正；l_j 为区格 ij 的宽度；$v_{i-1,j-1}$、$v_{i-1,j}$ 为相应节点的竖向位移。

如上所述，从结构受力与变形的相关性来看，参数 γ_{ij} 即剪切变形，较符合实际情况；但就结构的宏观控制而言，参数 θ_i 即层间位移角较为简便。

考虑到层间位移控制是一个宏观的侧向刚度指标，为便于设计人员在工程设计中应用，本规程采用了层间最大位移与层高之比 $\Delta u/h$，即层间位移角 θ 作为控制指标。

高层建筑结构是按弹性阶段进行设计的。地震按小震考虑；风按 50 年一遇的风压标准值考虑；结构构件的刚度采用弹性阶段的刚度；内力与位移分析不考虑弹塑性变形。因此所得出的位移相应也是弹性阶段的位移。它比在大震作用下弹塑性阶段的位移小得多，因而位移的控制值也比较小。

规程 JGJ 3—2010 采用层间位移角 $\Delta u/h$ 作为侧移控制指标，并且不扣除整体弯曲转角产生的侧移，抗震时可不考虑质量偶然偏心的影响。

高度不大于 150m 的常规高度高层建筑的整体弯曲变形相对影响较小，层间位移角 $\Delta u/h$ 的限值按不同的结构体系在 1/1000～1/550 之间分别取值，如表 4.9 所示。但当高度超过 150m 时，弯曲变形产生的侧移有较快增长，所以超过 250m 高度的建筑，层间位移角限值按 1/500 作为限值。150～250m 之间的高层建筑按线性插入考虑。

楼层层间最大位移与层高之比的限值　　　　　　　表 4.9

结　构　体　系	$\Delta u/h$ 限值
框架	1/550
框架-剪力墙、框架-核心筒、板柱-剪力墙	1/800
筒中筒、剪力墙	1/1000
除框架结构外的转换层	1/1000
多、高层钢结构	1/250

层间位移角 $\Delta u/h$ 的限值指最大层间位移与层高之比，第 i 层的 $\Delta u/h$ 指第 i 层和第 $i-1$ 层在楼层平面各处位移差 $\Delta u_i = u_i - u_{i-1}$ 中的最大值。由于高层建筑结构在水平力作用下几乎都会产生扭转，所以 Δu 的最大值一般在结构单元的边角部位。

震害表明，结构如果存在薄弱层，在强烈地震作用下，结构薄弱部位将产生较大的弹塑性变形，会引起结构严重破坏甚至倒塌。

4.6.2 风振舒适度

高层建筑在风荷载的作用下会发生强烈的动力反应，使人产生不舒适感觉，因此要进行舒适度验算。

1. 舒适度要求

房屋高度不小于150m的高层混凝土建筑结构应满足风振舒适度要求。在现行国家标准《建筑结构荷载规范》GB 50009—2012规定的10年一遇的风荷载标准值作用下，结构顶点的顺风向和横风向振动最大加速度计算值不应超过表4.10的限值。结构顶点的顺风向和横风向振动最大加速度可按现行行业标准《高层民用建筑钢结构技术规程》JGJ 99的有关规定计算，也可通过风洞试验结果判断确定，计算时阻尼比宜取0.01～0.02。对混凝土结构取0.02，对混合结构根据房屋高度和结构类型取0.01～0.02。

结构顶点风振加速度限值 a_{lim} 表4.10

使 用 功 能	a_{lim}（m/s²）
住宅、公寓	0.15
办公、旅馆	0.25

楼盖结构宜具有适宜的刚度、质量及阻尼，其竖向振动舒适度应符合下列规定：

（1）钢筋混凝土楼盖结构竖向频率不宜小于3Hz，轻钢楼盖结构竖向频率不宜小于8Hz。自振频率计算时，楼盖结构的阻尼比可取0.02；

（2）不同使用功能、不同自振频率的楼盖结构，其振动峰值加速度不宜超过表4.11限值。

楼盖竖向振动加速度限值   表4.11

人员活动环境	峰值加速度限值（m/s²）	
	竖向自振频率不大于2Hz	竖向自振频率不小于4Hz
住宅、办公	0.07	0.05
商场及室内连廊	0.22	0.15

注：楼盖结构竖向自振频率为2～4Hz时，峰值加速度限值可按线性插值选取。

2. 楼盖结构竖向振动加速度计算

（1）人行走引起的楼盖振动峰值加速度可按下列公式近似计算：

$$a_p = \frac{F_p}{\beta w} g \tag{4.49}$$

$$F_p = p_0 e^{-0.35 f_n} \tag{4.50}$$

式中　a_p——楼盖振动峰值加速度（m/s²）；

　　　F_p——接近楼盖结构自振频率时人行走产生的作用力（kN）；

　　　p_0——人们行走产生的作用力（kN），按表4.12采用；

　　　f_n——楼盖结构竖向自振频率（Hz）；

β——楼盖结构阻尼比，按表 4.12 采用；

w——楼盖结构阻抗有效重量（kN），可按公式（4.51）计算；

g——重力加速度，取 9.8m/s^2。

人行走作用力及楼盖结构阻尼比 表 4.12

人员活动环境	人员行走作用力 p_0(kN)	结构阻尼比 β
住宅,办公,教堂	0.3	0.02～0.05
商场	0.3	0.02
室内人行天桥	0.42	0.01～0.02
室外人行天桥	0.42	0.01

注：1. 表中阻尼比用于普通钢结构和混凝土结构，轻钢混凝土组合楼盖的阻尼比取该值乘以 2；

2. 对住宅、办公、教堂建筑，阻尼比 0.02 可用于无家具和非结构构件情况，如无纸化电子办公区、开敞办公区和教堂；阻尼比 0.03 可用于有家具、非结构构件，带少量可拆卸隔断的情况；阻尼比 0.05 用于含全高填充墙的情况；

3. 对室内人行天桥，阻尼比可 0.02 用于天桥带干挂吊顶的情况。

（2）楼盖结构的阻抗有效重量 w 可按下列公司计算：

$$w = \overline{w}BL \tag{4.51}$$

$$B = CL \tag{4.52}$$

式中　$\overline{w}$——楼盖单位面积有效重量（kN/m^2），取恒载和有效分布活荷载之和，楼层有效分布活荷载：对办公建筑可取 0.55kN/m^2；对住宅可取 0.3kN/m^2；

L——梁跨度（m）；

B——楼盖阻抗有效质量的分布宽度（m）；

C——垂直于梁跨度方向的楼盖受弯连续性影响系数，对边梁取 1，对中间梁取 2。

（3）楼盖结构的竖向振动加速度宜采用时程分析方法计算。

4.7　罕遇地震下的弹塑性变形验算

1. 需进行弹塑性变形验算的高层建筑

按照《建筑抗震设计规范》GB 50011—2010 的规定，弹塑性变形验算是第二阶段抗震设计的内容，以实现"大震不倒"的设防目标。但是，确切地找出结构的薄弱层（部位）以及薄弱层（部位）的弹塑性变形，目前还有许多困难。研究和震害表明，即便是规则的结构（体型简单、刚度和承载力分布均匀），也是某些部位率先屈服并发展塑性变形，而非各部位同时进入屈服；对于体形复杂、刚度和承载力分布不均匀的不规则结构，弹塑性反应过程更为复杂。因此，要求对每一栋高层建筑都进行弹塑性分析是不现实的，也没有必要。高层规程 JGJ 3—2010 仅对有特殊要求的建筑、地震时易倒塌的结构以及有明显薄弱层的不规则结构做了两阶段设计要求，即除了第一阶段的弹性承载力设计外，还要进行薄弱部位的弹塑性层间变形验算，并采取相应的抗震构造措施，实现第三水准的抗震设防要求。

应进行弹塑性变形验算的高层建筑结构有：

（1）7～9度时楼层屈服强度系数小于0.5的框架结构；

（2）甲类建筑和9度抗震设防的乙类建筑结构；

（3）采用隔震和消能减震设计的建筑结构；

（4）房屋高度大于150m的结构。

这里所说的楼层屈服强度系数，是指按构件实际配筋和材料强度标准值计算的楼层受剪承载力与按罕遇地震作用标准值计算的楼层弹性地震剪力的比值。罕遇地震作用计算时的水平地震影响系数最大值应按表4.13采用。

罕遇地震水平地震影响系数最大值 α_{max} 表 4.13

设防烈度	6度	7度	8度	9度
α_{max}	0.28	0.50(0.72)	0.90(1.20)	1.40

注：7、8度时括号内数值分别用于设计基本地震加速度为0.15g和0.30g的地区。

宜进行弹塑性变形验算的高层建筑结构有：

（1）表3.20所列高度范围且竖向不规则的高层建筑结构；

（2）7度Ⅲ、Ⅳ类场地和8度抗震设防的乙类建筑结构；

（3）板柱-剪力墙结构。

2. 层间弹塑性位移计算公式

目前，考虑结构弹塑性变形的计算方法大致有三种：按假想的完全弹性体计算，按规定的地震作用下的弹性变形乘以某一增大系数计算，按静力弹塑性或动力弹塑性时程分析程序计算。第一种方法的随意性较大，应用较少；第二种方法有一定的研究基础，对刚度比较规则的结构有一定实用性，应用较多；第三种方法理论上较精确，但计算中涉及许多不易确定的相关技术问题，使用上也相当复杂，计算结果不容易分析和判断，目前实际应用也不多。塑性内力重分布法、塑性极限分析方法等也可作为结构弹塑性变形阶段的分析方法，但更偏重于局部结构构件的弹塑性分析，前者常用于框架梁的弯矩调幅设计，后者常用于楼板（尤其是双向板）的塑性极限设计。对于整体结构的弹塑性分析应用不多。

（1）简化计算法

研究表明，多、高层建筑结构存在塑性变形集中现象，对楼层屈服强度系数 ξ_y 分布均匀的结构多发生在底层，对屈服强度系数 ξ_y 分布不均匀的结构多发生在 ξ_y 相对较小的楼层（部位）。剪切型的框架结构薄弱层弹塑性变形与结构弹性变形有比较稳定的相似关系。因此，对于多层剪切型框架结构，其弹塑性变形可近似采用罕遇地震下的弹性变形乘以弹塑性变形增大系数 η_p 进行估算。弹塑性变形增大系数 η_p，对于屈服强度系数 ξ_y 分布均匀的结构，可按层数和楼层屈服强度系数 ξ_y 的差异以表格形式给出（表4.14）；对于屈服强度系数 ξ_y 分布不均匀的结构，在结构侧向刚度沿高度变化比较平缓时，可近似用均匀结构的弹塑性变形增大系数 η_p 适当放大后取值。

<table>
<tr><td colspan="4" align="center">结构的弹塑性位移增大系数 η_p　　　　　　表 4.14</td></tr>
<tr><td align="center">ξ_y</td><td align="center">0.5</td><td align="center">0.4</td><td align="center">0.3</td></tr>
<tr><td align="center">η_p</td><td align="center">1.8</td><td align="center">2.0</td><td align="center">2.2</td></tr>
</table>

因此，对于不超过 12 层且层的侧向刚度比较均匀（无突变）的框架结构，可采用下列简化方法计算其弹塑性位移：

$$\Delta u_p = \eta_p \Delta u_e \tag{4.53}$$

或

$$\Delta u_p = \mu \Delta u_y = \frac{\eta_p}{\xi_y} \Delta u_y \tag{4.54}$$

式中　Δu_p——层间弹塑性位移；

Δu_y——层间屈服位移；

μ——楼层延性系数；

Δu_e——罕遇地震作用下按弹性分析的层间位移。计算时，水平地震影响系数最大值应按表 4.13 采用；

η_p——弹塑性位移增大系数，当薄弱层（部位）的屈服强度系数不小于相邻层（部位）该系数平均值的 0.8 时，可按表 4.14 采用；当不大于该平均值的 0.5 时，可按表内相应数值的 1.5 倍采用；其他情况可采用内插法取值；

ξ_y——楼层屈服强度系数。

楼层屈服强度系数，是指按构件实际配筋和材料强度标准值计算的楼层受剪承载力与按罕遇地震作用标准值计算的楼层弹性地震剪力的比值。计算楼层弹性地震剪力时，罕遇地震作用的水平地震影响系数最大值应按表 4.13 采用。楼层实际受剪承载力计算比较复杂，由于地震作用和结构地震反应的复杂性，合理、准确地确定结构的破坏机制是相当困难的，不同的屈服模型，计算结果会有所差异。计算构件的实际承载力时，应取构件截面的实际配筋和材料强度标准值。对钢筋混凝土梁、柱的正截面实际受弯承载力可按下列公式计算：

$$M_{bua} = f_{yk} A_{sb}^a (h_{b0} - a_s') \tag{4.55}$$

$$M_{cua} = f_{yk} A_{sc}^a (h_{c0} - a_s') + 0.5 N_G h_c \left(1 - \frac{N_G}{f_{ck} b_c h_c}\right) \tag{4.56}$$

式中　M_{bua}——梁正截面受弯承载力；

M_{cua}——柱正截面受弯承载力；

f_{yk}——钢筋强度标准值；

f_{ck}——混凝土强度标准值；

A_{sb}^a、A_{sc}^a——分别为梁、柱纵向钢筋实际配筋面积；

N_G——重力荷载代表值产生的轴向压力值（分项系数取 1.0）。

结构薄弱层（部位）的位置可按下列情况确定：

1）楼层屈服强度系数沿高度分布均匀的结构，可取底层；

2) 楼层屈服强度系数沿高度分布不均匀的结构，可取该系数最小的楼层（部位）及相对较小的楼层，一般不超过 2~3 处。

(2) 弹塑性分析方法

理论上，结构弹塑性分析可以应用于任何材料的结构体系的受力过程各个阶段的分析。结构弹塑性分析的基本原理是以结构构件、材料的实际力学性能为依据，导出相应的弹塑性本构关系，建立变形协调方程和力学平衡方程后，求解结构在各个阶段的变形和受力的变化，必要时还可考虑结构或构件几何非线性的影响。随着结构有限元分析理论和计算机技术的日益进步，结构弹塑性分析已开始逐渐应用于建筑结构的分析和设计，尤其是对于体形复杂的不规则结构。

目前，一般可采用的方法有静力弹塑性分析方法（如 push-over 方法）和弹塑性动力时程分析方法。但是，准确地确定结构各阶段的外作用力模式和本构关系是比较困难的；另外，弹塑性分析软件也不够成熟和完善，计算工作量大，计算结果的整理、分析、判断和使用都比较复杂。因此，使弹塑性分析在建筑结构分析、设计中的应用受到较大限制。基于这种现实，规程仅规定了对有限的结构进行弹塑性变形验算。

采用弹塑性动力时程分析方法进行薄弱层验算时，宜符合以下要求：

1) 应按建筑场地类别和设计地震分组选取实际地震记录和人工模拟的加速度时程曲线，其中实际地震记录的数量不应少于总数量的 2/3，多组时程曲线的平均地震影响系数曲线应与振型分解反应谱法所采用的地震影响系数曲线在统计意义上相符；弹性时程分析时，每条时程曲线计算所得结构底部剪力不应小于振型分解反应谱法计算结果的 65%，多条时程的曲线计算所得结构底部的力不应小于振型分解反应谱法计算结果的 80%。

2) 地震波的持续时间不宜小于建筑结构基本自振周期的 5 倍和 15s，地震波的时间间距可取 0.01s 或 0.02s。

3) 输入地震波的最大加速度，可按表 4.15 采用。

弹塑性动力时程分析时输入地震加速度的最大值 A_{max}　　　　表 4.15

抗震设防烈度	6 度	7 度	8 度	9 度
A_{max}(cm/s^2)	125	220(310)	400(510)	620

注：7、8 度时括号内数值分别对应于设计基本加速度为 0.15g 和 0.30g 的地区。

因为结构的弹塑性位移比弹性位移更大，所以对于在弹性分析时需要考虑重力二阶效应的结构，在计算弹塑性变形时也应考虑重力二阶效应的不利影响。当需要考虑重力二阶效应而结构计算时未考虑的，作为近似考虑，可将计算的弹塑性变形乘以增大系数 1.2。

3. 层间弹塑性位移验算公式

结构薄弱层（部位）层间弹塑性位移应符合式（4.57）的要求：

$$\Delta u_p \leqslant [\theta_p] h \tag{4.57}$$

式中　　Δu_p——层间弹塑性位移；

$[\theta_p]$——层间弹塑性位移角限值，可按表 4.16 采用；对框架结构，当轴压比小于 0.40 时，可提高 10%；当柱子全高的箍筋构造采用比框架柱箍筋最小含箍特征值大 30% 时，可提高 20%，但累计不超过 25%；

h——层高。

层间弹塑性位移角限值   表 4.16

结 构 体 系	$[\theta_p]$
框架结构	1/50
框架-剪力墙结构、框架-核心筒结构、板柱-剪力墙结构	1/100
剪力墙结构和筒中筒结构	1/120
框支层	1/120
多、高层钢结构	1/50

4.8 结构抗震性能设计

4.8.1 结构抗震性能设计的主要工作

结构抗震性能设计是指以结构抗震性能目标为基准的结构抗震设计。

结构抗震性能设计的主要工作有三项：

1. 分析结构方案不符合抗震概念设计的情况与程度

国内外历次大地震的震害经验已经充分说明，抗震概念设计是决定结构抗震性能的重要因素。按本节要求采用抗震性能设计的工程，一般不能完全符合抗震概念设计的要求。结构工程师应根据抗震概念设计的规定，与建筑师协调，改进结构方案，尽量减少结构不符合概念设计的情况和程度，不应采用严重不规则的结构方案。对于特别不规则结构，可按本节规定进行抗震性能设计，但需慎重选用抗震性能目标，并通过深入的分析论证。

2. 选用抗震性能目标

我国《高层建筑混凝土结构技术规程》JGJ 3—2010 提出 A、B、C、D 四级结构抗震性能目标和五个结构抗震性能水准（1、2、3、4、5）。四级抗震性能目标与《建筑抗震设计规范》GB 50011—2010 提出的结构抗震性能 1、2、3、4 是一致的。五个结构抗震性能水准可按表 4.17 进行宏观判别其预期的震后性能状况，各种性能水准结构的楼板均不应出现受剪破坏。

表 4.17 中所说的"关键构件"可由结构工程师根据工程实际情况分析确定。例如：水平转换构件及其支承结构、大跨连体结构的连接体及其支承结构，大悬挑结构的主要悬挑构件、加强层伸臂和周边环带结构中的某些关键构件及其支承结构、长短柱在同一楼层且数量相当时该层各个长短柱、细腰型平面很窄的连接楼板、扭转变形很大部位的竖向（斜向）构件等。

每个性能目标均与一组在指定地震地面运动下的结构抗震性能水准相对应（表 4.18）。

结构抗震性能水准	宏观损坏程度	损 坏 部 位			继续使用的可能性
		关键构件	普通竖向构件	耗能构件	
第1水准	完好、无损坏	无损坏	无损坏	无损坏	不需修理即可继续使用
第2水准	基本完好、轻微损坏	无损坏	无损坏	轻微损坏	稍加修理即可继续使用
第3水准	轻度损坏	轻微损坏	轻微损坏	轻度损坏、部分中度损坏	一般修理后才可继续使用
第4水准	中度损坏	轻度损坏	部分构件中度损坏	中度损坏、部分比较严重损坏	修复或加固后可继续使用
第5水准	比较严重损坏	中度损坏	部分构件比较严重损坏	比较严重损坏	需排险大修

注："普通竖向构件"是指"关键构件"之外的竖向构件；"关键构件"是指该构件的失效可能引起结构的连续破坏或危及生命安全的严重破坏；"耗能构件"包括框架梁、剪力墙连梁及耗能支撑等。

结构抗震性能目标 表 4.18

性能水准 / 性能目标 地震水准	A	B	C	D
多遇地震	1	1	1	1
设防烈度地震	1	2	3	4
预估的罕遇地震	2	3	4	5

A、B、C、D 四级性能目标的结构，在小震作用下均应满足第 1 抗震性能水准，即满足弹性设计要求；在中震或大震作用下，四种性能目标所要求的结构抗震性能水准有较大的区别。A 级性能目标是最高等级，中震作用下要求结构达到第 1 抗震性能水准，大震作用下要求结构达到第 2 抗震性能水准，即结构仍处于基本弹性状态；B 级性能目标，要求结构在中震作用下满足第 2 抗震性能水准，大震作用下满足第 3 抗震性能水准，结构仅有轻度损坏；C 级性能目标，要求结构在中震作用下满足第 3 抗震性能水准，大震作用下满足第 4 抗震性能水准，结构中度损坏；D 级性能目标是最低等级，要求结构在中震作用下满足第 4 抗震性能水准，大震作用下满足第 5 性能水准，结构有比较严重的损坏，但不致倒塌或发生危及生命的严重破坏。

选用性能目标时，需综合考虑抗震设防类别、设防烈度、场地条件、结构的特殊性、建造费用、震后损失和修复难易程度等因素。鉴于地震地面运动的不确定性以及对结构在强烈地震下非线性分析方法（计算模型及参数的选用等）存在不少经验因素，缺少从强震记录、设计施工资料到实际震害的验证，对结构抗震性能的判断难以十分准确，尤其是对于长周期的超高层建筑或特别不规则结构的判断难度更大，因此在性能目标选用中宜偏于安全一些。例如：特别不规则的超限高层建筑或处于不利地段场地的特别不规则结构，可考虑选用 A 级性能目标；房屋高度或不规则性超过本规程适用范围很多时，可考虑选用 B 级或 C 级性能目标；房屋高度或不规则性超过适用范围较多时，可考虑选用 C 级性能目标；房屋高度或不规则性超过适用范围较少时，可考虑选用C级或D级性能目标。以上仅仅是举些例子，实际工程情况很多，需综合考虑各项因素，所选用的性能目标需征得业主的认可。

3. 分析论证结构设计与结构抗震性能目标的符合性

结构抗震性能分析论证的重点是深入地计算分析和工程判断，找出结构有可能出现的薄弱部位，提出有针对性的抗震加强措施，必要的试验验证，分析论证结构可达到预期的抗震性能目标。一般需要进行如下工作：

（1）分析确定结构超过本规程适用范围及不符合抗震概念设计的情况和程度；

（2）认定场地条件、抗震设防类别和地震动参数；

（3）深入地弹性和弹塑性计算分析（静力分析及时程分析）并判断计算结果的合理性；

（4）找出结构有可能出现的薄弱部位以及需要加强的关键部位，提出有针对性的抗震加强措施；

（5）必要时，还需进行构件、节点或整体模型的抗震试验，补充提供论证依据，例如对本规程未列入的新型结构方案又无震害和试验依据或对计算分析难以判断、抗震概念难以接受的复杂结构方案；

（6）论证结构能满足所选用的抗震性能目标的要求。

4.8.2　不同抗震性能水准的结构设计

不同抗震性能水准的结构可按下列规定进行设计：

1. 第1性能水准的结构，应满足弹性设计要求。在多遇地震作用下，其承载力和变形应符合本规程的有关规定；在设防烈度地震作用下，结构构件的抗震承载力应符合下式规定：

$$\gamma_G S_{GE} + \gamma_{Eh} S^*_{Ehk} + \gamma_{Ev} S^*_{Evk} \leqslant R_d / \gamma_{RE} \quad (4.58)$$

式中　　R_d、γ_{RE}——分别为构件承载力设计值和承载力抗震调整系数，见4.5节；

S_{GE}、γ_G、γ_{Eh}、γ_{Ev}——见4.5节；

S^*_{Ehk}——水平地震作用标准值的构件内力，不需考虑与抗震等级有关的增大系数；

S^*_{Evk}——竖向地震作用标准值的构件内力，不需考虑与抗震等级有关的增大系数。

2. 第2性能水准的结构，在设防烈度地震或预估的罕遇地震作用下，关键构件及普通竖向构件的抗震承载力宜符合式（4.58）的规定；耗能构件的受剪承载力宜符合式（4.58）的规定，其正截面承载力应符合下式规定：

$$S_{GE} + S^*_{Ehk} + 0.4 S^*_{Evk} \leqslant R_k \quad (4.59)$$

式中　R_k——截面承载力标准值，按材料强度标准值计算。

3. 第3性能水准的结构应进行弹塑性计算分析。在设防烈度地震或预估的罕遇地震作用下，关键构件及普通竖向构件的正截面承载力应符合式（4.59）的规定，水平长悬臂结构和大跨度结构中的关键构件正截面承载力尚应符合式（4.60）的规定，其受剪承载力宜符合式（4.58）的规定；部分耗能构件进入屈服阶段，但其受剪承载力应符合式（4.59）的规定。在预估的罕遇地震作用下，结构薄弱部位的层间位移角应满足式（4.57）

的规定。

$$S_{GE}+0.4S_{Ehk}^*+S_{Evk}^*\leqslant R_k \tag{4.60}$$

4. 第4性能水准的结构应进行弹塑性计算分析。在设防烈度或预估的罕遇地震作用下，关键构件的抗震承载力应符合式（4.59）的规定，水平长悬臂结构和大跨度结构中的关键构件正截面承载力尚应符合式（4.60）的规定；部分竖向构件以及大部分耗能构件进入屈服阶段，但钢筋混凝土竖向构件的受剪截面应符合式（4.61）的规定，钢-混凝土组合剪力墙的受剪截面应符合式（4.62）的规定。在预估的罕遇地震作用下，结构薄弱部位的层间位移角应符合式（4.57）的规定。

$$V_{GE}+V_{Ek}^*\leqslant0.15f_{ck}bh_0 \tag{4.61}$$

$$(V_{GE}+V_{Ek}^*)-(0.25f_{ak}A_a+0.5f_{spk}A_{sp})\leqslant0.15f_{ck}bh_0 \tag{4.62}$$

式中　V_{GE}——重力荷载代表值作用下的构件剪力（N）；

V_{Ek}^*——地震作用标准值的构件剪力（N），不需考虑与抗震等级有关的增大系数；

f_{ck}——混凝土轴心拉压强度标准值（N/mm²）；

f_{ak}——剪力墙端部暗柱中型钢的强度标准值（N/mm²）；

A_a——剪力墙端部暗柱中型钢的截面面积（mm²）；

f_{spk}——剪力墙墙内钢板的强度标准值（N/mm²）；

A_{sp}——剪力墙墙内钢板的横截面面积（mm²）。

5. 第5性能水准的结构应进行弹塑性计算分析。在预估的罕遇地震作用下，关键构件的抗震承载力宜符合式（4.59）的规定；较多的竖向构件进入屈服阶段，但同一楼层的竖向构件不宜全部屈服；竖向构件的受剪截面应符合式（4.61）或式（4.62）的规定；允许部分耗能构件发生比较严重的破坏；结构薄弱部位的层间位移角应符合式（4.57）的规定。

4.8.3　结构弹塑性计算分析应符合的要求

结构弹塑性计算分析除应符合《规程》第5.5.1条的规定外，尚应符合下列规定：

1. 高度不超过150m的高层建筑可采用静力弹塑性分析方法；高度超过200m时，应采用弹塑性时程分析法；高度在150～200m之间，可视结构自振特性和不规则程度选择静力弹塑性方法或弹塑性时程分析方法。高度超过300m的结构，应有两个独立的计算，进行校核。

2. 复杂结构应进行施工模拟分析，应以施工全过程完成后的内力为初始状态。

3. 弹塑性时程分析宜采用双向或三向地震输入。

结构抗震性能设计时，弹塑性分析计算是很重要的手段之一。结构弹塑性分析应满足上述要求的原因是：

（1）静力弹塑性方法和弹塑性时程分析法各有其优缺点和适用范围。对静力弹塑性方法的适用范围放宽到150m或200m非特别不规则的结构，主要考虑静力弹塑性方法计算软件设计人员比较容易掌握，对计算结果的工程判断也容易一些。对于高度在150～200m的特别不规则结构以及高度超过200m的房屋应采用弹塑性时程分析法。对高度超过300m的结构或新型结构或特别复杂的结构，为使弹塑性时程分析计算结果的合理性有较大的把握，需要由两个不同单位进行独立的计算校核。

（2）结构各截面尺寸、配筋以及钢构件的截面规格将直接影响弹塑性分析的计算结果。因此，计算中应按实际情况输入信息。

（3）对复杂结构进行施工模拟分析是十分必要的。弹塑性分析应以施工全过程完成后的静载内力为初始状态。当施工方案与施工模拟计算不同时，应重新调整相应的计算。

（4）采用弹塑性时程分析的结构，其高度一般在200m以上或结构体系新型复杂。为比较有把握地检验结构可能具有的实际承载力和相应的变形，宜取多组波计算结果的最大包络值。计算中输入地震波较多时可取平均值（如美国加利福尼亚州超限审查文件中要求输入7组地震波）。

（5）弹塑性计算分析是结构抗震性能设计的一个重要环节。然而，现有分析软件的计算模型以及恢复力特性、结构阻尼、材料的本构关系、构件破损程度的衡量、有限元的划分等均存在较多的人为经验因素。因此，弹塑性计算分析首先要了解分析软件的适用性，选用适合于所设计工程的软件，然后对计算结果的合理性进行分析判断。工程设计中有时会遇到计算结果出现不合理或怪异现象，需要结构工程师与软件编制人员共同研究解决。

4.9　抗连续倒塌设计基本要求

4.9.1　结构连续倒塌的概念

结构连续倒塌是指结构因突发事件或严重超载而造成局部结构破坏失效，继而引起与失效破坏构件相连的构件连续破坏，最终导致相对于初始局部破坏更大范围的倒塌破坏。结构产生局部构件失效后，破坏范围可能沿水平方向和竖直方向发展，其中破坏沿竖向发展影响更为突出，高层建筑结构抗连续倒塌更显重要。造成结构连续倒塌的原因可以是爆炸、撞击、火灾、飓风、地震、设计施工失误、地基基础失效等偶然因素。当偶然因素导致局部结构破坏失效时，整体结构不能形成有效的多重荷载传递路径，破坏范围就可能沿水平或者竖直方向蔓延，最终导致结构发生大范围的倒塌甚至是整体例塌。

结构连续倒塌的事故在国内外并不罕见。

1968年5月16日，英国伦敦22层、64m高的Ronan Point公寓在18层角部发生燃气爆炸引发连续性倒塌。该公寓为全预制钢筋混凝土装配式板式结构，公寓18层角部发生燃气爆炸造成外墙破坏，随后19～22层对应部位发生倒塌，倒塌的废墟冲击到17层及其下各层导致对应结构角部单元破坏，形成典型的连续性倒塌事故。事故调查发现，初始破坏仅局限在18层的角部单元处，但最终导致结构约20％的面积倒塌。

1973年美国北弗吉尼亚贝利十字（Bailey's Crossroads）的Skyline广场一座钢筋混凝土平板结构在施工过程中其23层处的柱因为支架的过早拆除而发生倒塌，导致14人死亡，34人受伤。

1987年4月23日美国康涅狄格州布里奇波特的L'Ambiance广场一幢正在施工的建筑发生连续性倒塌。该建筑由后张钢筋混凝土板以及钢柱组成，采用升板施工法建设。位于钢柱上的临时顶升设备首先发生破坏，此后楼板裂缝不断发展，波及相邻区间，在楼板相继破坏后，结构丧失了承载能力，整体倒塌。

1995年4月19号美国俄克拉荷马州的Murrah联邦大厦发生恐怖炸弹袭击事件。一辆装载炸弹的卡车在距离大厦4.75m的地方被引爆。Murrah联邦大厦是传统的钢筋混凝土框架结构，根据美国混凝土规范 ACI318-71 设计。大楼两主轴方向东西长 67.1m，南北长 304m，12.2m 的转换大梁支撑 3 根 3～9 层的柱子。汽车炸弹炸毁了结构的底层柱并击穿了楼板与转换大梁，由于失去了转换大梁与楼板的支撑，旁边的底层柱随后因为失稳发生破坏从而导致其上部分相继发生破坏，最终结构一侧发生了整体倒塌。此次事故造成 168 人死亡和超过 800 人受伤，事故死难者中大部分都是由于来不及逃生而在结构的倒塌中丧生的。

2001 年 9 月 11 日美国纽约世界贸易中心大厦遭到恐怖分子劫持的飞机撞击。世贸中心主楼为钢结构双塔，双塔均为 110 层，高 411m，宽 62.7m，为当时最高的建筑。结构以高强钢框架核心加周边小间距空心柱作为主体结构。楼板支撑在连接外框架和结构核心的伸臂桁架上。两架飞机先后撞击了世贸的北楼与南楼，撞击导致世贸大厦包括核心筒的局部楼层发生破坏。另外，飞机燃油大量泼洒在结构上引发了大火，在大火作用下钢材强度、刚度迅速下降，进一步加剧了局部破坏。而破坏部位的上部结构因为丧失有效支撑而发生倒塌，倒塌结构的废墟又进一步将整个结构冲垮，南楼与北楼在遭受撞击后分别于 1 小时 2 分钟和 1 小时 43 分钟后发生破坏。

我国湖南衡阳大厦特大火灾后倒塌，山东兖州钢结构厂房在施工过程中的倒塌，广东九江大桥由于运砂船的撞击导致的桥面坍塌等，均属于结构的连续倒塌。

4.9.2 结构抗连续倒塌设计的一般方法

结构抗连续倒塌的设计方法可以分为间接设计方法和直接设计方法两大类。间接设计方法从提高结构的连续性、冗余度、延性等方面入手，通过采取一定的措施来提高结构抵抗连续倒塌的能力。直接设计方法针对明确的结构破坏或荷载进行设计与评估。

间接设计法包括概念设计法和拉结强度法。直接设计法包括拆除构件法和关键构件法。这些设计方法的设计要点是：

1. 概念设计法

对于充分考虑风荷载和地震荷载进行设计的结构，结构本身已具备较好的整体性和延性，能一定程度上抵御连续倒塌的发生。因此，在此基础上采取一些针对意外事件的概念性的设计措施，不仅可以取得良好的效果，而且不会过多的增加建筑的造价。一般包括以下几个方面：（1）合理的结构布置；（2）加强连接构造，保证结构的整体性和连续性；（3）提高冗余度，保证多荷载传递路径；（4）采用延性材料，延性构造措施，实现延性破坏；（5）考虑反向荷载作用；（6）发挥楼板和梁的悬链线作用；（7）设置剪力墙使其能承受一定数量的横向荷载。

2. 拉结强度法

在结构中通过现有构件和连接进行拉结，可提供结构的整体牢固性以及荷载的多传递路径。

按照拉结的位置和作用可分为内部拉结、周边拉结、对墙/柱的拉结以及竖向拉结四种类型，如图 4.10 所示。对于各种拉结，要求传力路径连续、直接，并对拉结强度进行验算。一般来说，结构材料不同，拉结强度的要求也不一样。以内部拉结为例，英国规范中混凝土结构和钢结构的内部拉结强度计算公式中荷载组合系数有差异，此外混凝土结构的内部拉结强度与结构层数和拉结跨度有关，而在钢结构中则与拉结的跨度和间距有关。

根据 Abruzzo John 等人的研究，即使满足现行美国混凝土规范 ACI 318-02 中的整体

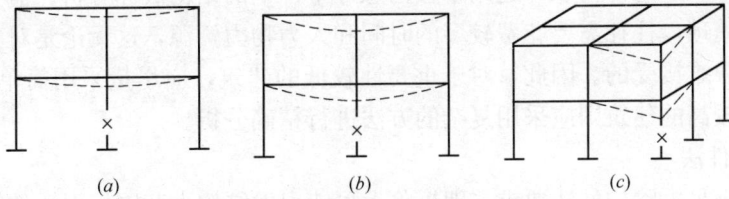

图 4.10 结构防倒塌的拉结模型

(a) 梁-拉结模型；(b) 悬索-拉结模型；(c) 悬臂-拉结模型

性要求以及 DoD 2005 中的拉结强度规定，结构在抵御连续倒塌方面仍然具有明显的弱点。同时，如果涉及复杂、不规则结构的设计，设计者将很难有效地理解并采用这一方法。尽管如此，该方法能一定程度上保证结构在连续性和整体性上的基本要求，而且比较简单，不显著改变结构构型而且不过多增加建造费用。

3. 拆除构件法

拆除构件法通过有选择性地拆除结构的一个或几个承重构件（柱、承重墙），并对剩余结构进行分析，确定初始破坏发生蔓延的程度，以此评价结构抵御连续倒塌的能力（图 4.11）。GSA 2003 中规定，对于典型结构，建筑每层外围的长边中柱（墙）、短边中柱（墙）及角柱（墙）均须一一拆除进行分析，并考虑建筑底层和地下停车场不易采取安全防护措施，该层还需拆除一根内部柱（墙）。对于不规则结构，设计者须根据工程经验判断拆除位置。根据是否考虑非线性和动力效应，拆除构件法可采用线性静力分析、非线性静力分析、线性动力分析、非线性动力分析。这四种分析方法依次从简单到复杂，简单的方法实施方便，计算快速，但不精确，同时出于安全的考虑，往往采用更保守的荷载组

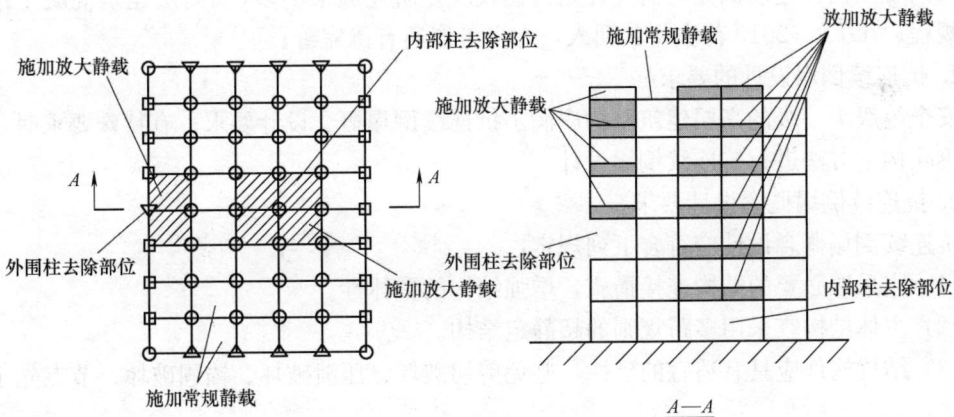

图 4.11 拆除构件法示图

合，因而得到保守计算结果；复杂的方法精确程度较高，但繁琐耗时，而且对计算结果很难进行检验。对此，有学者提出一种渐进分析步骤，即依次采纳从简单的线弹性静力分析到复杂的非线性动力分析，计算逐步精确，而且每一阶段的计算结果均建立在上一阶段结果的基础上，相对易于检验。

拆除构件法能较真实地模拟结构的倒塌过程，较好地评价结构抗连续倒塌的能力，而

且设计过程不依赖于意外荷载，适用于任何意外事件下的结构破坏分析。但另一方面，拆除构件法设计繁琐，往往需要花费较多的时间和人力物力资源，这无论是对于业主还是设计者而言都是很难接受的。因此，对于重要性较低的建筑，应尽量采用简单易行的方法，而对于重要性较高的建筑则应采用复杂的方法进行精确分析。

4. 关键构件法

对于无法满足拆除构件法要求（即拆除后可能引发结构大范围坍塌）的结构构件，应设计成为关键构件，使其具有足够的强度，能一定程度上抵御意外荷载作用。在英国及欧洲规范中，关键构件在原有荷载组合的基础上各个方向应能承受额外的 $34kN/m^2$ 的均布荷载，该值是通过参考 Ronan Point 公寓承重墙的失效荷载得到的，而并不是针对爆炸计算得到的压力值。当然，该荷载值总是有可能被超越的。但通过该方法加固对结构整体稳定性有重要影响的构件，能一定程度上减轻局部破坏发生的程度从而降低连续倒塌发生的可能。设计中应将这种方法和拆除构件法结合起来，既能有效改善结构抵御连续倒塌的能力，同时也能减少建造费用，取得良好的经济效益。

4.9.3 我国规程的抗连续倒塌设计方法

结构抗连续倒塌设计在欧美多个国家得到了广泛关注，英国、美国、加拿大、瑞典等国颁布了相关的设计规范和标准。比较有代表性的有美国 General Services Administration (GSA)《新联邦大楼与现代主要工程抗连续倒塌分析与设计指南》（Progressive CollapseAnalysis and Design Guidelines for New Federal Office Buildings and Major ModernizationProject)、美国国防部（DEPARTMENT OF DEFENSE 简称 DOD）UFC（Unified Facilities Criteria 2005)《建筑抗连续倒塌设计》（Design of Buildings to Resist Progressive Collapse）以及英国规范对结构抗连续倒塌设计的规定等。

我国对结构抗连续倒塌的研究开始得比较晚，研究成果不多，《高层建筑混凝土结构技术规程》JGJ 3—2010 首次将其列入，许多工作还有待完善。

1. 抗连续倒塌设计的要求

安全等级为一级的高层建筑结构应满足抗连续倒塌概念设计要求；有特殊要求时，可采用拆除构件方法进行抗连续倒塌设计。

2. 抗连续倒塌概念设计要求

抗连续倒塌概念设计应符合下列规定：

（1）应采取必要的结构连接措施，增强结构的整体性。

（2）主体结构宜采用多跨规则的超静定结构。

（3）结构构件应具有适宜的延性，避免剪切破坏、压溃破坏、锚固破坏、节点先于构件破坏。

（4）结构构件应具有一定的反向承载能力。

（5）周边及边跨框架的柱距不宜过大。

（6）转换结构应具有整体多重传递重力荷载途径。

（7）钢筋混凝土结构梁柱宜刚接，梁板顶、底钢筋在支座处宜按受拉要求连续贯通。

（8）钢结构框架梁柱宜刚接。

（9）独立基础之间宜采用拉梁连接。

3. 抗连续倒塌的拆除构件法

（1）抗连续倒塌的拆除构件方法应符合下列规定：

1）逐个分别拆除结构周边柱、底层内部柱以及转换桁架腹杆等重要构件。

2）可采用弹性静力方法分析剩余结构的内力与变形。

3）剩余结构构件承载力应符合下式要求：

$$R_d \geqslant \beta S_d \qquad (4.63)$$

式中　S_d——剩余结构构件效应设计值，可按式（4.64）计算；

　　　R_d——剩余结构构件承载力设计值，可按下面第（3）点的规定计算；

　　　β——效应折减系数。对中部水平构件取 0.67，对其他构件取 1.0。

（2）结构抗连续倒塌设计时，荷载组合的效应设计值可按下式确定：

$$S_d = \eta_d (S_{Gk} + \sum \psi_{qi} S_{Qi,k}) + \Psi_w S_{wk} \qquad (4.64)$$

式中　S_{Gk}——永久荷载标准值产生的效应；

　　　$S_{Qi,k}$——第 i 个竖向可变荷载标准值产生的效应；

　　　S_{wk}——风荷载标准值产生的效应；

　　　ψ_{qi}——可变荷载的准永久值系数；

　　　Ψ_w——风荷载组合值系数，取 0.2；

　　　η_d——竖向荷载动力放大系数。当构件直接与被拆除竖向构件相连时取 2.0，其他构件取 1.0。

（3）构件截面承载力计算时，混凝土强度可取标准值；钢材强度，正截面承载力验算时，可取标准值的 1.25 倍，受剪承载力验算时可取标准值。

（4）当拆除某构件不能满足结构抗连续倒塌设计要求时，在该构件表面附加 80kN/m^2 侧向偶然作用设计值，此时其承载力应满足下列公式要求：

$$R_d \geqslant S_d \qquad (4.65)$$
$$S_d = S_{Gk} + 0.6 S_{Qk} + S_{Ad} \qquad (4.66)$$

式中　R_d——构件承载力设计值，按 4.5 节采用；

　　　S_d——作用组合的效应设计值；

　　　S_{Gk}——永久荷载标准值的效应；

　　　S_{Qk}——活荷载标准值的效应；

　　　S_{Ad}——侧向偶然作用设计值的效应。

习　题

4-1　高层建筑结构应考虑哪些原则进行设计计算？

4-2　高层建筑结构有哪些常用的设计计算模型？

4-3　高层建筑结构计算中楼、屋盖刚度如何考虑？

4-4　高层建筑结构计算中如何考虑连梁和地下室顶板刚度？

4-5　如何确定高层建筑结构的计算简图？

4-6　高层建筑结构计算中梁、柱、墙的变形应如何考虑？

4-7　对 B 级高度高层建筑结构和复杂高层建筑结构计算上有哪些要求？

4-8　为什么要考虑重力二阶效应？如何考虑高层建筑结构的重力二阶效应？

4-9　如何保证高层框架结构的稳定性？

4-10　如何保证高层剪力墙结构、高层框架-剪力墙结构和高层筒体结构的稳定性？

4-11 无地震作用时如何对作用效应进行组合？

4-12 有地震作用时如何对作用效应进行组合？

4-13 写出高层建筑结构承载力计算的一般公式。

4-14 如何确定结构的抗震等级？

4-15 特一级抗震等级构造上有什么要求？

4-16 地下室顶板作为上部结构的嵌固端应满足哪些构造要求？如何确定其抗震等级？

4-17 如何计算风荷载及水平地震作用下的位移？如何进行水平位移验算？

4-18 如何进行罕遇地震作用下的变形验算？

4-19 如何控制楼盖结构的竖向振动舒适度？

4-20 什么是结构抗震性能设计？结构抗震性能设计的主要工作是什么？

4-21 什么是四级结构抗震性能目标和五个结构抗震水准？它们之间的关系如何？

4-22 结构弹塑性计算分析应符合哪些要求？

4-23 什么是结构的连续倒塌？

4-24 结构抗连续倒塌设计有哪些评估方法？

4-25 结构抗连续倒塌概念设计应符合哪些要求？

5 高层框架结构设计

5.1 一般规定

1. 框架结构应设计成双向梁柱抗侧力体系（图5.1）。主体结构除个别部位外，不应采用铰接。

2. 抗震设计的框架结构不应采用单跨框架。

3. 框架结构的填充墙及隔墙宜选用轻质墙体。抗震设计时，框架结构如采用砌体填充墙，其布置应符合下列规定：

（1）避免形成上、下层刚度变化过大。

（2）避免形成短柱。

（3）减少因抗侧刚度偏心而造成的结构扭转。

4. 抗震设计时，框架结构的楼梯间应符合下列规定：

（1）楼梯间的布置应尽量减小其造成的结构平面不规则。

（2）宜采用现浇钢筋混凝土楼梯，楼梯结构应有足够的抗倒塌能力。

（3）宜采取措施减小楼梯对主体结构的影响。

（4）当钢筋混凝土楼梯与主体结构整体连接时，应考虑楼梯对地震作用及其效应的影响，并应对楼梯构件进行抗震承载力验算。

5. 抗震设计时，砌体填充墙及隔墙应具有自身稳定性，并应符合下列规定：

（1）砌体的砂浆强度等级不应低于M5，当采用砖及混凝土砌块时，砌块的强度等级不应低于MU5；采用轻质砌块时，砌块的强度等级不应低于MU2.5。墙顶应与框架梁或楼板密切结合。

（2）砌体填充墙应沿框架柱全高每隔500mm左右设置2根直径6mm的拉筋，6度时拉筋宜沿墙全长贯通，7、8、9度时拉筋应沿墙全长贯通。

（3）墙长大于5m时，墙顶与梁（板）宜有钢筋拉结；墙长大于8m或层高的2倍时，宜设置间距不大于4m的钢筋混凝土构造柱；墙高超过4m时，墙体半高处（或门洞上皮）宜设置与柱连接且沿墙全长贯通的钢筋混凝土水平系梁。

（4）楼梯间采用砌体填充墙时，应设置间距不大于层高且不大于4m的钢筋混凝土构造柱，并应采用钢丝网砂浆面层加强。

6. 框架结构按抗震设计时，不应采用部分由砌体墙承重之混合形式。框架结构中的楼、电梯间及局部出屋顶的电梯机房、楼梯间、水箱间等，应采用框架承重，不应采用砌体墙承重。

7. 框架梁、柱中心线宜重合。当梁柱中心线不能重合时，在计算中应考虑偏心对梁柱节点核心区受力和构造的不利影响，以及梁荷载对柱子的偏心影响。

梁、柱中心线之间的偏心距，9度抗震设计时不应大于柱截面在该方向宽度的1/4；非抗震设计和6～8度抗震设计时不宜大于柱截面在该方向宽度的1/4，如偏心距大于该方向柱宽的 1/4 时，可采取增设梁的水平加腋（图 5.2）等措施。设置水平加腋后，仍须考虑梁柱偏心的不利影响。

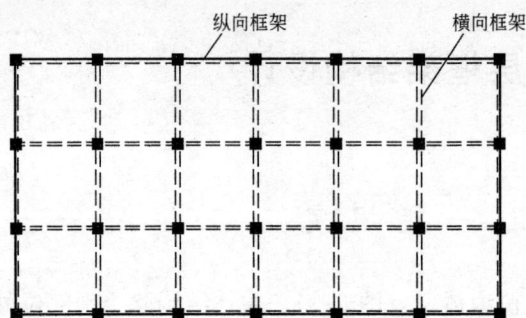

图 5.1　高层框架结构布置图

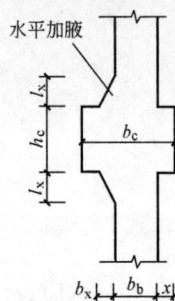

图 5.2　水平加腋梁平面图

（1）梁的水平加腋厚度可取梁截面高度，其水平尺寸宜满足下列要求：

$$b_x/l_x \leqslant 1/2 \qquad (5.1)$$

$$b_x/b_b \leqslant 2/3 \qquad (5.2)$$

$$b_b+b_x+x \geqslant b_c/2 \qquad (5.3)$$

式中　b_x——梁水平加腋宽度（mm）；

　　　l_x——梁水平加腋长度（mm）；

　　　b_b——梁截面宽度（mm）；

　　　b_c——沿偏心方向柱截面宽度（mm）；

　　　x——非加腋侧梁边到柱边的距离（mm）。

（2）梁采用水平加腋时，框架节点有效宽度 b_j 宜符合下列要求：

1）当 $x=0$ 时，b_j 按下式计算：

$$b_j \leqslant b_b+b_x \qquad (5.4)$$

2）当 $x \neq 0$ 时，b_j 取式（5.5）和式（5.6）二式计算的较大值，且应满足公式（5.7）的要求：

$$b_j \leqslant b_b+b_x+x \qquad (5.5)$$

$$b_j \leqslant b_b+2x \qquad (5.6)$$

$$b_j \leqslant b_b+0.5h_c \qquad (5.7)$$

式中　h_c——柱截面高度（mm）。

8. 不与框架柱相连的次梁，可按非抗震要求进行设计。

5.2　梁、柱截面尺寸估算

1. 梁

（1）截面尺寸估算

梁的截面尺寸可按下述方法估算：

$$h=\left(\frac{1}{10} \sim \frac{1}{18}\right)l_0 \qquad (5.8)$$

$$b=\left(\frac{1}{2} \sim \frac{1}{3}\right)h \qquad (5.9)$$

式中 l_0——梁的计算跨度；

h——梁的截面高度；

b——梁的截面宽度。

梁净跨与截面高度之比不宜小于 4。梁的截面宽度不宜小于梁截面高度的 1/4，也不宜小于 200mm。

当梁高较小或采用扁梁时，除应验算其承载力和受剪截面要求外，尚应满足刚度和裂缝的有关要求。在计算梁的挠度时，可扣除梁的合理起拱值。

（2）梁的抗弯刚度

当楼板与梁的钢筋互相交织且混凝土又同时浇灌时，楼板相当于梁的翼缘，梁的截面抗弯刚度比矩形梁有所增加，宜考虑梁受压翼缘的有利影响。在装配整体式楼盖中，预制板上的现浇刚性面层对梁的抗弯刚度也有一定的提高。

现浇楼面每一侧翼缘的有效宽度可取至板厚度 6 倍。梁的截面惯性矩也可按表 5.1 近似计算。

梁截面惯性矩 表 5.1

楼板类型	边框架梁	中间框架梁	楼板类型	边框架梁	中间框架梁
现浇楼板	$I=1.5I_0$	$I=2.0I_0$	装配式楼板	$I=I_0$	$I=I_0$
装配整体式楼板	$I=1.2I_0$	$I=1.5I_0$			

表 5.1 中，$I_0=\dfrac{1}{12}bh^3$，b 为矩形梁的截面宽度，h 为截面高度。叠合楼板框架梁可按现浇楼板框架梁取值。

梁的线刚度
$$i=\frac{E_c I}{l_0} \tag{5.10}$$

式中 E_c——混凝土的弹性模量。

2. 柱

（1）截面尺寸估算

柱截面尺寸宜符合下列规定：

1）矩形截面柱的边长，非抗震设计时不宜小于 250mm，抗震设计时，四级不宜小于 300mm，一、二、三级时不宜小于 400mm；圆柱直径，非抗震和四级抗震设计时不宜小于 350mm，一、二、三级时不宜小于 450mm。

2）柱剪跨比宜大于 2。

3）柱截面高宽比不宜大于 3。

抗震设计时，钢筋混凝土柱轴压比不宜超过表 5.2 的规定；对于 IV 类场地上较高的高层建筑，其轴压比限值应适当减小。

（2）柱的抗弯刚度

高层建筑中，框架柱的截面形状一般为矩形、方形、圆形、正多边形，且以矩形和方形居多。当柱的截面为矩形或方形时，柱的截面惯性矩为：
$$I=\frac{1}{12}bh^3 \tag{5.11}$$

柱的线刚度为：
$$i=\frac{E_c I}{H_i} \tag{5.12}$$

式中　b——柱截面宽度；

　　　h——柱截面高度；

　　　E_c——混凝土的弹性模量；

　　　H_i——第 i 层柱的高度。

柱轴压比限值 表 5.2

结构类型	抗震等级			
	一	二	三	四
框架结构	0.65	0.75	0.85	—
板柱-剪力墙、框架-剪力墙、框架-核心筒、筒中筒结构	0.75	0.85	0.90	0.95
部分框支剪力墙结构	0.60	0.70	—	

注：1. 轴压比指柱考虑地震作用组合的轴压力设计值与柱全截面面积和混凝土轴心抗压强度设计值乘积的比值；
　　2. 表内数值适用于混凝土强度等级不高于 C60 的柱。当混凝土强度等级为 C65～C70 时，轴压比限值应比表中数值降低 0.05；当混凝土强度等级为 C75～C80 时，轴压比限值应比表中数值降低 0.10；
　　3. 表内数值适用于剪跨比大于 2 的柱；剪跨比不大于 2 但不小于 1.5 的柱，其轴压比限值应比表中数值减小 0.05；剪跨比小于 1.5 的柱，其轴压比限值应专门研究并采取特殊构造措施；
　　4. 当沿柱全高采用井字复合箍，箍筋间距不大于 100mm、肢距不大于 200mm、直径不小于 12mm，或当沿柱全高采用复合螺旋箍，箍筋螺距不大于 100mm、肢距不大于 200mm、直径不小于 12mm，或当沿柱全高采用连续复合螺旋箍，且螺距不大于 80mm、肢距不大于 200mm、直径不小于 10mm 时，轴压比限值可增加 0.10；
　　5. 当柱截面中部设置由附加纵向钢筋形成的芯柱，且附加纵向钢筋的截面面积不小于柱截面面积的 0.8% 时，柱轴压比限值可增加 0.05。当本项措施与注 4 的措施共同采用时，柱轴压比限值可比表中数值增加 0.15，但箍筋的配箍特征值仍可按轴压比增加 0.10 的要求确定；
　　6. 调整后的柱轴压比限值不应大于 1.05。

5.3　计 算 简 图

20 世纪 70 年代以前，计算机尚未在我国得到普及，结构设计人员一般都借助简单的计算工具进行结构的设计计算（简称为"手算"）。如今，计算机已经在我国得到广泛地应用，SATWE、YJK、SAP2000、ETABS、ANSYS、ADINA、MIDAS、ABAQUS 等各种结构设计的商用软件已广泛用于我国的结构设计中，结构设计人员一般都采用计算机进行结构的设计计算。

手算虽然计算工作量大，设计周期长，但是，结构设计人员对采用的结构计算模型和计算方法却十分清楚，结构在各个阶段的受力情况也非常明确，手算有时还能快速估算结构的内力与变形，估算结构的材料用量和工程造价。这对于结构设计的初学者来说是非常重要的。也许正是因为这个原因，目前，我国许多土建类高校要求建筑工程方向的学生在进行框架结构设计的课程设计和毕业设计时，先用手算，再用计算机对手算结果进行校核。因此，在本章中，我们介绍框架结构内力与变形的手算方法。

1. 计算单元

当框架间距相同、荷载相等、截面尺寸一样时，可取出一榀框架进行计算（图 5.3）。

2. 各跨梁的计算跨度与楼层高度

各跨梁的计算跨度为每跨柱形心线至形心线的距离。底层的层高为基础顶面至第 2 层楼面的距离，中间层的层高为该层楼面至上层楼面的距离，顶层的层高为顶层楼面至屋面的距离（图 5.4）。注意：

（1）当上下柱截面发生改变时，取截面小的形心线进行整体分析，计算杆件内力时要考虑偏心影响。

（2）当框架梁的坡度 $i \leqslant 1/8$ 时，可近似按水平梁计算。

（3）当各跨跨长相差不大于 10% 时，可近似按等跨梁计算。

（4）当梁端加腋，且截面高度之比相差不大于 1.6 时，可按等截面计算。

基顶高度应根据基础形式及基础埋置深度而定，要尽量采用浅基础。

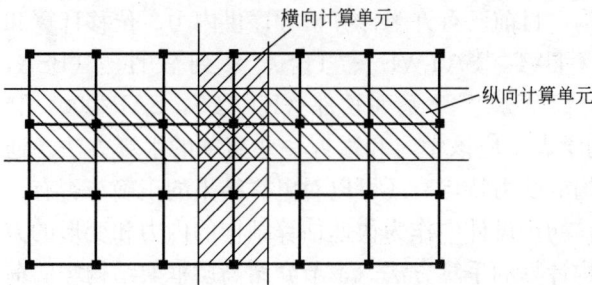

图 5.3 框架计算单元

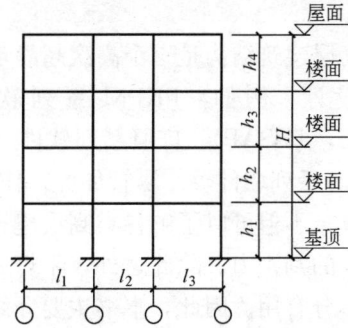

图 5.4 框架计算简图

3. 楼面荷载分配

进行框架结构在竖向荷载作用下的内力计算前，先要将楼面上的竖向荷载分配给支承它的框架梁。

楼面荷载的分配与楼盖的构造有关。当采用装配式或装配整体式楼盖时，板上荷载通过预制板的两端传递给它的支承结构。如果采用现浇楼盖时，楼面上的恒荷载和活荷载根据每个区格板两个方向的边长之比，沿单向或双向传递。区格板长边边长与短边边长之比大于 3 时沿单向传递（图 5.5），小于或等于 3 时沿双向传递（图 5.6）。

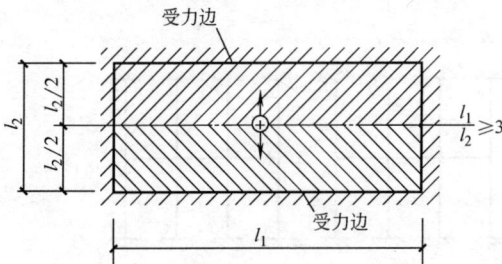

图 5.5 单向板荷载传递图

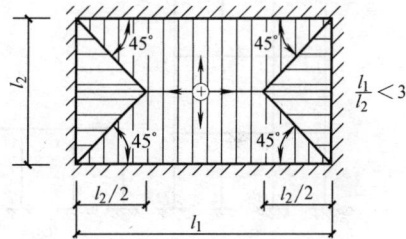

图 5.6 双向板荷载传递图

当板上荷载沿双向传递时，可以按双向板楼盖中的荷载分析原则，从每个区格板的四个角点作 45°线将板划成四块，每个分块上的恒荷载和活荷载向与之相邻的支承结构上传递。此时，由板传递给框架梁上的荷载为三角形或梯形。为简化框架内力计算起见，可以将梁上的三角形和梯形荷载按式（5.13）或式（5.14）换算成等效的均布荷载计算。

三角形荷载的等效均布荷载（图 5.7a）：

$$q' = \frac{5}{8} q \qquad (5.13)$$

梯形荷载的等效均布荷载（图 5.7b）：

$$q' = (1 - 2\alpha^2 + 3\alpha^3) q \qquad (5.14)$$

式中，$\alpha = a/l$。墙体重量直接传递给它的支承梁。

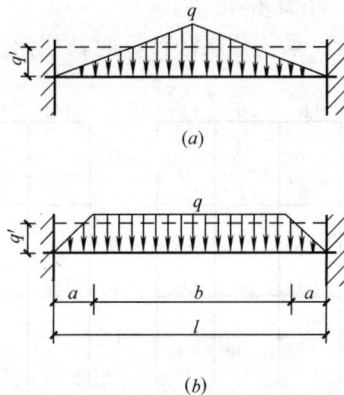

图 5.7 三角形荷载和梯形荷载
的等效均布荷载

（a）三角形荷载；（b）梯形荷载

5.4 竖向荷载下内力的简化计算方法

高层建筑结构是一个高次超静定结构，目前已有许多计算机程序供内力、位移计算和截面设计。例如，PKPM 系列软件（TAT，SATWE）、TBSA 系列软件（TBSA，TBWE，TBSAP）、广厦系列软件（SS，SSW）、CSI 系列软件（ETABS，SAP2000）和 MIDAS 系列软件等。尽管如此，作为初学者，应该学习和掌握一些简单的手算方法。通过手算，不但可以了解各类高层建筑结构的受力特点，还可以对电算结果的正确与否有一个基本的判别力。除此之外，手算方法在初步设计中作为快速估算结构的内力和变形的方法也十分有用。因此，本书主要介绍结构计算的手算方法。本节介绍高层框架结构竖向荷载下内力计算的分层法、迭代法和系数法三种常用方法。

5.4.1 分层法

1. 基本假定

（1）在竖向荷载作用下，框架侧移小，可忽略不计。

（2）每层梁上的荷载对其他各层梁的影响很小，可以忽略不计。因此，每层梁上的荷载只在该层梁及与该层梁相连的柱上分配和传递。

根据上述假定，图 5.8（a）所示的三层框架可简化成三个只带一层横梁的框架分别计算，然后将内力叠加。单元之间内力不相互传递。

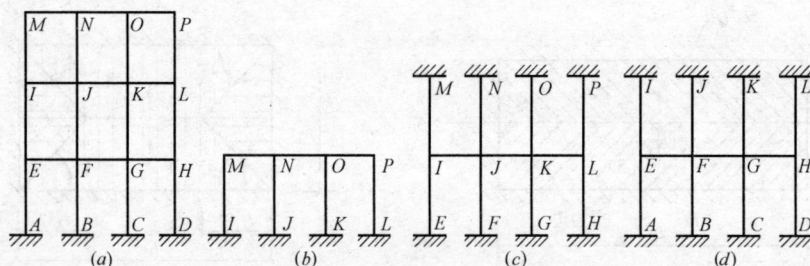

图 5.8　分层法计算示意图

2. 注意事项

（1）采用分层法计算时，假定上、下柱的远端为固定时与实际情况有出入。因此，除底层外，其余各层柱的线刚度应乘以 0.9 的修正系数，且其传递系数由 $\frac{1}{2}$ 改为 $\frac{1}{3}$（图 5.9）。

（2）分层法计算的各梁弯矩为最终弯矩，各柱的最终弯矩为与各柱相连的两层计算弯矩叠加。

若节点弯矩不平衡，可将节点不平衡弯矩再进行一次分配。

（3）在内力与位移计算中，所有构件均可采用弹性刚度。

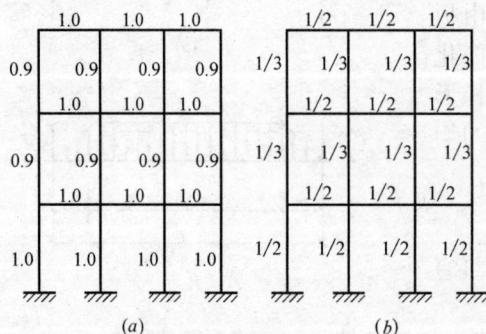

图 5.9　框架各杆的线刚度修正系数与传递系数
（a）线刚度修正；（b）传递系数修正

（4）在竖向荷载作用下，可以考虑梁端塑性变形内力重分布而对梁端负弯矩进行调幅，调幅系数为：

现浇框架：0.8～0.9；

装配式框架：0.7～0.8。

（5）梁端负弯矩减小后，应按平衡条件计算调幅后的跨中弯矩。梁的跨中正弯矩至少应取按简支梁计算的跨中弯矩之一半。如为均布荷载，则

$$M_{中} \geqslant \frac{1}{16}(g+q)l^2 \qquad (5.15)$$

（6）竖向荷载产生的梁弯矩应先进行调幅，再与风荷载和水平地震作用产生的弯矩进行组合，求出各控制截面的最大最小弯矩值。

（7）当楼面活荷载大于 $4kN/m^2$ 时，需考虑活荷载的最不利布置（图5.10）。

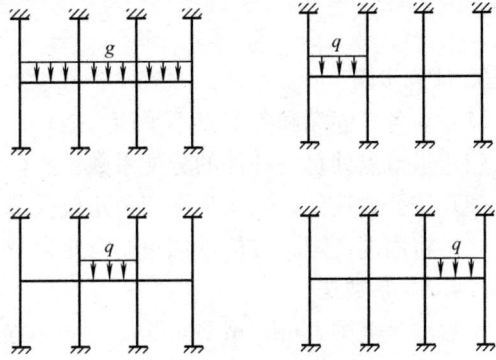

图 5.10　框架结构活荷载布置

5.4.2　迭代法

1. 单根杆件的角变位移方程式（图5.11）

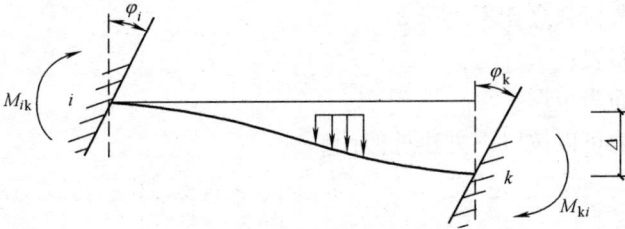

图 5.11　单跨固支梁变形情况

$$M_{ik} = \overline{M}_{ik} + 2M'_{ik} + M'_{ki} + M''_{ik} \qquad (5.16)$$

式中　M_{ik}——等截面直杆 ik 的 i 端最终杆端弯矩；

　　　$\overline{M}_{ik}$——由于荷载引起的 i 端固端弯矩；

　　　M'_{ik}——近端角变弯矩，$M'_{ik}=2k_{ik}\varphi_i$；

　　　M'_{ki}——远端角变弯矩，$M'_{ki}=2k_{ki}\varphi_k$；

　　　M''_{ik}——ik 杆两端发生相对位移 Δ 时在 i 端引起的杆端位移。

2. 框架节点 i 平衡关系（图5.12）

$$\sum_i M_{ik} = 0 \qquad (5.17)$$

令

$$\sum_i \overline{M}_{ik} = \overline{M}_i \qquad (5.18)$$

由上式可得：

$$\overline{M}_i + 2\sum_i M'_{ik} + \sum_i M'_{ki} + \sum_i M''_{ik} = 0 \qquad (5.19)$$

或

$$\sum_i M'_{ik} = -\frac{1}{2}\left(\overline{M}_i + \sum_i M'_{ki} + \sum_i M''_{ik}\right) \qquad (5.20)$$

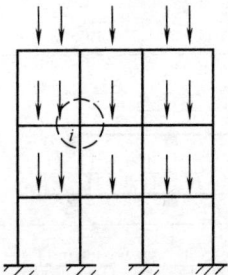

图 5.12　框架结构

将 $\sum_i M'_{ki}$ 按各杆的相对刚度分配给节点 i 的每一杆件，则有：

$$M'_{ik} = \mu_{ik}\left[\overline{M}_i + \sum_i (M'_{ki} + M''_{ik})\right] \tag{5.21}$$

当不考虑杆端相对位移时，得：

$$M'_{ik} = \mu_{ik}\left(\overline{M}_i + \sum_i M'_{ki}\right) \tag{5.22}$$

式中　μ_{ik}——分配系数。

$$\mu_{ik} = -\frac{k_{ik}}{2\sum_i k_{ik}} \tag{5.23}$$

3. 计算步骤

（1）求各杆固端和各节点不平衡弯矩；

（2）求节点处每一杆件的分配系数；

（3）按公式迭代，先从不平衡力矩较大节点开始，到前后两轮弯矩相差很小为止；

（4）将固端弯矩、二倍近端角变弯矩以及远端角变弯矩相加，得杆件最终杆端弯矩。

5.4.3　系数法

系数法是美国 Uniform Building Code（统一建筑规范）中介绍的方法，简称为 UBC 法，在国际上被广泛地采用。

按照系数法，当框架结构满足下列条件时：

（1）两个相邻跨的跨长相差不超过短跨跨长的 20%；

（2）活载与永久荷载之比不大于 3；

（3）荷载均匀布置；

（4）框架梁截面为矩形。

框架结构的内力可以按以下方法近似计算。

1. 框架梁内力

（1）弯矩

按系数法，框架梁的内力可以按式（5.24）计算：

$$M = \alpha w_u l_n^2 \tag{5.24}$$

式中　α——弯矩系数，查表 5.3；

w_u——框架梁上永久荷载与活荷载设计值之和；

l_n——净跨跨长，求支座弯矩时用相邻两跨净跨跨长的平均值。

弯 矩 系 数 α 表　　　　　　　　　　　　　　表 5.3

正弯矩	端部无约束时：	$\frac{1}{11}$ $\frac{1}{16}$
	端部有约束时：	$\frac{1}{14}$ $\frac{1}{16}$
负弯矩	内支座 两跨时：	$-\frac{1}{9}$ $-\frac{1}{9}$
	两跨以上时：	$-\frac{1}{10}$ $-\frac{1}{11}$ $-\frac{1}{11}$ $-\frac{1}{11}$
	内支座（跨数在 3 跨和 3 跨以上，跨长不大于 3.048m 或柱刚度与梁刚度之比大于 8 的梁）：	$-\frac{1}{12}$ $-\frac{1}{12}$ $-\frac{1}{12}$ $-\frac{1}{12}$

负弯矩	外支座 梁支承时： $-\dfrac{1}{24}$ 柱支承时： $-\dfrac{1}{16}$ 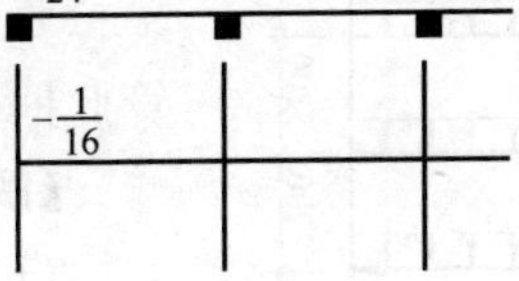

（2）剪力

按系数法，框架梁的剪力可按式（5.25）计算：

$$V = \beta w_u l_n \tag{5.25}$$

式中　β——剪力系数，按图 5.13 查用。

2. 框架柱内力

（1）轴力

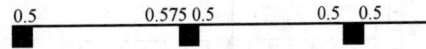

图 5.13　框架梁剪力系数 β 图

按系数法，框架柱的轴力可以按楼面单位面积上恒荷载与活荷载设计值之和乘以该柱的负荷面积计算，此时，可近似地将楼面板沿柱轴线之间的中线划分，且活荷载值可以按第 3 章规定折减。

（2）弯矩

框架柱在竖向荷载作用下的弯矩，可以按节点处框架梁的端弯矩最大差值平均分配给上柱和下柱的柱端。当横梁不在立柱形心线上时，要考虑由于偏心引起的不平衡弯矩，并将这个弯矩也平均分配给上、下柱柱端。系数法的优点是计算简便，而且不必事先假定梁和柱的截面尺寸就可以求得杆件的内力。

5.4.4　三种简化计算方法的比较

由上面的讨论可见，三种计算方法各有其特点：

分层法将一个竖向荷载作用下高层框架结构的内力进行分析，在分析时将框架分解为 n 个只带一根横梁的框架，从而简化了计算工作。特别是当各层横梁和柱的长度和截面尺寸相同、各层层高相等、荷载大小一样的情况下，只需对顶层框架、中间层框架和底层框架各进行一次计算，便可求得整个框架的内力。

迭代法理论上较严谨，但计算工作量较大。

系数法计算最简单，且不需事先假定梁、柱的截面尺寸就可以求得杆件的内力，但计算精度比分层法和迭代法要差一些。

下面将通过一个两跨十二层的框架对三种方法计算的竖向荷载作用下的弯矩进行比较。

【例 5-1】　某 12 层框架，底层层高 5.0m，其余层层高 3.2m（图 5.14），采用 C40 混凝土。

截面尺寸：

> 横梁：250mm×600mm
>
> 中柱：700mm×700mm
>
> 边柱：600mm×600mm

荷载条件：

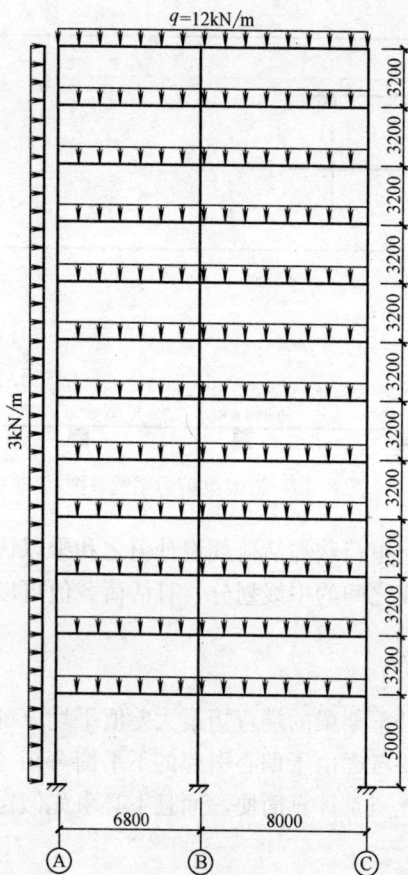

图 5.14　框架荷载图

各层横梁均布荷载：12kN/m；

水平均布荷载：3kN/m。

要求：分别用分层法、迭代法和系数法计算此框架在竖向荷载作用下的弯矩。

【解】 1. 用分层法求解

（1）计算各杆线刚度

设该榀框架取自采用现浇楼板的中框架，则框架梁 $I = 2I_0$。

左边跨梁：

$$i_{左边梁} = EI/l = 3.25 \times 10^7 \, \text{kN/m}^2 \times 2 \times \frac{1}{12} \times 0.25\text{m} \times (0.6\text{m})^3/6.8\text{m}$$

$$= 4.30 \times 10^4 \, \text{kN} \cdot \text{m}$$

右边跨梁：

$$i_{右边梁} = EI/l = 3.25 \times 10^7 \, \text{kN/m}^2 \times 2 \times \frac{1}{12} \times 0.25\text{m} \times (0.6\text{m})^3/8.0\text{m}$$

$$= 3.66 \times 10^4 \, \text{kN} \cdot \text{m}$$

底层中柱：

$$i_{底中柱} = EI/l = 3.25 \times 10^7 \, \text{kN/m}^2 \times \frac{1}{12} \times 0.7\text{m} \times (0.7\text{m})^3/5.0\text{m}$$

$$= 13.1 \times 10^4 \, \text{kN} \cdot \text{m}$$

底层边柱：$i_{底边柱} = EI/l = 3.25 \times 10^7 \, \text{kN/m}^2 \times \frac{1}{12} \times 0.6\text{m} \times (0.6\text{m})^3/5.0\text{m}$

$$= 7.02 \times 10^4 \, \text{kN} \cdot \text{m}$$

其余层中柱：$i_{中余柱} = 0.9 \times EI/l = 0.9 \times 3.25 \times 10^7 \, \text{kN/m}^2 \times \frac{1}{12} \times 0.7\text{m} \times (0.7\text{m})^3/3.2\text{m}$

$$= 18.29 \times 10^4 \, \text{kN} \cdot \text{m}$$

其余层边柱：$i_{边余柱} = 0.9 \times EI/l = 0.9 \times 3.25 \times 10^7 \, \text{kN/m}^2 \times \frac{1}{12} \times 0.6\text{m} \times (0.6\text{m})^3/3.2\text{m}$

$$= 9.87 \times 10^4 \, \text{kN} \cdot \text{m}$$

令 $i_{左边梁} = 1.0$，则其余各杆的相对线刚度如图 5.15 所示。

（2）用弯矩分配法计算

1）顶层（图 5.16）

列表计算，如表 5.4 所示。弯矩图如图 5.17 所示。

2）中层（图 5.18）

列表计算，如表 5.5 所示。弯矩图如图 5.19 所示。

3）底层（图 5.20）

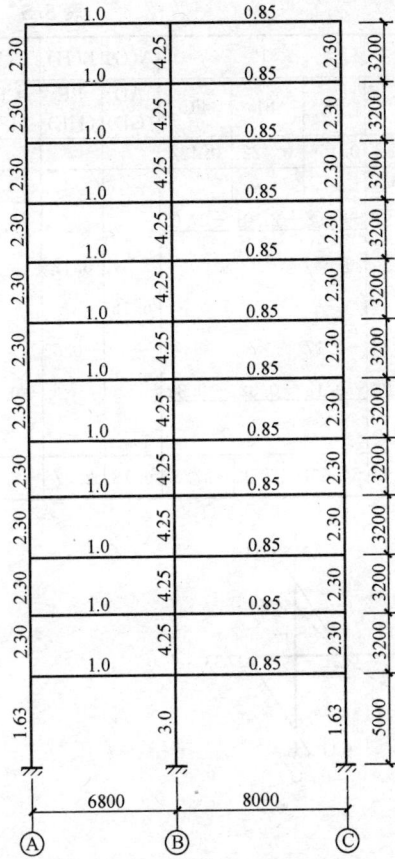

图 5.15 分层法相对线刚度图

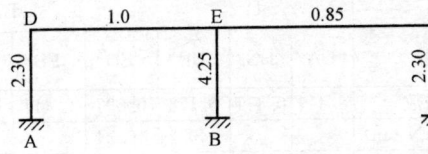

图 5.16 顶层计算简图

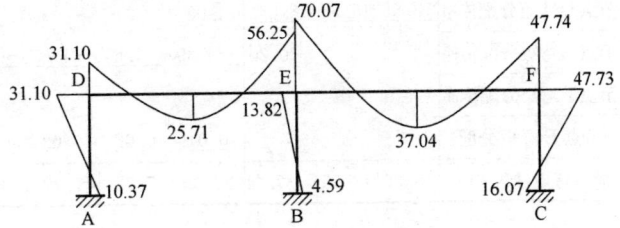

图 5.17 顶层弯矩图

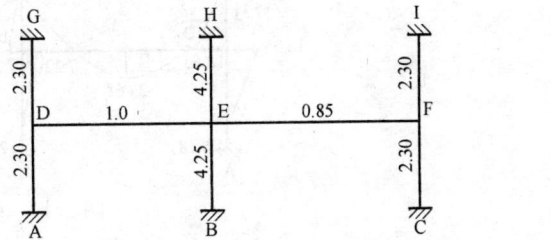

图 5.18 中层计算简图

顶层杆端弯矩的计算   表 5.4

结点	A	B	D		E			F		C
杆端	AD	BE	DA	DE	ED	EB	EF	FE	FC	CF
分配系数	/	/	0.697	0.303	0.164	0.697	0.139	0.270	0.730	/
固端弯矩(kN·m)				−46.24	46.24		−64	64		
节点 F 弯矩分配传递							−8.64	−17.28	−46.72	−15.57
节点 E 弯矩分配传递		6.13		2.16	4.33	18.40	3.67	1.84		
节点 D 弯矩分配传递	10.24		30.72	13.36	6.68					
节点 E 弯矩分配传递		−1.55		−0.55	−1.10	−4.66	−0.93	−0.46		
节点 F 弯矩分配传递							−0.18	−0.37	−1.01	−0.50
节点 E 弯矩分配传递		0.04		0.01	0.03	0.13	0.02	0.01		
节点 D 弯矩分配传递	0.13		0.38	0.16	0.08					
节点 E 弯矩分配		−0.02			−0.01	−0.05	−0.01			
最后弯矩(kN·m)	10.37	4.60	31.10	−31.10	56.25	13.82	−70.07	47.74	−47.73	−16.07

113

中层杆端弯矩的计算 表 5.5

节点	D			E				F			A(G)	B(H)	C(I)
杆端	DA	DG	DE	ED	EB	EH	EF	FE	FI	FC	AD(GD)	BE(HE)	CF(IF)
分配系数	0.411	0.411	0.178	0.097	0.411	0.411	0.082	0.156	0.422	0.422	/	/	/
固端弯矩(kN·m)			-46.24	46.24			-64	64					
节点F弯矩分配传递							-4.99	-9.98	-27.01	-27.01			-9.00
节点E弯矩分配传递			1.10	2.21	9.35	9.35	1.87	0.93				3.12	
节点D弯矩分配传递	18.55	18.55	8.03	4.02							6.18		
节点E弯矩分配传递			-0.20	-0.39	-1.65	-1.65	-0.33	-0.17				-0.55	
节点F弯矩分配传递							-0.06	-0.12	-0.32	-0.32			-0.11
节点E弯矩分配				0.01	0.02	0.02	0.01						
最后弯矩(kN·m)	18.55	18.55	-37.31	52.09	7.72	7.72	-67.50	54.66	-27.33	-27.33	6.18	2.57	-9.11

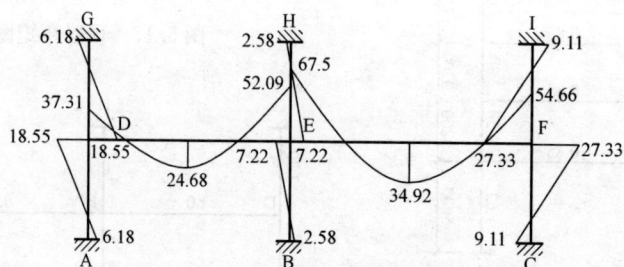

图 5.19　中层弯矩图

列表计算，如表 5.6 所示。弯矩图如图 5.21 所示。

底层杆端弯矩的计算 表 5.6

节点	D			E			
杆端	DA	DG	DE	ED	EB	EH	EF
分配系数	0.330	0.467	0.203	0.110	0.330	0.467	0.093
固端弯矩(kN·m)			-46.24	46.24			-64
节点F弯矩分配传递							-5.70
节点E弯矩分配传递			1.29	2.58	7.74	10.96	2.18
节点D弯矩分配传递	14.83	20.99	9.12	4.56			
节点E弯矩分配传递			-0.25	-0.50	-1.50	-2.13	-0.42
节点F弯矩分配传递							-0.08
节点E弯矩分配				0.01	0.03	0.03	0.01
最后弯矩(kN·m)	14.83	20.99	-36.08	52.89	6.27	8.86	-68.01

节点	F			A	B	C	G	H	I
杆端	FE	FC	FI	AD	BE	CF	GD	HE	IF
分配系数	0.178	0.341	0.481	/	/	/	/	/	/
固端弯矩(kN·m)	64								
节点F弯矩分配传递	-11.39	-21.82	-30.78			-10.91			-10.26
节点E弯矩分配传递	1.09				3.87			3.65	
节点D弯矩分配传递				7.42			7.00		
节点E弯矩分配传递	-0.21				-0.75			-0.71	
节点F弯矩分配传递	-0.16	-0.30	-0.42			-0.15			-0.14
节点E弯矩分配					0.01			0.01	
最后弯矩(kN·m)	53.33	-22.12	-31.20	7.42	3.13	-11.06	7.00	2.95	-10.40

114

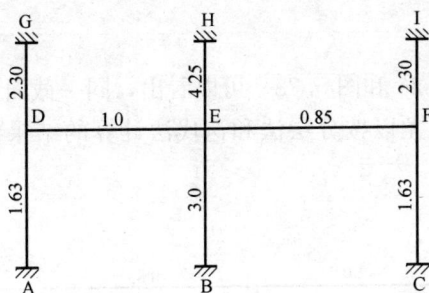

图 5.20　底层计算简图　　　　图 5.21　底层弯矩图

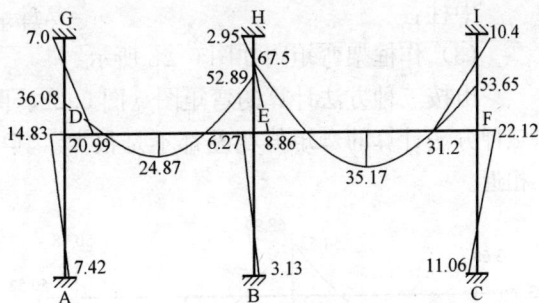

4) 柱端弯矩叠加, 不平衡弯矩进行一次分配, 得框架弯矩总图如图 5.22 所示。

2. 用迭代法求解

(1) 各杆线刚度　各杆的相对线刚度如图 5.23 所示。

(2) 根据迭代法基本原则, 计算梁的不平衡弯矩如图 5.24 和图 5.25 所示。将固端弯矩及节点不平衡弯矩填入图 5.24 和图 5.25 中节点的方框中, 进行迭代计算, 直至弯矩趋于稳定, 最后按下列公式求得各杆端弯矩, 如图 5.26 所示。

3. 用系数法求解

(1) 根据图 5.27 所示弯矩系数计算梁弯矩。

左边支座:

$$M_{左支} = -\frac{1}{16} \times 12\text{kN/m} \times (6.8\text{m})^2 = -34.68\text{kN} \cdot \text{m}$$

左边跨中:

$$M_{左中} = \frac{1}{14} \times 12\text{kN/m} \times (6.8\text{m})^2 = 39.63\text{kN} \cdot \text{m}$$

中间支座:

$$M_{中支} = -\frac{1}{9} \times 12\text{kN/m} \times \left(\frac{6.8\text{m} + 8.0\text{m}}{2}\right)^2 = -73.01\text{kN} \cdot \text{m}$$

右边跨中:

$$M_{右中} = \frac{1}{14} \times 12\text{kN/m} \times 8\text{m}^2 = 54.86\text{kN} \cdot \text{m}$$

右边支座:

$$M_{右支} = -\frac{1}{16} \times 12\text{kN/m} \times 8\text{m}^2 = -48.0\text{kN} \cdot \text{m}$$

(2) 计算柱端弯矩

按梁端弯矩最大差值平均分配给上柱和下柱的柱端。

顶层左边柱:　　　　$M_{左边柱} = -M_{左支} = 34.68\text{kN} \cdot \text{m}$

顶层右边柱:　　　　$M_{右边柱} = -M_{右支} = 48\text{kN} \cdot \text{m}$

其余层左边柱:　　　$M_{余左边柱} = -M_{左支}/2 = 17.34\text{kN} \cdot \text{m}$

其余层右边柱:　　　$M_{余右边柱} = -M_{右支}/2 = 24\text{kN} \cdot \text{m}$

115

中柱： $\qquad\qquad\qquad\qquad\qquad M_{中柱}=0$

（3）作框架弯矩图如图 5.28 所示。

由按三种方法计算的弯矩图（图 5.22、图 5.26 和图 5.28）可以看出，同一截面处按三种方法计算的弯矩值相差都不是很大。其中，尤以按分层法和迭代法计算的结果更为相近。

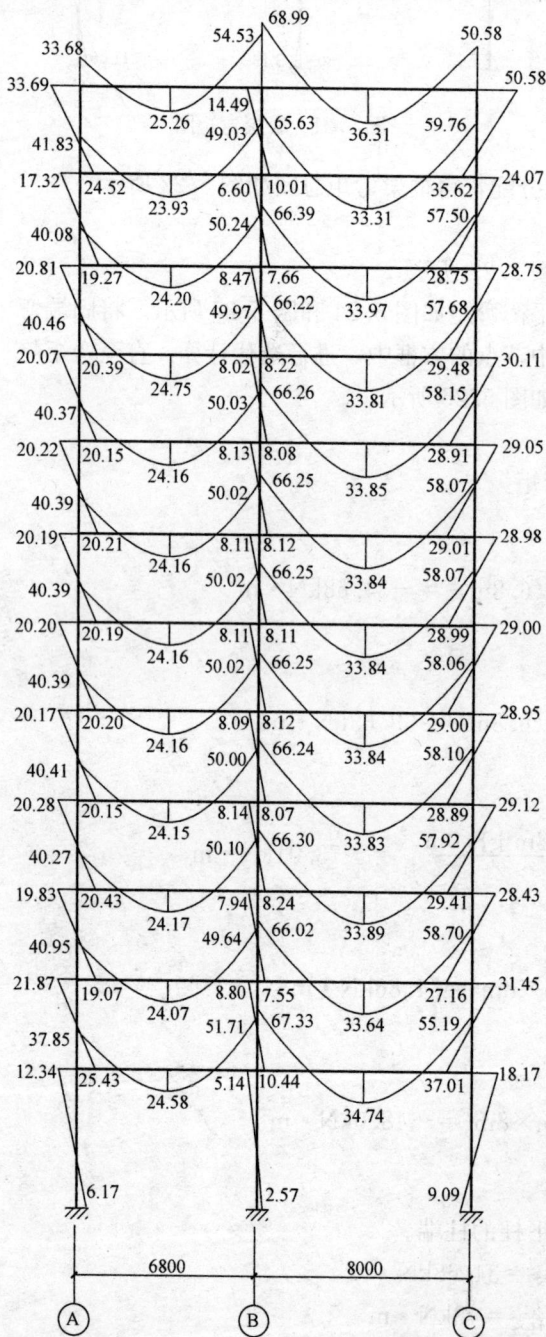

图 5.22　分层法框架弯矩总图

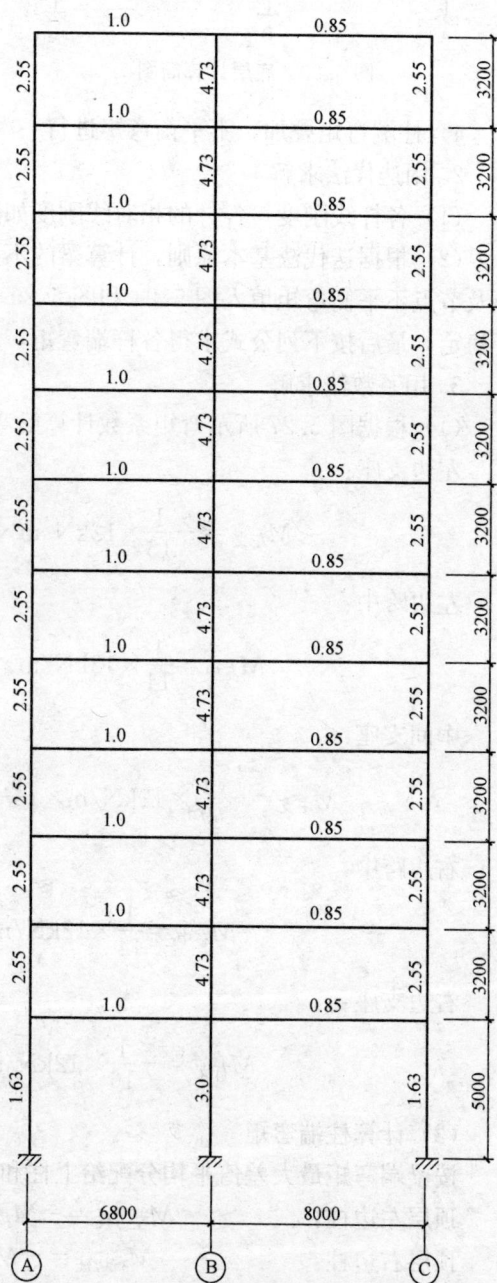

图 5.23　迭代法相对线刚度图

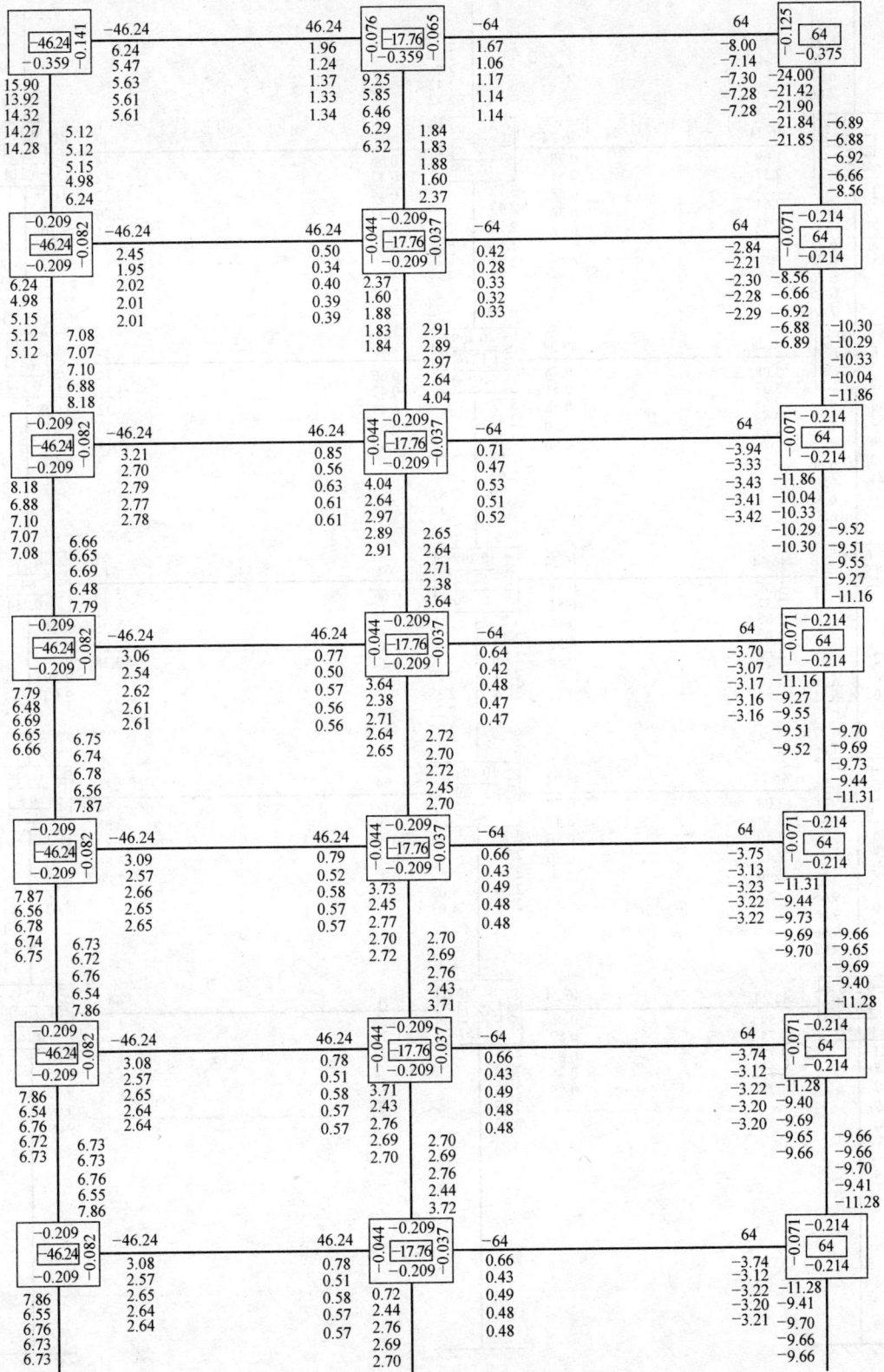

图 5.24　永久荷载作用下的迭代计算（7～12层）

6.71
6.72
6.76
6.55
7.86

2.68
2.68
2.76
2.42
3.72

−9.67
−9.66
−9.70
−9.41
−11.28

−0.209
−46.24 −0.082
−0.209
−46.24   46.24
0.044 −0.209 0.037
−17.76
−0.209
−64   64
0.071 −0.214
64
−0.214

3.08   0.78
2.57   0.51
2.65   0.58
2.64   0.56
2.64   0.56

0.66   −3.74
0.43   −3.12
0.49   −3.22
0.47   −3.20
0.47   −3.21

3.72
2.43
2.76
2.68
2.68

7.86
6.55
6.76
6.73   6.71
6.73   6.72
6.76
6.55
7.86

2.68
2.68
2.76
2.43
3.72

−11.28
−9.41
−9.70
−9.66   −9.61
−9.67   −9.64
−9.70
−9.41
−11.28

−0.209
−46.24 −0.082
−0.209
−46.24   46.24
0.044 −0.209 0.037
−17.76
−0.209
−64   64
0.071 −0.214
64
−0.214

3.08   0.78
2.57   0.51
2.65   0.58
2.63   0.56
2.63   0.56

0.66   −3.74
0.43   −3.12
0.49   −3.22
0.47   −3.20
0.47   −3.19

3.72
2.43
2.76
2.68
2.68

7.86
6.55
6.76
6.72   6.86
6.71   6.86
6.82
6.55
7.86

2.78
2.79
2.81
2.43
3.72

−11.28
−9.41
−9.70
−9.64   −9.90
−9.61   −9.89
−9.19
−9.41
−11.28

−0.209
−46.24 −0.082
−0.209
−46.24   46.24
0.044 −0.209 0.037
−17.76
−0.209
−64   64
0.071 −0.214
64
−0.214

3.08   0.78
2.57   0.51
2.65   0.59
2.63   0.59
2.63   0.58

0.66   −3.74
0.43   −3.12
0.50   −3.25
0.49   −3.28
0.49   −3.28

3.72
2.43
2.81
2.79
2.78

2.59
2.38
2.35
2.23
3.72

7.86
6.55
6.82
6.86   6.10
6.86   6.11
6.13
6.27
7.86

−11.28
−9.41
−9.79
−9.89   −8.63
−9.90   −8.63
−8.66
−8.97
−11.28

−0.209
−46.24 −0.082
−0.209
−46.24   46.24
0.044 −0.209 0.037
−17.76
−0.209
−64   64
0.071 −0.214
64
−0.214

3.08   0.78
2.46   0.47
2.40   0.50
2.40   0.50
2.40   0.50

0.66   −3.74
0.39   −2.98
0.42   −2.87
0.42   −2.86
0.42   −2.86

3.72
2.23
2.35
2.38
2.39

4.03
4.03
4.04
4.10
4.56

7.86
6.27
6.13
6.11   9.66
6.10   9.66
9.66
9.62
9.20

−11.28
−8.97
−8.66
−8.63
−8.63

−14.19
−14.19
−14.19
−14.13
−13.34

−0.246
−46.24 −0.096
−0.157
−46.24   46.24
0.052 −0.246 0.044
−17.76
−0.157
−64   64
0.085 −0.253
64
−0.162

3.59   0.96
3.75   0.87
3.77   0.85
3.77   0.85
3.77   0.85

0.82   −4.48
0.73   −4.75
0.72   −4.77
0.72   −4.77
0.72   −4.77

2.91
2.62
2.58
2.57
2.57

5.83
6.07
6.10
6.10
6.10

−8.54
−9.05
−9.08
−9.09
−9.09

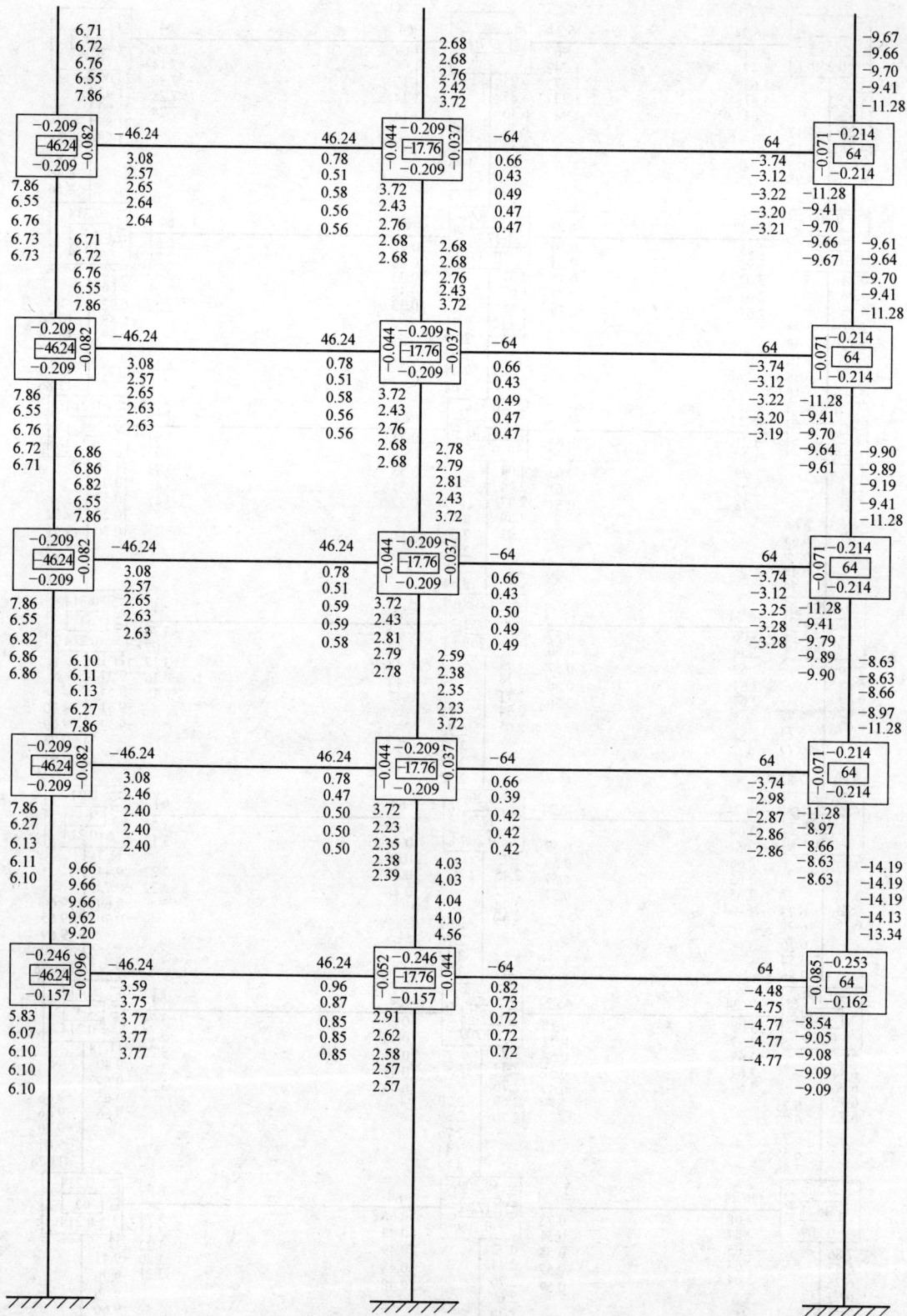

图 5.25　永久荷载作用下的迭代计算（1～6层）

118

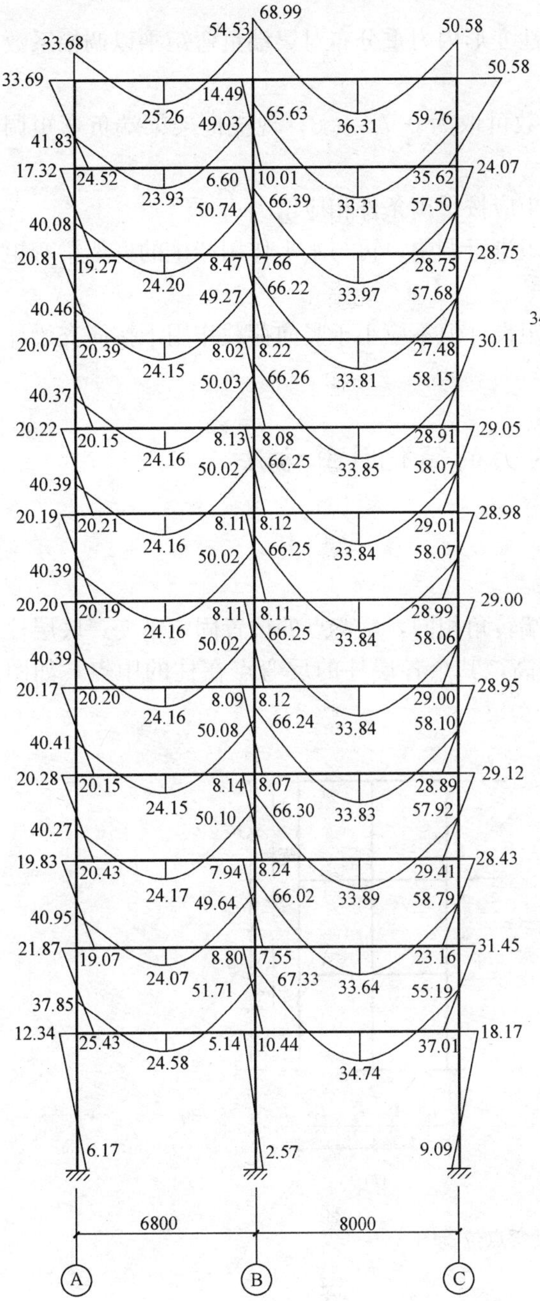

图 5.26　迭代法框架弯矩总图

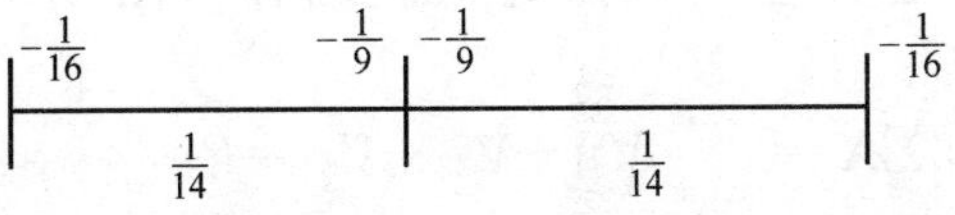

图 5.27　系数法弯矩系数 α

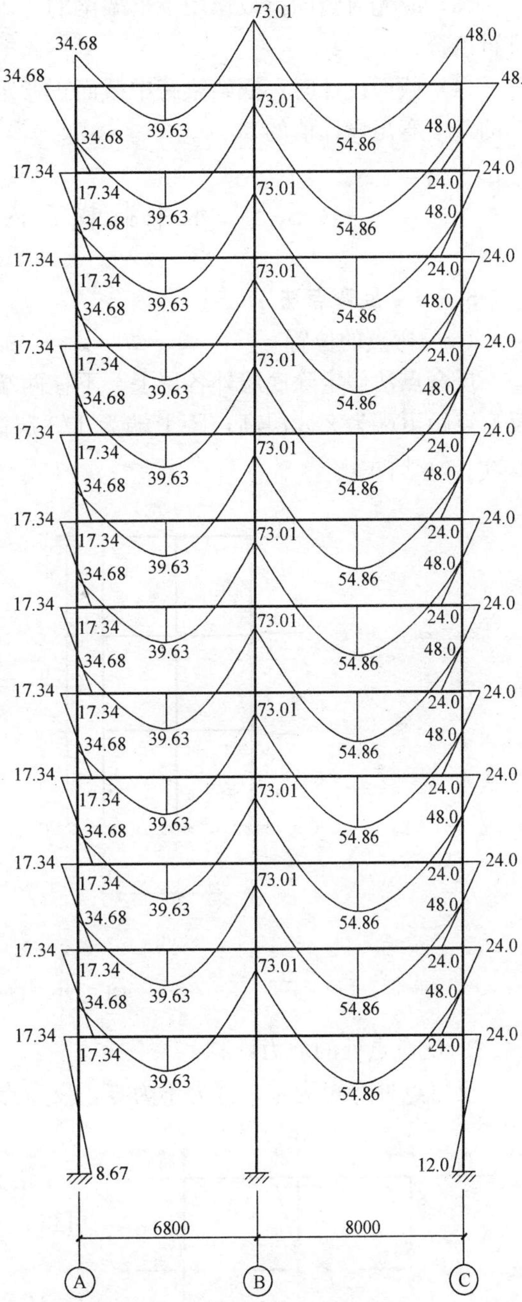

图 5.28　系数法框架弯矩总图

5.4.5 弯矩调幅

在竖向荷载作用下，可考虑框架梁端塑性变形内力重分布对梁端负弯矩乘以调幅系数进行调幅，并应符合下列规定：

（1）装配整体式框架梁端负弯矩调幅系数可取为 0.7～0.8；现浇框架梁端负弯矩调幅系数可取为 0.8～0.9；

（2）框架梁端负弯矩调幅后，梁跨中弯矩应按平衡条件相应增大；

（3）应先对竖向荷载作用下框架梁的弯矩进行调幅，再与水平作用产生的框架梁弯矩进行组合；

（4）截面设计时，框架梁跨中截面正弯矩设计值不应小于竖向荷载作用下按简支梁计算的跨中弯矩设计值的 50%。

5.5 水平荷载下内力的简化计算方法

5.5.1 反弯点法

1. 反弯点的位置

反弯点法假定除底层外各层上、下柱两端转角相同，反弯点的位置固定不变，底层柱反弯点距下端为 2/3 层高，距上端为 1/3 层高，其余各层柱的反弯点在柱的中点，如图 5.29（b）所示。

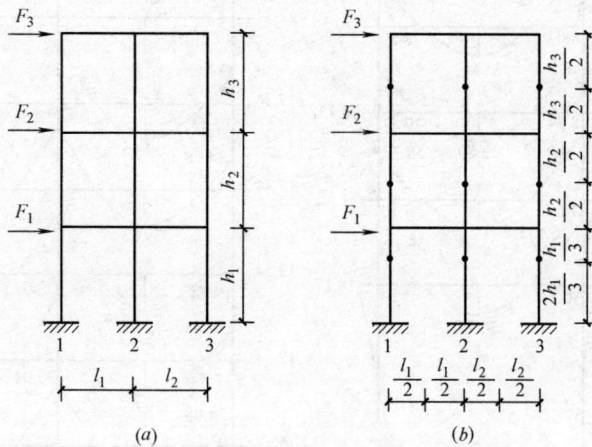

图 5.29 反弯点位置图

2. 反弯点处的剪力计算

反弯点处弯矩为零，剪力不为零。反弯点处的剪力可按下述方法计算。

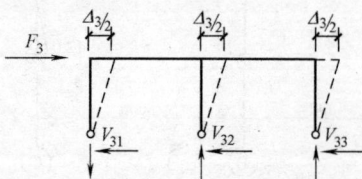

图 5.30 顶层脱离体图

（1）顶层

沿顶层各柱反弯点处取脱离体（图 5.30）可得：

$$\sum X = 0 \qquad V_{31} + V_{32} + V_{33} = F_3$$

$$V_{31} = D_{31}\Delta_3 \qquad V_{32} = D_{32}\Delta_3 \qquad V_{33} = D_{33}\Delta_3$$

(5.26)

$$\Delta_3 = \frac{F_3}{D_{31} + D_{32} + D_{33}} = \frac{F_3}{\sum\limits_{j=1}^{3} D_{3j}} \tag{5.27}$$

因此各柱的剪力为：

$$\left. \begin{aligned} V_{31} &= D_{31}\Delta_3 = \frac{D_{31}}{\sum\limits_{j=1}^{3} D_{3j}} F_3 \\ V_{32} &= D_{32}\Delta_3 = \frac{D_{32}}{\sum\limits_{j=1}^{3} D_{3j}} F_3 \\ V_{33} &= D_{33}\Delta_3 = \frac{D_{33}}{\sum\limits_{j=1}^{3} D_{3j}} F_3 \end{aligned} \right\} \tag{5.28}$$

式中 D——柱的抗侧刚度；

$\dfrac{D_{3i}}{\sum\limits_{j=1}^{3} D_{3j}}$——柱的剪力分配系数。

柱抗侧刚度为使柱顶产生单位位移所需的水平力（图 5.31），按下式计算：

$$D = \frac{\dfrac{6EI}{h^2} + \dfrac{6EI}{h^2}}{h} = \frac{12EI}{h^3} \tag{5.29}$$

（2）第二层

沿第二层各柱的反弯点处取脱离体（图 5.32）可得：

$$V_{2i} = \frac{D_{2i}}{\sum\limits_{j=1}^{3} D_{2j}} (F_3 + F_2) \tag{5.30}$$

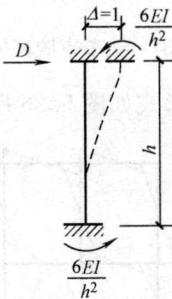

图 5.31 柱抗侧刚度

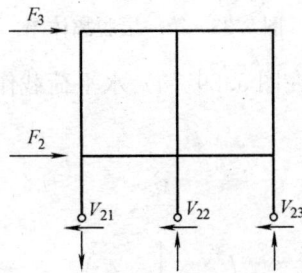

图 5.32 第二层脱离体图

（3）第一层

沿底层各柱的反弯点处取脱离体（图 5.33）可得：

$$V_{1i} = \frac{D_{1i}}{\sum\limits_{j=1}^{3} D_{1j}} (F_3 + F_2 + F_1) \tag{5.31}$$

3. 框架弯矩

框架各杆的弯矩可按下述方法求得：

（1）先求各柱弯矩。将反弯点处剪力乘反弯点到柱顶或柱底距离，可以得到柱顶和柱底弯矩。

（2）再由节点弯矩平衡求各梁端弯矩。求法如下：

1）边节点

顶部边节点（图5.34a）

$$M_b = M_c \tag{5.32}$$

一般边节点（图5.34b）

$$M_b = M_{c1} + M_{c2} \tag{5.33}$$

2）中节点

中间节点（图5.35）处的梁端弯矩可将该节点处柱端不平衡弯矩按梁的相对线刚度进行分配，故：

$$\left. \begin{array}{l} M_{b1} = \dfrac{i_{b1}}{i_{b1} + i_{b2}}(M_{c1} + M_{c2}) \\[2mm] M_{b2} = \dfrac{i_{b2}}{i_{b1} + i_{b2}}(M_{c1} + M_{c2}) \end{array} \right\} \tag{5.34}$$

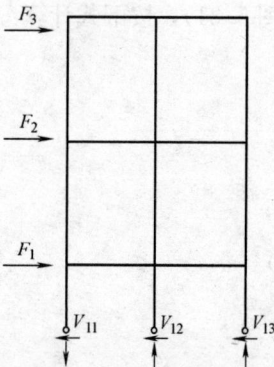

图 5.33　第一层脱离体图

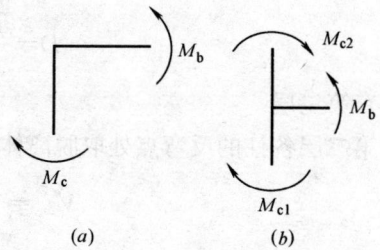

图 5.34　边节点脱离体图

框架在图5.29（a）水平荷载作用下最终弯矩图的一般形式如图5.36所示。

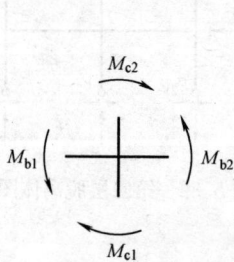

图 5.35　中间节点脱离体图

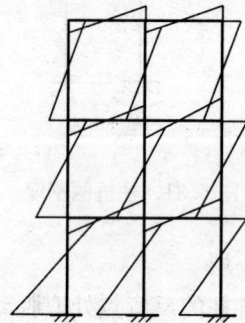

图 5.36　框架最终弯矩图

由上可见，按反弯点法计算框架内力的步骤为：

1）确定各柱反弯点位置；

122

2）分层取脱离体计算各反弯点处剪力；

3）先求柱端弯矩，再由节点平衡求梁端弯矩，当为中间节点时，按梁的相对线刚度分配节点处柱端不平衡弯矩。

4. 反弯点法的适用范围

反弯点法适用于梁的线刚度与柱的线刚度之比不小于 3 的框架结构水平荷载内力与变形计算。反弯点法常用于初步设计中估算梁和柱在水平荷载作用下的弯矩值与变形值。

5.5.2 D 值法

D 值法又称为改进的反弯点法，是对柱的抗侧刚度和柱的反弯点位置进行修正后计算框架内力的一种方法。适用于 $i_b/i_c < 3$ 的情况，高层结构特别是考虑抗震要求有强柱弱梁的框架用 D 值法分析更合适。

1. 柱的抗侧刚度

柱的抗侧刚度取决于柱两端的支承情况及两端被嵌固的程度。图 5.37 为三种支承情况下的柱的抗侧刚度值。

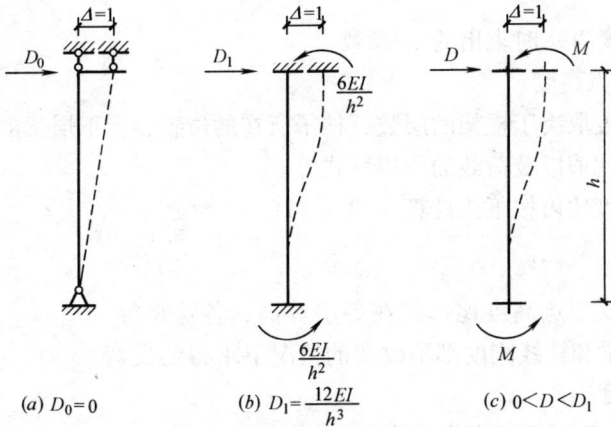

图 5.37　柱在不同支承条件下的抗侧刚度

图 5.37（c）中的 D 为
$$D = \alpha_c D_1 = \alpha_c \frac{12EI}{h^3} \tag{5.35}$$

式中　α_c——柱抗侧移刚度修正系数，按表 5.7 的公式计算。

表 5.7

柱抗侧移刚度修正系数表

柱的部位及固定情况	一般层	底层，下面固支	底层，下端铰支
	$\bar{i} = \dfrac{i_1+i_2+i_3+i_4}{2i_c}$	$\bar{i} = \dfrac{i_1+i_2}{i_c}$	$\bar{i} = \dfrac{i_1+i_2}{i_c}$
α_c	$\alpha_c = \dfrac{\bar{i}}{2+\bar{i}}$	$\alpha_c = \dfrac{0.5+\bar{i}}{2+\bar{i}}$	$\alpha_c = \dfrac{0.5\bar{i}}{1+2\bar{i}}$

当底层柱不等高（图 5.38）或为复式框架（图 5.39）时，D' 应分别按式（5.36）和式（5.37）计算。

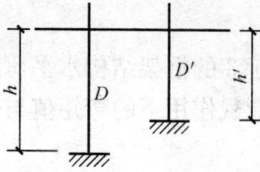

图 5.38 底层柱不等高图

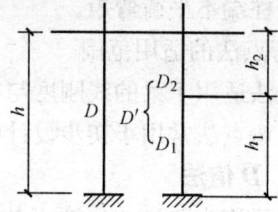

图 5.39 底层为复式框架图

$$D' = \alpha_c' \frac{12EI}{(h')^3} \tag{5.36}$$

$$D' = \frac{1}{\dfrac{1}{D_1} + \dfrac{1}{D_2}} = \frac{D_1 D_2}{D_1 + D_2} \tag{5.37}$$

式中　α_c'——按高度为 h' 时求出的 α_c 参数。

2. 修正的反弯点高度

柱的反弯点高度取决于框架的层数、柱子所在的位置、上下层梁的刚度比值、上下层层高与本层层高的比值以及荷载的作用形式等。

柱的反弯点高度比可按下式计算（图 5.40）：

$$\nu = \nu_0 + \nu_1 + \nu_2 + \nu_3 \tag{5.38}$$

式中　ν_0——标准反弯点高度比，是在各层等高、各跨相等、各层梁和柱线刚度都不改变的情况下求得的反弯点高度比；

ν_1——因上、下层梁刚度比变化的修正值；

ν_2——因上层层高变化的修正值；

ν_3——因下层层高变化的修正值。

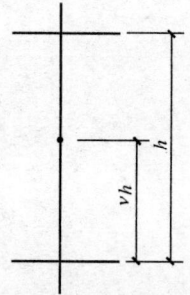

图 5.40 修正的反弯点高度图

ν_0、ν_1、ν_2、ν_3 的取值见表 5.8～表 5.10。

均布水平荷载下各层柱标准反弯点高度比 ν_0　　　　表 5.8（a）

n	j $\diagdown$ $\bar{i}$	0.1	0.2	0.3	0.4	0.5	0.6	0.7	0.8	0.9	1.0	2.0	3.0	4.0	5.0
1	1	0.80	0.75	0.70	0.65	0.65	0.60	0.60	0.60	0.60	0.55	0.55	0.55	0.55	0.55
2	2	0.45	0.40	0.35	0.35	0.35	0.35	0.40	0.40	0.40	0.40	0.45	0.45	0.45	0.45
	1	0.95	0.80	0.75	0.70	0.65	0.65	0.65	0.60	0.60	0.60	0.55	0.55	0.55	0.50
3	3	0.15	0.20	0.20	0.25	0.30	0.30	0.30	0.35	0.35	0.35	0.40	0.45	0.45	0.45
	2	0.55	0.50	0.45	0.45	0.45	0.45	0.45	0.45	0.45	0.45	0.50	0.50	0.50	0.50
	1	1.00	0.85	0.80	0.75	0.70	0.70	0.65	0.65	0.65	0.60	0.55	0.55	0.55	0.55
4	4	−0.05	0.05	0.15	0.20	0.25	0.30	0.30	0.35	0.35	0.35	0.40	0.45	0.45	0.45
	3	0.25	0.30	0.30	0.35	0.35	0.40	0.40	0.40	0.40	0.45	0.50	0.50	0.50	0.50
	2	0.65	0.55	0.50	0.50	0.45	0.45	0.45	0.45	0.45	0.45	0.50	0.50	0.50	0.50
	1	1.10	0.90	0.80	0.75	0.70	0.70	0.55	0.65	0.55	0.60	0.55	0.55	0.55	0.55

n	j	$\bar{i}$ 0.1	0.2	0.3	0.4	0.5	0.6	0.7	0.8	0.9	1.0	2.0	3.0	4.0	5.0
5	5	−0.20	0.00	0.15	0.20	0.25	0.30	0.30	0.30	0.35	0.35	0.40	0.45	0.45	0.45
	4	0.10	0.20	0.25	0.30	0.35	0.35	0.40	0.40	0.40	0.40	0.45	0.50	0.50	0.50
	3	0.40	0.40	0.40	0.40	0.40	0.45	0.45	0.45	0.45	0.45	0.50	0.50	0.50	0.50
	2	0.65	0.55	0.50	0.50	0.50	0.50	0.50	0.50	0.50	0.50	0.50	0.50	0.50	0.50
	1	1.20	0.95	0.80	0.75	0.75	0.70	0.70	0.65	0.65	0.65	0.55	0.55	0.55	0.55
6	6	−0.30	0.00	0.10	0.20	0.25	0.25	0.30	0.30	0.35	0.35	0.40	0.45	0.45	0.45
	5	0.00	0.20	0.25	0.30	0.35	0.35	0.40	0.40	0.40	0.45	0.45	0.50	0.50	0.50
	4	0.20	0.30	0.35	0.35	0.40	0.40	0.40	0.45	0.45	0.45	0.50	0.50	0.50	0.50
	3	0.40	0.40	0.40	0.45	0.45	0.45	0.45	0.45	0.45	0.45	0.50	0.50	0.50	0.50
	2	0.70	0.60	0.55	0.50	0.50	0.50	0.50	0.50	0.50	0.50	0.50	0.50	0.50	0.50
	1	1.20	0.95	0.85	0.80	0.75	0.70	0.70	0.65	0.65	0.65	0.55	0.55	0.55	0.55
7	7	−0.35	−0.05	0.10	0.20	0.20	0.25	0.30	0.30	0.35	0.35	0.40	0.45	0.45	0.45
	6	−0.10	0.15	0.25	0.30	0.35	0.35	0.35	0.40	0.40	0.40	0.45	0.45	0.50	0.50
	5	0.10	0.25	0.30	0.35	0.40	0.40	0.40	0.45	0.45	0.45	0.50	0.50	0.50	0.50
	4	0.30	0.35	0.40	0.40	0.40	0.45	0.45	0.45	0.45	0.45	0.50	0.50	0.50	0.50
	3	0.50	0.45	0.45	0.45	0.45	0.45	0.45	0.45	0.45	0.45	0.50	0.50	0.50	0.50
	2	0.75	0.60	0.55	0.50	0.50	0.50	0.50	0.50	0.50	0.50	0.50	0.55	0.55	0.55
	1	1.20	0.95	0.85	0.80	0.75	0.70	0.70	0.65	0.65	0.65	0.55	0.55	0.55	0.55
8	8	−0.35	−0.15	0.10	0.10	0.25	0.25	0.30	0.30	0.35	0.35	0.40	0.45	0.45	0.45
	7	0.10	0.15	0.25	0.30	0.35	0.35	0.40	0.40	0.40	0.40	0.45	0.50	0.50	0.50
	6	0.05	0.25	0.30	0.35	0.40	0.40	0.45	0.45	0.45	0.45	0.50	0.50	0.50	0.50
	5	0.20	0.30	0.35	0.40	0.40	0.45	0.45	0.45	0.45	0.45	0.50	0.50	0.50	0.50
	4	0.35	0.40	0.40	0.45	0.45	0.45	0.45	0.45	0.45	0.45	0.50	0.50	0.50	0.50
	3	0.50	0.45	0.45	0.45	0.45	0.45	0.45	0.45	0.50	0.50	0.50	0.50	0.50	0.50
	2	0.75	0.60	0.55	0.55	0.50	0.50	0.50	0.50	0.50	0.50	0.50	0.50	0.50	0.50
	1	1.20	1.00	0.85	0.80	0.75	0.70	0.70	0.65	0.65	0.65	0.55	0.55	0.55	0.55
9	9	−0.40	−0.05	0.10	0.20	0.25	0.25	0.30	0.30	0.35	0.35	0.45	0.45	0.45	0.45
	8	−0.15	0.15	0.25	0.30	0.35	0.35	0.35	0.40	0.40	0.40	0.45	0.45	0.50	0.50
	7	0.05	0.25	0.30	0.35	0.40	0.40	0.40	0.45	0.45	0.45	0.50	0.50	0.50	0.50
	6	0.15	0.30	0.35	0.40	0.40	0.45	0.45	0.45	0.45	0.45	0.50	0.50	0.50	0.50
	5	0.25	0.35	0.40	0.40	0.45	0.45	0.45	0.45	0.45	0.45	0.50	0.50	0.50	0.50
	4	0.40	0.40	0.40	0.45	0.45	0.45	0.45	0.45	0.45	0.45	0.50	0.50	0.50	0.50
	3	0.55	0.45	0.45	0.45	0.45	0.45	0.45	0.45	0.50	0.50	0.50	0.50	0.50	0.50
	2	0.80	0.65	0.55	0.55	0.50	0.50	0.50	0.50	0.50	0.50	0.50	0.50	0.50	0.50
	1	1.20	1.00	0.85	0.80	0.75	0.70	0.70	0.65	0.65	0.65	0.55	0.55	0.55	0.55
10	10	−0.40	−0.05	0.10	0.20	0.25	0.30	0.30	0.30	0.30	0.35	0.40	0.45	0.45	0.45
	9	−0.15	0.15	0.25	0.30	0.35	0.35	0.40	0.40	0.40	0.40	0.45	0.45	0.50	0.50
	8	0.00	0.25	0.30	0.35	0.40	0.40	0.40	0.45	0.45	0.45	0.50	0.50	0.50	0.50
	7	0.10	0.30	0.35	0.40	0.40	0.40	0.45	0.45	0.45	0.45	0.50	0.50	0.50	0.50
	6	0.20	0.35	0.40	0.40	0.45	0.45	0.45	0.45	0.45	0.45	0.50	0.50	0.50	0.50
	5	0.30	0.40	0.40	0.45	0.45	0.45	0.45	0.45	0.45	0.50	0.50	0.50	0.50	0.50
	4	0.40	0.40	0.45	0.45	0.45	0.50	0.50	0.50	0.50	0.50	0.50	0.50	0.50	0.50
	3	0.55	0.50	0.45	0.45	0.45	0.50	0.50	0.50	0.50	0.50	0.50	0.50	0.50	0.50
	2	0.80	0.65	0.55	0.55	0.55	0.50	0.50	0.50	0.50	0.50	0.50	0.50	0.50	0.50
	1	1.30	1.00	0.85	0.80	0.75	0.70	0.70	0.65	0.65	0.65	0.60	0.55	0.55	0.55
11	11	−0.40	−0.05	0.10	0.20	0.25	0.30	0.30	0.30	0.35	0.35	0.40	0.45	0.45	0.45
	10	−0.15	0.15	0.25	0.30	0.35	0.35	0.40	0.40	0.40	0.40	0.45	0.45	0.50	0.50
	9	0.00	0.25	0.30	0.35	0.40	0.40	0.40	0.45	0.45	0.45	0.50	0.50	0.50	0.50
	8	0.10	0.30	0.35	0.40	0.40	0.45	0.45	0.45	0.45	0.45	0.50	0.50	0.50	0.50
	7	0.20	0.35	0.40	0.45	0.45	0.45	0.45	0.45	0.45	0.45	0.50	0.50	0.50	0.50
	6	0.25	0.35	0.40	0.45	0.45	0.45	0.45	0.45	0.45	0.45	0.50	0.50	0.50	0.50
	5	0.35	0.40	0.40	0.45	0.45	0.45	0.45	0.45	0.45	0.50	0.50	0.50	0.50	0.50
	4	0.40	0.45	0.45	0.45	0.45	0.45	0.45	0.50	0.50	0.50	0.50	0.50	0.50	0.50
	3	0.55	0.50	0.50	0.50	0.50	0.50	0.50	0.50	0.50	0.50	0.50	0.50	0.50	0.50
	2	0.80	0.65	0.60	0.55	0.55	0.50	0.50	0.50	0.50	0.50	0.50	0.50	0.50	0.50
	1	1.30	1.00	0.85	0.80	0.75	0.70	0.70	0.65	0.65	0.65	0.65	0.60	0.55	0.55

n	j	0.1	0.2	0.3	0.4	0.5	0.6	0.7	0.8	0.9	1.0	2.0	3.0	4.0	5.0
12以上	自上1	−0.40	−0.05	0.10	0.20	0.25	0.30	0.30	0.30	0.35	0.35	0.40	0.45	0.45	0.45
	2	−0.15	0.15	0.25	0.30	0.35	0.35	0.40	0.40	0.40	0.40	0.45	0.45	0.50	0.50
	3	0.00	0.25	0.30	0.35	0.40	0.40	0.40	0.45	0.45	0.45	0.50	0.50	0.50	0.50
	4	0.10	0.30	0.35	0.40	0.40	0.40	0.45	0.45	0.45	0.45	0.50	0.50	0.50	0.50
	5	0.20	0.35	0.40	0.40	0.45	0.45	0.45	0.45	0.45	0.45	0.50	0.50	0.50	0.50
	6	0.25	0.35	0.40	0.45	0.45	0.45	0.45	0.45	0.45	0.45	0.50	0.50	0.50	0.50
	7	0.30	0.40	0.40	0.45	0.45	0.45	0.45	0.45	0.45	0.45	0.50	0.50	0.50	0.50
	8	0.35	0.40	0.45	0.45	0.45	0.45	0.45	0.45	0.50	0.50	0.50	0.50	0.50	0.50
	中间	0.40	0.40	0.45	0.45	0.45	0.45	0.50	0.50	0.50	0.50	0.50	0.50	0.50	0.50
	4	0.45	0.45	0.45	0.45	0.50	0.50	0.50	0.50	0.50	0.50	0.50	0.50	0.50	0.50
	3	0.60	0.50	0.50	0.50	0.50	0.50	0.50	0.50	0.50	0.50	0.50	0.50	0.50	0.50
	2	0.80	0.65	0.60	0.55	0.55	0.50	0.50	0.50	0.50	0.50	0.50	0.50	0.50	0.50
	自下1	1.30	1.00	0.85	0.80	0.75	0.70	0.70	0.65	0.65	0.55	0.55	0.55	0.55	0.55

倒三角形荷载下各层柱标准反弯点高比 v_0 表 5.8（b）

n	j	0.1	0.2	0.3	0.4	0.5	0.6	0.7	0.8	0.9	1.0	2.0	3.0	4.0	5.0
1	1	0.80	0.75	0.70	0.65	0.65	0.60	0.60	0.60	0.60	0.55	0.55	0.55	0.55	0.55
2	2	0.50	0.45	0.40	0.40	0.40	0.40	0.40	0.40	0.40	0.45	0.45	0.45	0.45	0.50
	1	1.00	0.85	0.75	0.70	0.70	0.65	0.65	0.65	0.60	0.60	0.55	0.55	0.55	0.55
3	3	0.25	0.25	0.25	0.30	0.30	0.35	0.35	0.35	0.40	0.40	0.45	0.45	0.45	0.50
	2	0.60	0.50	0.50	0.50	0.45	0.45	0.45	0.45	0.45	0.50	0.50	0.50	0.55	0.50
	1	1.15	0.90	0.80	0.75	0.75	0.70	0.70	0.65	0.65	0.65	0.60	0.55	0.55	0.55
4	4	0.10	0.15	0.20	0.25	0.30	0.30	0.35	0.35	0.35	0.40	0.45	0.45	0.45	0.45
	3	0.35	0.35	0.35	0.40	0.40	0.40	0.40	0.45	0.45	0.45	0.45	0.50	0.50	0.50
	2	0.70	0.60	0.55	0.50	0.50	0.50	0.50	0.50	0.50	0.50	0.50	0.50	0.50	0.50
	1	1.20	0.95	0.85	0.80	0.75	0.70	0.70	0.70	0.65	0.65	0.55	0.55	0.55	0.50
5	5	−0.05	0.10	0.20	0.25	0.30	0.30	0.35	0.35	0.35	0.35	0.40	0.45	0.45	0.45
	4	0.20	0.25	0.35	0.35	0.40	0.40	0.40	0.40	0.40	0.45	0.45	0.50	0.50	0.50
	3	0.45	0.40	0.45	0.45	0.45	0.45	0.45	0.45	0.45	0.45	0.50	0.50	0.50	0.50
	2	0.75	0.60	0.55	0.55	0.50	0.50	0.50	0.50	0.50	0.50	0.50	0.50	0.50	0.50
	1	1.30	1.00	0.85	0.80	0.75	0.70	0.70	0.65	0.65	0.65	0.65	0.55	0.55	0.55
6	6	−0.15	0.05	0.15	0.20	0.25	0.30	0.30	0.35	0.35	0.35	0.40	0.45	0.45	0.45
	5	0.10	0.25	0.30	0.35	0.35	0.40	0.40	0.40	0.45	0.45	0.45	0.50	0.50	0.50
	4	0.30	0.35	0.40	0.40	0.45	0.45	0.45	0.45	0.45	0.45	0.50	0.50	0.50	0.50
	3	0.50	0.45	0.45	0.45	0.45	0.45	0.45	0.45	0.45	0.50	0.50	0.50	0.50	0.50
	2	0.80	0.65	0.55	0.55	0.55	0.55	0.50	0.50	0.50	0.50	0.50	0.50	0.50	0.50
	1	1.30	1.00	0.85	0.80	0.75	0.70	0.70	0.65	0.65	0.65	0.60	0.55	0.55	0.55
7	7	−0.20	0.05	0.15	0.20	0.25	0.30	0.30	0.35	0.35	0.35	0.45	0.45	0.45	0.45
	6	0.05	0.20	0.30	0.35	0.35	0.40	0.40	0.40	0.40	0.45	0.45	0.50	0.50	0.50
	5	0.20	0.30	0.35	0.40	0.40	0.45	0.45	0.45	0.45	0.45	0.50	0.50	0.50	0.50
	4	0.35	0.40	0.40	0.45	0.45	0.45	0.45	0.45	0.45	0.45	0.50	0.50	0.50	0.50
	3	0.55	0.50	0.50	0.50	0.50	0.50	0.50	0.50	0.50	0.50	0.50	0.50	0.50	0.50
	2	0.80	0.65	0.60	0.55	0.55	0.55	0.50	0.50	0.50	0.50	0.50	0.50	0.50	0.50
	1	1.30	1.00	0.90	0.80	0.75	0.70	0.70	0.70	0.65	0.65	0.60	0.55	0.55	0.55

n	j	$\bar{i}$ 0.1	0.2	0.3	0.4	0.5	0.6	0.7	0.8	0.9	1.0	2.0	3.0	4.0	5.0
8	8	−0.20	0.05	0.15	0.20	0.25	0.30	0.30	0.35	0.35	0.35	0.45	0.45	0.45	0.45
	7	0.00	0.20	0.30	0.35	0.35	0.40	0.40	0.40	0.40	0.45	0.45	0.50	0.50	0.50
	6	0.15	0.30	0.35	0.40	0.40	0.45	0.45	0.45	0.45	0.45	0.50	0.50	0.50	0.50
	5	0.30	0.45	0.40	0.45	0.45	0.45	0.45	0.45	0.45	0.45	0.50	0.50	0.50	0.50
	4	0.40	0.45	0.45	0.45	0.45	0.45	0.45	0.50	0.50	0.50	0.50	0.50	0.50	0.50
	3	0.60	0.50	0.50	0.50	0.50	0.50	0.50	0.50	0.50	0.50	0.50	0.50	0.50	0.50
	2	0.85	0.65	0.60	0.55	0.55	0.55	0.50	0.50	0.50	0.50	0.50	0.50	0.50	0.50
	1	1.30	1.00	0.90	0.80	0.75	0.70	0.70	0.70	0.65	0.65	0.60	0.55	0.55	0.55
9	9	−0.25	0.00	0.15	0.20	0.25	0.30	0.30	0.35	0.35	0.40	0.45	0.45	0.45	0.45
	8	−0.00	0.20	0.30	0.35	0.35	0.40	0.40	0.40	0.40	0.45	0.45	0.50	0.50	0.50
	7	0.15	0.30	0.35	0.40	0.40	0.45	0.45	0.45	0.45	0.45	0.50	0.50	0.50	0.50
	6	0.25	0.35	0.40	0.40	0.45	0.45	0.45	0.45	0.45	0.50	0.50	0.50	0.50	0.50
	5	0.35	0.40	0.45	0.45	0.45	0.45	0.45	0.45	0.50	0.50	0.50	0.50	0.50	0.50
	4	0.45	0.45	0.45	0.45	0.45	0.50	0.50	0.50	0.50	0.50	0.50	0.50	0.50	0.50
	3	0.65	0.50	0.50	0.50	0.50	0.50	0.50	0.50	0.50	0.50	0.50	0.50	0.50	0.50
	2	0.80	0.65	0.65	0.55	0.55	0.55	0.55	0.50	0.50	0.50	0.50	0.50	0.50	0.50
	1	1.35	1.00	1.00	0.80	0.75	0.75	0.70	0.70	0.65	0.65	0.60	0.55	0.55	0.55
10	10	−0.25	0.00	0.15	0.20	0.25	0.30	0.30	0.35	0.35	0.40	0.45	0.45	0.45	0.45
	9	−0.05	0.20	0.30	0.35	0.35	0.40	0.40	0.40	0.40	0.45	0.45	0.50	0.50	0.50
	8	0.10	0.30	0.35	0.40	0.40	0.40	0.45	0.45	0.45	0.45	0.50	0.50	0.50	0.50
	7	0.20	0.35	0.40	0.40	0.45	0.45	0.45	0.45	0.45	0.50	0.50	0.50	0.50	0.50
	6	0.30	0.40	0.40	0.45	0.45	0.45	0.45	0.45	0.45	0.50	0.50	0.50	0.50	0.50
	5	0.40	0.45	0.45	0.45	0.45	0.45	0.45	0.50	0.50	0.50	0.50	0.50	0.50	0.50
	4	0.50	0.45	0.45	0.45	0.50	0.50	0.50	0.50	0.50	0.50	0.50	0.50	0.50	0.50
	3	0.60	0.55	0.50	0.50	0.50	0.50	0.50	0.50	0.50	0.50	0.50	0.50	0.50	0.50
	2	0.85	0.65	0.60	0.55	0.55	0.55	0.55	0.50	0.50	0.50	0.50	0.50	0.50	0.50
	1	1.35	1.00	0.90	0.80	0.75	0.75	0.70	0.70	0.65	0.65	0.60	0.55	0.55	0.55
11	11	−0.25	0.00	0.15	0.20	0.25	0.30	0.30	0.30	0.35	0.35	0.45	0.45	0.45	0.45
	10	−0.05	0.20	0.25	0.30	0.35	0.40	0.40	0.40	0.40	0.45	0.45	0.50	0.50	0.50
	9	0.10	0.30	0.35	0.40	0.40	0.40	0.45	0.45	0.45	0.45	0.50	0.50	0.50	0.50
	8	0.20	0.35	0.40	0.40	0.45	0.45	0.45	0.45	0.45	0.45	0.50	0.50	0.50	0.50
	7	0.25	0.40	0.40	0.45	0.45	0.45	0.45	0.45	0.45	0.50	0.50	0.50	0.50	0.50
	6	0.35	0.40	0.45	0.45	0.45	0.45	0.45	0.50	0.50	0.50	0.50	0.50	0.50	0.50
	5	0.40	0.45	0.45	0.45	0.45	0.50	0.50	0.50	0.50	0.50	0.50	0.50	0.50	0.50
	4	0.50	0.50	0.50	0.50	0.50	0.50	0.50	0.50	0.50	0.50	0.50	0.50	0.50	0.50
	3	0.65	0.55	0.50	0.50	0.50	0.50	0.50	0.50	0.50	0.50	0.50	0.50	0.50	0.50
	2	0.85	0.65	0.60	0.55	0.55	0.55	0.55	0.50	0.50	0.50	0.50	0.50	0.50	0.50
	1	1.35	1.50	0.90	0.80	0.75	0.75	0.70	0.70	0.65	0.65	0.60	0.55	0.55	0.55
12 以 上	自上1	−0.30	0.00	0.15	0.20	0.25	0.30	0.30	0.30	0.35	0.35	0.40	0.45	0.45	0.45
	2	−0.10	0.20	0.25	0.30	0.35	0.40	0.40	0.40	0.40	0.40	0.45	0.45	0.45	0.50
	3	0.05	0.25	0.35	0.40	0.40	0.40	0.45	0.45	0.45	0.45	0.45	0.50	0.50	0.50
	4	0.15	0.30	0.40	0.40	0.45	0.45	0.45	0.45	0.45	0.45	0.45	0.50	0.50	0.50
	5	0.25	0.30	0.40	0.45	0.45	0.45	0.45	0.45	0.45	0.45	0.50	0.50	0.50	0.50
	6	0.30	0.40	0.40	0.45	0.45	0.45	0.45	0.50	0.50	0.50	0.50	0.50	0.50	0.50

n	j \ $\bar{i}$	0.1	0.2	0.3	0.4	0.5	0.6	0.7	0.8	0.9	1.0	2.0	3.0	4.0	5.0
12以上	7	0.35	0.40	0.40	0.45	0.45	0.45	0.50	0.50	0.50	0.50	0.50	0.50	0.50	0.50
	8	0.35	0.45	0.45	0.45	0.50	0.50	0.50	0.50	0.50	0.50	0.50	0.50	0.50	0.50
	中间	0.45	0.45	0.45	0.45	0.50	0.50	0.50	0.50	0.50	0.50	0.50	0.50	0.50	0.50
	4	0.55	0.50	0.50	0.50	0.50	0.50	0.50	0.50	0.50	0.50	0.50	0.50	0.50	0.50
	3	0.65	0.55	0.50	0.50	0.50	0.50	0.50	0.50	0.50	0.50	0.50	0.50	0.50	0.50
	2	0.70	0.70	0.60	0.55	0.55	0.55	0.55	0.50	0.50	0.50	0.50	0.50	0.50	0.50
	自下1	1.35	1.05	0.70	0.80	0.75	0.70	0.70	0.70	0.65	0.65	0.60	0.55	0.55	0.55

上下梁相对刚度变化时修正值 ν_1　　　　　　　　　**表 5.9**

α_1 \ $\bar{i}$	0.1	0.2	0.3	0.4	0.5	0.6	0.7	0.8	0.9	1.0	2.0	3.0	4.0	5.0
0.4	0.55	0.40	0.30	0.25	0.20	0.20	0.20	0.15	0.15	0.15	0.05	0.05	0.05	0.05
0.5	0.45	0.30	0.20	0.20	0.15	0.15	0.15	0.10	0.10	0.10	0.05	0.05	0.05	0.05
0.6	0.30	0.20	0.15	0.15	0.10	0.10	0.10	0.05	0.05	0.05	0.05	0.05	0.00	0.00
0.7	0.20	0.15	0.10	0.10	0.10	0.05	0.05	0.05	0.05	0.05	0.00	0.00	0.00	0.00
0.8	0.15	0.10	0.05	0.05	0.05	0.05	0.05	0.05	0.00	0.00	0.00	0.00	0.00	0.00
0.9	0.05	0.05	0.05	0.05	0.00	0.00	0.00	0.00	0.00	0.00	0.00	0.00	0.00	0.00

注：当 $i_1+i_2<i_3+i_4$ 时，令 $\alpha_1=(i_1+i_2)/(i_3+i_4)$，当 $i_3+i_4<i_1+i_2$ 时，令 $\alpha_1=(i_3+i_4)/(i_1+i_2)$。对于底层柱不考虑 α_1 值，所以不作此项修正。

上下层柱高度变化时的修正值 ν_2 和 ν_3　　　　　　**表 5.10**

α_2	α_3 \ $\bar{i}$	0.1	0.2	0.3	0.4	0.5	0.6	0.7	0.8	0.9	1.0	2.0	3.0	4.0	5.0
2.0		0.25	0.15	0.15	0.10	0.10	0.10	0.10	0.10	0.05	0.05	0.05	0.05	0.0	0.0
1.8		0.20	0.15	0.10	0.10	0.10	0.05	0.05	0.05	0.05	0.05	0.05	0.05	0.0	0.0
1.6	0.4	0.15	0.10	0.10	0.05	0.05	0.05	0.05	0.05	0.05	0.05	0.05	0.0	0.0	0.0
1.4	0.6	0.10	0.05	0.05	0.05	0.05	0.05	0.05	0.05	0.05	0.0	0.0	0.0	0.0	0.0
1.2	0.8	0.05	0.05	0.05	0.0	0.0	0.0	0.0	0.0	0.0	0.0	0.0	0.0	0.0	0.0
1.0	1.0	0.0	0.0	0.0	0.0	0.0	0.0	0.0	0.0	0.0	0.0	0.0	0.0	0.0	0.0
0.8	1.2	−0.05	−0.05	−0.05	0.0	0.0	0.0	0.0	0.0	0.0	0.0	0.0	0.0	0.0	0.0
0.6	1.4	−0.10	−0.05	−0.05	−0.05	−0.05	−0.05	−0.05	−0.05	−0.05	0.0	0.0	0.0	0.0	0.0
0.4	1.6	−0.15	−0.10	−0.10	−0.05	−0.05	−0.05	−0.05	−0.05	−0.05	−0.05	0.0	0.0	0.0	0.0
	1.8	−0.20	−0.15	−0.10	−0.10	−0.05	−0.05	−0.05	−0.05	−0.05	−0.05	−0.05	0.0	0.0	0.0
	2.0	−0.25	−0.15	−0.15	−0.10	−0.10	−0.10	−0.10	−0.05	−0.05	−0.05	−0.05	−0.05	0.0	0.0

注：$\alpha_2=h_{上}/h$，ν_2 按 α_2 查表求得，上层较高时为正值，但对于最上层，不考虑 ν_2 修正值。

$\alpha_3=h_{下}/h$，ν_3 按 α_3 查表求得，对于最下层，不考虑 ν_3 修正值。

3. D 值法的问题

D 值法虽然考虑了节点转角，但又假定同层各结点转角相等，推导 D 值及反弯点高度时，还作了另外一些假设，因此，D 值法也是一种近似方法。

5.5.3 门架法

门架法是国际上通用的计算框架在水平荷载作用下内力的近似方法。这种方法类似于反弯点法，先要假定反弯点的位置，但是比反弯点法简单，它在不需要预先已知梁和柱截面尺寸的情况下便可以计算出框架的内力。这种方法适合于25层以内、高宽比不大于4的框架结构计算，特别适合于中等柔度的框架结构和高层框架结构计算。

1. 基本假定

（1）梁、柱的反弯点位于它们的中点处；

（2）柱中点处的水平剪力按各柱支承框架梁的长度与框架总宽度之比进行分配。

2. 计算步骤

用门架法计算框架结构在水平荷载作用下内力的步骤如下：

（1）画出框架的单线条图，并在各层柱的中点处标出该层由水平荷载产生的总剪力。

（2）求顶层各柱剪力。沿顶层各柱反弯点处取脱离体，将顶部上半层取出，将顶层的总剪力按柱支承框架梁的长度与框架总宽度之比分配给顶层各柱，并将各柱的剪力值标注在图上。

（3）计算顶层各柱弯矩。柱端弯矩等于柱中点处剪力乘上该层层高的一半。

（4）计算顶层梁端弯矩。从左至右依次沿反弯点处对每一个节点取脱离体，由节点处弯矩平衡条件可求梁端弯矩。

（5）求框架梁剪力。横梁各反弯点处的剪力等于梁端弯矩除以该段梁的长度，梁端剪力可对梁取脱离体由静力平衡条件计算。

（6）求其他各层梁、柱的内力。从顶上第二层至下面各层，依次将每一层取出，重复上述（2）～（5）的步骤，可将每一层梁、柱的内力求得。

3. 例题

为了说明门架法的计算过程与方法，下面给出一个例题。

【例5-2】 已知图5.41所示的20层框架，每层层高为3.5m，总高度为70m，框架的间距为7m，单位墙面上的风荷载为1.5kN/m²，求框架各杆件内力。

【解】（1）求每层的风荷载

其他各层：$1.5kN/m^2 \times 7.0m \times 3.5m = 36.8kN$

顶层：$1.5kN/m^2 \times 7.0m \times 1.75m = 18.4kN$

（2）求各层总剪力

顶层：18.4kN

从顶层起向下算的第二层：18.4kN＋36.8kN＝55.2kN

其他各层可依此类推，其值见图5.41。

（3）求顶层各柱剪力

沿顶层各柱反弯点处取脱离体（图5.42）。

各柱剪力如下：

A柱：
$$18.4kN \times \frac{3.25m}{20m} = 2.99kN$$

B柱：
$$18.4kN \times \frac{3.25m + 3.75m}{20m} = 6.44kN$$

外荷载 A B C D

风荷载产生的剪力 楼层号

18.4 −5.23 1.61 −6.04 1.61 −4.83 1.61

−5.23 11.27 −6.04 10.87 −4.83

18.4 2.99 5.23 6.44 6.21 2.76 4.83 20

5.23 6.44 11.27 6.44 10.87 6.44 4.83

36.8 −20.93 −24.15 −19.32

15.70 −20.93 33.81 −24.15 32.60 −19.32 14.49

55.2 8.97 15.70 19.32 12.88 18.63 12.88 8.28 14.49 19

15.70 12.88 33.81 −41.30 12.88 32.60 −38.64 12.88 14.49

36.8 −41.86 −48.30 −38.64

26.16 −41.86 56.35 31.05 54.34 −38.64 24.15

92.0 14.95 32.20 31.05 13.80 18

14.95

423.2 68.8 148.1 142.8 63.5

120.4 −251.3 77.3 259.2 −289.7 77.3 249.9 −231.8 77.3 111.1

36.8 130.9 −251.3 281.8 −289.7 271.6 −231.8 120.8

74.8 161.0 155.2 69.0 8

460.0

680.8 110.6 238.3 229.8 102.1

193.0 −397.7 122.4 417.0 −458.9 122.4 402.2 −367.2 122.4 178.7

36.8 204.1 −397.7 439.6 −458.9 423.9 −367.2 188.3

116.6 251.20 242.9 107.6 1

717.6 204.1 439.6 423.9 188.3

6.5m 7.5m 6.0m

20.0m

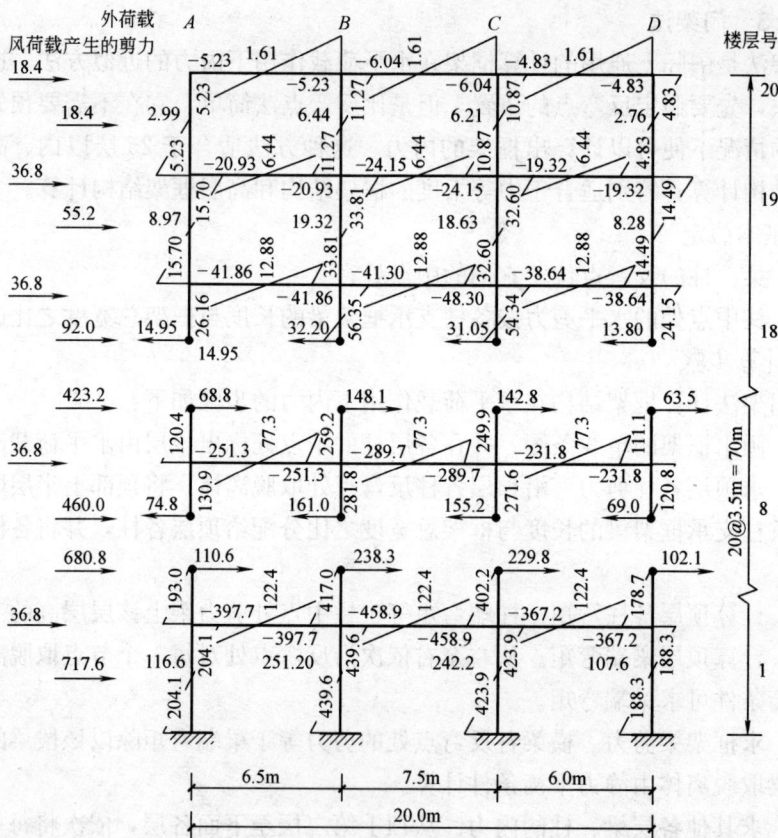

图 5.41 例 5-2 框架简图

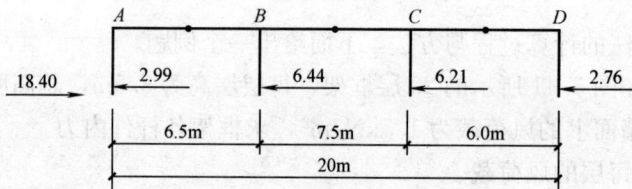

20@3.5m＝70m

A B C D

18.40 2.99 6.44 6.21 2.76

6.5m 7.5m 6.0m

20m

图 5.42 顶层脱离体图

C柱：$18.4\text{kN} \times \dfrac{3.72\text{m}+3\text{m}}{20\text{m}} = 6.21\text{kN}$

D柱：$18.4\text{kN} \times \dfrac{3\text{m}}{20\text{m}} = 2.76\text{kN}$

（4）求柱端弯矩及框架梁的弯矩和剪力

对顶层节点从左至右依次取脱离体，按前述方法计算，如：

1）节点 A

节点 A 的脱离体见图 5.43。

柱端弯矩：$2.99\text{kN} \times 1.75\text{m} = 5.23\text{kN} \cdot \text{m}$

梁端弯矩：$-5.23\text{kN} \cdot \text{m}$

梁中点剪力：$\dfrac{5.23\text{kN} \cdot \text{m}}{3.25\text{m}} = 1.61\text{kN}$

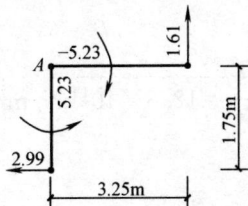

图 5.43 节点 A 的脱离体图

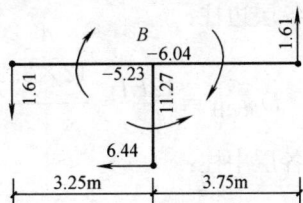

图 5.44 节点 B 的脱离体图

2）节点 B

节点 B 的脱离体见图 5.44。

柱端弯矩：$6.44\text{kN} \times 1.75\text{m} = 11.27\text{kN} \cdot \text{m}$

左段梁端弯矩：$-1.61\text{kN} \times 3.25\text{m} = -5.23\text{kN} \cdot \text{m}$

右段梁端弯矩：$-(11.27\text{kN} \cdot \text{m} - 5.23\text{kN} \cdot \text{m}) = -6.04\text{kN} \cdot \text{m}$

梁 BC 中点剪力：$\dfrac{6.04\text{kN} \cdot \text{m}}{3.75\text{m}} = 1.61\text{kN}$

其他计算从略。框架各杆弯矩如图 5.41 所示。

5.5.4 三种简化计算方法的比较

反弯点法计算较简单，但要求横梁的线刚度与柱的线刚度之比不小于 3 时才适用。实际工程中，横梁线刚度与柱线刚度之比不小于 3 的情况较少，特别是抗震设计中要求强柱弱梁，这种情况更是少见，因此，这种方法的适用范围较小。

D 值法的适用范围较宽，但计算上稍麻烦一些。

门架法的最大优点是不需要事先假定梁和柱的截面尺寸，但计算的准确度不如上面两种方法。

下面将通过一个例题说明三种方法的计算过程，并将它们的计算结果进行比较。

【例 5-3】 分别用反弯点法、D 值法和门架法计算例 5-1 所示框架在水平荷载下的弯矩和侧移。

【解】 将水平均布荷载简化成作用于节点的集中荷载，计算简图如图 5.45 所示。计算柱的抗侧刚度：

底层边柱：

$$D_{底边柱} = \frac{12EI}{h^3} = \frac{12 \times 3.25 \times 10^7 \times \frac{1}{12} \times 0.6 \times 0.6^3}{5^3}$$
$$= 3.37 \times 10^4 \text{kN/m}$$

底层中柱：

$$D_{底中柱} = \frac{12EI}{h^3} = \frac{12 \times 3.25 \times 10^7 \times \frac{1}{12} \times 0.7 \times 0.7^3}{5^3}$$
$$= 6.24 \times 10^4 \text{kN/m}$$

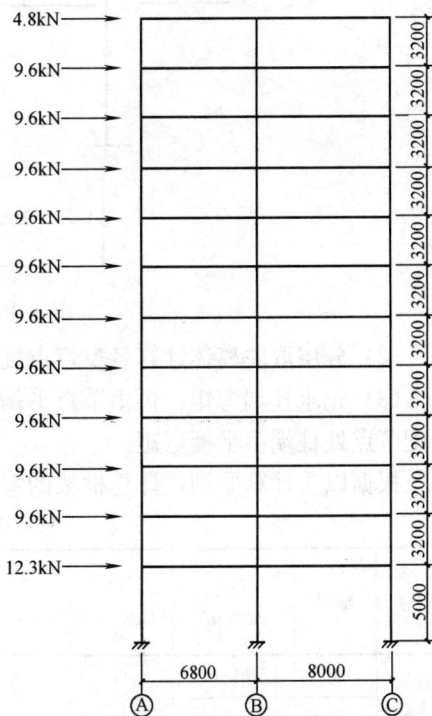

图 5.45 水平荷载作用下计算简图

其余各层边柱：

$$D_{\text{余边柱}}=\frac{12EI}{h^3}=\frac{12\times3.25\times10^7\times\frac{1}{12}\times0.6\times0.6^3}{3.2^3}=12.8\times10^4\,\text{kN/m}$$

其余各层中柱：

$$D_{\text{余边柱}}=\frac{12EI}{h^3}=\frac{12\times3.25\times10^7\times\frac{1}{12}\times0.7\times0.7^3}{3.2^3}=23.8\times10^4\,\text{kN/m}$$

1. 用反弯点法计算

(1) 确定各柱反弯点位置。

假定除底层外各层上、下柱两端转角相同，反弯点的位置固定不变。除底层柱的反弯点高度位于2/3柱高处，其余层柱的反弯点位于1/2柱高（图5.46）。

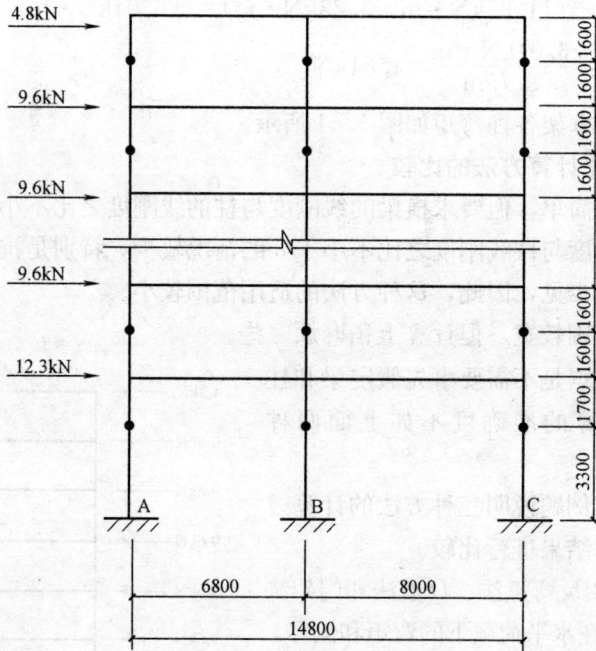

图5.46 反弯点位置示意图

(2) 分层取脱离体计算各反弯点处剪力。

(3) 先求柱端弯矩，再由节点平衡求梁端弯矩，当为中间节点时，按梁的相对线刚度分配节点处柱端不平衡弯矩。

根据以上计算原则，计算框架的弯矩如表5.11所示。

反弯点法框架弯矩的计算 　　　　　　　　　　　　表5.11

层号	轴号	D_{ij} (kN/m)	$\sum D_{ij}$ (kN/m)	F_i (kN)	V_j (kN)	νh 或 $(1-\nu)h$ (m)	柱端弯矩 M_c (kN·m)	梁端弯矩 M_b(kN·m)			
								M_{ab}	M_{ba}	M_{bc}	M_{cb}
12	A	1.28E+05	494000	4.8	1.24	1.6	1.99	1.99	2.00	1.70	1.99
	B	2.38E+05			2.31		3.70				
	C	1.28E+05			1.24		1.99				

132

层号	轴号	D_{ij} (kN/m)	$\sum D_{ij}$ (kN/m)	F_i (kN)	V_j (kN)	νh 或 $(1-\nu)h$ (m)	柱端弯矩 M_c (kN·m)	梁端弯矩 M_b(kN·m) M_{ab}	M_{ba}	M_{bc}	M_{cb}
11	A	1.28E+05			3.73		5.97				
	B	2.38E+05	494000	14	6.94	1.6	11.10	7.96	7.99	6.81	7.96
	C	1.28E+05			3.73		5.97				
10	A	1.28E+05			6.22		9.95				
	B	2.38E+05	494000	24	11.56	1.6	18.50	15.92	15.98	13.62	15.92
	C	1.28E+05			6.22		9.95				
9	A	1.28E+05			8.71		13.93				
	B	2.38E+05	494000	34	16.19	1.6	25.90	23.88	23.98	20.42	23.88
	C	1.28E+05			8.71		13.93				
8	A	1.28E+05			11.19		17.91				
	B	2.38E+05	494000	43	20.81	1.6	33.30	31.84	31.97	27.23	31.84
	C	1.28E+05			11.19		17.91				
7	A	1.28E+05			13.68		21.89				
	B	2.38E+05	494000	53	25.44	1.6	40.70	39.80	39.96	34.04	39.80
	C	1.28E+05			13.68		21.89				
6	A	1.28E+05			16.17		25.87				
	B	2.38E+05	494000	62	30.06	1.6	48.10	47.76	47.95	40.85	47.76
	C	1.28E+05			16.17		25.87				
5	A	1.28E+05			18.66		29.85				
	B	2.38E+05	494000	72	34.69	1.6	55.50	55.72	55.95	47.66	55.72
	C	1.28E+05			18.66		29.85				
4	A	1.28E+05			21.14		33.83				
	B	2.38E+05	494000	82	39.31	1.6	62.90	63.68	63.94	54.47	63.68
	C	1.28E+05			21.14		33.83				
3	A	1.28E+05			23.63		37.81				
	B	2.38E+05	494000	91	43.94	1.6	70.30	71.64	71.93	61.27	71.64
	C	1.28E+05			23.63		37.81				
2	A	1.28E+05			26.12		41.79				
	B	2.38E+05	494000	101	48.56	1.6	77.70	79.60	79.92	68.08	79.60
	C	1.28E+05			26.12		41.79				
	D	3.37E+04			29.36		48.45				
	E	6.24E+04	129800	113	54.37	1.7	89.71	90.24	90.40	77.01	90.24
	F	3.37E+04			29.36		48.45				
1	A				29.36		96.90				
	B				54.37	3.3	179.43				
	C				29.36		96.90				

（4）框架最终弯矩如图 5.47 所示。

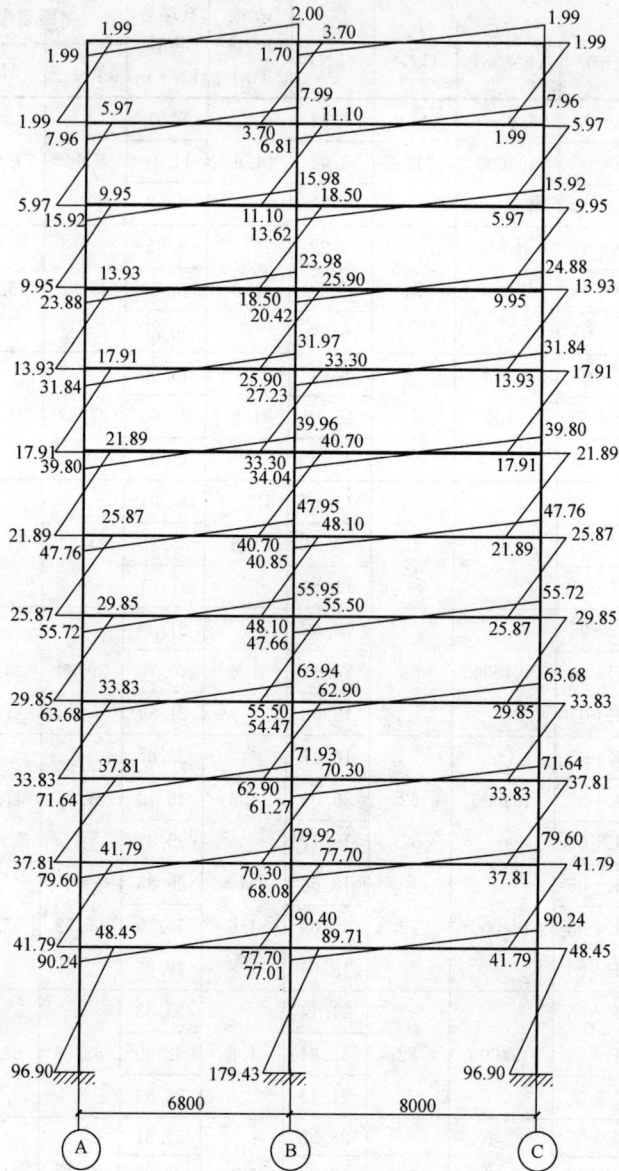

图 5.47　反弯点法框架弯矩总图

2. 用 D 值法计算

柱的抗侧刚度和修正的反弯点高度分别按式（5.35）和式（5.36）计算。

A、B、C 轴柱的反弯点高度的计算如表 5.12、表 5.13 和表 5.14 所示。

A 轴框架柱反弯点位置、D 值的计算　　　　　　　　　　　表 5.12

层号	h(m)	$\bar{i}$	ν_0	ν_1	ν_2	ν_3	ν	νh(m)	α_c	D_1 (kN/m)	D (kN/m)
12	3.20	0.39	0.19	0	0	0	0.19	0.61	0.164	128540	21081
11	3.20	0.39	0.30	0	0	0	0.30	0.96	0.164	128540	21081
10	3.20	0.39	0.35	0	0	0	0.35	1.12	0.164	128540	21081

134

层号	h(m)	$\bar{i}$	ν_0	ν_1	ν_2	ν_3	ν	νh(m)	α_c	D_1(kN/m)	D(kN/m)
9	3.20	0.39	0.40	0	0	0	0.40	1.28	0.164	128540	21081
8	3.20	0.39	0.40	0	0	0	0.40	1.28	0.164	128540	21081
7	3.20	0.39	0.45	0	0	0	0.45	1.44	0.164	128540	21081
6	3.20	0.39	0.45	0	0	0	0.45	1.44	0.164	128540	21081
5	3.20	0.39	0.45	0	0	0	0.45	1.44	0.164	128540	21081
4	3.20	0.39	0.45	0	0	0	0.45	1.44	0.164	128540	21081
3	3.20	0.39	0.50	0	0	0	0.50	1.60	0.164	128540	21081
2	3.20	0.39	0.56	0	0	−0.05	0.51	1.63	0.164	128540	21081
1	5.00	0.60	0.70	0	−0.04	0	0.66	3.30	0.422	33696	14220

B 轴框架柱反弯点位置、D 值的计算　　　　　　　　表 5.13

层号	h(m)	$\bar{i}$	ν_0	ν_1	ν_2	ν_3	ν	νh(m)	α_c	D_1(kN/m)	D(kN/m)
12	3.20	0.39	0.19	0	0	0	0.19	0.61	0.164	238136	39054
11	3.20	0.39	0.30	0	0	0	0.30	0.96	0.164	238136	39054
10	3.20	0.39	0.35	0	0	0	0.35	1.12	0.164	238136	39054
9	3.20	0.39	0.40	0	0	0	0.40	1.28	0.164	238136	39054
8	3.20	0.39	0.40	0	0	0	0.40	1.28	0.164	238136	39054
7	3.20	0.39	0.45	0	0	0	0.45	1.44	0.164	238136	39054
6	3.20	0.39	0.45	0	0	0	0.45	1.44	0.164	238136	39054
5	3.20	0.39	0.45	0	0	0	0.45	1.44	0.164	238136	39054
4	3.20	0.39	0.45	0	0	0	0.45	1.44	0.164	238136	39054
3	3.20	0.39	0.50	0	0	0	0.50	1.60	0.164	238136	39054
2	3.20	0.39	0.56	0	0	−0.05	0.51	1.63	0.164	238136	39054
1	5.00	0.61	0.70	0	−0.04	0	0.66	3.30	0.426	62426	26593

C 轴框架柱反弯点位置、D 值的计算　　　　　　　　表 5.14

层号	h(m)	$\bar{i}$	ν_0	ν_1	ν_2	ν_3	ν	νh(m)	α_c	D_1(kN/m)	D(kN/m)
12	3.20	0.33	0.13	0	0	0	0.13	0.42	0.143	128540	18381
11	3.20	0.33	0.27	0	0	0	0.27	0.86	0.143	128540	18381
10	3.20	0.33	0.32	0	0	0	0.32	1.02	0.143	128540	18381
9	3.20	0.33	0.37	0	0	0	0.37	1.18	0.143	128540	18381
8	3.20	0.33	0.40	0	0	0	0.40	1.28	0.143	128540	18381
7	3.20	0.33	0.42	0	0	0	0.42	1.34	0.143	128540	18381
6	3.20	0.33	0.42	0	0	0	0.42	1.34	0.143	128540	18381
5	3.20	0.33	0.45	0	0	0	0.45	1.44	0.143	128540	18381
4	3.20	0.33	0.45	0	0	0	0.45	1.44	0.143	128540	18381
3	3.20	0.33	0.50	0	0	0	0.50	1.60	0.143	128540	18381
2	3.20	0.33	0.58	0	0	−0.05	0.53	1.70	0.143	128540	18381
1	5.00	0.52	0.74	0	−0.04	0	0.70	3.50	0.405	33696	13647

水平力作用下 A、B、C 轴框架柱剪力和梁柱端弯矩的计算如表 5.15、表 5.16 和表5.17 所示。

A 轴框架柱剪力和梁柱端弯矩和侧移的计算　　　　　　　　表 5.15

层号	V_i(kN)	$SUM(D)$ (kN/m)	D_{im} (kN/m)	$D_{im}/SUM(D)$	V_{im} (kN)	νh (m)	$M_{c上}$ (kN·m)	$M_{c下}$ (kN·m)	M_b (kN·m)
12	4.80	78516	21081	0.268	1.29	0.61	3.34	0.79	3.34
11	14.40	78516	21081	0.268	3.87	0.96	8.66	3.71	9.45
10	24.00	78516	21081	0.268	6.44	1.12	13.40	7.22	17.11
9	33.60	78516	21081	0.268	9.02	1.28	17.32	11.55	24.54
8	43.20	78516	21081	0.268	11.60	1.28	22.27	14.85	33.82
7	52.80	78516	21081	0.268	14.18	1.44	24.95	20.41	39.80
6	62.40	78516	21081	0.268	16.75	1.44	29.49	24.13	49.90
5	72.00	78516	21081	0.268	19.33	1.44	34.02	27.84	58.15
4	81.60	78516	21081	0.268	21.91	1.44	38.56	31.55	66.40
3	91.20	78516	21081	0.268	24.49	1.60	39.18	39.18	70.73
2	100.80	78516	21081	0.268	27.06	1.63	42.49	44.11	81.67
1	113.10	54460	14220	0.261	29.53	3.30	50.20	97.45	94.32

B 轴框架柱剪力和梁柱端弯矩和侧移的计算 ［其中 $SUM(D)$ 同表5.15］　　表 5.16

层号	V_i (kN)	D_{im} (kN/m)	$D_{im}/SUM(D)$ (kN/m)	V_{im} (kN)	νh (m)	$M_{c上}$ (kN·m)	$M_{c下}$ (kN·m)	$M_{b左}$ (kN·m)	$M_{b右}$ (kN·m)
12	4.80	39054	0.497	2.39	0.61	6.18	1.46	3.34	2.84
11	14.40	39054	0.497	7.16	0.96	16.04	6.88	9.45	8.05
10	24.00	39054	0.497	11.94	1.12	24.83	13.37	17.13	14.58
9	33.60	39054	0.497	16.71	1.28	32.09	21.39	24.56	20.90
8	43.20	39054	0.497	21.49	1.28	41.26	27.50	33.84	28.81
7	52.80	39054	0.497	26.26	1.44	46.22	37.82	39.83	33.90
6	62.40	39054	0.497	31.04	1.44	54.63	44.69	49.94	42.51
5	72.00	39054	0.497	35.81	1.44	63.03	51.57	58.19	49.53
4	81.60	39054	0.497	40.59	1.44	71.43	58.45	66.45	56.56
3	91.20	39054	0.497	45.36	1.60	72.58	72.58	70.78	60.25
2	100.80	39054	0.497	50.14	1.63	78.72	81.73	81.73	69.57
1	113.10	26593	0.488	55.23	3.30	93.89	182.25	94.87	80.75

C 轴框架柱剪力和梁柱端弯矩和侧移的计算　　　　　　　　表 5.17

层号	V_i (kN)	$SUM(D)$ (kN/m)	D_{im} (kN/m)	$D_{im}/SUM(D)$	V_{im} (kN)	νh (m)	$M_{c上}$ (kN·m)	$M_{c下}$ (kN·m)	M_b (kN·m)
12	4.80	78516	18381	0.234	1.12	0.42	3.12	0.47	3.12
11	14.40	78516	18381	0.234	3.37	0.86	7.89	2.90	8.36
10	24.00	78516	18381	0.234	5.62	1.02	12.25	5.73	15.15
9	33.60	78516	18381	0.234	7.87	1.18	15.89	9.28	21.62
8	43.20	78516	18381	0.234	10.11	1.28	19.42	12.95	28.70
7	52.80	78516	18381	0.234	12.36	1.34	22.99	16.56	35.94
6	62.40	78516	18381	0.234	14.61	1.34	27.17	19.57	43.73
5	72.00	78516	18381	0.234	16.86	1.44	29.67	24.27	49.24
4	81.60	78516	18381	0.234	19.10	1.44	33.62	27.51	57.89
3	91.20	78516	18381	0.234	21.35	1.60	34.16	34.16	61.67
2	100.80	78516	18381	0.234	23.60	1.70	35.40	40.12	69.56
1	113.10	54460	13647	0.251	28.34	3.50	42.51	99.20	82.63

框架最终弯矩：如图 5.48 所示。

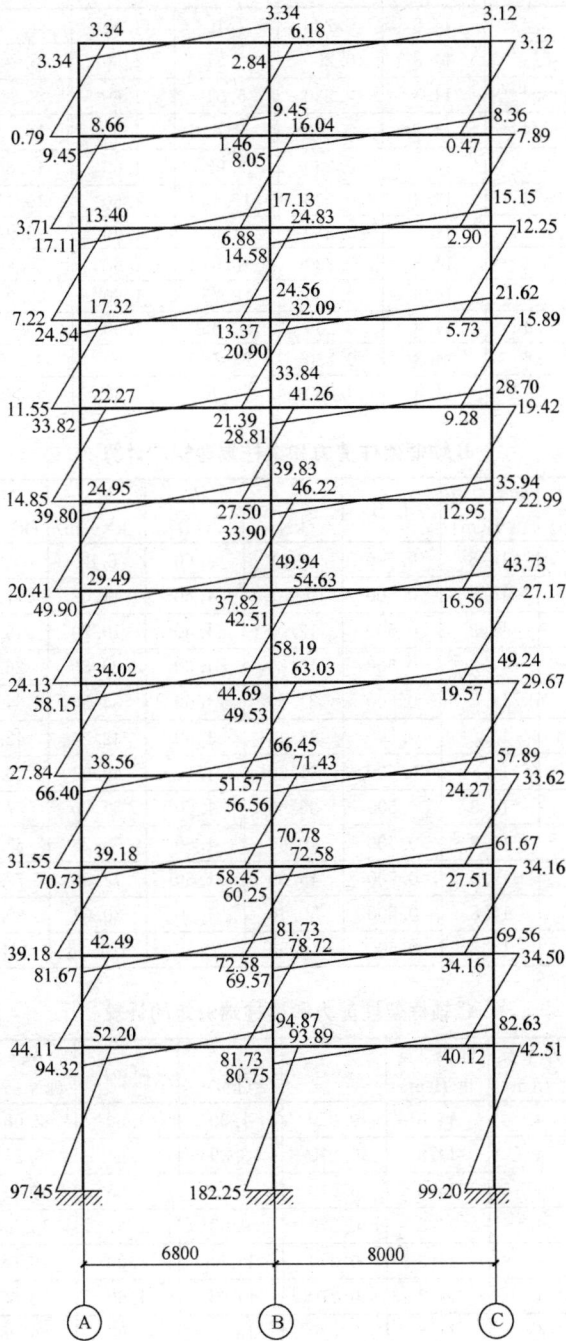

图 5.48 中各节点弯矩值（kN·m）如下：

位置	左柱		中柱		右柱	
	3.34	3.34	3.34 / 6.18	2.84	3.12	3.12
	0.79 / 9.45	8.66	9.45 / 16.04 — 1.46 / 8.05		0.47	8.36 / 7.89
	3.71 / 17.11	13.40	17.13 / 24.83 — 6.88 / 14.58		2.90	15.15 / 12.25
	7.22 / 24.54	17.32	24.56 / 32.09 — 13.37 / 20.90		5.73	21.62 / 15.89
	11.55 / 33.82	22.27	33.84 / 41.26 — 21.39 / 28.81		9.28	28.70 / 19.42
	14.85 / 39.80	24.95	39.83 / 46.22 — 27.50 / 33.90		12.95	35.94 / 22.99
	20.41 / 49.90	29.49	49.94 / 54.63 — 37.82 / 42.51		16.56	43.73 / 27.17
	24.13 / 58.15	34.02	58.19 / 63.03 — 44.69 / 49.53		19.57	49.24 / 29.67
	27.84 / 66.40	38.56	66.45 / 71.43 — 51.57 / 56.56		24.27	57.89 / 33.62
	31.55 / 70.73	39.18	70.78 / 72.58 — 58.45 / 60.25		27.51	61.67 / 34.16
	39.18 / 81.67	42.49	81.73 / 78.72 — 72.58 / 69.57		34.16	69.56 / 34.50
	44.11 / 94.32	52.20	94.87 / 93.89 — 81.73 / 80.75		40.12	82.63 / 42.51
底部	97.45		182.25		99.20	

跨度：6800（A—B） 8000（B—C）

柱位：Ⓐ　Ⓑ　Ⓒ

图 5.48　D 值法框架弯矩总图

3. 用门架法计算

（1）列表求框架柱剪力和梁柱端弯矩（表 5.18～表 5.20）。

A 轴框架柱剪力和梁柱端弯矩的计算　　　　表 5.18

层号	V_i (kN)	支承梁长度 L(m)	框架总宽度 B(m)	L/B	V_{im} (kN)	h (m)	$M_{c上}$ (kN·m)	$M_{c下}$ (kN·m)	M_b (kN·m)
12	4.8	3.4	14.8	0.230	1.10	1.60	1.76	1.76	1.76
11	14.4	3.4	14.8	0.230	3.31	1.60	5.29	5.29	7.06
10	24.0	3.4	14.8	0.230	5.51	1.60	8.82	8.82	14.11
9	33.6	3.4	14.8	0.230	7.72	1.60	12.35	12.35	21.17
8	43.2	3.4	14.8	0.230	9.92	1.60	15.88	15.88	28.23
7	52.8	3.4	14.8	0.230	12.13	1.60	19.41	19.41	35.29
6	62.4	3.4	14.8	0.230	14.34	1.60	22.94	22.94	42.34
5	72.0	3.4	14.8	0.230	16.54	1.60	26.46	26.46	49.40
4	81.6	3.4	14.8	0.230	18.75	1.60	29.99	29.99	56.46
3	91.2	3.4	14.8	0.230	20.95	1.60	33.52	33.52	63.52
2	100.8	3.4	14.8	0.230	23.16	1.60	37.05	37.05	70.57
1	113.1	3.4	14.8	0.230	25.98	2.50	64.96	64.96	102.01

B 轴框架柱剪力和梁柱端弯矩的计算　　　　表 5.19

层号	V_i (kN)	支承梁长度 L(m)	框架总宽度 B(m)	L/B	V_{im} (kN)	h (m)	$M_{c上}$ (kN·m)	$M_{c下}$ (kN·m)	$M_{b左}$ (kN·m)	$M_{b右}$ (kN·m)
12	4.8	7.4	14.8	0.500	2.40	1.60	3.84	3.84	1.76	2.08
11	14.4	7.4	14.8	0.500	7.20	1.60	11.52	11.52	7.06	8.30
10	24.0	7.4	14.8	0.500	12.00	1.60	19.20	19.20	14.11	16.61
9	33.6	7.4	14.8	0.500	16.80	1.60	26.88	26.88	21.17	24.91
8	43.2	7.4	14.8	0.500	21.60	1.60	34.56	34.56	28.23	33.21
7	52.8	7.4	14.8	0.500	26.40	1.60	42.24	42.24	35.29	41.51
6	62.4	7.4	14.8	0.500	31.20	1.60	49.92	49.92	42.34	49.82
5	72.0	7.4	14.8	0.500	36.00	1.60	57.60	57.60	49.40	58.12
4	81.6	7.4	14.8	0.500	40.80	1.60	65.28	65.28	56.46	66.42
3	91.2	7.4	14.8	0.500	45.60	1.60	72.96	72.96	63.52	74.72
2	100.8	7.4	14.8	0.500	50.40	1.60	80.64	80.64	70.57	83.03
1	113.1	7.4	14.8	0.500	56.55	2.50	141.38	141.38	102.01	120.01

C 轴框架柱剪力和梁柱端弯矩的计算　　　　表 5.20

层号	V_i (kN)	支承梁长度 L(m)	框架总宽度 B(m)	L/B	V_{im} (kN)	h(m)	$M_{c上}$ (kN·m)	$M_{c下}$ (kN·m)	M_b (kN·m)
12	4.8	4	14.8	0.270	1.30	1.60	2.08	2.08	2.08
11	14.4	4	14.8	0.270	3.89	1.60	6.23	6.23	8.30
10	24.0	4	14.8	0.270	6.49	1.60	10.38	10.38	16.61
9	33.6	4	14.8	0.270	9.08	1.60	14.53	14.53	24.91
8	43.2	4	14.8	0.270	11.68	1.60	18.68	18.68	33.21
7	52.8	4	14.8	0.270	14.27	1.60	22.83	22.83	41.51
6	62.4	4	14.8	0.270	16.86	1.60	26.98	26.98	49.82
5	72.0	4	14.8	0.270	19.46	1.60	31.14	31.14	58.12
4	81.6	4	14.8	0.270	22.05	1.60	35.29	35.29	66.42
3	91.2	4	14.8	0.270	24.65	1.60	39.44	39.44	74.72
2	100.8	4	14.8	0.270	27.24	1.60	43.59	43.59	83.03
1	113.1	4	14.8	0.270	30.57	2.50	76.42	76.42	120.01

（2）框架最终弯矩：如图 5.49 所示。

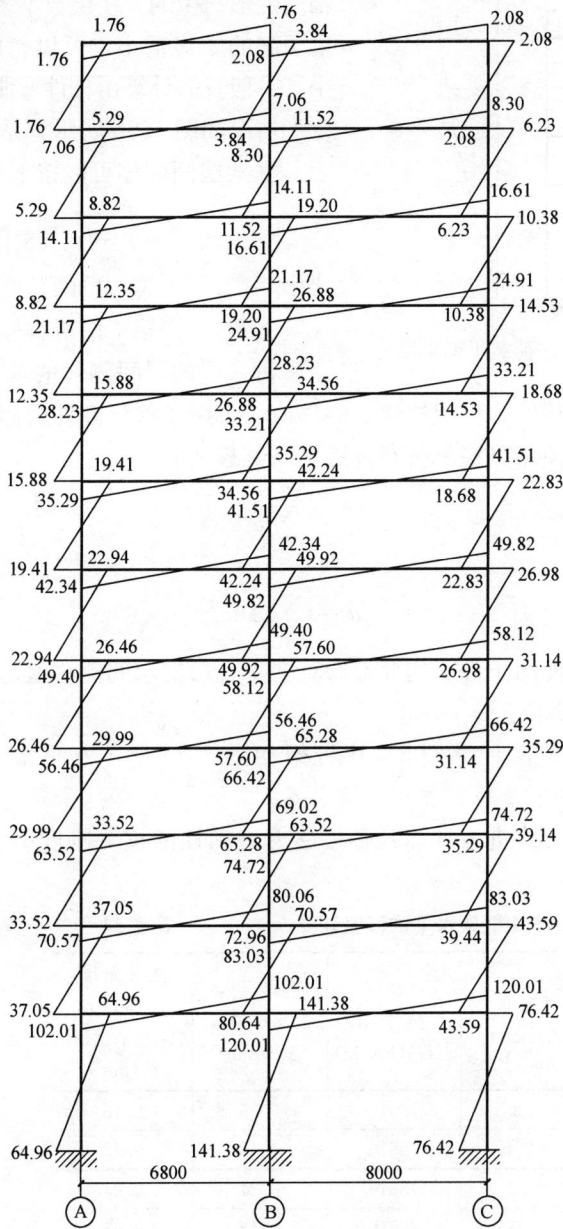

图 5.49　门架法框架弯矩总图

由以上计算结果可见，按三种方法计算的弯矩图（图 5.47、图 5.48 和图 5.49）都有一些差别，但相差一般在 20%以内。

5.6　位移验算方法

框架结构的弹性变形验算是指对其在正常使用条件下的侧移进行验算。框架结构的侧移主要是由风荷载和水平地震作用所引起。

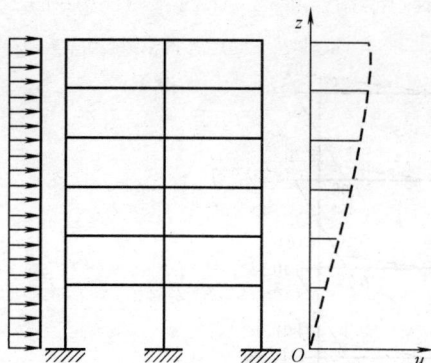

图 5.50 框架在水平荷载下变形图

框架结构的侧移由梁柱杆件弯曲变形和柱的轴向变形产生的。在层数不多的框架中，柱轴向变形引起的侧移很小，可以忽略不计。在近似计算中，一般只需计算由杆件弯曲引起的变形。框架的变形情况如图 5.50 所示，是一种剪切型变形。

框架层间侧移可以按下列公式计算：

$$\Delta u_j = \frac{V_{pj}}{\sum D_{ij}} \tag{5.39}$$

式中　V_{pj}——第 j 层的总剪力；

　　　$\sum D_{ij}$——第 j 层所有柱的抗侧刚度之和。

每一层的层间侧移值求出以后，就可以计算各层楼板标高处的侧移值和框架的顶点侧移值，各层楼板标高处的侧移值是该层及其以下各层层间侧移之和。顶点侧移是所有各层层间侧移之和。

$$j \text{ 层侧移} \qquad\qquad u_j = \sum_{j=1}^{j} \Delta u_j \left.\begin{array}{c}\\ \\ \\ \end{array}\right\} \tag{5.40}$$

$$\text{顶点侧移} \qquad\qquad u = \sum_{j=1}^{n} \Delta u_j$$

框架结构在正常使用条件下的变形验算要求各层的层间侧移值与该层的层高之比 $\Delta u/h$ 不宜超过 1/550 的限值。

【例 5-4】　用 D 值法计算例 5-3 中框架在图 5.45 所示水平集中荷载作用下的水平位移值。

【解】　采用列表方式进行计算，各楼层剪力和柱的抗侧刚度引自表 5.15，计算结果见表 5.21。

例 5-4 框架水平位移值计算　　　　表 5.21

层号	各楼面和屋面水平集中力荷载(kN)	各楼层剪力 V_{pj}(kN)	各楼层柱抗侧刚度 $\sum D_{ij}$(kN/m)	各楼层相对水平位移 Δu_j(mm)	各楼面和屋面处实际水平位移 u_j(mm)
12	4.8	4.8	78516	0.06	9.48
11	9.6	14.4	78516	0.18	9.42
10	9.6	24.0	78516	0.31	9.23
9	9.6	33.6	78516	0.43	8.93
8	9.6	43.2	78516	0.55	8.50
7	9.6	52.8	78516	0.67	7.95
6	9.6	62.4	78516	0.79	7.28
5	9.6	72.0	78516	0.92	6.48
4	9.6	81.6	78516	1.04	5.56
3	9.6	91.2	78516	1.16	4.53
2	9.6	100.8	78516	1.28	3.36
1	12.3	113.1	54460	2.08	2.08

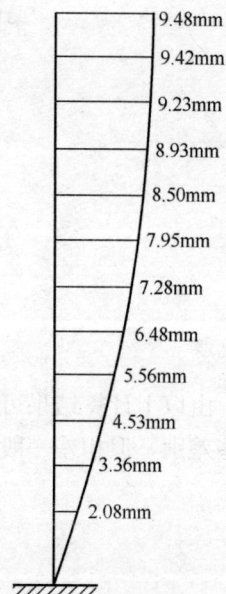

图 5.51　例 5-4 框架水平位移曲线

例 5-4 框架的水平位移曲线如图 5.51 所示。图中水平位移曲线面向初始直线方向弯曲，通常将结构的这种变形称为剪切型变形。如果水平位移曲线背向初始直线弯曲，称弯曲型变形。框架结构属剪切型变形，剪力墙结构属弯曲型变形。

5.7 杆件轴向变形对内力和变形的影响

多层框架层数不多，轴力和轴向变形较小，为简化计算，通常忽略柱轴向变形对内力和变形的影响。高层框架层数多，轴力和轴向变形较大，轴向变形将使结构的内力和变形发生改变。以图 5.14 所示框架为例，在例 5-1 中，已经用分层法、迭代法和系数法分别算出框架在竖向荷载下不考虑杆件轴向变形时的弯矩图（图 5.22、图 5.26 和图 5.28），如果考虑杆件轴向变形，弯矩图将发生变化。图 5.52～图 5.57 为该框架横梁支座截面和跨中截面弯矩变化图。

由图 5.52～图 5.57 可见，对于本例而言，考虑杆件轴向变形以后，横梁在靠近边柱的支座弯矩将显著增加，上部各层的弯矩增加值比下部各层的大。横梁在靠近中柱的支座

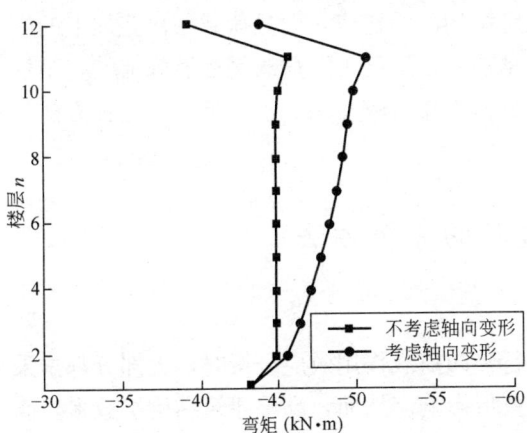

图 5.52 竖向荷载下 AB 跨横梁左支座弯矩

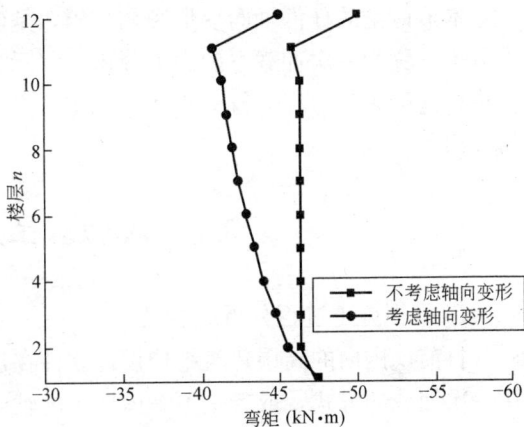

图 5.53 竖向荷载下 AB 跨横梁右支座弯矩

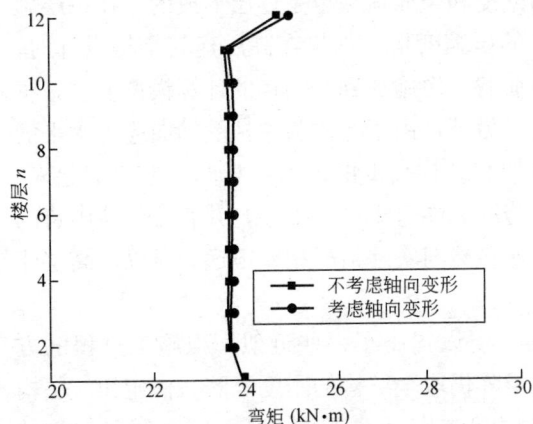

图 5.54 竖向荷载下 AB 跨横梁跨中弯矩

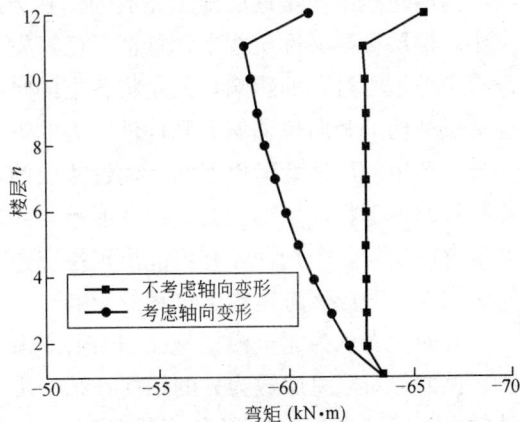

图 5.55 竖向荷载下 BC 跨横梁左支座弯矩

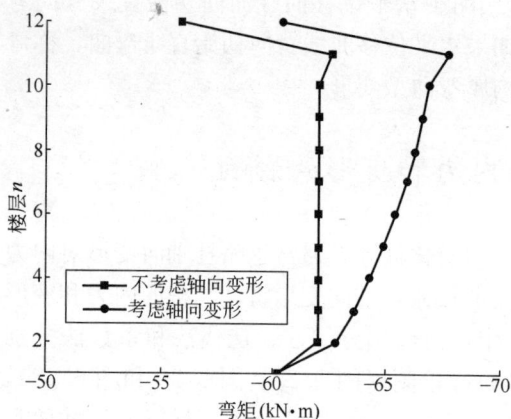

图 5.56 竖向荷载下 BC 跨横梁右支座弯矩

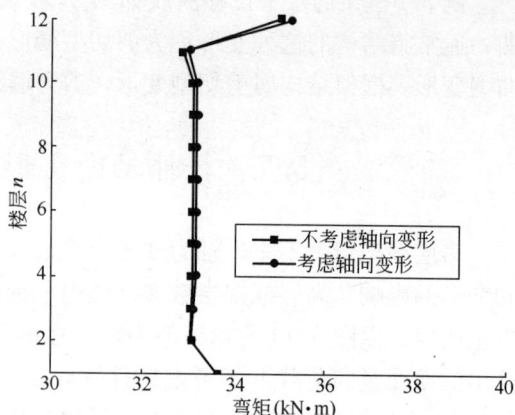

图 5.57 竖向荷载下 BC 跨横梁跨中弯矩

弯矩将显著减小，上部各层的弯矩减小值比下部各层的大。跨中弯矩变化很小。柱的弯矩影响也不大。由于梁的支座弯矩发生改变，梁端剪力和柱的轴力也将因此发生变化。

本节讨论的杆件轴向变形影响分析，是假定结构已经建成，而且荷载一次施加上的内力分析，称为一次加载下的内力分析。实际上结构是逐层施工，荷载是逐层施加的，结构需模拟这种施工过程进行分析才更真实，当然分析工作将较复杂。下一节将对这种方法进行介绍。

5.8　模拟施工过程的分析方法

1. 模拟施工过程分析的意义

目前，国内的高层建筑结构设计软件在进行竖向荷载作用效应分析时，大部分都是采用一次加载的方式，或者是不考虑柱子的轴向变形影响。然而，高层建筑结构层数多，高度很大，因而柱和墙的轴向力和轴向变形都很大，如果不考虑轴向变形的影响，计算结果与实际情况会有很大的出入。

高层建筑结构是逐层施工完成的，其竖向刚度和竖向荷载也是逐层形成的。在每层施工中，楼层标高又逐层找平，抵消了已经发生的压缩变形。如果在高层建筑结构设计时，没有考虑施工过程的影响，而是将各层的竖向荷载一次施加到全结构的计算模型上去，将会造成结构的竖向位移偏大和构件内力的失真。另外，由于边柱与中柱的轴向应力水平的差异，产生的压缩变形也不同。随着楼层的增加和结构高度的加大，竖向变形累加起来，在结构的顶部将产生很大的竖向变形差，使边跨的梁端弯矩增大很多，并有可能使中跨的梁端弯矩反号，个别柱还有可能出现拉应力。这显然与实际情况相差很远。所以，高层建筑结构设计时应该考虑施工过程的影响。

有的学者认为完全模拟施工过程比较困难，所以提出了一些近似模拟施工过程的方法。例如，对于总层数为 n 的结构，结构刚度矩阵仍取全结构的刚度矩阵；假定第 i 层构件的内力仅是由 $i \sim n$ 层竖向荷载产生的，此时由于在施工过程中对 $1 \sim i-1$ 层竖向构件的标高进行过调整，可以将其视为上部结构的弹性支座，这样，只需分别计算各层荷载结构图中产生的内力，并将该层以上的各单个内力图叠加即可得到该层结构内力；屋顶层的竖向位移仅是由屋顶层的荷载引起的。这一计算方法已经在一些高层建筑空间分析程序中实现。这种方法比一次加载更接近实际的结构受力情况，但由于其结构刚度矩阵 $[K]$ 取全结构的刚度矩阵，与实际的施工过程不符。

有的文献采用超级元和矩阵递推法对高层框架施工进行了模拟计算，也取得了一定效果，只是限制条件较多。

在计算机技术高速发展的今天，为了进一步地使计算结果与实际受力情况相符，应该采用更为精确的模拟施工过程分析方法。

2. 精确模拟施工过程的分析方法

在不考虑混凝土收缩徐变影响的前提下，高层建筑结构竖向荷载作用效应比较真实的计算图形如图 5.58 所示，把一个 n 层框架的荷载效应分析看做是包含 n 个子结构的荷载效应分析，子结构的层数由 $1\sim n$ 连续变化，每个子结构只承受相应的顶层荷载。

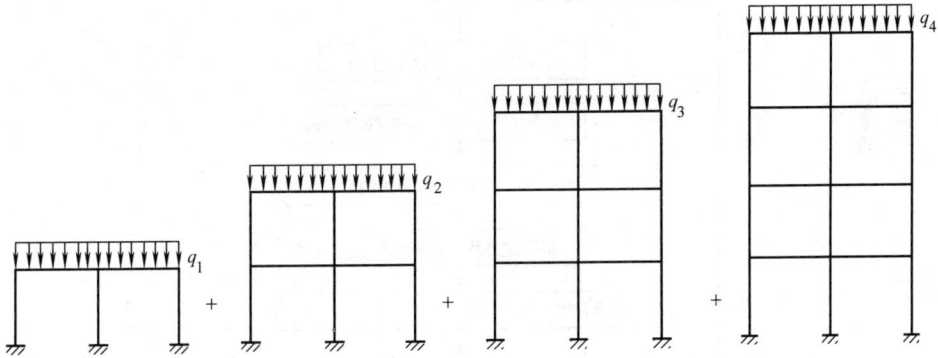

图 5.58　精确模拟施工过程的内力计算图形

第 i 层的内力是第 $i\sim n$ 个子结构中该层内力的叠加。用 $M_{i,j}$ 表示第 j 个子结构在相应荷载作用下第 i 层构件的内力，则第 i 层构件的最终内力 M_i 可用下式表示：

$$M_i = \sum_{j=i}^{n} M_{i,j} \tag{5.41}$$

相应地，第 i 层的竖向位移应该是第 $i\sim n$ 个子结构中该层竖向位移的叠加，但叠加时应加上第 $1\sim i-1$ 层的各层整体压缩量 s_k（$k=1$，……，$i-1$）。假设第 j 个子结构在相应的荷载作用下第 i（$i=1$，……，j）层节点的最大竖向位移是 $d_{i,j}^{\max}$，最小竖向位移是 $d_{i,j}^{\min}$，其竖向变形差为 $\Delta d_{i,j}=d_{i,j}^{\max}-d_{i,j}^{\min}$；由于在施工第 i 层时，均对第 $i-1$ 层的竖向变形差 $\Delta d_{i-1,i-1}$ 进行了找平，相当于第 $i-1$ 个子结构在第 $i-1$ 层荷载作用下整体压缩了 $s_{i-1}=d_{i-1,i-1}^{\min}$。用 $d_{i,j}$ 表示第 j 个子结构中第 i 层的竖向位移，d_i 和 Δd_i 分别表示第 i 层的最终竖向位移和最终竖向变形差，则第 i 层的最终竖向位移和最终竖向变形差可用公式表示为：

$$d_i = \sum_{j=i}^{n} d_{i,j} + \sum_{k=1}^{i-1} s_k \tag{5.42}$$

$$\Delta d_i = \sum_{j=i}^{n} \Delta d_{i,j} \tag{5.43}$$

由于用该法计算时，每一次加载时的结构图形都不相同，有 n 个楼层，就要形成 n 次结构刚度矩阵，进行 n 次内力分析，计算费用及程序编制的复杂程度均较高。我们编制了相应的计算机程序并用于后面的计算，程序框图如图 5.59 所示。

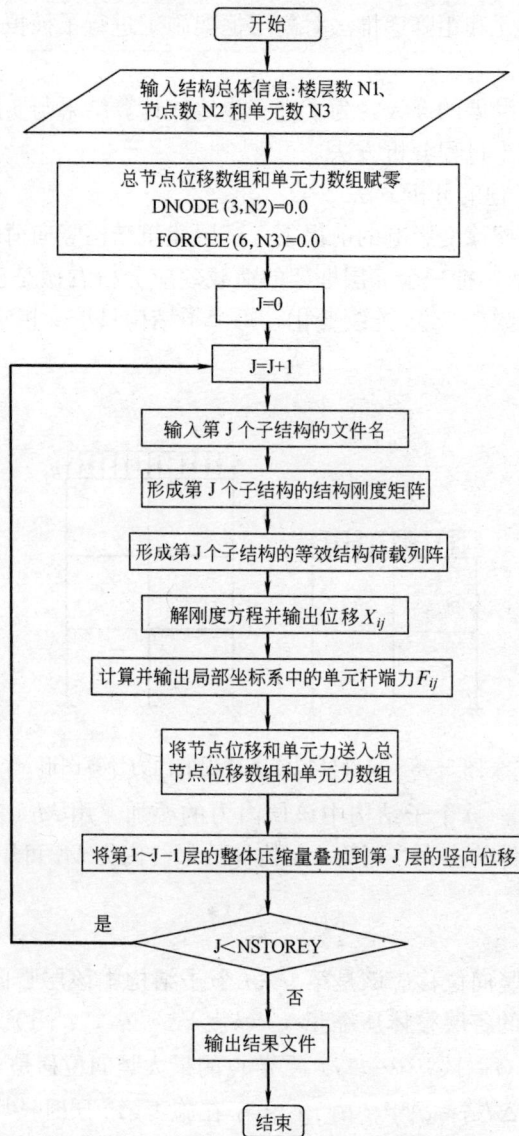

```
                    ┌──────────┐
                    │   开始    │
                    └──────────┘
                         │
         ╱──────────────────────────────────╲
         │ 输入结构总体信息:楼层数 N1、        │
         │ 节点数 N2 和单元数 N3              │
         ╲──────────────────────────────────╱
                         │
         ┌──────────────────────────────────┐
         │ 总节点位移数组和单元力数组赋零        │
         │ DNODE (3,N2)=0.0                 │
         │ FORCEE (6,N3)=0.0                │
         └──────────────────────────────────┘
                         │
                    ┌──────────┐
                    │   J=0    │
                    └──────────┘
                         │
       ┌──────────→ ┌──────────┐
       │            │  J=J+1   │
       │            └──────────┘
       │                 │
       │       ┌──────────────────────────┐
       │       │ 输入第 J 个子结构的文件名    │
       │       └──────────────────────────┘
       │                 │
       │       ┌──────────────────────────┐
       │       │ 形成第 J 个子结构的结构刚度矩阵 │
       │       └──────────────────────────┘
       │                 │
       │       ┌──────────────────────────┐
       │       │ 形成第 J 个子结构的等效结构荷载列阵│
       │       └──────────────────────────┘
       │                 │
       │       ┌──────────────────────────┐
       │       │ 解刚度方程并输出位移 Xij     │
       │       └──────────────────────────┘
       │                 │
       │       ┌──────────────────────────┐
       │       │ 计算并输出局部坐标系中的单元杆端力 Fij│
       │       └──────────────────────────┘
       │                 │
       │       ┌──────────────────────────┐
       │       │ 将节点位移和单元力送入总      │
       │       │ 节点位移数组和单元力数组     │
       │       └──────────────────────────┘
       │                 │
       │       ┌──────────────────────────┐
       │       │ 将第1~J-1层的整体压缩量叠加到第 J 层的竖向位移│
       │       └──────────────────────────┘
       │                 │
       │   是       ◇─────────────◇
       └──────────│ J<NSTOREY   │
                   ◇─────────────◇
                         │ 否
                    ┌──────────┐
                    │ 输出结果文件 │
                    └──────────┘
                         │
                    ┌──────────┐
                    │   结束    │
                    └──────────┘
```

图 5.59　精确模拟施工过程分析程序框图

3. 计算例题

【例 5-5】　(1) 算例概况

结构为二跨 20 层钢筋混凝土框架（图 5.60），总高 69.6m，底层高 5m，其他层高 3.4m；AB 跨 6.8m，BC 跨 8.4m；构件尺寸见表 5.22，屋面梁线荷载为 5kN/m，楼面梁线荷载为 6.5kN/m；混凝土强度等级 C40；混凝土弹性模量为 $3.25 \times 10^4 N/mm^2$。

层　　号		1～5 层	6～12 层	13～20 层
柱	中柱	1m×1m	0.8m×0.8m	0.6m×0.6m
	边柱	0.8m×0.8m	0.6m×0.6m	0.5m×0.5m
梁			0.3m×0.8m	

（2）计算方案

为了比较国内高层建筑设计软件计算竖向荷载作用效应的准确度，本文对该算例采用以下 3 种计算方案：

1）全结构一次加载；

2）近似模拟施工过程方法；

3）精确模拟施工过程方法，该方法采用由我们编写的程序计算。

（3）计算结果

1）梁端弯矩的比较

用三种方案计算出的框架弯矩图如图 5.61 所示。

由图可以看出，对于边柱的梁端弯矩，考虑轴向变形全结构一次加载的计算结果（后面简称为一次加载解）总体比精确解偏大，而且偏差幅度较大，在底层相差

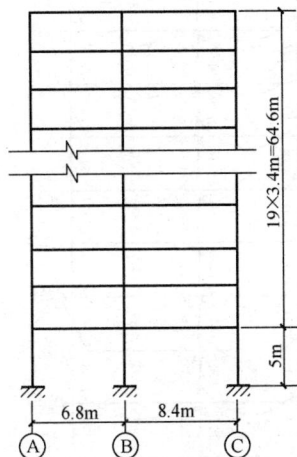

图 5.60　高层框架算例图

8.5%，顶层相差 87.5%，从底层到顶层偏大的幅度近似于线形增大。近似模拟施工过程的计算结果（后面简称为近似解）总体上大于精确解 10% 左右，但在顶层两者的计算结果相同。

相反，中柱的梁端弯矩计算中，一次加载解在底层附近与精确解比较接近，但越靠近顶层，其计算结果越偏小，本例中顶层附近的一次加载解仅为精确解的 60% 左右；如果楼层再增加，或者楼面荷载比本例取值大，则一次加载解将更小，甚至会出现弯矩反号。近似解则比较接近于精确解，在顶层附近及底层附近近似解稍微偏小，中间层附近稍微偏大，但偏差值都较小，在 5% 左右。

2）柱端弯矩的比较（图 5.61）

由图 5.61 可以看出，对于柱顶弯矩，一次加载解远小于精确解，特别是在中柱，只有精确解的 55%～87%，从图中的计算结果来看，近似解倒与精确解相差更远，其结果远小于精确解，仅为精确解的 52%～66%，只有在顶层两者计算结果是一样的。

对于柱底弯矩，一次加载解大于精确解，近似解小于精确解。对于边柱的柱底弯矩，一次加载解最大，平均为精确解的 2.35 倍以上；近似解则平均只有精确解的 0.66 倍。而对于中柱的柱底弯矩，一次加载解为精确解的 3.5 倍左右；近似解则只有精确解的 0.46 倍。

3）柱中轴力比较（图 5.62）

由图 5.62 可知，结构自重作用下的柱中轴力，一次加载解与近似解比较接近；对于边柱，一次加载解与近似解均大于精确解；对于中柱，则前两种方法的结果均小于精确解的结果。这里把第 1、10、20 层的柱中轴力列于表 5.23 中。

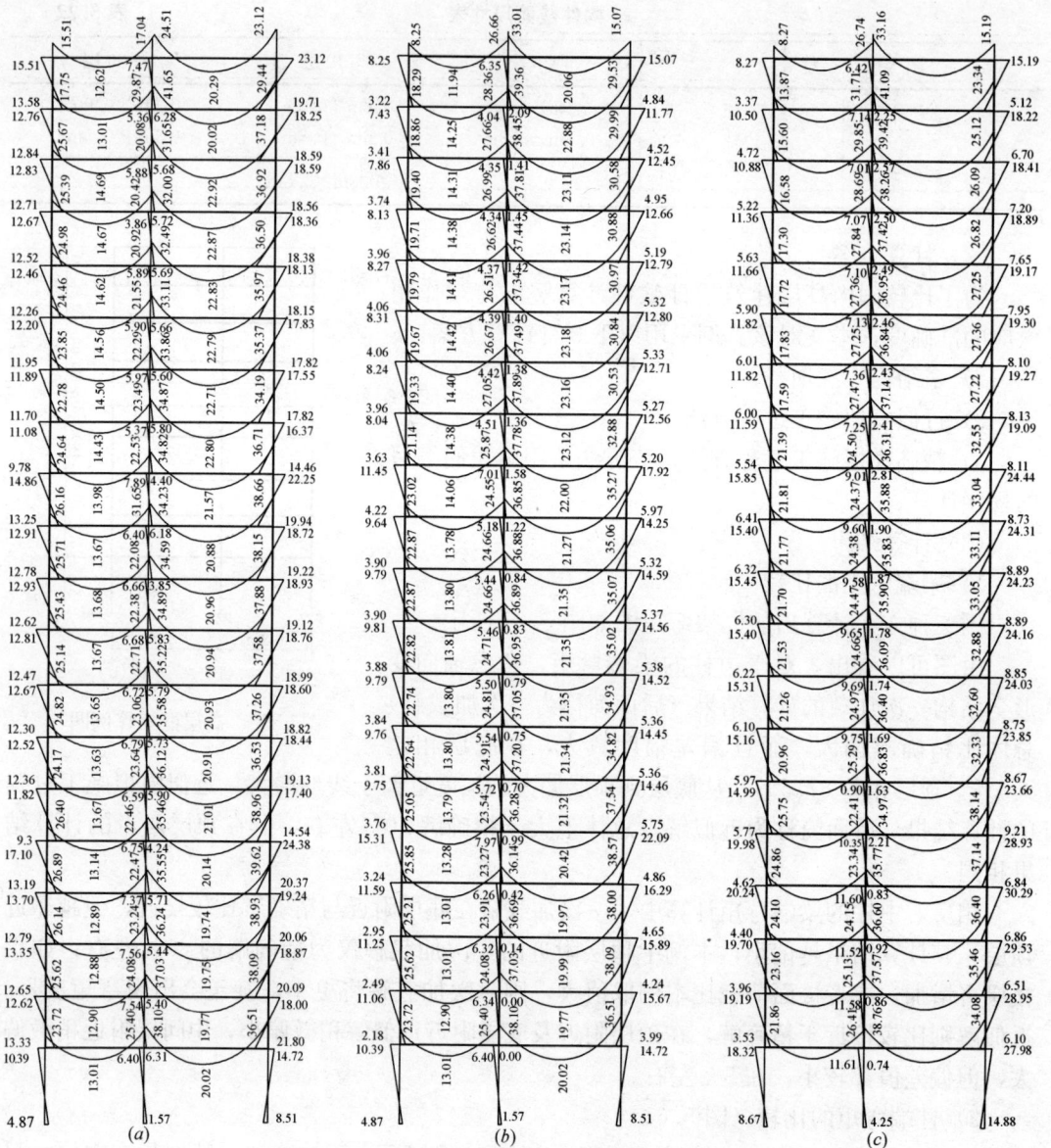

图 5.61 弯矩图（kN・m）

（a）全结构一次加载解；（b）近似模拟施工过程方法解；（c）精确模拟施工过程方法解

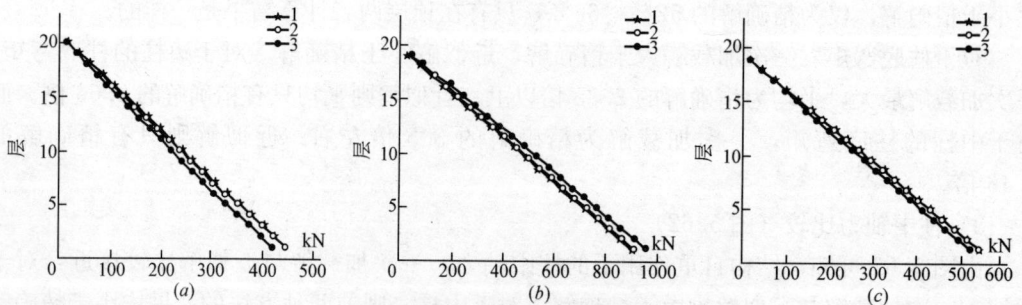

图 5.62 柱中轴力比较

（a）A柱中轴力；（b）B柱中轴力；（c）C柱中轴力

	第 1 层	第 10 层	顶层
一次加载解	960.72	521.84	38.32
近似解	962.87	530.85	42.84
精确解	1010.40	561.48	42.86

4）楼层竖向位移比较（图 5.63）

取中柱顶端的节点位移作为楼层的竖向位移。由图 5.63 可以看到，三种方法计算所得结果，总体的趋势是一次加载解偏大，近似解偏小，并且越靠近顶层，这种偏差越大。用一次加载法、近似法和精确法解出的顶层竖向位移分别是 1.63mm、0.16mm 和 1.17mm。

5）竖向变形差的比较（图 5.64）

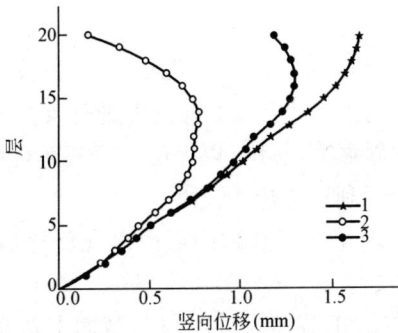

图 5.63　楼层竖向位移

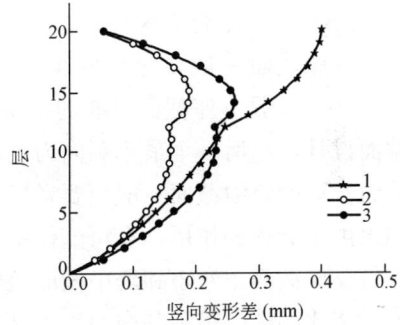

图 5.64　竖向变形差

由图 5.64 可以看出，一次加载解和近似解在 12 层以下的竖向变形差均小于精确解的；在 12 层以上，一次加载解大大高估了变形差，近似解则低估了变形差。

（4）计算结果分析

一次加载解的计算结果，边柱的梁端弯矩偏大，中柱的梁端弯矩则偏小很多，偏差值达到 87.55，如果楼层增加，弯矩还可能反号；柱端弯矩也是中柱偏小，边柱偏大；柱中轴力则是中柱偏大，边柱偏小；楼层竖向位移在底部几层比较接近，在顶层则可相差 10.8 倍；而且这种方法也过于高估了高层房屋自重作用下的竖向变形差。很明显，这是因为没有考虑实际施工过程的影响，没有考虑到逐层找平，使结构在荷载作用下的变形累加，从而过高估计了竖向变形所致。

近似解的梁端弯矩与精确解比较接近，只偏大 5%～10%；但其柱端弯矩却远小于精确解，只有精确解的 50%左右。近似解的竖向位移与实际情况不符，小于精确解，竖向变形差也小于精确解，这是因为在每一次结构内力计算时，其计算图形均取全结构来计算，造成刚度偏大的假象所引起的。

由上述分析可见，目前国内常用的高层建筑结构设计软件在计算竖向荷载作用效应时，均在不同方面与精确解相差很远，都有自己的不足之处。建议在进行高层建筑结构竖向荷载作用效应分析时，尽可能采用精确模拟施工过程的方法。若采用其他方法计算时，则应根据情况乘以相应的内力放大系数。

5.9 内力组合方法

1. 控制截面

框架在恒载、楼面活荷载、屋面活荷载、风荷载作用下的内力分别按上一节所述的方法求出以后，要计算各主要截面可能发生的最不利内力。这种计算各主要截面可能发生的最不利内力的工作，称为内力组合。

框架每一根杆件都有许许多多截面，内力组合只需在每根杆件的几个主要截面进行。这几个主要截面的内力求出后，按此内力进行杆件的配筋便可以保证此杆件有足够的可靠度。这些主要截面称为杆件的控制截面。

每一根梁一般有三个控制截面：左端支座截面、跨中截面和右端支座截面。而每一根柱一般只有两个控制截面：柱顶截面和柱底截面。

2. 最不利内力组合的种类

梁的支座截面一般要考虑两个最不利内力：一个是支座截面可能的最不利负弯矩 $-M_{max}$，另一个是支座截面可能的最不利剪力 V_{max}。用前一个最不利内力进行支座截面的正截面设计，用后一个最不利内力进行支座截面的斜截面设计，以保证支座截面有足够的承载力。梁的跨中截面一般只要考虑截面可能的最不利正弯矩 M_{max}。

如果由于荷载的作用，有可能使梁的支座截面出现正弯矩和跨中截面出现负弯矩时，亦应进行支座截面正弯矩和跨中截面负弯矩的组合。

与梁相比，柱的最不利内力类型要复杂一些。柱的正截面设计不仅与截面上弯矩 M 和轴力 N 的大小有关，还与弯矩 M 与轴力 N 的比值即偏心距有关。图 5.65 所示为截面尺寸为 $500mm \times 600mm$，采用 HRB335 级钢筋对称配筋，混凝土强度等级为 C30 的计算图表。由该图可见：对于大偏心受压的情况，当弯矩 M 相等或相近时，轴力愈小所需配

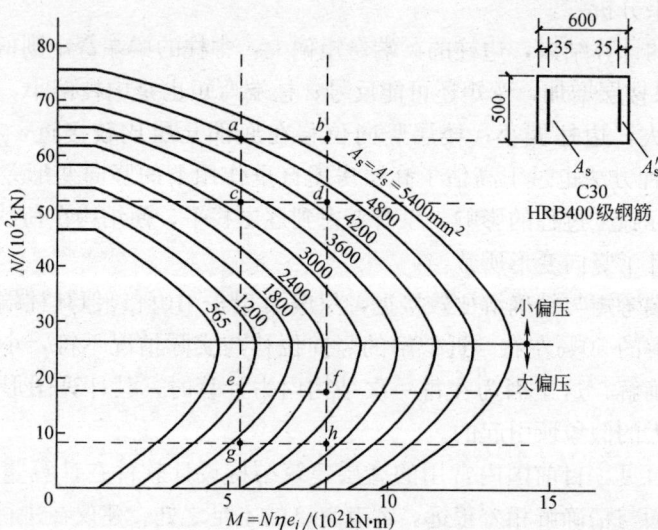

图 5.65　对称配筋计算图表形式

筋愈多。图 5.65 中，g 和 e 点或 h 或 f 点相比，其 M 相同，但 g 点轴力比 e 点小，h 点轴力比 f 点小，g 或 h 点对应的一组内力配筋量却分别比 e 或 f 点对应的一组内力配筋量多；对于小偏心受压的情况，当弯矩 M 相等或相近时，轴力愈大所需配筋愈多；不论是大偏心受压还是小偏心受压的情况，当轴力 N 相等或相近时，弯矩 M 愈大所需配筋愈多。

因此，柱控制截面上最不利内力的类型为：

（1）M_{max} 及相应的轴力 N 和剪力 V；

（2）$-M_{max}$ 及相应的轴力 N 和剪力 V；

（3）N_{max} 及相应的弯矩 M 和剪力 V；

（4）N_{min} 及相应的弯矩 M 和剪力 V；

（5）V_{max} 及相应的弯矩 M 和轴力 N。

为了施工的简便以及避免施工过程中可能出现错误，框架柱通常采用对称配筋。此时，第（1）、（2）两组最不利内力组合可合并为弯矩绝对值最大的内力 $|M_{max}|$ 及相应的轴力 N。

3. 框架柱端和梁端弯矩及剪力设计值

（1）柱端弯矩设计值

1）抗震设计时，除顶层和柱轴压比小于 0.15 者及框支梁柱节点外，柱端考虑地震作用组合的弯矩设计值应按下列公式予以调整：

$$\sum M_c = \eta_c \sum M_b \tag{5.44}$$

9 度设防抗震设计的框架和一级框架结构尚应符合：

$$\sum M_c = 1.2 \sum M_{bua} \tag{5.45}$$

式中　$\sum M_c$ ——节点上、下柱端截面顺时针或逆时针方向组合弯矩设计值之和；上、下柱端的弯矩设计值，可按弹性分析的弯矩比例进行分配；

$\sum M_b$ ——节点左、右梁截面逆时针或顺时针方向组合弯矩设计值之和；当抗震等级为一级且节点左、右梁端均为负弯矩时，绝对值较小的弯矩应取零；

η_c ——柱端弯矩增大系数，对框架结构，二、三级分别取 1.5 和 1.3；对其他结构中的框架，一、二、三、四级分别取 1.4、1.2、1.1 和 1.1；

$\sum M_{bua}$ ——节点左、右梁端逆时针或顺时针方向实配的正截面受弯承载力所对应的弯矩值之和，可根据实际配筋面积（计入受压钢筋和梁有效翼缘宽度范围内的楼板钢筋）和材料强度标准值并考虑承载力抗震调整系数计算。

当反弯点不在柱的层高范围内时，柱端弯矩设计值可直接乘以柱端弯矩增大系数 η_c。

2）抗震设计时，一、二、三级框架结构的底层柱底截面的弯矩设计值，应分别采用考虑地震作用组合的弯矩值与增大系数 1.7、1.5 和 1.3 的乘积。底层框架柱纵向钢筋应按上、下端的不利情况配置。

（2）柱端剪力设计值

抗震设计的框架柱、框支柱端部截面的剪力设计值，一、二、三、四级时应按下列公式计算：

$$V = \eta_{vc}(M_c^t + M_c^b)/H_n \tag{5.46}$$

9 度设防抗震设计的框架和一级框架结构尚应符合：

$$V = 1.2(M_{cua}^t + M_{cua}^b)/H_n \qquad (5.47)$$

式中　M_c^t、M_c^b——柱上、下端顺时针或逆时针方向截面组合的弯矩设计值；

M_{cua}^t、M_{cua}^b——分别为柱上、下端顺时针或逆时针方向实配的正截面受弯承载力所对应的弯矩值，可根据实配钢筋截面面积、材料强度标准值和重力荷载代表值产生的轴向压力设计值并考虑承载力抗震调整系数计算；

H_n——柱的净高；

η_{vc}——柱端剪力增大系数，对框架结构，二、三、四级分别取 1.3、1.2 和 1.1；对其他结构类型的框架，一、二级分别取 1.4 和 1.2，三、四级均取 1.1。

（3）角柱的弯矩、剪力设计值

抗震设计时，框架角柱应按双向偏心受压构件进行正截面承载力设计。一、二、三、四级框架角柱按上述规定调整后的弯矩、剪力设计值应乘以不小于 1.1 的增大系数。

（4）梁端剪力设计值

抗震设计时，框架梁端部截面组合的剪力设计值，一、二、三级应按下列公式计算；四级时可直接取考虑地震作用组合的剪力计算值。

$$V = \eta_{vb}(M_b^l + M_b^r)/l_n + V_{Gb} \qquad (5.48)$$

9 度设防抗震设计的框架和一级框架结构尚应符合：

$$V = 1.1(M_{bua}^l + M_{bua}^r)/l_n + V_{Gb} \qquad (5.49)$$

式中　M_b^l、M_b^r——梁左、右端逆时针或顺时针方向截面组合的弯矩设计值；当抗震等级为一级且梁两端弯矩均为负弯矩时，绝对值较小一端的弯矩应取零；

M_{bua}^l、M_{bua}^r——梁左、右端逆时针或顺时针方向实配的正截面受弯承载力所对应的弯矩值，可根据实配钢筋截面面积（计入受压钢筋，包括有效翼缘范围内的楼板钢筋）和材料强度标准值并考虑承载力抗震调整系数计算；

η_{vb}——梁剪力增大系数，一、二、三级分别取 1.3、1.2 和 1.1；

l_n——梁的净跨；

V_{Gb}——考虑地震作用组合的重力荷载代表值（9 度时还应包括竖向地震作用标准值）作用下，按简支梁分析的梁端截面剪力设计值。

5.10　承载力计算方法

1. 框架梁、柱的抗剪承载力计算

（1）框架梁、柱的受剪截面应符合下列要求：

1）持久、短暂设计状况

$$V \leqslant 0.25\beta_c f_c b h_0 \qquad (5.50)$$

2）地震设计状况

跨高比大于 2.5 的梁及剪跨比大于 2 的柱：

$$V \leqslant \frac{1}{\gamma_{RE}} (0.2\beta_c f_c b h_0) \qquad (5.51)$$

跨高比不大于 2.5 的梁及剪跨比不大于 2 的柱：

$$V \leqslant \frac{1}{\gamma_{RE}} (0.15\beta_c f_c bh_0) \qquad (5.52)$$

框架柱的剪跨比可按下式计算：

$$\lambda = M^c / (V^c h_0) \qquad (5.53)$$

式中　V——梁、柱计算截面的剪力设计值；

　　　λ——框架柱的剪跨比；反弯点位于柱高中部的框架柱，可取柱净高与计算方向 2 倍柱截面有效高度之比值；

　　　M^c——柱端截面未经上述调整的组合弯矩计算值，可取柱上、下端的较大值；

　　　V^c——柱端截面与组合弯矩计算值对应的组合剪力计算值；

　　　β_c——混凝土强度影响系数：当混凝土强度等级不大于 C50 时取 1.0；当混凝土强度等级为 C80 时取 0.8；当混凝土强度等级在 C50 和 C80 之间时可按线性内插取用；

　　　b——矩形截面的宽度，T 形截面、工形截面的腹板宽度；

　　　h_0——梁、柱截面计算方向有效高度。

（2）矩形截面偏心受压框架柱，其斜截面受剪承载力应按下列公式计算：

1）持久、短暂设计状况

$$V \leqslant \frac{1.75}{\lambda+1} f_t bh_0 + f_{yv} \frac{A_{sv}}{s} h_0 + 0.07N \qquad (5.54)$$

2）地震设计状况

$$V \leqslant \frac{1}{\gamma_{RE}} \left(\frac{1.05}{\lambda+1} f_t bh_0 + f_{yv} \frac{A_{sv}}{s} h_0 + 0.56N \right) \qquad (5.55)$$

式中　λ——框架柱的剪跨比，当 $\lambda < 1$ 时，取 $\lambda = 1$；当 $\lambda > 3$ 时，取 $\lambda = 3$；

　　　N——考虑风荷载或地震作用组合的框架柱轴向压力设计值，当 N 大于 $0.3f_c A_c$ 时，取 N 等于 $0.3f_c A_c$。

（3）当矩形截面框架柱出现拉力时，其斜截面受剪承载力应按下列公式计算：

1）持久、短暂设计状况

$$V \leqslant \frac{1.75}{\lambda+1} f_t bh_0 + f_{yv} \frac{A_{sv}}{s} h_0 - 0.2N \qquad (5.56)$$

2）地震设计状况

$$V \leqslant \frac{1}{\gamma_{RE}} \left(\frac{1.05}{\lambda+1} f_t bh_0 + f_{yv} \frac{A_{sv}}{s} h_0 - 0.2N \right) \qquad (5.57)$$

式中　N——与剪力设计值 V 对应的轴向拉力设计值，取正值；

　　　λ——框架柱的剪跨比。

当上述第 1 式右端的计算值小于 $f_{yv} \frac{A_{sv}}{s} h_0$ 时，应取等于 $f_{yv} \frac{A_{sv}}{s} h_0$，且 $f_{yv} \frac{A_{sv}}{s} h_0$ 值不应小于 $0.36f_t bh_0$。

（4）框架梁斜截面受剪承载力可按现行国家标准《混凝土结构设计规范》GB 50010 的有关规定进行计算。

（5）无地震作用组合时，在单向风荷载作用下双向受剪的框架柱，可按现行国家标准《混凝土结构设计规范》GB 50010 的规定进行截面剪压比计算和斜截面受剪承载力计算。

（6）无地震作用组合时，梁、柱扭曲截面承载力，可按现行国家标准《混凝土结构设计规范》GB 50010 的有关规定进行计算。

2. 节点

抗震设计时，一、二、三级框架的节点核心区应按《建筑抗震设计规范》GB 50011—2010 附录 D 进行抗震验算；四级框架节点以及各抗震等级的顶层端节点核心区，可不进行抗震验算。各抗震等级的框架节点均应符合构造措施的要求。

5.11 构 造 要 求

1. 梁

（1）框架梁设计应符合下列要求：

1）抗震设计时，计入受压钢筋作用的梁端截面混凝土受压区高度与有效高度之比值，一级不应大于 0.25，二、三级不应大于 0.35。

2）纵向受拉钢筋的最小配筋百分率 ρ_{min}（%），非抗震设计时，不应小于 0.2 和 $45f_t/f_y$ 二者的较大值；抗震设计时，不应小于表 5.24 规定的数值。

梁纵向受拉钢筋最小配筋百分率 ρ_{min}（%）　　　　表 5.24

抗 震 等 级	位 置	
	支座（取较大值）	跨中（取较大值）
一级	0.40 和 $80f_t/f_y$	0.30 和 $65f_t/f_y$
二级	0.30 和 $65f_t/f_y$	0.25 和 $55f_t/f_y$
三、四级	0.25 和 $55f_t/f_y$	0.20 和 $45f_t/f_y$

3）抗震设计时，梁端截面的底面和顶面纵向钢筋截面面积的比值，除按计算确定外，一级不应小于 0.5，二、三级不应小于 0.3。

4）抗震设计时。梁端箍筋的加密区长度、箍筋最大间距和最小直径应符合表 5.25 的要求；当梁端纵向钢筋配筋率大于 2% 时，表中箍筋最小直径应增大 2mm。

梁端箍筋加密区的长度、箍筋最大间距和最小直径　　　　表 5.25

抗震等级	加密区长度（取较大值）（mm）	箍筋最大间距（取最小值）（mm）	箍筋最小直径（mm）
一	$2.0h_b$，500	$h_b/4,6d,100$	10
二	$1.5h_b$，500	$h_b/4,8d,100$	8
三	$1.5h_b$，500	$h_b/4,8d,150$	8
四	$1.5h_b$，500	$h_b/4,8d,150$	6

注：1. d 为纵向钢筋直径，h_b 为梁截面高度；

　　2. 一、二级抗震等级框架梁，当箍筋直径大于 12mm、肢数不少于 4 肢且肢距不大于 150mm 时，箍筋加密区最大间距应允许适当放松，但不应大于 150mm。

（2）梁的纵向钢筋配置，尚应符合下列规定：

1）抗震设计时，梁端纵向受拉钢筋的配筋率不宜大于 2.5%，不应大于 2.75%；当梁端受拉钢筋的配筋率大于 2.5% 时，受压钢筋的配筋率不应小于受拉钢筋的一半。

2）沿梁全长顶面和底面应至少各配置两根纵向配筋，一、二级抗震设计时钢筋直径不应小于 14mm，且分别不应小于梁两端顶面和底面纵向配筋中较大截面面积的 1/4；三、四级抗震设计和非抗震设计时钢筋直径不应小于 12mm。

3）一、二、三级抗震等级的框架梁内贯通中柱的每根纵向钢筋的直径，对矩形截面柱，不宜大于柱在该方向截面尺寸的 1/20；对圆形截面柱，不宜大于纵向钢筋所在位置柱截面弦长的 1/20。

（3）非抗震设计时，框架梁箍筋配筋构造应符合下列规定：

1）应沿梁全长设置箍筋，第一个箍筋应设置在距支座边缘 50mm 处。

2）截面高度大于 800mm 的梁，其箍筋直径不宜小于 8mm；其余截面高度的梁不应小于 6mm。在受力钢筋搭接长度范围内，箍筋直径不应小于搭接钢筋最大直径的 1/4。

3）箍筋间距不应大于表 5.26 的规定；在纵向受拉钢筋的搭接长度范围内，箍筋间距尚不应大于搭接钢筋较小直径的 5 倍，且不应大于 100mm；在纵向受压钢筋的搭接长度范围内，箍筋间距尚不应大于搭接钢筋较小直径的 10 倍，且不应大于 200mm。

非抗震设计梁箍筋最大间距（mm）　　　　　　　　　　　表 5.26

h_b(mm) ╲ V	$V > 0.7 f_t b h_0$	$V \leqslant 0.7 f_t b h_0$
$h_b \leqslant 300$	150	200
$300 < h_b \leqslant 500$	200	300
$500 < h_b \leqslant 800$	250	350
$h_b > 800$	300	400

4）承受弯矩和剪力的梁，当梁的剪力设计值大于 $0.7 f_t b h_0$ 时，其箍筋的面积配筋率应符合下式规定：

$$\rho_{sv} \geqslant 0.24 f_t / f_{yv} \tag{5.58}$$

5）承受弯矩、剪力和扭矩的梁，其箍筋面积配筋率和受扭纵向钢筋的面积配筋率应分别符合式（5.59）和式（5.60）的规定：

$$\rho_{sv} \geqslant 0.28 f_t / f_{yv} \tag{5.59}$$

$$\rho_{tl} \geqslant 0.6 \sqrt{\frac{T}{Vb}} f_t / f_y \tag{5.60}$$

当 $T/(Vb)$ 大于 2.0 时，取 2.0。

式中　T、V——分别为扭矩、剪力设计值；

ρ_{tl}、b——分别为受扭纵向钢筋的面积配筋率、梁宽。

6）当梁中配有计算需要的纵向受压钢筋时，其箍筋配置尚应符合下列规定：

① 箍筋直径不应小于纵向受压钢筋最大直径的 1/4；

② 箍筋应做成封闭式；

③ 箍筋间距不应大于 15d 且不应大于 400mm；当一层内的受压钢筋多于 5 根且直径大于 18mm 时，箍筋间距不应大于 10d（d 为纵向受压钢筋的最小直径）；

④ 当梁截面宽度大于 400mm 且一层内的纵向受压钢筋多于 3 根时，或当梁截面宽度不大于 400mm 但一层内的纵向受压钢筋多于 4 根时，应设置复合箍筋。

（4）抗震设计时，框架梁的箍筋尚应符合下列构造要求：

1）沿梁全长箍筋的面积配筋率应符合下列规定：

一级 $\qquad \rho_{sv} \geqslant 0.30 f_t / f_{yv}$ （5.61）

二级 $\qquad \rho_{sv} \geqslant 0.28 f_t / f_{yv}$ （5.62）

三、四级 $\qquad \rho_{sv} \geqslant 0.26 f_t / f_{yv}$ （5.63）

式中 ρ_{sv} ——框架梁沿梁全长箍筋的面积配筋率。

2）在箍筋加密区范围内的箍筋肢距：一级不宜大于200mm和20倍箍筋直径的较大值，二、三级不宜大于250mm和20倍箍筋直径的较大值，四级不宜大于300mm。

3）箍筋应有135°弯钩，弯钩端头直段长度不应小于10倍的箍筋直径和75mm的较大值。

4）在纵向钢筋搭接长度范围内的箍筋间距，钢筋受拉时不应大于搭接钢筋较小直径的5倍，且不应大于100mm；钢筋受压时不应大于搭接钢筋较小直径的10倍，且不应大于200mm。

5）框架梁非加密区箍筋最大间距不宜大于加密区箍筋间距的2倍。

（5）框架梁的纵向钢筋不应与箍筋、拉筋及预埋件等焊接。

（6）框架梁上开洞时，洞口位置宜位于梁跨中1/3区段，洞口高度不应大于梁高的40%；开洞较大时应进行承载力验算。梁上洞口周边应配置附加纵向钢筋和箍筋（图5.66），并应符合计算及构造要求。

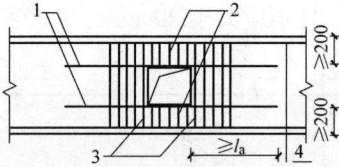

图5.66 梁上洞口周边
配筋构造示意

1—洞口上、下附加纵向钢筋；2—洞口上、下附加箍筋；3—洞口两侧附加箍筋；4—梁纵向钢筋；l_a—受拉钢筋的锚固长度

2. 柱

（1）柱纵向钢筋和箍筋配置应符合下列要求：

1）柱全部纵向钢筋的配筋率，不应小于表5.27的规定值，且柱截面每一侧纵向钢筋配筋率不应小于0.2%；抗震设计时，对Ⅳ类场地上较高的高层建筑，表中数值应增加0.1。

柱纵向受力钢筋最小配筋百分率（%）　　　　　　表5.27

柱类型	抗 震 等 级				非抗震
	一级	二级	三级	四级	
中柱、边柱	0.9(1.0)	0.7(0.8)	0.6(0.7)	0.5(0.6)	0.5
角柱	1.1	0.9	0.8	0.7	0.5
框支柱	1.1	0.9	—	—	0.7

注：1. 表中括号内数值适用于框架结构；

2. 采用335MPa级、400MPa级纵向受力钢筋时，应分别按表中数值增加0.1和0.05采用；

3. 当混凝土强度等级高于C60时，上述数值应增加0.1采用。

2）抗震设计时，柱箍筋在规定的范围内应加密，加密区的箍筋间距和直径，应符合下列要求：

① 箍筋的最大间距和最小直径，应按表5.28采用；

抗 震 等 级	箍筋最大间距(mm)	箍筋最小直径(mm)
一级	$6d$ 和 100 的较小值	10
二级	$8d$ 和 100 的较小值	8
三级	$8d$ 和 150(柱根 100)的较小值	8
四级	$8d$ 和 150(柱根 100)的较小值	6(柱根 8)

注：1. d 为柱纵向钢筋直径（mm）；

　　2. 柱根指框架柱底部嵌固部位。

② 一级框架柱的箍筋直径大于 12mm 且箍筋肢距不大于 150mm 及二级框架柱箍筋直径不小于 10mm 且肢距不大于 200mm 时，除柱根外最大间距应允许采用 150mm；三级框架柱的截面尺寸不大于 400mm 时，箍筋最小直径应允许采用 6mm；四级框架柱的剪跨比不大于 2 或柱中全部纵向钢筋的配筋率大于 3％时，箍筋直径不应小于 8mm；

③ 剪跨比不大于 2 的柱，箍筋间距不应大于 100mm。

（2）柱的纵向钢筋配置，尚应满足下列规定：

1）抗震设计时，宜采用对称配筋。

2）截面尺寸大于 400mm 的柱，一、二、三级抗震设计时其纵向钢筋间距不宜大于 200mm；抗震等级为四级和非抗震设计时，柱纵向钢筋间距不宜大于 300mm；柱纵向钢筋净距均不应小于 50mm。

3）全部纵向钢筋的配筋率，非抗震设计时不宜大于 5％、不应大于 6％，抗震设计时不应大于 5％。

4）一级且剪跨比不大于 2 的柱，其单侧纵向受拉钢筋的配筋率不宜大于 1.2％。

5）边柱、角柱及剪力墙端柱考虑地震作用组合产生小偏心受拉时，柱内纵筋总截面面积应比计算值增加 25％。

（3）柱的纵筋不应与箍筋、拉筋及预埋件等焊接。

（4）抗震设计时，柱箍筋加密区的范围应符合下列规定：

1）底层柱的上端和其他各层柱的两端，应取矩形截面柱之长边尺寸（或圆形截面柱之直径）、柱净高之 1/6 和 500mm 三者的最大值范围；

2）底层柱刚性地面上、下各 500mm 的范围；

3）底层柱柱根以上 1/3 柱净高的范围；

4）剪跨比不大于 2 的柱和因填充墙等形成的柱净高与截面高度之比不大于 4 的柱全高范围；

5）一、二级框架角柱的全高范围；

6）需要提高变形能力的柱的全高范围。

（5）柱加密区范围内箍筋的体积配箍率，应符合下列规定：

1）柱箍筋加密区箍筋的体积配箍率，应符合下式要求：

$$\rho_v \geqslant \lambda_v f_c / f_{yv} \qquad\qquad (5.64)$$

式中　ρ_v——柱箍筋的体积配箍率；

　　　λ_v——柱最小配箍特征值，宜按表 5.29 采用；

f_c——混凝土轴心抗压强度设计值，当柱混凝土强度等级低于 C35 时，应按 C35 计算；

f_{yv}——柱箍筋或拉筋的抗拉强度设计值。

柱端箍筋加密区最小配箍特征值 λ_v 表 5.29

抗震等级	箍筋形式	柱轴压比								
		≤0.30	0.40	0.50	0.60	0.70	0.80	0.90	1.00	1.05
一	普通箍、复合箍	0.10	0.11	0.13	0.15	0.17	0.20	0.23	—	—
	螺旋箍、复合或连续复合螺旋箍	0.08	0.09	0.11	0.13	0.15	0.18	0.21	—	—
二	普通箍、复合箍	0.08	0.09	0.11	0.13	0.15	0.17	0.19	0.22	0.24
	螺旋箍、复合或连续复合螺旋箍	0.06	0.07	0.09	0.11	0.13	0.15	0.17	0.20	0.22
三	普通箍、复合箍	0.06	0.07	0.09	0.11	0.13	0.15	0.17	0.20	0.22
	螺旋箍、复合或连续复合螺旋箍	0.05	0.06	0.07	0.09	0.11	0.13	0.15	0.18	0.20

注：普通箍指单个矩形箍或单个圆形箍；螺旋箍指单个连续螺旋箍筋；复合箍指由矩形、多边形、圆形箍或拉筋组成的箍筋；复合螺旋箍指由螺旋箍与矩形、多边形、圆形箍或拉筋组成的箍筋；连续复合螺旋箍指全部螺旋箍由同一根钢筋加工而成的箍筋。

2）对一、二、三、四级框架柱，其箍筋加密区范围内箍筋的体积配箍率尚且分别不应小于 0.8%、0.6%、0.4%和 0.4%。

3）剪跨比不大于 2 的柱宜采用复合螺旋箍或井字复合箍，其体积配箍率不应小于 1.2%；设防烈度为 9 度时，不应小于 1.5%。

4）计算复合箍筋的体积配箍率时，可不扣除重叠部分的箍筋体积；计算复合螺旋箍筋的体积配箍率时，其非螺旋箍筋的体积应乘以换算系数 0.8。

（6）抗震设计时，柱箍筋设置尚应符合下列规定：

1）箍筋应为封闭式，其末端应做成 135°弯钩且弯钩末端平直段长度不应小于 10 倍的箍筋直径，且不应小于 75mm。

2）箍筋加密区的箍筋肢距，一级不宜大于 200mm，二、三级不宜大于 250mm 和 20 倍箍筋直径的较大值，四级不宜大于 300mm。每隔一根纵向钢筋宜在两个方向有箍筋约束；采用拉筋组合箍时，拉筋宜紧靠纵向钢筋并勾住封闭箍筋。

3）柱非加密区的箍筋，其体积配箍率不宜小于加密区的一半；其箍筋间距，不应大于加密区箍筋间距的 2 倍，且一、二级不应大于 10 倍纵向钢筋直径，三、四级不应大于 15 倍纵向钢筋直径。

（7）非抗震设计时，柱中箍筋应符合下列规定：

1）周边箍筋应为封闭式；

2）箍筋间距不应大于 400mm，且不应大于构件截面的短边尺寸和最小纵向受力钢筋直径的 15 倍；

3）箍筋直径不应小于最大纵向钢筋直径的 1/4，且不应小于 6mm；

4）当柱中全部纵向受力钢筋的配筋率超过 3%时，箍筋直径不应小于 8mm，箍筋间距不应大于最小纵向钢筋直径的 10 倍，且不应大于 200mm，箍筋末端应做成 135°弯钩且弯钩末端平直段长度不应小于 10 倍箍筋直径；

5）当柱每边纵筋多于 3 根时，应设置复合箍筋；

6）柱内纵向钢筋采用搭接做法时，搭接长度范围内箍筋直径不应小于搭接钢筋较大直径的 1/4；在纵向受拉钢筋的搭接长度范围内的箍筋间距不应大于搭接钢筋较小直径的 5 倍，且不应大于 100mm；在纵向受压钢筋的搭接长度范围内的箍筋间距不应大于搭接钢筋较小直径的 10 倍，且不应大于 200mm。当受压钢筋直径大于 25mm 时，尚应在搭接接头端面外 100mm 的范围内各设置两道箍筋。

（8）框架节点核心区应设置水平箍筋，且应符合下列规定：

1）非抗震设计时，箍筋配置应符合第（7）点的有关规定，但箍筋间距不宜大于 250mm；对四边有梁与之相连的节点，可仅沿节点周边设置矩形箍筋。

2）抗震设计时，箍筋的最大间距和最小直径宜符合《规程》第 6.4.3 条有关柱箍筋的规定。一、二、三级框架节点核心区配箍特征值分别不宜小于 0.12、0.10 和 0.08，且箍筋体积配箍率分别不宜小于 0.6%、0.5% 和 0.4%。柱剪跨比不大于 2 的框架节点核心区的体积配箍率不宜小于核心区上、下柱端体积配箍率中的较大值。

（9）柱箍筋的配筋形式，应考虑浇筑混凝土的工艺要求，在柱截面中心部位应留出浇筑混凝土所用导管的空间。

3. 钢筋的连接和锚固

（1）受力钢筋的连接接头应符合下列规定：

1）受力钢筋的连接接头宜设置在构件受力较小部位；抗震设计时，宜避开梁端、柱端箍筋加密区范围。钢筋连接可采用机械连接、绑扎搭接或焊接。

2）当纵向受力钢筋采用搭接做法时，在钢筋搭接长度范围内应配置箍筋，其直径不应小于搭接钢筋较大直径的 1/4。当钢筋受拉时，箍筋间距不应大于搭接钢筋较小直径的 5 倍，且不应大于 100mm；当钢筋受压时，箍筋间距不应大于搭接钢筋较小直径的 10 倍，且不应大于 200mm。当受压钢筋直径大于 25mm 时，尚应在搭接接头两个端面外 100mm 范围内各设置两道箍筋。

（2）非抗震设计时，受拉钢筋的最小锚固长度应取 l_a。受拉钢筋绑扎搭接的搭接长度，应根据位于同一连接区段内搭接钢筋截面面积的百分率按下式计算，且不应小于 300mm。

$$l_l = \zeta l_a \tag{5.65}$$

式中　l_l——受拉钢筋的搭接长度（mm）；

　　　l_a——受拉钢筋的锚固长度（mm），应按现行国家标准《混凝土结构设计规范》GB 50010—2010 的有关规定采用；

　　　ζ——受拉钢筋搭接长度修正系数，应按表 5.30 采用。

纵向受拉钢筋搭接长度修正系数 ζ 　　　　　　　　　　表 5.30

同一连接区段内搭接钢筋面积百分率(%)	≤25	50	100
受拉搭接长度修正系数 ζ	1.2	1.4	1.6

注：同一连接区段内搭接钢筋面积百分率取在同一连接区段内有搭接接头的受力钢筋与全部受力钢筋面积之比。

（3）抗震设计时，钢筋混凝土结构构件纵向受力钢筋的锚固和连接，应符合下列要求：

1）纵向受拉钢筋的最小锚固长度 l_{aE} 应按下列规定采用：

一、二级抗震等级 $\qquad\qquad l_{aE}=1.15l_a$ $\qquad\qquad$ (5.66)

三级抗震等级 $\qquad\qquad\quad l_{aE}=1.05l_a$ $\qquad\qquad$ (5.67)

四级抗震等级 $\qquad\qquad\quad l_{aE}=1.00l_a$ $\qquad\qquad$ (5.68)

2）当采用绑扎搭接接头时，其搭接长度不应小于下式的计算值：

$$l_{lE}=\zeta l_{aE} \qquad\qquad (5.69)$$

式中 $\quad l_{lE}$——抗震设计时受拉钢筋的搭接长度。

3）受拉钢筋直径大于25mm、受压钢筋直径大于28mm时，不宜采用绑扎搭接接头；

4）现浇钢筋混凝土框架梁、柱纵向受力钢筋的连接方法，应符合下列规定：

① 框架柱：一、二级抗震等级及三级抗震等级的底层，宜采用机械连接接头，也可采用绑扎搭接或焊接接头；三级抗震等级的其他部位和四级抗震等级，可采用绑扎搭接或焊接接头；

② 框支梁、框支柱：宜采用机械连接接头；

③ 框架梁：一级宜采用机械连接接头，二、三、四级可采用绑扎搭接或焊接接头。

5）位于同一连接区段内的受拉钢筋接头面积百分率不宜超过50%；

6）当接头位置无法避开梁端、柱端箍筋加密区时，应采用满足等强度要求的机械连接接头，且钢筋接头面积百分率不宜超过50%；

7）钢筋的机械连接、绑扎搭接及焊接，尚应符合国家现行有关标准的规定。

（4）非抗震设计时，框架梁、柱的纵向钢筋在框架节点区的锚固和搭接（图5.67）应符合下列要求：

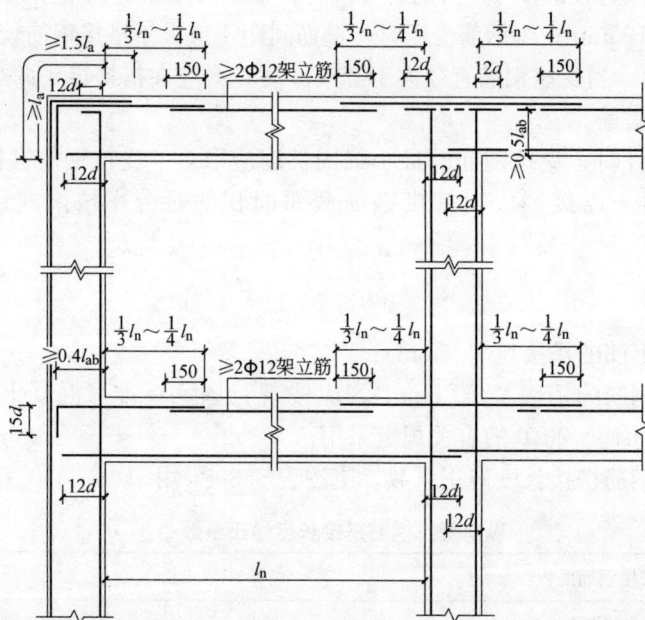

图5.67 非抗震设计时框架梁、柱纵向钢筋在节点区的锚固示意

1）顶层中节点柱纵向钢筋和边节点柱内侧纵向钢筋应伸至柱顶；当从梁底边计算的直线锚固长度不小于 l_a 时，可不必水平弯折，否则应向柱内或梁、板内水平弯折，当充分利用柱纵向钢筋的抗拉强度时，其锚固段弯折前的竖直投影长度不应小于 $0.5l_{ab}$，弯折后的水平投影长度不宜小于 12 倍的柱纵向钢筋直径。此处，l_{ab} 为钢筋基本锚固长度，应符合现行国家标准《混凝土结构设计规范》GB 50010—2010 的有关规定。

2）顶层端节点处，在梁宽范围以内的柱外侧纵向钢筋可与梁上部纵向钢筋搭接，搭接长度不应小于 $1.5l_a$；在梁宽范围以外的柱外侧纵向钢筋可伸入现浇板内，其伸入长度与伸入梁内的相同。当柱外侧纵向钢筋的配筋率大于 1.2‰ 时，伸入梁内的柱纵向钢筋宜分两批截断，其截断点之间的距离不宜小于 20 倍的柱纵向钢筋直径。

3）梁上部纵向钢筋伸入端节点的锚固长度，直线锚固时不应小于 l_a，且伸过柱中心线的长度不宜小于 5 倍的梁纵向钢筋直径；当柱截面尺寸不足时，梁上部纵向钢筋应伸至节点对边并向下弯折，弯折水平段的投影长度不应小于 $0.4l_{ab}$，弯折后竖直投影长度不应小于 15 倍纵向钢筋直径。

4）当计算中不利用梁下部纵向钢筋的强度时，其伸入节点内的锚固长度应取不小于 12 倍的梁纵向钢筋直径。当计算中充分利用梁下部钢筋的抗拉强度时，梁下部纵向钢筋可采用直线方式或向上 90°弯折方式锚固于节点内，直线锚固时的锚固长度不应小于 l_a；弯折锚固时，弯折水平段的投影长度不应小于 $0.4l_{ab}$，弯折后竖直投影长度不应小于 15 倍纵向钢筋直径。

5）当采用锚固板锚固措施时，钢筋锚固构造应符合现行国家标准《混凝土结构设计规范》GB 50010—2010 的有关规定。

（5）抗震设计时，框架梁、柱的纵向钢筋在框架节点区的锚固和搭接（图 5.68）应符合下列要求：

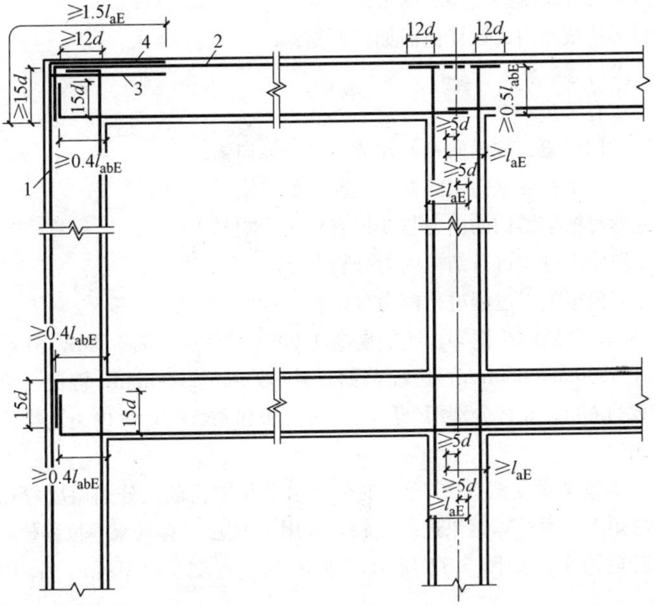

图 5.68　抗震设计时框架梁、柱纵向钢筋在节点区的锚固示意

1—柱外侧纵向钢筋；2—梁上部纵向钢筋；3—伸入梁内的柱外侧纵向钢筋；

4—不能伸入梁内的柱外侧纵向钢筋，可伸入板内

1）顶层中节点柱纵向钢筋和边节点柱内侧纵向钢筋应伸至柱顶。当从梁底边计算的直线锚固长度不小于 l_{aE} 时，可不必水平弯折，否则应向柱内或梁内、板内水平弯折，锚固段弯折前的竖直投影长度不应小于 $0.5l_{abE}$，弯折后的水平投影长度不宜小于 12 倍的柱纵向钢筋直径。此处，l_{abE} 为抗震时钢筋的基本锚固长度，一、二级取 $1.15l_{ab}$，三、四级分别取 $1.05l_{ab}$ 和 $1.00l_{ab}$。

2）顶层端节点处，柱外侧纵向钢筋可与梁上部纵向钢筋搭接，搭接长度不应小于 $1.5l_{aE}$，且伸入梁内的柱外侧纵向钢筋截面面积不宜小于柱外侧全部纵向钢筋截面面积的 65%；在梁宽范围以外的柱外侧纵向钢筋可伸入现浇板内，其伸入长度与伸入梁内的相同。当柱外侧纵向钢筋的配筋率大于 1.2% 时，伸入梁内的柱纵向钢筋宜分两批截断，其截断点之间的距离不宜小于 20 倍的柱纵向钢筋直径。

习 题

5-1 高层框架结构的结构布置应注意哪些问题？

5-2 如何进行高层框架结构梁柱截面尺寸的估算？

5-3 如何计算梁柱的截面抗弯刚度和杆件的线刚度？

5-4 如何确定框架结构的计算简图？

5-5 如何将楼面荷载分配给其支承结构？

5-6 框架结构在竖向荷载下常用的内力分析方法有哪些？各有何特点？

5-7 框架结构在水平荷载下常用的内力分析方法有哪些？各有何特点？

5-8 如何计算柱的抗侧刚度？

5-9 如何计算框架结构的水平位移？

5-10 哪些截面是框架结构的内力和配筋控制截面？

5-11 梁柱控制截面要考虑哪些类型的内力组合？

5-12 抗震设计时梁柱截面内力设计值需如何调整？

5-13 梁的构造要求有哪些？

5-14 柱的构造要求有哪些？

5-15 非抗震设计时框架梁、柱纵向钢筋在节点区应如何锚固？

5-16 抗震设计时框架梁、柱纵向钢筋在节点区应如何锚固？

5-17 杆件轴向变形对框架结构的内力与变形有什么影响？

5-18 为什么要模拟施工过程进行结构内力分析？

5-19 框架结构如何模拟施工过程进行内力分析？

5-20 如图 5.69 所示 10 层两跨框架，底层层高 4.0m，其他层层高 3.2m，横梁截面尺寸 250mm×600mm，中柱截面尺寸 650mm×650mm，边柱截面尺寸 550mm×550mm，混凝土强度等级 C40，楼面梁和屋面梁的均布荷载为 60kN/m，分别用分层法、迭代法和系数法计算内力，绘出弯矩图，并对三种方法算得的结果进行比较。

5-21 习题 5-20 中的框架承受图 5.70 所示的节点水平集中荷载，分别用反弯点法、D 值法和门架法计算其弯矩，画出弯矩图，对计算结果进行比较，并用 D 值法计算其水平位移值，画出框架侧移图。

5-22 已知：某展览馆平面如图 5.71 所示，共 10 层，每层层高 3.6m，采用框架结构，剖面见图 5.72。

基本风压 $\omega_o = 0.5kN/m^2$，地面粗糙度为 B 类；

基本雪压 $S_o = 0.45kN/m^2$，$\mu_y = 1.0$。

设防烈度为 7 度，Ⅱ类场地土，设计地震分组为第一组。

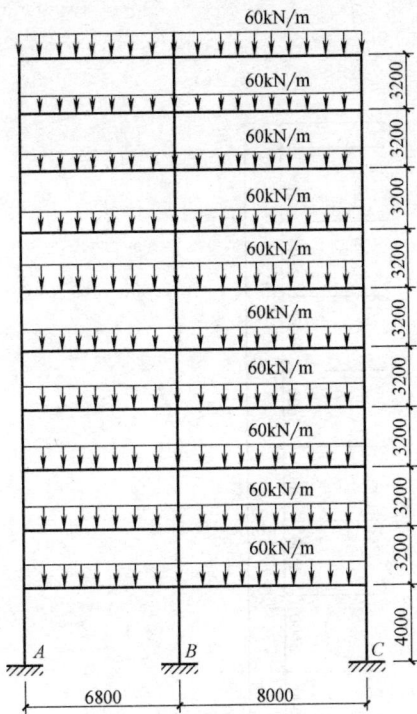

图 5.69 习题 5-20 附图

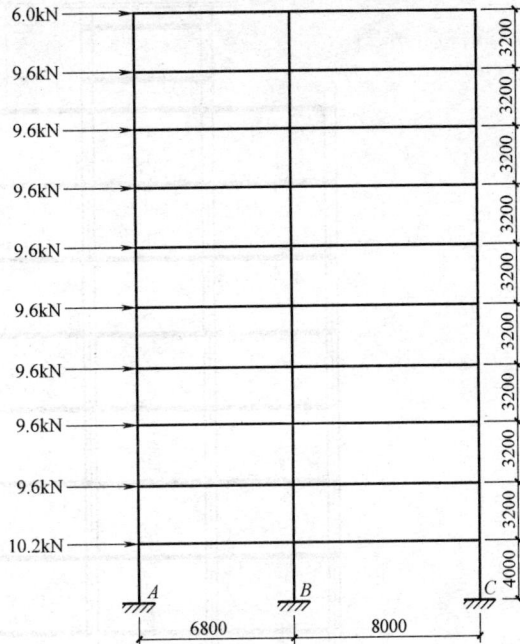

图 5.70 习题 5-21 附图

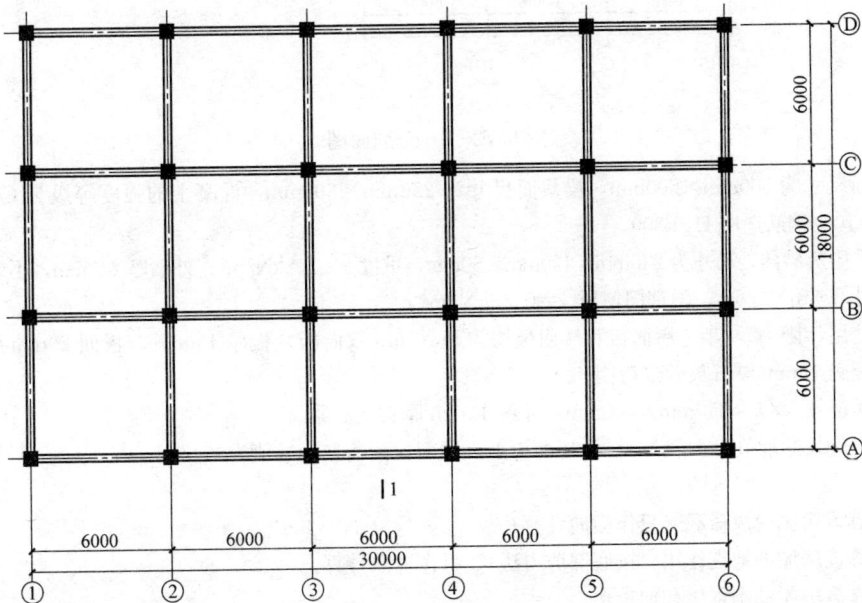

图 5.71 结构平面图

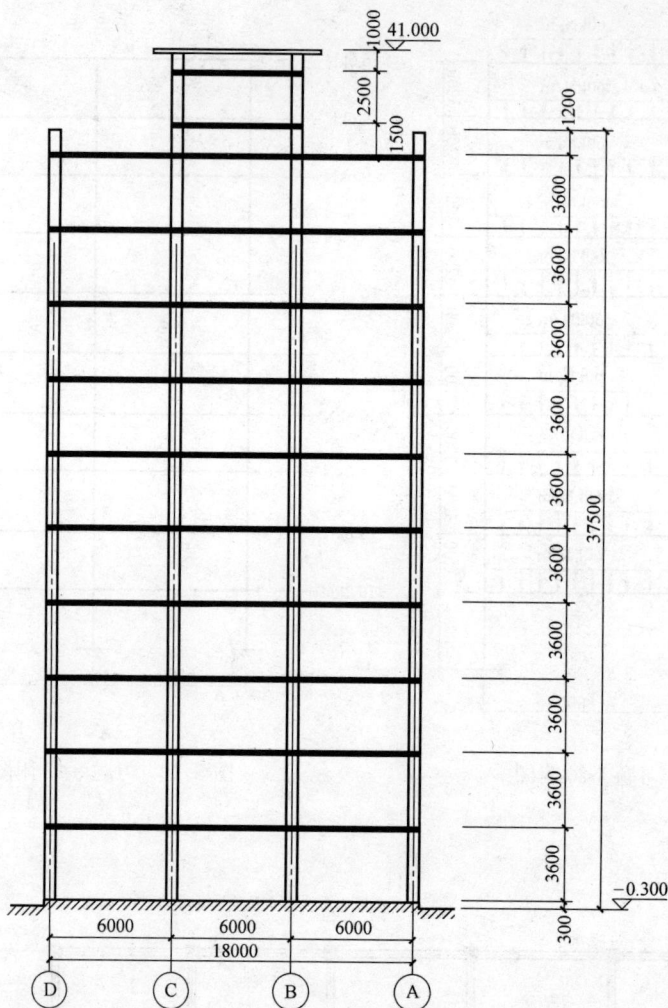

图 5.72 1—1 剖面图

柱截面尺寸为 600mm×600mm，梁截面尺寸为 250mm×500mm，混凝土的强度等级为 C40，主筋 HRB335，其他钢筋选用 HPB300。

外墙采用灰砂砖，尺寸为 240mm×120mm×60mm，重度 $\gamma=1.8kN/m^3$；外墙厚 240mm，不设内墙。

窗尺寸 3.5m×2.5m，塑钢门窗重 $\gamma=0.35kN/m^2$。

设计使用年限为 50 年。屋面板和楼面板均为 6m×6m 双向板，板厚 150mm，板面 20mm 厚水泥砂浆找平，板底 15mm 厚石灰砂浆粉刷。

梁截面尺寸 $b×h=250mm×500mm$，外粉 15mm 厚石灰砂浆。

楼面活载标准值为 $3.5kN/m^2$。屋面为上人屋面，活荷载标准值为 $2.0kN/m^2$。

要求：

1. 计算该房屋的风荷载（只作横向计算）。

2. 计算该房屋的地震作用（按底部剪力法），只作横向计算。

3. 验算该房屋的刚重比和剪重比。

4. 计算该房屋在风荷载和水平地震荷载下的内力和位移。

5. 对框架进行配筋计算，并绘制施工图。

162

6 高层剪力墙结构设计

6.1 一般规定

剪力墙结构（图6.1）设计除应遵守第2章中的基本要求以外，还应注意以下问题：

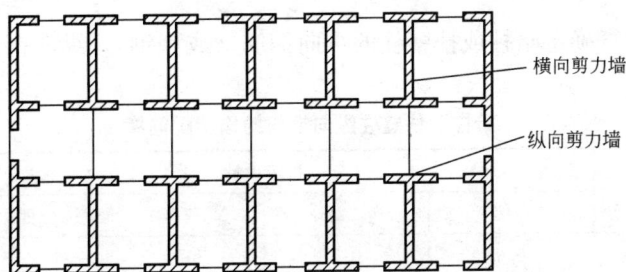

图6.1 剪力墙结构

1. 剪力墙宜沿主轴方向或其他方向双向布置；抗震设计的剪力墙结构，应避免仅单向有墙的结构布置形式，以使其具有较好的空间工作性能，并宜使两个方向抗侧刚度接近。剪力墙要均匀布置，数量要适当。剪力墙配置过少时，结构抗侧刚度不够；剪力墙配置过多时，墙体得不到充分利用，抗侧刚度过大，结构自振周期减小，会使地震力加大，自重加大，对抗震并不有利。

2. 剪力墙墙肢截面宜简单、规则，剪力墙的竖向刚度应均匀，剪力墙的门窗洞口宜上下对齐、成列布置，形成明确的墙肢和连梁。宜避免使墙肢刚度相差悬殊的洞口设置。抗震设计时，一、二、三级抗震等级剪力墙的底部加强部位不宜采用错洞墙；一、二、三级抗震等级的剪力墙均不宜采用叠合错洞墙（图6.2）。

3. 为了避免剪力墙脆性破坏，较长的剪力墙宜开设洞口，将其分成长度较均匀的若干墙段，墙段之间宜采用跨高比不小于6的连梁连

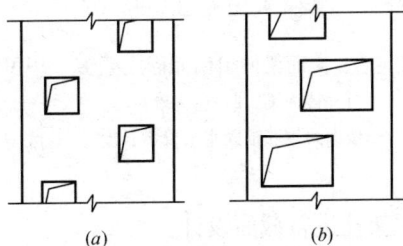

图6.2 错洞墙与叠合错洞墙
(a) 错洞墙；(b) 叠合错洞墙

接，每个独立墙段的总高度与其截面高度之比不宜小于3。墙肢截面高度不宜大于8m。

4. 剪力墙宜自下至上连续布置，避免刚度突变。

5. 跨高比小于5的连梁应按本章的有关规定设计，跨高比不小于5的连梁宜按框架梁设计。

6. 抗震设计时，剪力墙底部加强部位的范围，应符合下列规定：

（1）底部加强部位的高度，应从地下室顶板算起；

（2）底部加强部位的高度可取底部两层和墙体总高度的 1/10 二者的较大值，部分框支剪力墙结构底部加强部位的高度应符合第 9 章的规定；

（3）当结构计算嵌固端位于地下一层底板或以下时，底部加强部位宜延伸到计算嵌固端。

7. 楼面梁不宜支承在剪力墙或核心筒的连梁上。

8. 当剪力墙或核心筒墙肢与其平面外相交的楼面梁刚接时，可沿楼面梁轴线方向设置与梁相连的剪力墙、扶壁柱或在墙内设置暗柱，并应符合下列规定：

（1）设置沿楼面梁轴线方向与梁相连的剪力墙时，墙的厚度不宜小于梁的截面宽度；

（2）设置扶壁柱时，其截面宽度不应小于梁宽，其截面高度可计入墙厚；

（3）墙内设置暗柱时，暗柱的截面高度可取墙的厚度，暗柱的截面宽度可取梁宽加 2 倍墙厚；

（4）应通过计算确定暗柱或扶壁柱的纵向钢筋（或型钢），纵向钢筋的总配筋率不宜小于表 6.1 的规定；

暗柱、扶壁柱纵向钢筋的构造配筋率　　　　　　　　　　表 6.1

设计状况	抗震设计				非抗震设计
	一级	二级	三级	四级	
配筋率(%)	0.9	0.7	0.6	0.5	0.5

注：采用 400MPa、335MPa 级钢筋时，表中数值宜分别增加 0.05 和 0.10。

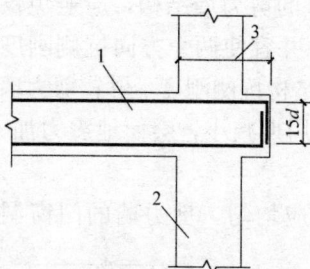

图 6.3　楼面梁伸出墙面形成梁头

1—楼面梁；2—剪力墙；

3—楼面梁钢筋锚固水平投影长度

（5）楼面梁的水平钢筋应伸入剪力墙或扶壁柱，伸入长度应符合钢筋锚固要求。钢筋锚固段的水平投影长度，非抗震设计时不宜小于 $0.4l_{ab}$，抗震设计时不宜小于 $0.4l_{abE}$；当锚固段的水平投影长度不满足要求时，可将楼面梁伸出墙面形成梁头，梁的纵筋伸入梁头后弯折锚固（图 6.3），也可采取其他可靠的锚固措施；

（6）暗柱或扶壁柱应设置箍筋，箍筋直径，一、二、三级时不应小于 8mm，四级及非抗震时不应小于 6mm，且均不应小于纵向钢筋直径的 1/4；箍筋间距一、二、三级时不应大于 150mm，四级及非抗震时不应大于 200mm。

9. 当墙肢的截面高度与厚度之比不大于 4 时，宜按框架柱进行截面设计。

10. 抗震设计时，高层建筑结构不应全部采用短肢剪力墙；B 级高度高层建筑以及抗震设防烈度为 9 度的 A 级高度高层建筑，不宜布置短肢剪力墙，不应采用具有较多短肢剪力墙的剪力墙结构。当采用具有较多短肢剪力墙的剪力墙结构时，应符合下列规定：

（1）在规定的水平地震作用下，短肢剪力墙承担的底部倾覆力矩不宜大于结构底部总地震倾覆力矩的 50%；

（2）房屋适用高度应比表 2.2 规定的剪力墙结构的最大适用高度适当降低，7 度、8 度（0.2g）和 8 度（0.3g）时分别不应大于 100m、80m 和 60m。

短肢剪力墙是指截面厚度不大于 300mm、各肢截面高度与厚度之比的最大值大于 4

但不大于 8 的剪力墙；

具有较多短肢剪力墙的剪力墙结构是指，在规定的水平地震作用下，短肢剪力墙承担的底部倾覆力矩不小于结构底部总地震倾覆力矩的 30％的剪力墙结构。

11. 剪力墙应进行平面内的斜截面受剪、偏心受压或偏心受拉、平面外轴心受压承载力验算。在集中荷载作用下，墙内无暗柱时还应进行局部受压承载力验算。

6.2 分类及判别方法

6.2.1 剪力墙分类

剪力墙除了像第 2 章 2.2 节中所述可以按墙肢截面长度与宽度之比进行分类以外，还可以按墙面是否开洞和开洞大小分成如下四类：

1. 整截面剪力墙

不开洞或开洞面积不大于 15％的墙为整截面剪力墙（图 6.4）。

受力特点：如同一个整体的悬臂墙。在墙肢的整个高度上，弯矩图既不突变，也无反弯点。变形以弯曲型为主。

2. 整体小开口剪力墙

开洞面积大于 15％但仍较小的墙为整体小开口剪力墙（图 6.5）。

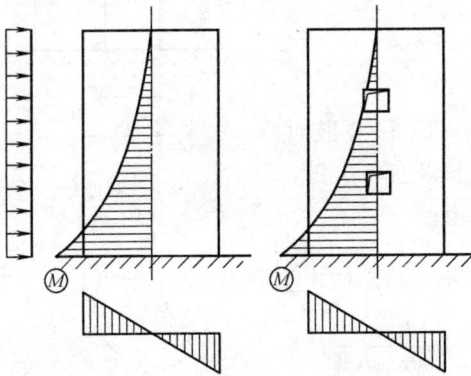

图 6.4　整截面剪力墙　　　　　　　图 6.5　整体小开口剪力墙

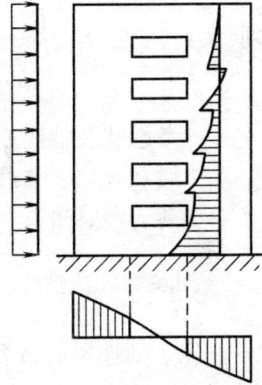

受力特点：弯矩图在连系梁处发生突变，但在整个墙肢高度上没有或仅仅在个别楼层中才出现反弯点。整个剪力墙的变形仍以弯曲型为主。

3. 双肢及多肢剪力墙

开洞较大、洞口成列布置的墙为双肢或多肢剪力墙（图 6.6）。

其受力特点与整体小开口墙相似。

4. 壁式框架

洞口尺寸大、连梁线刚度大于或接近墙肢线刚度的墙为壁式框架（图 6.7）。

受力特点：弯矩图在楼层处有突变，而且在大多数楼层中都出现反弯点。整个剪力墙的变形以剪切型为主，与框架的受力相似。

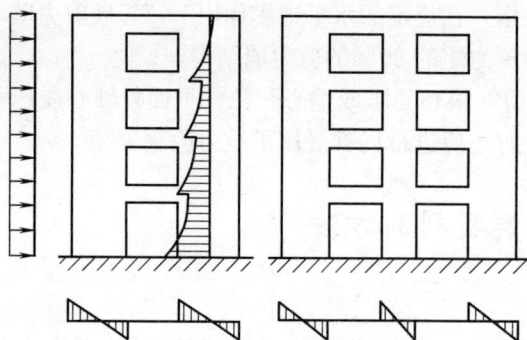

图 6.6　双肢及多肢剪力墙

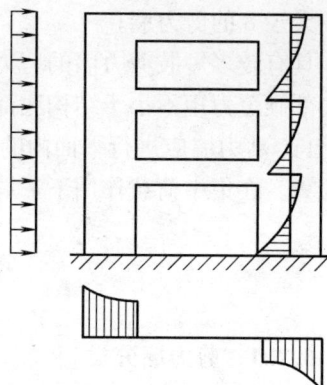

图 6.7　壁式框架

6.2.2　剪力墙类型判别方法

整体小开口墙、联肢墙和壁式框架的分类界限可根据整体性系数 α、墙肢惯性矩的比值 I_n/I 以及楼层层数确定。

整体性系数 α 可按下式计算：

双肢墙（图 6.8）：

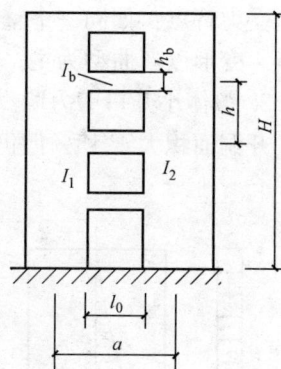

图 6.8　双肢墙示意图

$$\alpha = H\sqrt{\frac{12I_b a^2}{h(I_1+I_2)l_b^3}\cdot\frac{I}{I_n}}\tag{6.1}$$

多肢墙：
$$\alpha = H\sqrt{\frac{12}{\tau h\sum\limits_{j=1}^{m+1}I_j}\sum\limits_{j=1}^{m}\frac{I_{bj}a_j^2}{l_{bj}^3}}\tag{6.2}$$

式中　τ——考虑墙肢轴向变形的影响系数，当 3～4 肢时取 0.8；5～7 肢时取 0.85；8 肢以上取 0.9；

I——剪力墙对组合截面形心的惯性矩；

I_n——扣除墙肢惯性矩后剪力墙的惯性矩，$I_n = I - \sum\limits_{j=1}^{m+1}I_j$；

I_{bj}——第 j 列连梁的折算惯性矩，$I_{bj} = \dfrac{I_{bjo}}{1+\dfrac{30\mu I_{bjo}}{A_{bj}l_{bj}^2}}$；

I_1、I_2——墙肢 1、2 的截面惯性矩；

m——洞口列数；

l_b、l_{bj}——分别为双肢墙连梁计算跨度和多肢墙第 j 列连梁计算跨度，取洞口宽度加上梁高的一半；

h，H——分别为层高和剪力墙总高度；

a_j——第 j 列洞口两侧墙肢轴线距离；

I_j——第 j 墙肢的截面惯性矩；

I_{bjo}——第 j 连梁截面惯性矩（刚度不折减）；

μ——截面形状系数，矩形截面时 $\mu=1.2$；I 形截面取 μ 等于墙全截面面积除以腹板毛截面面积；T 形截面时按表 6.2 取值；

A_{bj}——第 j 列连梁的截面面积。

当 $\alpha \geqslant 10$ 且 $\dfrac{I_n}{I} \leqslant \zeta$ 时，为整体小开口墙；

当 $\alpha \geqslant 10$ 且 $\dfrac{I_n}{I} > \zeta$ 时，为壁式框架；

当 $\alpha < 10$ 且 $\dfrac{I_n}{I} \leqslant \zeta$ 时，为联肢墙。

系数 ζ 由 α 及层数按表 6.3 取用。

T 形截面剪力不均匀系数 μ 表 6.2

h_w/t \ b_f/t	2	4	6	8	10	12
2	1.383	1.496	1.521	1.511	1.483	1.445
4	1.441	1.876	2.287	2.682	3.061	3.424
6	1.362	1.097	2.033	2.367	2.698	3.026
8	1.313	1.572	1.838	2.106	2.374	2.641
10	1.283	1.489	1.707	1.927	2.148	2.370
12	1.264	1.432	1.614	1.800	1.988	2.178
15	1.245	1.374	1.519	1.669	1.820	1.973
20	1.228	1.317	1.422	1.534	1.648	1.763
30	1.214	1.264	1.328	1.399	1.473	1.549
40	1.208	1.240	1.284	1.334	1.387	1.442

注：b_f 为翼缘有效宽度，h_w 为截面高度，t 为腹板厚度。

系数 ζ 的数值   表 6.3

α \ 层数 n	8	10	12	16	30	$\geqslant 30$
10	0.886	0.948	0.975	1.000	1.000	1.000
12	0.886	0.924	0.950	0.994	1.000	1.000
14	0.853	0.908	0.934	0.978	1.000	1.000
16	0.844	0.896	0.923	0.964	0.988	1.000
18	0.836	0.888	0.914	0.952	0.978	1.000
20	0.831	0.880	0.906	0.945	0.970	1.000
22	0.827	0.875	0.901	0.940	0.965	1.000
24	0.824	0.871	0.897	0.936	0.960	0.989
26	0.822	0.867	0.894	0.932	0.955	0.986
28	0.820	0.864	0.890	0.929	0.952	0.982
$\geqslant 30$	0.818	0.861	0.887	0.926	0.950	0.979

6.3 翼缘有效宽度确定方法

1. 计算剪力墙的内力与位移时，可以考虑纵、横墙的共同工作（图 6.9）。有效翼缘

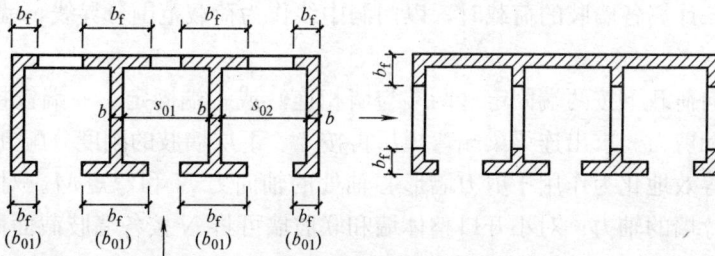

图 6.9 剪力墙的有效翼缘宽度

的宽度按表6.4采用，取最小值。

考 虑 方 式	截 面 形 式	
	T形或I形	L形或〔形
按剪力墙间距	$b+\dfrac{s_{01}}{2}+\dfrac{s_{02}}{2}$	$b+\dfrac{s_{02}}{2}$
按翼缘厚度	$b+12h_f$	$b+6h_f$
按总高度	$\dfrac{H}{10}$	$\dfrac{H}{20}$
按门窗洞口	b_{01}	b_{02}

剪力墙有效翼缘宽度 b_f 表6.4

2. 在双十字形和井字形平面的建筑中（图6.10a），核心墙各墙段轴线错开距离 a 不大于实体连接墙厚度的8倍，并且不大于2.5m时，整体墙可以作为整体平面剪力墙考虑，计算所得的内力应乘以增大系数1.2，等效刚度应乘以折减系数0.8。

3. 当折线形剪力墙的各墙段总转角不大于15°时（图6.10b），可按平面剪力墙考虑。

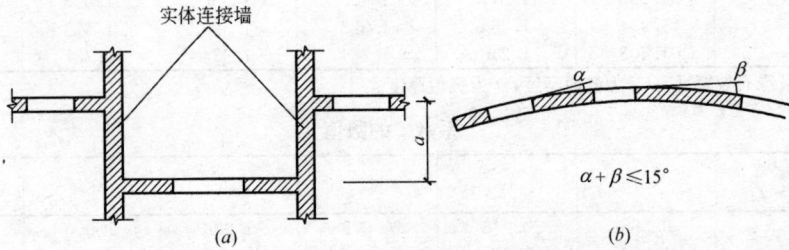

图6.10 双十字形、井字墙和折线形墙

6.4 剪力墙结构在竖向荷载下的内力计算方法

在竖向荷载作用下，剪力墙结构的内力可以分片计算。每片剪力墙作为一竖向悬臂构件，按材料力学的方法计算内力。各片剪力墙按照它的负荷面积计算荷载。

梁传到剪力墙上的集中荷载可按45°扩散角向下扩散到整个墙截面，所以除了考虑梁下局部承压验算外，可按均布荷载计算墙的内力。

剪力墙在竖向荷载作用下计算截面上只有弯矩和轴力。通常竖向荷载多为均匀、对称的，在各墙肢内产生的主要是轴力，故计算时常忽略较小的弯矩的影响，按轴心受压构件计算墙肢轴力。计算各墙肢的荷载时，以门洞中线作为荷载范围分界线，墙肢自重应扣除门洞部分。

连梁在竖向荷载下按两端固定（两端与墙相连）或一端固定、一端铰接（与柱相连）的梁计算弯矩和剪力。求出连梁梁端弯矩后再按上、下层墙肢的刚度分配到剪力墙上。

将各荷载等效地化为作用于剪力墙形心轴处的轴向力 N 和弯矩 M。对整截面墙，此轴向力即为该片墙的轴力；对小开口整体墙和联肢墙可将 N 按各墙肢截面面积进行分配。由于弯矩 M 一般较小，近似计算时常忽略其影响。当需要考虑 M 的影响时，对整截面墙此弯矩即为该片墙的弯矩；对小开口整体墙，各墙肢弯矩可按下式计算：

$$M_j = 0.85 \frac{J_j}{J} M + 0.15 \frac{J_j}{\sum J_j} M \qquad (6.3)$$

式中　　M_j——第 j 墙肢的弯矩值；

　　　　J_j——第 j 墙肢的截面惯性矩；

　　　　J——小开口整体墙组合截面惯性矩。

　　剪力墙在竖向活荷载作用下的内力计算方法与竖向恒荷载作用下的内力计算相同。

　　壁式框架在竖向荷载作用下的内力计算可采用分层法，计算原理和步骤均与普通框架相同。为简化计算，各壁柱可用不计翼缘时的形心线表示，壁梁的计算跨度取两壁柱形心线之间的间距减去 $\frac{1}{2} h_b$，h_b 为壁梁截面高度；壁梁和壁柱要用考虑刚域后的杆件修正线刚度。

6.5　剪力墙结构在水平荷载下的内力与位移计算方法

6.5.1　每一方向的总水平荷载分配方法

　　当房屋沿平面和沿高度方向比较规整时，可将纵、横两个方向墙体分别按平面结构进行计算。

　　每一方向的总水平荷载可以按各片剪力墙的等效刚度分配，然后进行单片剪力墙的计算。

$$(q_{max})_i = \frac{(EI_{eq})_i}{\sum (EI_{eq})} q_{max} \qquad (6.4)$$

$$F_i = \frac{(EI_{eq})_i}{\sum (EI_{eq})} F \qquad (6.5)$$

图 6.11　剪力墙承受水平荷载示意图

式中　q_{max}——剪力墙承受倒三角形荷载时顶点的荷载（图 6.11）；

　　　F——剪力墙的顶点集中荷载（图 6.11）；

　$(q_{max})_i$——第 i 片剪力墙分配到的倒三角形荷载顶点的荷载；

　　　F_i——第 i 片剪力墙分配到的顶点集中荷载；

　　EI_{eq}——剪力墙的等效刚度。

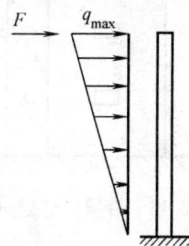

6.5.2　整截面剪力墙在水平荷载下的内力与位移计算方法

1. 应力计算

当剪力墙孔洞面积与墙面面积之比不大于 0.15 且孔洞净距及孔洞至墙边距离大于孔洞长边时，可作为整截面悬臂构件按平截面假定计算截面应力（图 6.12）：

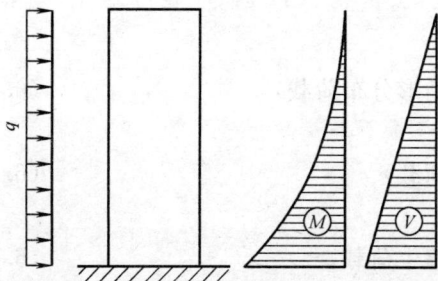

$$\sigma = \frac{My}{I} \qquad (6.6)$$

$$\tau = \frac{VS}{Ib} \qquad (6.7)$$

图 6.12　整体墙在水平荷载作用下的内力

式中　σ——截面的正应力；

　　　τ——截面的剪应力；

　　　M——截面的弯矩；

V ——截面的剪力；

I ——截面惯性矩；

S ——截面的静矩；

b ——截面宽度；

y ——截面重心到所求正应力点的距离。

2. 顶点位移计算

要考虑洞口对截面面积及刚度的削弱影响。

（1）小洞口整体墙（图 6.13）的折算截面面积为：

$$A_q = \left(1 - 1.25\sqrt{\frac{A_d}{A_o}}\right)A \tag{6.8}$$

式中　A ——墙截面毛面积；

　　　A_d ——墙面洞口总立面面积；

　　　A_o ——墙立面总墙面面积。

（2）等效惯性矩 I_q

等效惯性矩取有洞口截面与无洞口截面的加权平均值。

$$I_q = \frac{\sum I_j h_j}{\sum h_j} \tag{6.9}$$

式中　I_j ——剪力墙沿竖向各段的惯性矩，有洞口时扣除洞口的影响；

　　　h_j ——各段相应的高度。

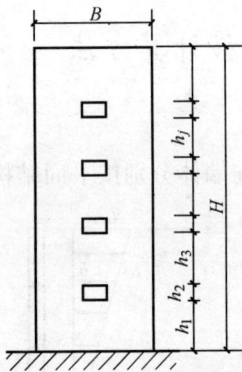

图 6.13　带洞口整截面剪力墙

（3）顶点位移

$$\Delta = \begin{cases} \dfrac{11}{60}\dfrac{V_0 H^3}{EI_q}\left(1 + \dfrac{3.64\mu EI_q}{H^2 GA_q}\right) & \text{（倒三角形分布荷载）} \tag{6.10} \\[2ex] \dfrac{1}{8}\dfrac{V_0 H^3}{EI_q}\left(1 + \dfrac{4\mu EI_q}{H^2 GA_q}\right) & \text{（均布荷载）} \tag{6.11} \\[2ex] \dfrac{1}{3}\dfrac{V_0 H^3}{EI_q}\left(1 + \dfrac{3\mu EI_q}{H^2 GA_q}\right) & \text{（顶部集中荷载）} \tag{6.12} \end{cases}$$

式中　V_0 ——底部截面总剪力；

　　　G ——混凝土的剪切模量，$G = 0.4E_c$。

为了计算上的方便，引入等效刚度 EI_{eq} 的概念，把剪切变形与弯曲变形综合成用弯曲变形的形式表达，将上式写成：

$$\Delta = \begin{cases} \dfrac{11}{60}\dfrac{V_0 H^3}{EI_{eq}} & \text{（倒三角形分布荷载）} \tag{6.13} \\[2ex] \dfrac{1}{8}\dfrac{V_0 H^3}{EI_{eq}} & \text{（均布荷载）} \tag{6.14} \\[2ex] \dfrac{1}{3}\dfrac{V_0 H^3}{EI_{eq}} & \text{（顶部集中荷载）} \tag{6.15} \end{cases}$$

三种荷载下的 EI_{eq} 分别为：

170

$$EI_{eq} = \begin{cases} \dfrac{EI_q}{1 + \dfrac{3.64\mu EI_q}{H^2 GA_q}} & \text{（倒三角形分布荷载）} & (6.16) \\[3ex] \dfrac{EI_q}{1 + \dfrac{4\mu EI_q}{H^2 GA_q}} & \text{（均布荷载）} & (6.17) \\[3ex] \dfrac{EI_q}{1 + \dfrac{3\mu EI_q}{H^2 GA_q}} & \text{（顶部集中荷载）} & (6.18) \end{cases}$$

为简化计算起见，将三种荷载下的 EI_{eq} 统一取为：

$$EI_{eq} = \frac{EI_q}{1 + \dfrac{9\mu I_q}{A_q H^2}} \tag{6.19}$$

6.5.3 整体小开口剪力墙在水平荷载下的内力和位移计算方法

1. 内力计算

整体小开口剪力墙墙肢截面的正应力可以看做是由两部分弯曲应力组成，其中一部分是作为整体悬臂墙作用产生的正应力，另一部分是作为独立悬臂墙作用产生的正应力。

整体小开口墙的内力可按下式计算：

局部弯矩不超过整体弯矩的 15%（图 6.14）。

墙肢弯矩

$$M_i(x) = 0.85 M_p(x)\frac{I_i}{I} + 0.15 M_p(x)\frac{I_i}{\sum I_i} \quad (i=1,\cdots\cdots,k+1)$$
$$\tag{6.20}$$

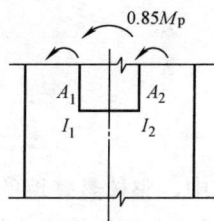

图 6.14 小开口墙的受力情况

墙肢轴力
$$N_i(x) = 0.85 M_p(x)\frac{A_i y_i}{I} \tag{6.21}$$

式中 $M_i(x)$——第 i 个墙肢在 x 截面处的弯矩；

$N_i(x)$——第 i 个墙肢在 x 截面处的轴力；

$M_p(x)$——外荷载对 x 截面产生的总弯矩；

A_i——第 i 个墙肢的截面积；

I_i——第 i 个墙肢的截面惯性矩；

y_i——第 i 个墙肢截面形心到组合截面形心的距离；

I——组合截面的惯性矩。

墙肢截面剪力，底层按墙肢截面面积分配，即

$$V_i = V_0 \frac{A_i}{\displaystyle\sum_{i=1}^{k+1} A_i} \tag{6.22}$$

式中 V_0——底层总剪力，即全部水平荷载的总和。

其余各层墙肢截面剪力，可按材料力学公式计算截面的剪应力，各墙肢剪应力之合力即为墙肢剪力；或按墙肢截面面积和惯性矩比例的平均值分配剪力，即

$$V_i = \frac{V_p}{2}\left(\frac{A_i}{\sum A_i} + \frac{I_i}{\sum I_i}\right) \tag{6.23}$$

式中　V_p——第 i 层总剪力。

连梁的剪力可由上、下墙肢的轴力差计算。

当剪力墙多数墙肢基本均匀又符合整体小开口墙的条件，此时是有个别细小墙肢，仍可按整体小开口墙计算内力，但小墙肢端部宜按下式计算，以考虑附加局部弯曲的影响为：

$$M_i = M_{i0} + \Delta M_i \tag{6.24}$$

$$\Delta M_i = V_i \frac{h_0}{2} \tag{6.25}$$

式中　M_{i0}——第 i 个墙肢按整体小开口墙计算的墙肢弯矩；

ΔM_i——第 i 个墙肢由于小墙肢局部弯曲增加的弯矩；

V_i——第 i 个墙肢剪力；

h_0——洞口高度。

2. 顶点位移

考虑到开孔后刚度的削弱，应将计算结果乘 1.20。因此，整体小开口墙的顶点位移可按下式计算：

$$\Delta = \begin{cases} 1.2 \times \dfrac{11}{60} \dfrac{V_0 H^3}{EI_{eq}} & \text{（倒三角形荷载）} \tag{6.26} \\[3mm] 1.2 \times \dfrac{1}{8} \dfrac{V_0 H^3}{EI_{eq}} & \text{（均布荷载）} \tag{6.27} \\[3mm] 1.2 \times \dfrac{1}{3} \dfrac{V_0 H^3}{EI_{eq}} & \text{（顶部集中力）} \tag{6.28} \end{cases}$$

式中，整体悬臂墙的等效抗弯刚度按式（6.19）计算。

6.5.4　双肢墙在水平荷载下的内力与位移计算方法

1. 基本假设

（1）连梁的反弯点在跨中，连梁的作用可以用沿高度均匀分布的连续弹性薄片代替（连梁连续化假定），见图 6.15（b）；

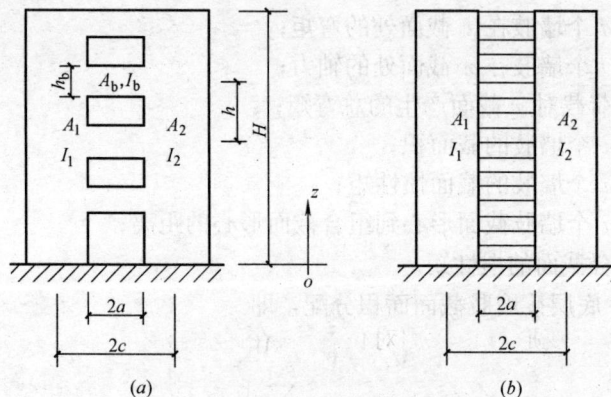

图 6.15　双肢墙及连梁连续化图

（2）各墙肢的变形曲线相似，水平位移相等（即不考虑连梁的轴向变形）；

（3）连梁和墙肢考虑弯曲和剪切变形；墙肢还应考虑轴向变形的影响。

2. 内力分析方法

将连续化后的连系梁沿中线切开（图 6.16），由于跨中为反弯点，故切开后截面上只

172

有剪力集度 $\tau(x)$ 及轴力集度 $\sigma(x)$。沿连梁切口处未知力 $\tau(x)$ 方向上各因素将使其产生相对位移,但总的相对位移为零。

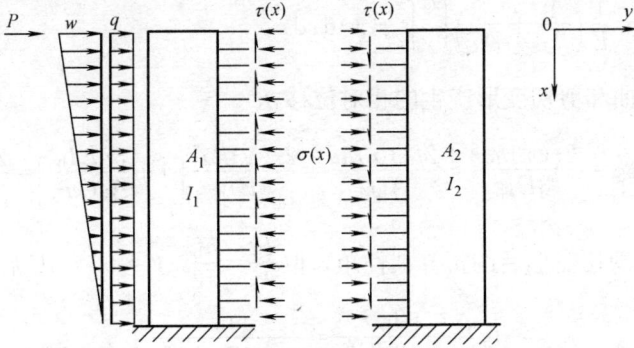

图 6.16 双肢墙的基本体系

连梁轴力不引起连梁中点切断处沿竖向相对位移,不改变整体截面的总弯矩。

墙肢剪切变形不引起连梁中点切断处竖向相对位移。

墙肢弯曲变形、墙肢轴向变形以及连梁弯曲变形和剪切变形引起连梁中点切口处竖向相对位移(图 6.17)。

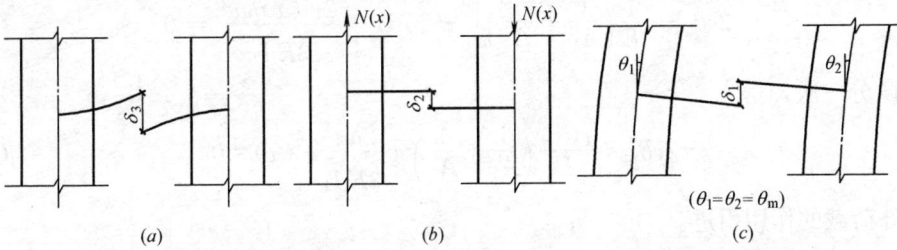

图 6.17 连梁中点由于连梁弯曲和墙肢轴向变形引起的相对位移
(a) 连续弯曲和剪切变形;(b) 墙肢轴向变形;(c) 墙肢弯曲变形

由于连梁中点总的相对位移为零,则:

$$\delta_1 + \delta_2 + \delta_3 = 0 \tag{6.29}$$

(1)由于墙肢弯曲产生的相对位移 δ_1

$$\delta_1 = -2 \times c\theta_m = 2c \frac{dy_m}{dx} \tag{6.30}$$

式中　θ_m——墙肢弯曲变形产生的转角,顺时针方向为正,$\theta_1 = \theta_2 = \theta_m$;

　　　c——连梁中点至墙轴线的距离。

(2)由于墙肢轴向变形产生的相对位移 δ_2 在距顶点 x 处截取一微段进行分析(图 6.18),由图可得:

$$\frac{dN}{dx} = \tau(x) \tag{6.31}$$

距顶点 x 处的墙肢轴力为:

$$N(x) = \int_0^x \tau(x) dx \tag{6.32}$$

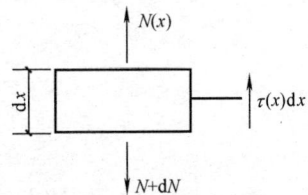

图 6.18 墙肢轴向变形时微段墙元受力图

由墙肢轴向变形产生的切口处相对位移为:

173

$$\delta_2 = \int_x^H \frac{N(x)\mathrm{d}x}{EA_1} + \int_x^H \frac{N(x)\mathrm{d}x}{EA_2} = \frac{1}{E}\left(\frac{1}{A_1}+\frac{1}{A_2}\right)\int_x^H N(x)\mathrm{d}x$$

$$= \frac{1}{E}\left(\frac{1}{A_1}+\frac{1}{A_2}\right)\int_x^H\int_0^x \tau(x)\mathrm{d}x\mathrm{d}x \tag{6.33}$$

（3）由连梁弯曲和剪切变形产生的相对位移 δ_3

$$\delta_3 = \delta_{3\mathrm{m}} + \delta_{3\mathrm{v}} = \frac{2\tau(x)ha^3}{3EI_\mathrm{b}} + \frac{2\mu\tau(x)ha}{A_\mathrm{b}G} = \frac{2\tau(x)ha^3}{3EI_\mathrm{b}}\left[1+\frac{3\mu EI_\mathrm{b}}{A_\mathrm{b}Ga^2}\right] = \frac{2\tau(x)ha^3}{3E\tilde{I}_\mathrm{b}} \tag{6.34}$$

$\tilde{I}_\mathrm{b}$ 是连梁考虑剪切变形后的折算惯性矩，取 $\frac{I_\mathrm{b}}{A_\mathrm{b}}=\frac{h_\mathrm{b}^2}{12}$，$G=0.425E$ 后得：

$$\tilde{I}_\mathrm{b} = \frac{I_\mathrm{b}}{1+\frac{3\mu EI_\mathrm{b}}{A_\mathrm{b}Ga^2}} = \frac{I_\mathrm{b}}{1+0.7\left(\frac{h_\mathrm{b}}{a}\right)^2} \tag{6.35}$$

将式 (6.30)、式 (6.33) 和式 (6.34) 代入式 (6.29) 后，得

$$\delta = \delta_1+\delta_2+\delta_3 = -2c\theta_\mathrm{m} + \frac{1}{E}\left(\frac{1}{A_1}+\frac{1}{A_2}\right)\int_x^H\int_0^x \tau(x)\mathrm{d}x\mathrm{d}x + \frac{2\tau(x)ha^3}{3E\tilde{I}_\mathrm{b}} = 0 \tag{6.36}$$

将上式对 x 微分一次，得

$$-2c\theta_\mathrm{m}' - \frac{1}{E}\left(\frac{1}{A_1}+\frac{1}{A_2}\right)\int_0^x \tau(x)\mathrm{d}x + \frac{2\tau'(x)ha^3}{3E\tilde{I}_\mathrm{b}} = 0 \tag{6.37}$$

再对 x 微分一次，得

$$-2c\theta_\mathrm{m}'' - \frac{\tau(x)}{E}\left(\frac{1}{A_1}+\frac{1}{A_2}\right) + \frac{2ha^3}{3E\tilde{I}_\mathrm{b}}\tau''(x) = 0 \tag{6.38}$$

下面将外荷载的作用引进。

在 x 处作截面截断双肢墙（图 6.19），由平衡条件有

$$M_1+M_2 = M_\mathrm{p}-2cN(x) \tag{6.39}$$

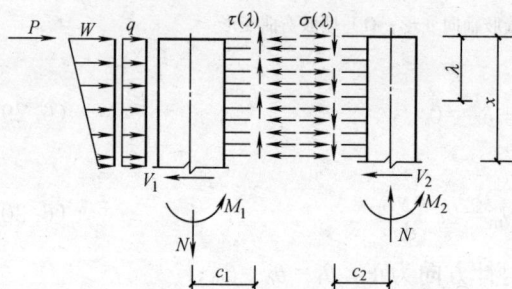

图 6.19 双肢墙墙肢内力

式中：M_1 为墙肢 1，x 截面的弯矩；M_2 为墙肢 2，x 截面的弯矩；M_p 为外荷载对 x 截面的外力矩。

由梁的弯曲理论有

$$\left.\begin{array}{l} EI_1 = \dfrac{\mathrm{d}^2 y_{1m}}{\mathrm{d}x^2} = M_1 \\[3mm] EI_2 = \dfrac{\mathrm{d}^2 y_{2m}}{\mathrm{d}x^2} = M_2 \end{array}\right\} \tag{6.40}$$

将上两式叠加，并利用假设 2 的条件

$$\frac{\mathrm{d}^2 y_{1m}}{\mathrm{d}x^2} = \frac{\mathrm{d}^2 y_{2m}}{\mathrm{d}x^2} = \frac{\mathrm{d}^2 y_m}{\mathrm{d}x^2}$$

得

$$E(I_1+I_2)\frac{\mathrm{d}^2 y_m}{\mathrm{d}x^2} = M_1+M_2 = M_\mathrm{p}-2cN(x) \tag{6.41}$$

或

$$E(I_1+I_2)\frac{\mathrm{d}^2 y_m}{\mathrm{d}x^2} = M_\mathrm{p}-\int_0^x 2c\tau(\lambda)\mathrm{d}\lambda \tag{6.42}$$

174

设
$$m(x)=2c\tau(x) \tag{6.43}$$

这里，$m(x)$ 表示连梁剪力对两墙肢弯矩的和，称为连梁对墙肢的约束弯矩。

于是式（6.42）变为

$$\theta'_{\mathrm{m}}=-\frac{\mathrm{d}^2 y_{\mathrm{m}}}{\mathrm{d}x^2}=\frac{-1}{E(I_1+I_2)}\left[M_{\mathrm{p}}-\int_0^x m\mathrm{d}x\right]$$

再对 x 微分一次

$$\theta''_{\mathrm{m}}=\frac{-1}{E(I_1+I_2)}\left(\frac{\mathrm{d}M_{\mathrm{p}}}{\mathrm{d}x}-m\right)=\frac{-1}{E(I_1+I_2)}(V_{\mathrm{p}}-m) \tag{6.44}$$

式中　V_{p}——外荷载对 x 截面的总剪力。

对于常用的三种外荷载，有

$$\left.\begin{aligned}
V_{\mathrm{p}}&=V_0\left[1-\left(1-\frac{x}{H}\right)^2\right] &\text{（倒三角形荷载）}\\
V_{\mathrm{p}}&=V_0\frac{x}{H} &\text{（均布荷载）}\\
V_{\mathrm{p}}&=V_0 &\text{（顶部集中力）}
\end{aligned}\right\} \tag{6.45}$$

这里，V_0 是基底 $x=H$ 处的总剪力，即全部水平力的总和。

因而式（6.44）可表示为

$$\left.\begin{aligned}
\theta''_{\mathrm{m}}&=\frac{1}{E(I_1+I_2)}\left\{V_0\left[\left(1-\frac{x}{H}\right)^2-1\right]+m\right\} &\text{（倒三角形荷载）}\\
\theta''_{\mathrm{m}}&=\frac{1}{E(I_1+I_2)}\left[-V_0\left(\frac{x}{H}\right)+m\right] &\text{（均布荷载）}\\
\theta''_{\mathrm{m}}&=\frac{1}{E(I_1+I_2)}(-V_0+m) &\text{（顶部集中力）}
\end{aligned}\right\} \tag{6.46}$$

将式（6.46）的 θ''_{m} 代入式（6.38），并令

$$D=\frac{\tilde{I}_{\mathrm{b}}c^2}{a^3} \text{（连梁的刚度系数）}$$

$$\alpha_1^2=\frac{6H^2}{h\sum I_i}D \text{（连梁墙肢刚度比，未考虑墙肢轴向变形的整体参数）}$$

$$S=\frac{2cA_1A_2}{A_1+A_2} \text{（双肢组合截面形心轴的面积矩）}$$

整理后，得

$$m''(x)-\frac{\alpha^2}{H^2}m(x)=\begin{cases}
-\dfrac{\alpha_1^2}{H^2}V_0\left[1-\left(1-\dfrac{x}{H}\right)^2\right] &\text{（倒三角形荷载）}\\[2mm]
-\dfrac{\alpha_1^2}{H^2}V_0\dfrac{x}{H} &\text{（均布荷载）}\\[2mm]
-\dfrac{\alpha_1^2}{H^2}V_0 &\text{（顶部集中力）}
\end{cases} \tag{6.47}$$

其中

$$\alpha^2=\alpha_1^2+\frac{3H^2D}{hcS} \text{（考虑墙肢轴向变形的整体参数）} \tag{6.48}$$

这就是双肢墙的基本微分方程式。它是根据力法的原理，由切口处的变形连续条件推得的。为了与多肢墙符号统一，这里以连梁的约束弯矩 $m(x)$ 为基本未知量，并引进了

一些相应的符号。

3. 基本方程的解

令
$$\frac{x}{H}=\xi,\; m(x)=\Phi(x)V_0\frac{\alpha_1^2}{\alpha^2}$$

则式（6.47）可化为

$$\Phi''(\xi)-\alpha^2\Phi(\xi)=\begin{cases}-\alpha^2\left[1-(1-\xi)^2\right] & \text{（倒三角形荷载）}\\ -\alpha^2\xi & \text{（均布荷载）}\\ -\alpha^2 & \text{（顶部集中力）}\end{cases} \tag{6.49}$$

方程的解可由齐次方程的解

$$\Phi_{\text{齐}}=C_1\operatorname{ch}(\alpha\xi)+C_2\operatorname{sh}(\alpha\xi) \tag{6.50}$$

和特解

$$\Phi_{\text{特}}=\begin{cases}1-(1-\xi)^2-\dfrac{2}{\alpha^2} & \text{（倒三角形荷载）}\\ \xi & \text{（均布荷载）}\\ 1 & \text{（顶部集中力）}\end{cases} \tag{6.51}$$

两部分相加组成，即一般解为

$$\Phi(\xi)=C_1\operatorname{ch}(\alpha\xi)+C_2\operatorname{sh}(\alpha\xi)+\begin{cases}\left[1-(1-\xi)^2-\dfrac{2}{\alpha^2}\right] & \text{（倒三角形荷载）}\\ \xi & \text{（均布荷载）}\\ 1 & \text{（顶部集中力）}\end{cases} \tag{6.52}$$

其中：C_1、C_2 为任意常数，由边界条件确定。

边界条件为

（1）当 $x=0$，即 $\xi=0$ 时，墙顶弯矩为零，因而

$$\theta_{\text{m}}'=-\frac{\mathrm{d}^2 y_m}{\mathrm{d}x^2}=0 \tag{6.53}$$

（2）当 $x=H$，即 $\xi=1$ 时，墙底弯曲变形转角 $\theta_{\text{m}}=0$。

先考虑边界条件（1）：

式（6.36）利用边界条件（1）后，得

$$\frac{2\tau'(0)ha^3}{3E\tilde{I}_{\text{b}}}=0 \tag{6.54}$$

将式（6.52）求出的一般解代入上式后，可求得

$$C_2=\begin{cases}-\dfrac{2}{\alpha} & \text{（倒三角形荷载）}\\ -\dfrac{1}{\alpha} & \text{（均布荷载）}\\ 0 & \text{（顶部集中力）}\end{cases} \tag{6.55}$$

再考虑边界条件（2）：

式（6.36）利用边界条件（2）后，变为

$$\frac{2\tau(1)ha^3}{3E\tilde{I}_{\text{b}}}=0 \tag{6.56}$$

将式（6.52）求出的一般解代入上式后，可得求 C_1 的方程：

$$C_1 \operatorname{ch}\alpha + C_2 \operatorname{sh}\alpha = \begin{cases} -\left(1-\dfrac{2}{\alpha^2}\right) & \text{（倒三角形荷载）} \\ -1 & \text{（均布荷载）} \\ -1 & \text{（顶部集中力）} \end{cases} \tag{6.57}$$

由此

$$C_1 = \begin{cases} -\left[\left(1-\dfrac{2}{\alpha^2}\right)-\dfrac{2\operatorname{sh}\alpha}{\alpha}\right]\dfrac{1}{\operatorname{ch}\alpha} & \text{（倒三角形荷载）} \\ -\left[1-\dfrac{\operatorname{sh}\alpha}{\alpha}\right]\dfrac{1}{\operatorname{ch}\alpha} & \text{（均布荷载）} \\ -\dfrac{1}{\operatorname{ch}\alpha} & \text{（顶部集中力）} \end{cases} \tag{6.58}$$

有了任意常数 C_1 和 C_2 后，由式（6.52）可求出一般解。

将求出的一般解整理后，可以写为

$$\phi(\xi)=\phi_1(\alpha,\xi) \tag{6.59}$$

$$\phi_1(\alpha,\xi)=\begin{cases} 1-(1-\xi)^2+\left(\dfrac{2\operatorname{sh}\alpha}{\alpha}-1+\dfrac{2}{\alpha^2}\right)\dfrac{\operatorname{ch}\alpha\xi}{\operatorname{ch}\alpha}-\dfrac{2}{\alpha}\operatorname{sh}\alpha\xi-\dfrac{2}{\alpha^2} \\ \left(\dfrac{\operatorname{sh}\alpha}{\alpha}-1\right)\dfrac{\operatorname{ch}\alpha\xi}{\operatorname{ch}\alpha}-\dfrac{1}{\alpha}\operatorname{sh}\alpha\xi+\xi \\ 1-\dfrac{\operatorname{ch}\alpha\xi}{\operatorname{ch}\alpha} \end{cases} \tag{6.60}$$

这里及以后，凡大括号 { } 内并列的三行，第一行为倒三角形荷载的结果；第二行为均布荷载的结果；第三行为顶部集中力的结果，不再逐一说明。同时，为了避免与 $\phi(\xi)$ 混淆，用了 $\phi_1(\alpha,\xi)$ 的符号，$\phi_1(\alpha,\xi)$ 的数值可由表6.5、表6.6、表6.7查得。

4. 双肢墙的内力计算

通过上面的计算，求得了任意高度 ξ 处的 $\phi_1(\alpha,\xi)$ 值。

由 $\phi_1(\alpha,\xi)$ 可求得连梁的约束弯矩为

$$m(\xi)=V_0\frac{\alpha_1^2}{\alpha^2}\varPhi_1(\alpha,\xi) \tag{6.61}$$

j 层连梁的剪力为

$$V_{\mathrm{b}j}=m_j(\xi)\frac{h}{2c} \tag{6.62}$$

j 层连梁的端部弯矩为

$$M_{\mathrm{b}j}=V_{\mathrm{b}j}a \tag{6.63}$$

j 层墙肢弯矩，由式（6.39）和式（6.41）的关系可求得：

$$\left.\begin{aligned} M_1 &= \frac{I_1}{\displaystyle\sum_{i=1}^{2}I_i}M_j \\ M_2 &= \frac{I_2}{\displaystyle\sum_{i=1}^{2}I_i}M_j \end{aligned}\right\} \tag{6.64}$$

表 6.5

倒三角形荷载下的 φ 值

α \ ξ	1.0	1.5	2.0	2.5	3.0	3.5	4.0	4.5	5.0	5.5	6.0	6.5	7.0	7.5	8.0	8.5	9.0	9.5	10.0	10.5
0.00	0.171	0.270	0.331	0.358	0.363	0.356	0.342	0.325	0.307	0.289	0.273	0.257	0.243	0.230	0.218	0.207	0.197	0.188	0.179	0.172
0.05	0.171	0.271	0.332	0.360	0.367	0.361	0.348	0.332	0.316	0.299	0.283	0.269	0.256	0.243	0.233	0.223	0.214	0.205	0.198	0.191
0.10	0.171	0.273	0.336	0.367	0.377	0.374	0.365	0.352	0.338	0.324	0.311	0.299	0.288	0.278	0.270	0.262	0.255	0.248	0.243	0.238
0.15	0.172	0.275	0.341	0.377	0.391	0.393	0.388	0.380	0.370	0.360	0.350	0.341	0.333	0.326	0.320	0.314	0.309	0.305	0.301	0.298
0.20	0.172	0.277	0.347	0.388	0.408	0.415	0.416	0.412	0.407	0.402	0.396	0.390	0.385	0.381	0.377	0.373	0.371	0.368	0.366	0.364
0.25	0.171	0.278	0.353	0.399	0.425	0.439	0.446	0.448	0.448	0.447	0.445	0.443	0.440	0.439	0.437	0.436	0.434	0.433	0.433	0.432
0.30	0.170	0.279	0.358	0.410	0.443	0.463	0.476	0.484	0.489	0.492	0.494	0.496	0.496	0.497	0.497	0.497	0.498	0.498	0.498	0.499
0.35	0.168	0.279	0.362	0.419	0.459	0.486	0.506	0.519	0.530	0.537	0.543	0.547	0.550	0.553	0.555	0.557	0.559	0.560	0.561	0.562
0.40	0.165	0.276	0.363	0.426	0.472	0.506	0.532	0.552	0.567	0.579	0.588	0.596	0.601	0.606	0.610	0.614	0.616	0.619	0.621	0.622
0.45	0.161	0.272	0.362	0.430	0.482	0.522	0.554	0.579	0.599	0.616	0.629	0.639	0.648	0.655	0.661	0.665	0.669	0.672	0.675	0.577
0.50	0.156	0.266	0.357	0.429	0.487	0.533	0.570	0.601	0.626	0.647	0.663	0.677	0.688	0.697	0.705	0.711	0.716	0.721	0.724	0.727
0.55	0.149	0.256	0.348	0.423	0.485	0.537	0.579	0.615	0.645	0.670	0.690	0.707	0.721	0.733	0.742	0.750	0.757	0.762	0.767	0.771
0.60	0.140	0.244	0.335	0.412	0.477	0.533	0.580	0.620	0.654	0.683	0.707	0.728	0.745	0.759	0.771	0.781	0.789	0.796	0.802	0.807
0.65	0.130	0.228	0.317	0.394	0.461	0.519	0.570	0.614	0.652	0.685	0.712	0.736	0.756	0.774	0.788	0.801	0.811	0.820	0.828	0.834
0.70	0.118	0.209	0.293	0.368	0.435	0.495	0.548	0.594	0.636	0.671	0.703	0.730	0.753	0.774	0.791	0.807	0.820	0.831	0.841	0.849
0.75	0.103	0.185	0.263	0.334	0.399	0.458	0.511	0.559	0.602	0.640	0.674	0.704	0.731	0.755	0.775	0.794	0.810	0.824	0.837	0.848
0.80	0.087	0.158	0.226	0.290	0.350	0.406	0.457	0.504	0.547	0.587	0.622	0.654	0.683	0.709	0.733	0.754	0.774	0.791	0.807	0.821
0.85	0.069	0.126	0.182	0.236	0.288	0.337	0.383	0.426	0.467	0.504	0.539	0.571	0.601	0.629	0.654	0.678	0.700	0.720	0.738	0.756
0.90	0.048	0.089	0.130	0.171	0.210	0.248	0.285	0.321	0.354	0.386	0.417	0.446	0.473	0.499	0.523	0.546	0.568	0.588	0.609	0.628
0.95	0.025	0.047	0.069	0.092	0.115	0.137	0.159	0.181	0.202	0.222	0.242	0.262	0.280	0.299	0.316	0.334	0.351	0.367	0.383	0.398
1.00	0.000	0.000	0.000	0.000	0.000	0.000	0.000	0.000	0.000	0.000	0.000	0.000	0.000	0.000	0.000	0.000	0.000	0.000	0.000	0.000

α\ξ	11.0	11.5	12.0	12.5	13.0	13.5	14.0	14.5	15.0	15.5	16.0	16.5	17.0	17.5	18.0	18.5	19.0	19.5	20.0	20.5
0.00	0.165	0.158	0.152	0.147	0.142	0.137	0.132	0.128	0.124	0.120	0.117	0.113	0.110	0.107	0.104	0.102	0.099	0.097	0.095	0.092
0.05	0.185	0.180	0.174	0.170	0.165	0.161	0.158	0.154	0.151	0.148	0.145	0.143	0.140	0.138	0.136	0.134	0.132	0.130	0.129	0.127
0.10	0.233	0.229	0.226	0.222	0.219	0.217	0.214	0.212	0.210	0.208	0.207	0.205	0.204	0.203	0.201	0.200	0.199	0.199	0.198	0.197
0.15	0.295	0.293	0.290	0.288	0.287	0.285	0.284	0.283	0.282	0.281	0.280	0.280	0.279	0.278	0.278	0.278	0.277	0.277	0.277	0.276
0.20	0.363	0.361	0.360	0.360	0.358	0.358	0.358	0.357	0.357	0.357	0.357	0.356	0.356	0.356	0.356	0.356	0.356	0.356	0.356	0.356
0.25	0.432	0.431	0.431	0.431	0.431	0.431	0.431	0.431	0.431	0.431	0.431	0.431	0.432	0.432	0.432	0.432	0.432	0.432	0.432	0.433
0.30	0.499	0.498	0.500	0.500	0.500	0.501	0.501	0.502	0.502	0.502	0.503	0.503	0.503	0.503	0.504	0.504	0.504	0.504	0.505	0.505
0.35	0.563	0.564	0.565	0.566	0.566	0.567	0.568	0.568	0.569	0.568	0.568	0.570	0.570	0.571	0.571	0.571	0.571	0.572	0.572	0.572
0.40	0.624	0.625	0.626	0.627	0.628	0.628	0.629	0.630	0.631	0.631	0.632	0.632	0.633	0.633	0.633	0.634	0.634	0.634	0.634	0.635
0.45	0.679	0.681	0.682	0.684	0.685	0.686	0.686	0.687	0.688	0.688	0.688	0.688	0.690	0.690	0.691	0.691	0.691	0.692	0.692	0.692
0.50	0.730	0.732	0.733	0.735	0.736	0.737	0.738	0.738	0.740	0.741	0.741	0.742	0.742	0.743	0.743	0.743	0.744	0.744	0.744	0.745
0.55	0.774	0.777	0.778	0.781	0.782	0.784	0.785	0.786	0.787	0.788	0.788	0.789	0.790	0.790	0.790	0.791	0.791	0.792	0.792	0.792
0.60	0.811	0.815	0.818	0.820	0.822	0.824	0.826	0.827	0.828	0.829	0.830	0.831	0.831	0.832	0.833	0.833	0.833	0.834	0.834	0.834
0.65	0.840	0.844	0.848	0.852	0.855	0.857	0.859	0.861	0.863	0.864	0.865	0.867	0.867	0.868	0.869	0.870	0.870	0.871	0.871	0.871
0.70	0.857	0.863	0.868	0.873	0.878	0.881	0.884	0.887	0.890	0.892	0.893	0.895	0.896	0.898	0.899	0.900	0.901	0.901	0.902	0.903
0.75	0.858	0.866	0.874	0.881	0.887	0.892	0.897	0.901	0.903	0.908	0.911	0.914	0.916	0.918	0.920	0.921	0.923	0.924	0.925	0.926
0.80	0.834	0.846	0.856	0.866	0.874	0.882	0.889	0.896	0.901	0.907	0.911	0.916	0.919	0.923	0.926	0.929	0.932	0.934	0.936	0.938
0.85	0.772	0.786	0.800	0.813	0.825	0.836	0.846	0.855	0.864	0.872	0.879	0.886	0.893	0.899	0.904	0.909	0.914	0.918	0.922	0.926
0.90	0.646	0.663	0.679	0.694	0.708	0.722	0.735	0.748	0.760	0.771	0.781	0.792	0.801	0.810	0.819	0.827	0.835	0.843	0.850	0.857
0.95	0.413	0.428	0.442	0.456	0.469	0.483	0.495	0.508	0.520	0.532	0.543	0.555	0.566	0.576	0.587	0.597	0.607	0.617	0.626	0.635
1.00	0.000	0.000	0.000	0.000	0.000	0.000	0.000	0.000	0.000	0.000	0.000	0.000	0.000	0.000	0.000	0.000	0.000	0.000	0.000	0.000

表 6.6

均布荷载下的 ϕ_v 值

ξ \ α	1.0	1.5	2.0	2.5	3.0	3.5	4.0	4.5	5.0	5.5	6.0	6.5	7.0	7.5	8.0	8.5	9.0	9.5	10.0	10.5
0.00	0.113	0.178	0.216	0.231	0.232	0.224	0.213	0.199	0.186	0.173	0.161	0.150	0.141	0.132	0.124	0.117	0.110	0.105	0.099	0.095
0.05	0.113	0.178	0.217	0.233	0.234	0.228	0.217	0.204	0.191	0.179	0.168	0.157	0.148	0.140	0.133	0.126	0.120	0.115	0.110	0.106
0.10	0.113	0.179	0.219	0.237	0.241	0.236	0.227	0.217	0.206	0.195	0.185	0.176	0.168	0.161	0.155	0.149	0.144	0.140	0.136	0.133
0.15	0.114	0.181	0.223	0.244	0.251	0.249	0.243	0.235	0.226	0.218	0.210	0.203	0.196	0.191	0.186	0.181	0.178	0.174	0.171	0.168
0.20	0.114	0.183	0.228	0.252	0.363	0.265	0.263	0.258	0.252	0.246	0.241	0.235	0.231	0.227	0.223	0.220	0.217	0.215	0.213	0.211
0.25	0.114	0.185	0.233	0.261	0.276	0.283	0.285	0.284	0.281	0.278	0.257	0.272	0.269	0.266	0.264	0.262	0.260	0.258	0.257	0.256
0.30	0.113	0.186	0.237	0.270	0.290	0.302	0.308	0.311	0.312	0.312	0.312	0.310	0.309	0.308	0.307	0.306	0.305	0.304	0.303	0.303
0.35	0.113	0.187	0.242	0.279	0.304	0.321	0.332	0.339	0.344	0.347	0.349	0.350	0.351	0.351	0.351	0.351	0.351	0.351	0.351	0.351
0.40	0.111	0.186	0.245	0.287	0.317	0.339	0.355	0.367	0.376	0.382	0.387	0.390	0.393	0.395	0.396	0.397	0.398	0.398	0.399	0.399
0.45	0.109	0.185	0.246	0.293	0.328	0.355	0.376	0.393	0.406	0.416	0.424	0.430	0.434	0.438	0.441	0.443	0.444	0.445	0.446	0.447
0.50	0.106	0.182	0.246	0.296	0.336	0.369	0.395	0.416	0.433	0.447	0.458	0.467	0.474	0.479	0.483	0.487	0.490	0.492	0.493	0.495
0.55	0.103	0.178	0.242	0.296	0.341	0.378	0.409	0.435	0.456	0.474	0.488	0.500	0.510	0.517	0.524	0.529	0.533	0.536	0.539	0.541
0.60	0.097	0.171	0.236	0.293	0.341	0.382	0.418	0.448	0.474	0.495	0.513	0.528	0.541	0.551	0.560	0.567	0.573	0.577	0.581	0.585
0.65	0.091	0.162	0.226	0.284	0.335	0.380	0.419	0.453	0.483	0.508	0.530	0.549	0.565	0.578	0.589	0.599	0.607	0.614	0.619	0.624
0.70	0.083	0.150	0.212	0.270	0.322	0.369	0.411	0.449	0.482	0.511	0.537	0.559	0.578	0.595	0.609	0.622	0.632	0.642	0.650	0.657
0.75	0.074	0.135	0.194	0.249	0.300	0.348	0.392	0.431	0.467	0.499	0.528	0.554	0.576	0.597	0.614	0.630	0.644	0.657	0.667	0.677
0.80	0.063	0.116	0.169	0.220	0.269	0.315	0.358	0.398	0.435	0.469	0.500	0.528	0.553	0.577	0.598	0.617	0.634	0.650	0.664	0.677
0.85	0.050	0.094	0.138	0.182	0.225	0.266	0.306	0.344	0.379	0.413	0.444	0.473	0.500	0.525	0.548	0.570	0.590	0.609	0.626	0.643
0.90	0.036	0.067	0.100	0.134	0.167	0.200	0.233	0.264	0.294	0.323	0.351	0.378	0.403	0.427	0.450	0.472	0.493	0.513	0.532	0.550
0.95	0.019	0.036	0.054	0.074	0.093	0.113	0.133	0.152	0.171	0.190	0.209	0.227	0.245	0.262	0.279	0.296	0.312	0.328	0.343	0.358
1.00	0.000	0.000	0.000	0.000	0.000	0.000	0.000	0.000	0.000	0.000	0.000	0.000	0.000	0.000	0.000	0.000	0.000	0.000	0.000	0.000

α \ ξ	11.0	11.5	12.0	12.5	13.0	13.5	14.0	14.5	15.0	15.5	16.0	16.5	17.0	17.5	18.0	18.5	19.0	19.5	20.0	20.5
0.00	0.090	0.086	0.083	0.079	0.076	0.074	0.071	0.068	0.066	0.064	0.062	0.060	0.058	0.057	0.055	0.054	0.052	0.051	0.050	0.048
0.05	0.102	0.098	0.095	0.092	0.090	0.087	0.085	0.083	0.081	0.079	0.077	0.076	0.075	0.073	0.072	0.071	0.070	0.069	0.068	0.067
0.10	0.130	0.127	0.124	0.122	0.120	0.119	0.117	0.116	0.114	0.113	0.112	0.111	0.110	0.109	0.109	0.108	0.107	0.107	0.106	0.106
0.15	0.167	0.165	0.163	0.162	0.160	0.159	0.158	0.157	0.156	0.156	0.155	0.154	0.154	0.153	0.153	0.153	0.152	0.152	0.152	0.152
0.20	0.209	0.208	0.207	0.206	0.205	0.204	0.204	0.203	0.203	0.202	0.202	0.202	0.201	0.201	0.201	0.201	0.201	0.200	0.200	0.200
0.25	0.255	0.254	0.253	0.253	0.252	0.252	0.251	0.251	0.251	0.251	0.250	0.250	0.250	0.250	0.250	0.250	0.250	0.250	0.250	0.250
0.30	0.302	0.302	0.301	0.301	0.301	0.301	0.300	0.300	0.300	0.300	0.300	0.300	0.300	0.300	0.300	0.300	0.300	0.300	0.299	0.288
0.35	0.351	0.350	0.350	0.350	0.350	0.350	0.350	0.350	0.350	0.350	0.350	0.350	0.350	0.349	0.349	0.349	0.349	0.349	0.349	0.349
0.40	0.399	0.399	0.399	0.399	0.399	0.399	0.399	0.399	0.399	0.399	0.399	0.399	0.399	0.399	0.399	0.399	0.399	0.399	0.399	0.399
0.45	0.448	0.448	0.448	0.448	0.448	0.449	0.449	0.449	0.449	0.449	0.449	0.449	0.449	0.449	0.449	0.449	0.449	0.449	0.449	0.449
0.50	0.496	0.496	0.497	0.498	0.498	0.498	0.499	0.499	0.499	0.499	0.499	0.499	0.499	0.499	0.499	0.499	0.499	0.499	0.499	0.499
0.55	0.543	0.544	0.545	0.546	0.547	0.547	0.548	0.548	0.548	0.548	0.549	0.549	0.549	0.549	0.549	0.549	0.549	0.549	0.549	0.549
0.60	0.587	0.589	0.591	0.593	0.594	0.595	0.596	0.596	0.597	0.597	0.598	0.598	0.598	0.599	0.599	0.599	0.599	0.599	0.599	0.599
0.65	0.628	0.632	0.634	0.637	0.639	0.641	0.642	0.643	0.644	0.645	0.646	0.646	0.647	0.647	0.648	0.648	0.648	0.648	0.649	0.649
0.70	0.663	0.668	0.672	0.676	0.679	0.682	0.684	0.687	0.688	0.690	0.691	0.692	0.693	0.694	0.695	0.696	0.696	0.697	0.697	0.697
0.75	0.686	0.693	0.709	0.706	0.711	0.715	0.719	0.723	0.726	0.729	0.731	0.733	0.735	0.737	0.738	0.740	0.741	0.742	0.743	0.744
0.80	0.689	0.699	0.709	0.717	0.725	0.732	0.739	0.744	0.750	0.754	0.759	0.763	0.766	0.768	0.772	0.775	0.777	0.779	0.781	0.783
0.85	0.657	0.671	0.684	0.696	0.707	0.718	0.727	0.736	0.744	0.752	0.759	0.765	0.771	0.777	0.782	0.787	0.792	0.796	0.800	0.803
0.90	0.567	0.583	0.598	0.613	0.627	0.640	0.653	0.665	0.676	0.687	0.698	0.707	0.717	0.726	0.734	0.742	0.750	0.757	0.764	0.771
0.95	0.373	0.387	0.401	0.414	0.428	0.440	0.453	0.465	0.477	0.489	0.500	0.511	0.522	0.533	0.543	0.553	0.563	0.572	0.582	0.591
1.00	0.000	0.000	0.000	0.000	0.000	0.000	0.000	0.000	0.000	0.000	0.000	0.000	0.000	0.000	0.000	0.000	0.000	0.000	0.000	0.000

表 6.7

顶部集中力作用下的 ϕ_v 值

ξ \ α	1.0	1.5	2.0	2.5	3.0	3.5	4.0	4.5	5.0	5.5	6.0	6.5	7.0	7.5	8.0	8.5	9.0	9.5	10.0	10.5
0.00	0.351	0.574	0.734	0.836	0.900	0.939	0.963	0.977	0.986	0.991	0.995	0.996	0.998	0.998	0.999	0.999	0.999	0.999	0.999	0.999
0.05	0.351	0.573	0.732	0.835	0.899	0.938	0.962	0.977	0.986	0.991	0.994	0.996	0.998	0.998	0.999	0.999	0.999	0.999	0.999	0.999
0.10	0.348	0.570	0.728	0.831	0.896	0.935	0.960	0.975	0.984	0.990	0.994	0.996	0.997	0.998	0.999	0.999	0.999	0.999	0.999	0.999
0.15	0.344	0.564	0.722	0.825	0.890	0.931	0.956	0.972	0.982	0.988	0.992	0.995	0.997	0.998	0.998	0.999	0.999	0.999	0.999	0.999
0.20	0.338	0.555	0.712	0.816	0.882	0.924	0.951	0.968	0.979	0.986	0.991	0.994	0.996	0.997	0.998	0.998	0.999	0.999	0.999	0.999
0.25	0.331	0.544	0.700	0.804	0.871	0.915	0.943	0.962	0.974	0.982	0.988	0.992	0.994	0.996	0.998	0.998	0.999	0.999	0.999	0.999
0.30	0.322	0.531	0.684	0.788	0.857	0.903	0.933	0.954	0.968	0.977	0.984	0.989	0.992	0.994	0.997	0.997	0.998	0.998	0.999	0.999
0.35	0.311	0.515	0.666	0.770	0.840	0.888	0.921	0.944	0.960	0.971	0.979	0.985	0.989	0.992	0.996	0.996	0.997	0.998	0.998	0.998
0.40	0.299	0.496	0.644	0.748	0.820	0.870	0.905	0.931	0.949	0.962	0.972	0.979	0.984	0.988	0.991	0.993	0.995	0.997	0.997	0.998
0.45	0.285	0.474	0.619	0.722	0.795	0.848	0.886	0.914	0.935	0.951	0.962	0.971	0.978	0.983	0.987	0.990	0.992	0.994	0.995	0.996
0.50	0.269	0.449	0.589	0.692	0.766	0.821	0.862	0.893	0.917	0.935	0.950	0.961	0.969	0.976	0.981	0.985	0.988	0.991	0.993	0.994
0.55	0.251	0.421	0.556	0.656	0.731	0.788	0.832	0.867	0.893	0.915	0.932	0.946	0.957	0.965	0.972	0.978	0.982	0.986	0.988	0.991
0.60	0.231	0.390	0.518	0.616	0.691	0.760	0.796	0.834	0.864	0.889	0.909	0.925	0.939	0.950	0.959	0.966	0.972	0.977	0.981	0.985
0.65	0.210	0.356	0.476	0.569	0.643	0.703	0.752	0.792	0.826	0.854	0.877	0.897	0.913	0.927	0.939	0.948	0.957	0.964	0.969	0.974
0.70	0.186	0.318	0.428	0.516	0.588	0.647	0.697	0.740	0.776	0.807	0.834	0.857	0.877	0.894	0.909	0.921	0.932	0.942	0.950	0.957
0.75	0.161	0.276	0.374	0.455	0.523	0.581	0.631	0.675	0.713	0.747	0.776	0.803	0.826	0.846	0.864	0.880	0.894	0.907	0.917	0.927
0.80	0.133	0.230	0.314	0.386	0.448	0.502	0.550	0.593	0.632	0.667	0.698	0.727	0.753	0.776	0.798	0.817	0.834	0.850	0.864	0.877
0.86	0.103	0.179	0.248	0.307	0.360	0.407	0.450	0.490	0.527	0.561	0.593	0.622	0.650	0.675	0.698	0.720	0.740	0.759	0.776	0.793
0.90	0.071	0.125	0.174	0.217	0.257	0.294	0.329	0.362	0.393	0.423	0.451	0.478	0.503	0.527	0.550	0.572	0.593	0.613	0.632	0.650
0.95	0.036	0.065	0.091	0.115	0.138	0.160	0.181	0.201	0.221	0.240	0.259	0.277	0.295	0.312	0.329	0.346	0.362	0.378	0.393	0.408
1.00	0.000	0.000	0.000	0.000	0.000	0.000	0.000	0.000	0.000	0.000	0.000	0.000	0.000	0.000	0.000	0.000	0.000	0.000	0.000	0.000

α / ξ	11.0	11.5	12.0	12.5	13.0	13.5	14.0	14.5	15.0	15.5	16.0	16.5	17.0	17.5	18.0	18.5	19.0	19.5	20.0	20.5
0.00	0.999	0.999	0.999	0.999	0.999	0.999	1.000	1.000	1.000	1.000	1.000	1.000	1.000	1.000	1.000	1.000	1.000	1.000	1.000	1.000
0.05	0.999	0.999	0.999	0.999	0.999	0.999	0.999	0.999	1.000	1.000	1.000	1.000	1.000	1.000	1.000	1.000	1.000	1.000	1.000	1.000
0.10	0.999	0.999	0.999	0.999	0.999	0.999	0.999	0.999	0.999	1.000	1.000	1.000	1.000	1.000	1.000	1.000	1.000	1.000	1.000	1.000
0.15	0.999	0.999	0.999	0.999	0.999	0.999	0.999	0.999	0.999	0.999	1.000	1.000	1.000	1.000	1.000	1.000	1.000	1.000	1.000	1.000
0.20	0.999	0.999	0.999	0.999	0.999	0.999	0.999	0.999	0.999	0.999	0.999	0.999	0.999	1.000	1.000	1.000	1.000	1.000	1.000	1.000
0.25	0.999	0.999	0.999	0.999	0.999	0.999	0.999	0.999	0.999	0.999	0.999	0.999	0.999	0.999	0.999	1.000	1.000	1.000	1.000	1.000
0.30	0.999	0.999	0.999	0.999	0.999	0.999	0.999	0.999	0.999	0.999	0.999	0.999	0.999	0.999	0.999	0.999	0.999	0.999	1.000	1.000
0.35	0.999	0.999	0.999	0.999	0.999	0.999	0.999	0.999	0.999	0.999	0.999	0.999	0.999	0.999	0.999	0.999	0.999	0.999	0.999	0.999
0.40	0.998	0.998	0.999	0.999	0.999	0.999	0.999	0.999	0.999	0.999	0.999	0.999	0.999	0.999	0.999	0.999	0.999	0.999	0.999	0.999
0.45	0.997	0.998	0.998	0.998	0.999	0.999	0.999	0.999	0.999	0.999	0.999	0.999	0.999	0.999	0.999	0.999	0.999	0.999	0.999	0.999
0.50	0.995	0.996	0.997	0.998	0.998	0.998	0.999	0.999	0.999	0.999	0.999	0.999	0.999	0.999	0.999	0.999	0.999	0.999	0.999	0.999
0.55	0.992	0.994	0.995	0.996	0.997	0.997	0.998	0.998	0.998	0.999	0.999	0.999	0.999	0.999	0.999	0.999	0.999	0.999	0.999	0.999
0.60	0.987	0.989	0.991	0.993	0.994	0.995	0.996	0.996	0.997	0.997	0.998	0.998	0.998	0.999	0.999	0.999	0.999	0.999	0.999	0.999
0.65	0.978	0.982	0.985	0.987	0.989	0.991	0.992	0.993	0.994	0.995	0.996	0.996	0.997	0.997	0.998	0.998	0.998	0.998	0.999	0.999
0.70	0.963	0.969	0.972	0.976	0.979	0.982	0.985	0.987	0.988	0.990	0.991	0.992	0.993	0.994	0.995	0.996	0.996	0.997	0.997	0.997
0.75	0.936	0.943	0.950	0.956	0.961	0.965	0.969	0.973	0.976	0.979	0.981	0.983	0.985	0.987	0.988	0.990	0.991	0.992	0.993	0.994
0.80	0.889	0.899	0.909	0.917	0.925	0.932	0.939	0.945	0.950	0.954	0.959	0.963	0.966	0.968	0.972	0.975	0.977	0.979	0.981	0.983
0.85	0.808	0.821	0.834	0.846	0.857	0.868	0.877	0.886	0.894	0.902	0.909	0.915	0.921	0.927	0.932	0.937	0.942	0.946	0.950	0.953
0.90	0.667	0.683	0.698	0.713	0.727	0.740	0.753	0.765	0.776	0.787	0.798	0.808	0.817	0.826	0.834	0.842	0.850	0.857	0.864	0.871
0.95	0.423	0.437	0.451	0.464	0.478	0.490	0.503	0.515	0.527	0.538	0.550	0.561	0.572	0.583	0.593	0.603	0.613	0.622	0.632	0.641
1.00	0.000	0.000	0.000	0.000	0.000	0.000	0.000	0.000	0.000	0.000	0.000	0.000	0.000	0.000	0.000	0.000	0.000	0.000	0.000	0.000

这里
$$M_j = M_{pj} - \sum_{s=j}^{n} m_s \tag{6.65}$$

j 层墙肢的剪力，可直接按下述考虑弯曲和剪切变形后的抗剪刚度进行分配求得。

$$\left.\begin{aligned}V_1 &= \frac{\tilde{I}_1}{\sum\limits_{1}^{2} \tilde{I}_i} V_j \\[2ex] V_2 &= \frac{\tilde{I}_2}{\sum\limits_{1}^{2} \tilde{I}_i} V_j\end{aligned}\right\} \tag{6.66}$$

这里 $\tilde{I}_i$ 是墙肢考虑剪切变形后的折算惯性矩：

$$\tilde{I}_i = \frac{I_i}{1 + \dfrac{12\mu E I_i}{GA_i h^2}} \quad (i = 1,\ 2) \tag{6.67}$$

5. 双肢墙的位移与等效刚度

有了剪力墙的内力后，剪力墙的水平位移可由下面的公式求出。其中，由于墙肢弯曲变形产生的水平位移 y_m，由式（6.40）积分求出；由于墙肢剪切变形产生的水平位移 y_v，由剪切变形与墙肢剪力间的下述关系积分求出：

$$\frac{dy_v}{dx} = -\frac{\mu V_p}{G(A_1 + A_2)} \tag{6.68}$$

因而，剪力墙的水平位移为

$$y = y_m + y_v = \frac{1}{E\sum\limits_{i=1}^{2} I_i} \int_H^x \int_H^x M_p\,dx\,dx - \frac{1}{E\sum\limits_{i=1}^{2} I_i} \int_H^x \int_H^x \int_0^x m(x)\,dx\,dx\,dx - \frac{\mu}{G\sum\limits_{i=1}^{2} A_i} \int_H^x V_p\,dx \tag{6.69}$$

对于三种常用的荷载，积分后可求得

$$y = \frac{V_0 H^3}{60 E \sum I_i}(1-T)(11 - 15\xi + 5\xi^4 - \xi^5) + \frac{\mu V_0 H}{G \sum A_i}\left[(1-\xi)^2 - \frac{1}{3}(1-\xi^3)\right]$$
$$- \frac{V_0 H^3 T}{E \sum I_i}\left\{C_1 \frac{1}{\alpha^3}[\operatorname{sh}\alpha\xi + (1-\xi)\alpha\operatorname{ch}\alpha - \operatorname{sh}\alpha]\right.$$
$$+ C_2 \frac{1}{\alpha^3}\left[\operatorname{ch}\alpha\xi + (1-\xi)\alpha\operatorname{sh}\alpha - \operatorname{ch}\alpha - \frac{1}{2}\alpha^2\xi^2 + \alpha^2\xi - \frac{1}{2}\alpha^2\right]$$
$$\left.- \frac{1}{3\alpha^2}(2 - 3\xi + \xi^2)\right\} \qquad\text{（倒三角形荷载）} \tag{6.70}$$

$$y = \frac{V_0 H^3}{24 E \sum I_i}(1-T)(3 - 4\xi + \xi^4) - \frac{\mu V_0 H}{2 G \sum A_i}(1-\xi^2)$$
$$- \frac{V_0 H^3 T}{E \sum I_i}\left\{C_1 \frac{1}{\alpha^3}[\operatorname{sh}\alpha\xi + (1-\xi)\alpha\operatorname{ch}\alpha - \operatorname{sh}\alpha]\right.$$
$$\left.+ C_2 \frac{1}{\alpha^3}\left[\operatorname{ch}\alpha\xi + (1-\xi)\alpha\operatorname{sh}\alpha - \operatorname{ch}\alpha - \frac{1}{2}\alpha^2\xi^2 + \alpha^2\xi - \frac{1}{2}\alpha^2\right]\right\}\text{（均布荷载）} \tag{6.71}$$

$$y = \frac{V_0 H^3}{6E\sum I_i}(1-T)(2-3\xi+\xi^3) + \frac{\mu V_0 H}{G\sum A_i}(1-\xi)$$

$$- \frac{V_0 H^3 T}{E\sum I_i}\left\{C_1\frac{1}{\alpha^3}\left[\text{sh}\alpha\xi+(1-\xi)\alpha\text{ch}\alpha-\text{sh}\alpha\right]\right.$$

$$\left. + C_2\frac{1}{\alpha^3}\left[\text{ch}\alpha\xi+(1-\xi)\alpha\text{sh}\alpha-\text{ch}\alpha-\frac{1}{2}\alpha^2\xi^2+\alpha^2\xi-\frac{1}{2}\alpha^2\right]\right\}\text{(顶部集中力)} \quad (6.72)$$

式中：$T=\dfrac{\alpha_1^2}{\alpha^2}$，其物理意义在后面讨论轴向变形的影响时再说明。

当 $\xi=0$ 时，得顶点水平位移为

$$\Delta = \frac{11V_0 H^3}{60E\sum I_i}(1-T) + \frac{2\mu V_0 H}{3G\sum A_i} - \frac{V_0 H^3 T}{E\sum I_i}\left[C_1\frac{1}{\alpha^3}(\alpha\text{ch}\alpha-\text{sh}\alpha)\right.$$

$$\left. + C_2\frac{1}{\alpha^3}\left(1+\alpha\text{sh}\alpha-\text{ch}\alpha-\frac{1}{2}\alpha^2\right)-\frac{2}{3\alpha^2}\right] \quad \text{（倒三角形荷载）} \quad (6.73)$$

$$\Delta = \frac{V_0 H^3}{8E\sum I_i}(1-T) + \frac{\mu V_0 H}{2G\sum A_i} - \frac{V_0 H^3 T}{E\sum I_i}\left[C_1\frac{1}{\alpha^3}(\alpha\text{ch}\alpha-\text{sh}\alpha)\right.$$

$$\left. + C_2\frac{1}{\alpha^3}\left(1+\alpha\text{sh}\alpha-\text{ch}\alpha-\frac{1}{2}\alpha^2\right)\right] \quad \text{（均布荷载）} \quad (6.74)$$

$$\Delta = \frac{V_0 H^3}{3E\sum I_i}(1-T) + \frac{\mu V_0 H}{G\sum A_i} - \frac{V_0 H^3 T}{E\sum I_i}\left[C_1\frac{1}{\alpha^3}(\alpha\text{ch}\alpha-\text{sh}\alpha)\right.$$

$$\left. + C_2\frac{1}{\alpha^3}\left(1+\alpha\text{sh}\alpha-\text{ch}\alpha-\frac{1}{2}\alpha^2\right)\right] \quad \text{（顶部集中力）} \quad (6.75)$$

将前面求得的 C_1 和 C_2 代入后，经过整理，上式可写为

$$\Delta = \begin{cases} \dfrac{11}{60}\dfrac{V_0 H^3}{E\sum I_i}(1+3.64\gamma^2-T+\psi_\alpha T) \\[2mm] \dfrac{1}{8}\dfrac{V_0 H^3}{E\sum I_i}(1+4\gamma^2-T+\psi_\alpha T) \\[2mm] \dfrac{1}{3}\dfrac{V_0 H^3}{E\sum I_i}(1+3\gamma^2-T+\psi_\alpha T) \end{cases} \quad (6.76)$$

$$\gamma^2 = \frac{\mu E\sum I_i}{H^2 G\sum A_i}$$

$$\psi_\alpha = \begin{cases} \dfrac{60}{11}\dfrac{1}{\alpha^2}\left(\dfrac{2}{3}+\dfrac{2\text{sh}\alpha}{\alpha^3\text{ch}\alpha}-\dfrac{2}{\alpha^2\text{ch}\alpha}-\dfrac{\text{sh}\alpha}{\alpha\text{ch}\alpha}\right) \\[3mm] \dfrac{8}{\alpha^2}\left(\dfrac{1}{2}+\dfrac{1}{\alpha^2}-\dfrac{1}{\alpha^2\text{ch}\alpha}-\dfrac{\text{sh}\alpha}{\alpha\text{ch}\alpha}\right) \\[3mm] \dfrac{3}{\alpha^2}\left(1-\dfrac{1}{\alpha}\dfrac{\text{sh}\alpha}{\text{ch}\alpha}\right) \end{cases} \quad (6.77)$$

ψ_α 为与 α 有关的函数，计算时可查表 6.8。

以后为了应用的方便，引进等效刚度的概念。剪力墙的等效刚度（或叫等效惯性矩）就是将墙的弯曲、剪切和轴向变形之后的顶点位移，按顶点位移相等的原则，折算成一个只考虑弯曲变形的等效竖向悬臂杆的刚度。如受均布荷载的悬臂杆，只考虑弯曲变形时的

表 6.8

ψ_α 值表

α	倒三角形荷载	均布荷载	顶部集中力	α	倒三角形荷载	均布荷载	顶部集中力
1.000	0.720	0.722	0.715	11.000	0.026	0.027	0.022
1.500	0.537	0.540	0.528	11.500	0.023	0.025	0.020
2.000	0.399	0.403	0.388	12.000	0.022	0.023	0.019
2.500	0.302	0.306	0.290	12.500	0.020	0.021	0.017
3.000	0.234	0.238	0.222	13.000	0.019	0.020	0.016
3.500	0.186	0.190	0.175	13.500	0.017	0.018	0.015
4.000	0.151	0.155	0.140	14.000	0.016	0.017	0.014
4.500	0.125	0.128	0.115	14.500	0.015	0.016	0.013
5.000	0.105	0.108	0.096	15.000	0.014	0.015	0.012
5.500	0.089	0.092	0.081	15.500	0.013	0.014	0.011
6.000	0.077	0.080	0.069	16.000	0.012	0.013	0.010
6.500	0.067	0.070	0.060	16.500	0.012	0.013	0.010
7.000	0.058	0.061	0.052	17.000	0.011	0.012	0.009
7.500	0.052	0.054	0.046	17.500	0.010	0.011	0.009
8.000	0.046	0.048	0.041	18.000	0.010	0.011	0.008
8.500	0.041	0.043	0.036	18.500	0.009	0.010	0.008
9.000	0.037	0.039	0.032	19.000	0.009	0.009	0.007
9.500	0.034	0.035	0.029	19.500	0.008	0.009	0.007
10.000	0.031	0.032	0.027	20.000	0.008	0.009	0.007
10.500	0.028	0.030	0.024	20.500	0.008	0.008	0.006

顶点位移为（图 6.20）

$$\Delta = \frac{1}{8}\frac{qH^4}{EI} = \frac{1}{8}\frac{V_0 H^3}{EI}$$

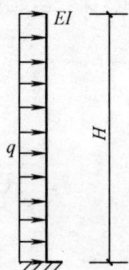

图 6.20　弯曲悬臂杆

因此，由双肢墙的顶点位移公式可以认为受均布荷载的剪力墙的等效惯性矩为

$$I_{eq} = \sum_{i=1}^{2} I_i / (1 + 4\gamma^2 - T + \psi_\alpha T)$$

下面写出三种荷载的等效惯性矩

$$I_{eq} = \begin{cases} \sum I_i / [(1-T) + T\psi_\alpha + 3.64\gamma^2] \\ \sum I_i / [(1-T) + T\psi_\alpha + 4\gamma^2] \\ \sum I_i / [(1-T) + T\psi_\alpha + 3\gamma^2] \end{cases} \qquad (6.78)$$

有了等效惯性矩，可以直接按受弯悬臂杆的计算公式计算顶点位移

$$\Delta = \begin{cases} \dfrac{11}{60}\dfrac{V_0 H^3}{EI_{eq}} & \text{（倒三角形荷载）} \\[2mm] \dfrac{1}{8}\dfrac{V_0 H^3}{EI_{eq}} & \text{（均布荷载）} \\[2mm] \dfrac{1}{3}\dfrac{V_0 H^3}{EI_{eq}} & \text{（顶部集中力）} \end{cases} \qquad (6.79)$$

6. 关于墙肢剪切变形和轴向变形的影响

在上节的公式推导中，$G(A_1 + A_2)$ 反映墙肢的剪切刚度；计算结果中 $\gamma^2 = \dfrac{\mu E \sum I_i}{H^2 G \sum A_i}$ 为反映考虑墙肢剪切变形影响的参数，叫剪切参数。当忽略剪切变形的影响时，$\gamma = 0$。

在前面的公式中 α_1^2 是未考虑墙肢轴向变形的整体参数，α^2 是考虑墙肢轴向变形的整体参数，它们的比值 $T=\dfrac{\alpha_1^2}{\alpha^2}=\dfrac{2Sc}{\sum I_i+2Sc}=\dfrac{I_A}{I}$，叫轴向变形影响参数。

图 6.21 为一 20 层双肢剪力墙，图中给出了①考虑弯曲、轴向、剪切变形，②考虑弯曲、轴向变形，③仅考虑弯曲变形三种情况的比较曲线。从①、②曲线的对比可以看出，不考虑剪切变形影响，误差是不大的。一般说来，当高宽比 $\dfrac{H}{B}\geqslant 4$ 时，剪切变形的影响对双肢墙影响较小，忽略剪切变形的影响，误差一般不超过 10%；对多肢墙由于高宽比较小，剪切变形的影响要稍大一些，可达 20%。《高层规程》中规定：对剪力墙宜考虑剪切变形的影响。

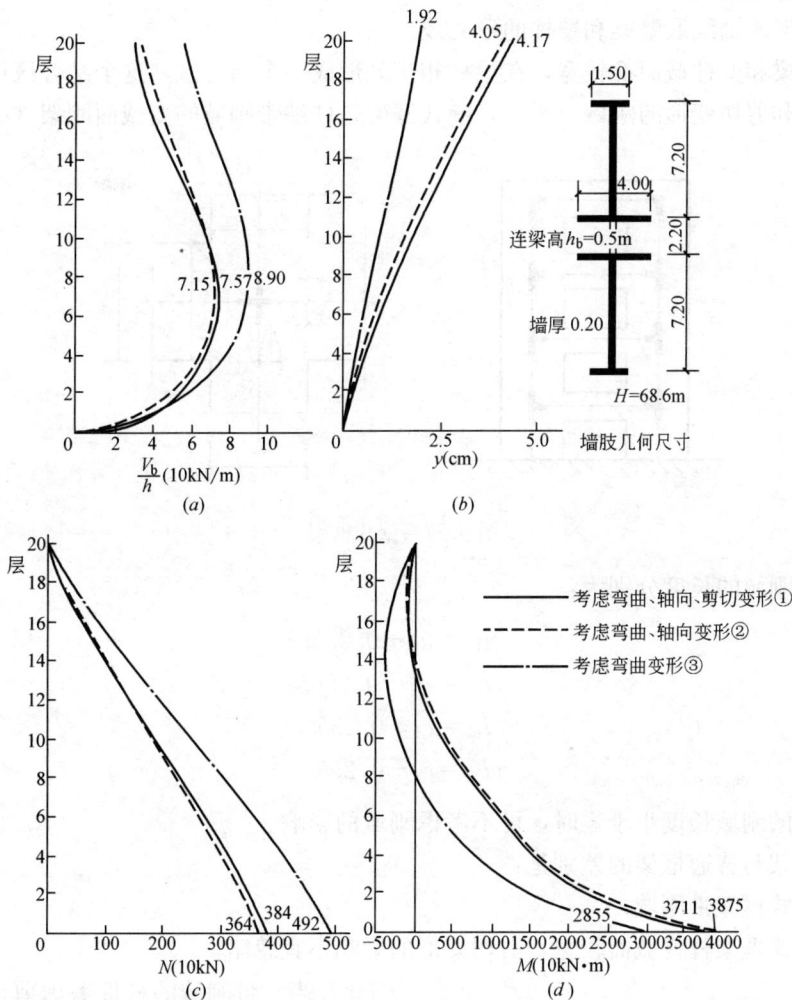

图 6.21　弯曲变形、轴向变形和剪切变形对内力和位移的影响
(a) 连续剪力；(b) 水平位移；(c) 墙肢轴力；(d) 墙肢弯矩

从图 6.21 中①、③曲线的对比可以看出，不考虑轴向变形的影响，误差是相当大的。轴向变形的影响是与层数有关的，层数愈多，轴向变形的影响愈大。忽略轴向变形对内力和位移的误差大致如表 6.9 所列。

误差　　　层数	10	15	20	30
内力	±(10~15)%	±20%	±(20~30)%	±50%
位移	小 30%	小 50%	小 200%	小 400%以上

所以，《高层规程》中规定：对 50m 以上或高宽比大于 4 的结构，宜考虑墙肢在水平荷载作用下的轴向变形对内力和位移的影响。

6.5.5 壁式框架在水平荷载下的内力与位移计算方法

1. 计算简图

壁式框架的轴线取壁梁和壁柱的形心线。

由于壁梁和壁柱截面都较宽，在梁柱相交处形成一个结合区，这个结合区可视为不产生弯曲变形和剪切变形的刚域。因此，壁式框架是杆端带刚域的变截面刚架（图 6.22）。

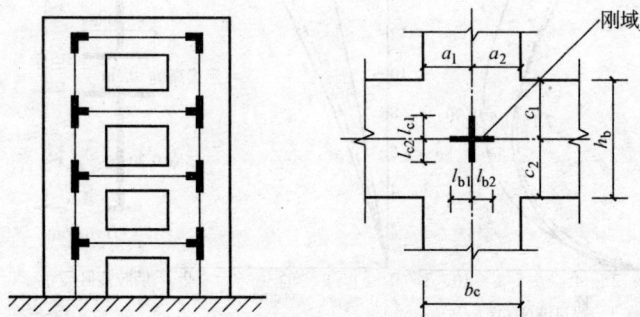

图 6.22　壁式框架

梁和柱刚域的长度分别为：

$$\begin{cases} l_{b1} = a_1 - 0.25h_b \\ l_{b2} = a_2 - 0.25h_b \\ l_{c1} = c_1 - 0.25b_c \\ l_{c2} = c_2 - 0.25b_c \end{cases} \tag{6.80}$$

当计算的刚域长度小于零时，可不考虑刚域的影响。

壁式框架与普通框架的差别是：

（1）壁式框架带刚域；

（2）壁式框架杆件截面较宽，剪切变形的影响不宜忽略。

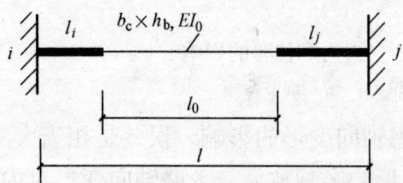

图 6.23　带刚域杆件

因此，当对带刚域的杆件考虑剪切变形后的 D 值进行修正和对反弯点高度比 y 值进行修正后，便可以用 D 值法对壁式框架在水平荷载作用下的内力与变形进行计算。

带刚域杆件（图 6.23）的等效刚度可按下式计算：

$$EI = EI_0 \eta_v \left(\frac{l}{l_0}\right)^3 \qquad (6.81)$$

式中 EI_0——杆件中段截面刚度；

η_v——考虑剪切变形的刚度折减系数，按表6.10取用；

l_0——杆件中段长度；

h_b——杆件中段截面高度。

考虑剪切变形的刚度折减系数 η_v　　　　　　　表6.10

h_b/l_0	0.0	0.1	0.2	0.3	0.4	0.5	0.6	0.7	0.8	0.9	1.0
η_v	1.00	0.97	0.89	0.79	0.68	0.57	0.48	0.41	0.34	0.29	0.25

壁式框架带刚域杆件变为等效等截面杆件后，可采用 D 值法进行简化计算。

2. 带刚域杆件考虑剪切变形后的刚度系数和 D 值的修正（图6.24）

当1、2两端各有一个单位转角时，$1'$、$2'$ 两点除有单位转角外，还有线位移 al 和 bl，即还有弦转角：

$$\varphi = \frac{al + bl}{l'} = \frac{a+b}{1-a-b} \qquad (6.82)$$

为了便于求出 m_{12} 和 m_{21}，可先假定 $1'$ 和 $2'$ 为铰接，使刚域各产生一个单位转角。这时，在梁内并不产生内力。然后又在 $1'$、$2'$ 点处加上弯矩 $m_{1'2'}$ 与 $m_{2'1'}$，使 $1'$—$2'$ 段从斜线位置变到所要求的变形位置。这时 $1'$—$2'$ 段两端都转了一个角度：

$$1 + \varphi = \frac{1}{1-a-b} \qquad (6.83)$$

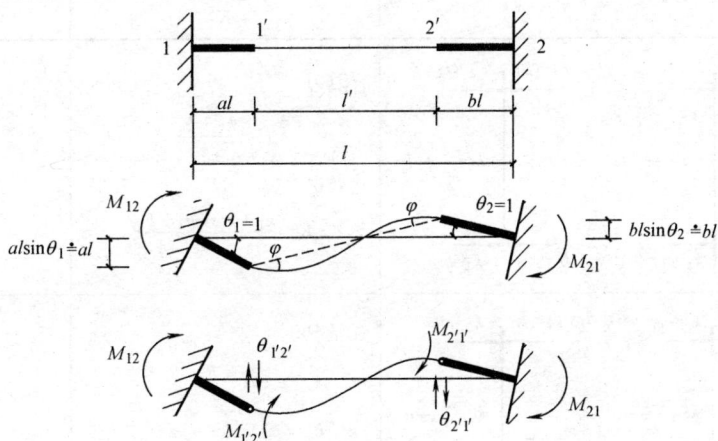

图6.24　带刚域杆件的变形

所以　　　　$$m_{1'2'} = m_{2'1'} = \frac{6EI}{(1+\beta_i)l'}\left(\frac{1}{1-a-b}\right) = \frac{6EI}{(1+\beta_i)(1-a-b)^2 l} \qquad (6.84)$$

式中　β_i——考虑剪切变形影响的附加系数，$\beta_i = \dfrac{12EI\mu}{GAl'^2}$。

$$V_{1'2'} = V_{2'1'} = \frac{m_{1'2'} + m_{2'1'}}{l'} = \frac{6EI}{(1-a-b)^3 l^2 (1+\beta_i)} \qquad (6.85)$$

$$m_{12} = m_{1'2'} + V_{1'2'} \cdot al = \frac{6EI(1+a-b)}{(1+\beta_i)(1-a-b)^3 l} = 6ci \tag{6.86}$$

$$m_{21} = m_{2'1'} + V_{2'1'} \cdot bl = \frac{6EI(1-a+b)}{(1+\beta_i)(1-a-b)^3 l} = 6c'i \tag{6.87}$$

式中

$$c = \frac{1+a-b}{(1+\beta_i)(1-a-b)^3} \tag{6.88}$$

$$c' = \frac{1-a+b}{(1+\beta_i)(1-a-b)^3} \tag{6.89}$$

$$i = \frac{EI}{l} \tag{6.90}$$

令

$$K'_{12} = ci \quad K'_{21} = c'i \tag{6.91}$$

则

$$m_{12} = 6K'_{12} \quad m_{21} = 6K'_{21} \tag{6.92}$$

若为等截面杆，$m = 12i$，故 $K' = \frac{c+c'}{2}i$，因此可按等截面杆计算柱的 D 值，但取

$$K_c = \frac{c+c'}{2}i_c \tag{6.93}$$

在带刚域的框架中用杆件修正刚度 K 代替普通框架中的 i，梁取为 $K = ci$ 或 $c'i$，柱取为 $K_c = \frac{c+c'}{2}i_c$，就可以按普通框架设计中给出的方法，计算柱的 D 值：

$$D = \frac{\alpha_c 12 K_c}{h^2} \tag{6.94}$$

α_c 值的计算见表 6.11。

壁式框架 α_c 值计算 表 6.11

		K	α_c
一般层	① $k_2 = ci_2$　② $k_1 = c'i_1$ $k_2 = ci_2$　$k_c = \frac{c+c'}{2}i_c$　$k_c = \frac{c+c'}{2}i_c$　$k_4 = ci_4$　$k_3 = c'i_3$ $k_4 = ci_4$	①情况 $K = \frac{k_2 + k_4}{2k_c}$ ②情况 $K = \frac{k_1 + k_2 + k_3 + k_4}{2k_c}$	$\alpha_c = \frac{K}{2+K}$
底层	① $k_2 = ci_2$　② $k_1 = c'i_1$ $k_2 = ci_2$　$k_c = \frac{c+c'}{2}i_c$　$k_c = \frac{c+c'}{2}i_c$	①情况 $K = \frac{k_2}{k_c}$ ②情况 $K = \frac{k_1 + k_2}{k_c}$	$\alpha_c = \frac{0.5+K}{2+K}$

3. 反弯点高度比的修正（图 6.25）

$$y = a + sy_0 + y_1 + y_2 + y_3 \tag{6.95}$$

$$s = h'/h = 1 - a - b \tag{6.96}$$

式中　y_0——标准反弯点高度比，由框架结构设计中的表 5.7 查得，但梁柱刚度比 K 要用 K' 代替；

$$K' = \frac{sK_1 + sK_2 + sK_3 + sK_4}{2i_c/s} = s^2 \frac{K_1 + K_2 + K_3 + K_4}{2i_c} \tag{6.97}$$

$$i_c = \frac{EI}{h} \tag{6.98}$$

y_1——上下梁刚度变化时的修正值，由 K' 及 α_1 查表 5.9，$\alpha_1 = (K_1 + K_2)/(K_3 + K_4)$ 或 $(K_3 + K_4)/(K_1 + K_2)$；

y_2——上层层高变化时的修正值，由 K' 及 α_2 查表 5.10，$\alpha_2 = h_{上}/h$；

y_3——下层层高变化时的修正值，由 K' 及 α_3 查表 5.10，$\alpha_3 = h_{下}/h$。

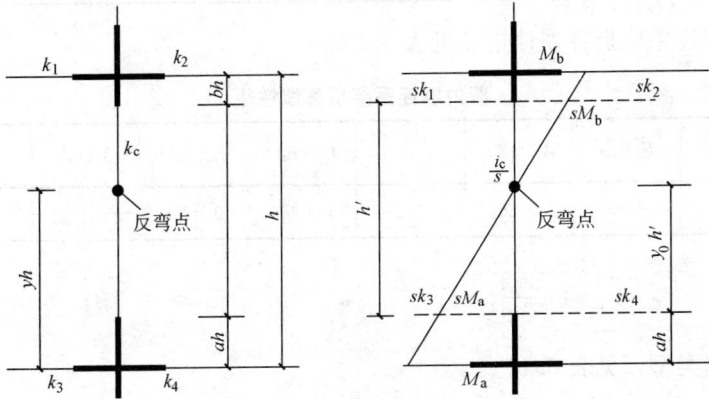

图 6.25 带刚域柱的反弯点高度

【例 6-1】 已知剪力墙立面尺寸如图 6.26，墙厚 200mm，20 层，混凝土为 C30，每层楼面和屋面处均有一集中荷载 P 作用。

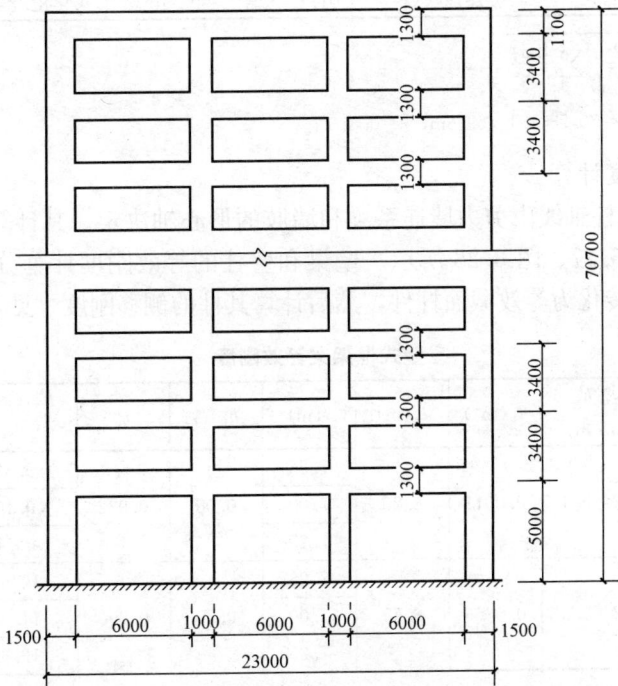

图 6.26 剪力墙立面图

要求：分别用手算和有限元程序计算其内力和位移，并将计算结果进行比较。

【解】 1. 手算法（D 值法）

（1）剪力墙的截面特性：见表 6.12。

剪力墙的截面特性　　　　　　　　　　　　表 6.12

墙平面尺寸（m）				各墙肢截面面积（m²）				各墙肢截面惯性矩（m⁴）				形心 x（m）	组合截面惯性矩 I（m⁴）
				A_1	A_2	A_3	A_4	I_1	I_2	I_3	I_4		
1.50 　6.00　1.00　6.00　1.00　6.00　1.50　23.00				0.3000	0.2000	0.2000	0.3000	0.0563	0.0167	0.0167	0.0563	11.500	74.3835
				$\sum A_j = 1.0000$				$\sum I_j = 0.1460$					

（2）剪力墙连系梁折算惯性矩：见表 6.13。

剪力墙连系梁折算惯性矩　　　　　　　　表 6.13

l_{0j0}（m）	h_b（m）	l_{bj}（m）	A_{bj}（m²）	μ	I_{bj0}（m⁴）	I_{bj}（m⁴）	α_j（m）	$\sum\limits_{j=1}^{k}\dfrac{I_{bj}\alpha_j^2}{l_{bj}^3}$（m³）
6.00	1.30	6.65	0.26	1.2	0.0366	0.0328	7.25 7.00	0.0172

注：1. $l_{bj}=l_{bj0}+\dfrac{h_b}{2}$；2. $I_{bj}=\dfrac{I_{bj0}}{1+\dfrac{30\mu I_{bj0}}{A_{bj}l_{bj}^2}}$。

（3）剪力墙类型：见表 6.14。

剪　力　墙　类　型　　　　　　　　　　表 6.14

$\sum I_j$（m⁴）	I（m⁴）	$I_n = I - \sum I_j$（m⁴）	$\sum\limits_{j=1}^{k}\dfrac{I_{bj}\alpha_j^2}{l_{bj}^3}$（m³）	α	I_n/I	类型
0.1460	74.3835	74.2375	0.0172	50 > 10	0.998 > ζ = 0.933	壁式框架

注：1. $\alpha = H\sqrt{\dfrac{12}{\tau h \sum I_j}\sum\limits_{j=1}^{k}\dfrac{I_{bj}\alpha_j^2}{l_{bj}^3}}$；

2. $h=3.4$m，$H=70.7-1.1=69.6$m，$\tau=0.8$。

（4）剪力墙刚度计算

1）壁式框架梁柱轴线由剪力墙连系梁和墙肢的形心轴决定。其计算简图及壁式框架刚域长度分别如图 6.27、图 6.28 所示。壁梁和壁柱的等效刚度计算分别见表 6.15、表 6.16，将壁式框架转化为等效截面杆件，然后计算其柱的侧移刚度，见表 6.17。

壁式框架梁等效刚度　　　　　　　　　　表 6.15

楼层	梁	$b_b \times h_b$（m×m）	I_b（m⁴）	l_0（m）	l（m）	h_b/l_0	η_v	$E_c I$（×10⁵）（kN·m²）	K_b（×10⁵）（kN·m）
20	左梁	0.2×0.4	0.0011	6.20	7.25	0.06	0.982	0.5182	0.0715
	中梁				7.00			0.4664	0.0666
	右梁				7.25			0.5182	0.0715
1～19	左梁	0.2×1.3	0.0366	6.65	7.25	0.20	0.890	12.6631	1.7466
	中梁				7.00			11.3978	1.6283
	右梁				7.25			12.6631	1.7466

注：1. C30，$E_c = 3.0 \times 10^7$ kN/m²；2. $E_c I = E_c I_b \eta_v \ (l/l_0)^3$；3. $K_b = E_c I/l$；

4. 表中符号如图 6.29 所示。

192

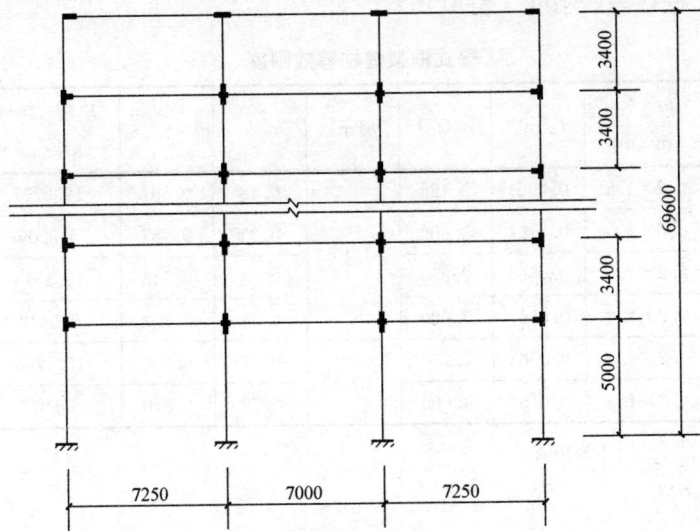

图 6.27　壁式框架计算简图

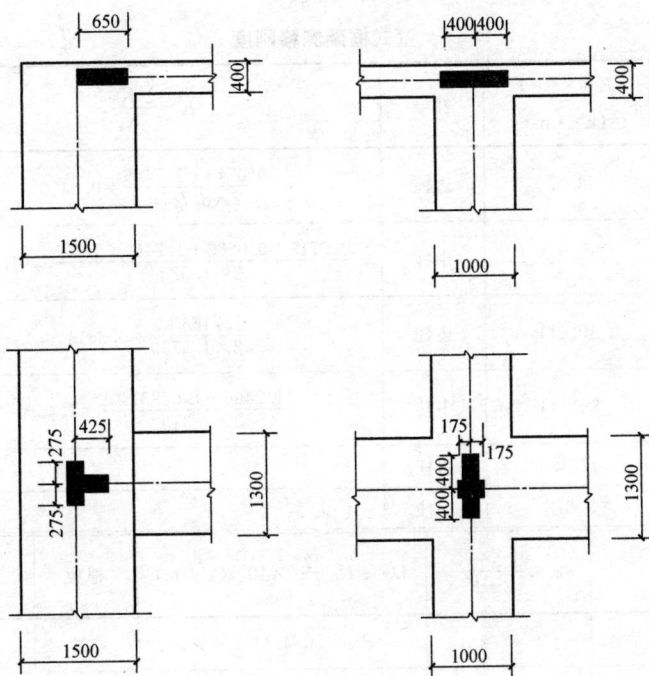

图 6.28　壁式框架刚域长度

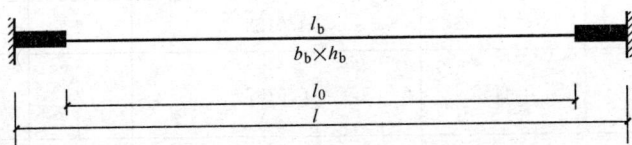

图 6.29　带刚臂梁单元

2) 壁式框架壁柱等效刚度（表 6.16）

壁式框架壁柱等效刚度　　　　表 6.16

楼层	柱	$b_c \times h_c$ ($m \times m$)	$I_c(m^4)$	$h_0(m)$	$h(m)$	h_c/h_0	η_v	$E_cI(\times 10^5)$ ($kN \cdot m^2$)	$K_c(\times 10^5)$ ($kN \cdot m$)
20	边柱	0.2×1.5	0.0563	3.125	3.40	0.48	0.592	12.8777	3.7876
	中柱	0.2×1.0	0.0167	3.000		0.33	0.757	5.5209	1.6238
2～19	边柱	0.2×1.5	0.0563	2.850		0.53	0.543	15.5715	4.5799
	中柱	0.2×1.0	0.0167	2.600		0.38	0.702	7.8649	2.3132
1	边柱	0.2×1.5	0.0563	4.725	5.00	0.32	0.768	15.3708	3.0742
	中柱	0.2×1.0	0.0167	4.600		0.22	0.870	5.5975	1.1195

注：1. C30，$E_c=3.0\times10^7 kN/m^2$；

2. $E_cI=E_cI_c\eta_v(h/h_0)^3$；

3. $K_c=E_cI/h$；

4. 表中符号如图 6.29 所示。

3) 壁式框架侧移刚度（表 6.17）

壁式框架侧移刚度　　　　表 6.17

楼层	$h(m)$	$K_c(\times 10^5)$ ($kN \cdot m$)	柱号	$\overline{K}=\dfrac{\sum K_b}{2K_c}$	$\alpha_c=\dfrac{\overline{K}}{2+\overline{K}}$
20	3.4	33.420	边柱	$\dfrac{0.0715+1.7466}{2\times3.7876}=0.2400$	0.1071
		14.327	中柱	$\dfrac{0.0715+0.0666+1.7466+1.6283}{2\times1.6238}=1.0817$	0.3510
2～19	3.4	40.411	边柱	$\dfrac{1.7466\times2}{2\times4.5799}=0.3814$	0.1602
		20.411	中柱	$\dfrac{(1.7466+1.6283)\times2}{2\times2.3132}=1.4590$	0.4218
1	5.0	27.125	边柱		
		9.878	中柱		

$\overline{K}=\dfrac{\sum K_b}{K_c}$	$\alpha_c=\dfrac{0.5+\overline{K}}{2+\overline{K}}$	$D=\alpha_c K_c\dfrac{12}{h^2}(\times10^5)(kN/m)$	根数	$\sum D(\times10^5)(kN/m)$
		0.4211	2	0.8422
		0.5916	2	1.1833
		0.7616	2	1.5233
		1.0128	2	2.0257
$\dfrac{1.7466}{3.0742}=0.5681$	0.4159	0.6137	2	1.2274
$\dfrac{1.7466+1.6283}{1.1195}=3.0146$	0.7008	0.3766	2	0.7532

（5）壁式框架壁柱反弯点位置计算（图 6.30、表 6.18 和表 6.19）

壁柱的反弯点高度取决于框架的层数、柱子所在的位置、上下层梁的刚度比值、上下层层高与本层层高的比值以及荷载的作用形式等。

壁柱的反弯点高度比按下式计算

$$\nu = \nu_0 + \nu_1 + \nu_2 + \nu_3 \tag{6.99}$$

式中 ν_0——标准反弯点高度比，是在各层等高、各跨相等、各层梁和柱线刚度都不改变的情况下求得的反弯点高度比；

ν_1——因上、下层梁刚度比变化的修正值；

ν_2——因上层层高变化梁的修正值；

ν_3——因下层层高变化梁的修正值；

ν_0、ν_1、ν_2、ν_3 的取值见表 5.8～表 5.10。

（6）水平荷载作用下壁柱分配的剪力及柱弯矩计算（表 6.20）

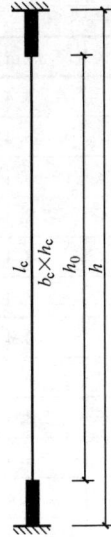

图 6.30 带刚臂柱单元

壁式框架边壁柱反弯点位置   表 6.18

楼层	h(m)	$\bar{k}$	ν_0	ν_1	ν_2	ν_3	ν
20	3.4	0.2400	0.01	0.36	0.00	0.00	0.37
19	3.4	0.3814	0.29	0.00	0.00	0.00	0.29
18	3.4	0.3814	0.34	0.00	0.00	0.00	0.34
17	3.4	0.3814	0.39	0.00	0.00	0.00	0.39
16	3.4	0.3814	0.38	0.00	0.00	0.00	0.38
15	3.4	0.3814	0.42	0.00	0.00	0.00	0.42
14	3.4	0.3814	0.44	0.00	0.00	0.00	0.44
13	3.4	0.3814	0.45	0.00	0.00	0.00	0.45
12	3.4	0.3814	0.45	0.00	0.00	0.00	0.45
11	3.4	0.3814	0.45	0.00	0.00	0.00	0.45
10	3.4	0.3814	0.45	0.00	0.00	0.00	0.45
9	3.4	0.3814	0.45	0.00	0.00	0.00	0.45
8	3.4	0.3814	0.45	0.00	0.00	0.00	0.45
7	3.4	0.3814	0.45	0.00	0.00	0.00	0.45
6	3.4	0.3814	0.45	0.00	0.00	0.00	0.45
5	3.4	0.3814	0.45	0.00	0.00	0.00	0.45
4	3.4	0.3814	0.45	0.00	0.00	0.00	0.45
3	3.4	0.3814	0.50	0.00	0.00	0.00	0.50
2	3.4	0.3814	0.56	0.00	0.00	−0.05	0.51
1	5.0	0.5681	0.72	0.00	−0.03	0.00	0.69

壁式框架中壁柱反弯点位置 表 6.19

楼层	h(m)	$\bar{k}$	ν_0	ν_1	ν_2	ν_3	ν
20	3.4	1.0817	0.35	0.14	0.00	0.00	0.49
19	3.4	1.4590	0.42	0.00	0.00	0.00	0.42
18	3.4	1.4590	0.47	0.00	0.00	0.00	0.47
17	3.4	1.4590	0.47	0.00	0.00	0.00	0.47
16	3.4	1.4590	0.47	0.00	0.00	0.00	0.47
15	3.4	1.4590	0.47	0.00	0.00	0.00	0.47
14	3.4	1.4590	0.50	0.00	0.00	0.00	0.50
13	3.4	1.4590	0.50	0.00	0.00	0.00	0.50
12	3.4	1.4590	0.50	0.00	0.00	0.00	0.50
11	3.4	1.4590	0.50	0.00	0.00	0.00	0.50
10	3.4	1.4590	0.50	0.00	0.00	0.00	0.50
9	3.4	1.4590	0.50	0.00	0.00	0.00	0.50
8	3.4	1.4590	0.50	0.00	0.00	0.00	0.50
7	3.4	1.4590	0.50	0.00	0.00	0.00	0.50
6	3.4	1.4590	0.50	0.00	0.00	0.00	0.50
5	3.4	1.4590	0.50	0.00	0.00	0.00	0.50
4	3.4	1.4590	0.50	0.00	0.00	0.00	0.50
3	3.4	1.4590	0.50	0.00	0.00	0.00	0.50
2	3.4	1.4590	0.50	0.00	0.00	−0.03	0.52
1	5.0	3.0146	0.55	0.00	0.00	0.00	0.55

水平荷载作用下壁柱分配的剪力及柱弯矩 表 6.20

楼层	h_i (m)	V_{fi} (kN)	$\sum D_{ij}$ ($\times 10^5$) (kN/m)	D_{ij} ($\times 10^5$) (kN/m)		$V_{ij}=D_{ij}V_{ij}/$ $\sum D_{ij} \times P$(kN)		ν_i		$M_c^u=V_{ij}(1-\nu_i)$ $h_i \times P$(kN·m)		$M_c^u=V_{ij}\nu_i h_i \times P$ (kN·m)	
				柱1、4	柱2、3	柱1、4	柱2、3	柱1、4	柱2、3	柱1、4	柱2、3	柱1、4	柱2、3
20	3.4	P	2.0255	0.4211	0.5916	0.208	0.292	0.37	0.49	0.45	0.51	0.26	0.49
19	3.4	$2P$	3.5490	0.7616	1.0128	0.430	0.570	0.29	0.42	1.04	1.12	0.42	0.81
18	3.4	$3P$	3.5490	0.7616	1.0128	0.645	0.855	0.34	0.47	1.45	1.54	0.75	1.37
17	3.4	$4P$	3.5490	0.7616	1.0128	0.860	1.140	0.39	0.47	1.78	2.05	1.14	1.82
16	3.4	$5P$	3.5490	0.7616	1.0128	1.075	1.425	0.38	0.47	2.27	2.57	1.39	2.28
15	3.4	$6P$	3.5490	0.7616	1.0128	1.290	1.710	0.42	0.47	2.54	3.08	1.84	2.73
14	3.4	$7P$	3.5490	0.7616	1.0128	1.505	1.995	0.44	0.50	2.87	3.39	2.25	3.39
13	3.4	$8P$	3.5490	0.7616	1.0128	1.720	2.280	0.45	0.50	3.22	3.88	2.63	3.88
12	3.4	$9P$	3.5490	0.7616	1.0128	1.935	2.565	0.45	0.50	3.62	4.36	2.96	4.36
11	3.4	$10P$	3.5490	0.7616	1.0128	2.150	2.850	0.45	0.50	4.02	4.85	3.29	4.85
10	3.4	$11P$	3.5490	0.7616	1.0128	2.365	3.135	0.45	0.50	4.42	5.33	3.62	5.33
9	3.4	$12P$	3.5490	0.7616	1.0128	2.580	3.420	0.45	0.50	4.82	5.81	3.95	5.81
8	3.4	$13P$	3.5490	0.7616	1.0128	2.795	3.705	0.45	0.50	5.23	6.30	4.28	6.30
7	3.4	$14P$	3.5490	0.7616	1.0128	3.010	3.990	0.45	0.50	5.63	6.78	4.61	6.78

楼层	h_i (m)	V_{fi} (kN)	$\sum D_{ij}(\times 10^5)$ (kN/m)	$D_{ij}(\times 10^5)$ (kN/m)		$V_{ij}=D_{ij}V_{ij}/\sum D_{ij}\times P$(kN)		ν_i		$M_c^u=V_{ij}(1-\nu_i)h_i\times P$(kN·m)		$M_c^u=V_{ij}\nu_i h_i\times P$ (kN·m)	
				柱1,4	柱2,3	柱1,4	柱2,3	柱1,4	柱2,3	柱1,4	柱2,3	柱1,4	柱2,3
6	3.4	15P	3.5490	0.7616	1.0128	3.225	4.275	0.45	0.50	6.03	7.27	4.93	7.27
5	3.4	16P	3.5490	0.7616	1.0128	3.440	4.560	0.45	0.50	6.43	7.75	5.26	7.75
4	3.4	17P	3.5490	0.7616	1.0128	3.655	4.845	0.45	0.50	6.83	8.24	5.59	8.24
3	3.4	18P	3.5490	0.7616	1.0128	3.870	5.130	0.50	0.50	6.58	8.72	6.58	8.72
2	3.4	19P	3.5490	0.7616	1.0128	4.085	5.415	0.51	0.52	6.81	8.84	7.08	9.57
1	5.0	20P	1.9806	0.6137	0.3766	6.200	3.800	0.69	0.55	6.53	5.81	21.39	10.45

（7）水平荷载作用下壁梁弯矩计算（见表 6.21）。

水平荷载作用下壁梁弯矩　　　　　　　表 6.21

楼层	与壁柱1,4相连的梁端		与壁柱2,3相连的梁端							
	$\sum M_c$ (kN·m)	$M_{AB}^l=M_{CD}^r$ (kN·m)	$K_b^l(\times10^4)$ (kN·m)	$K_b^r(\times10^4)$ (kN·m)	$\alpha=\dfrac{K_b^l}{K_b^l+K_b^r}$	$\beta=\dfrac{K_b^r}{K_b^l+K_b^r}$	$\sum M_c$ (kN·m)	$M_{AB}^l=M_{CD}^r=$ $\alpha\sum M_c$(kN·m)	$M_{BC}^l=M_{BC}^r=$ $\beta\sum M_c$(kN·m)
20	0.45P	0.45P	0.715	0.666	0.518	0.482	0.51P	0.26P	0.25P
19	1.30P	1.30P	17.466	16.283	0.518	0.482	1.61P	0.83P	0.78P
18	1.87P	1.87P	17.466	16.283	0.518	0.482	2.35P	1.22P	1.13P
17	2.53P	2.53P	17.466	16.283	0.518	0.482	3.42P	1.77P	1.65P
16	3.41P	3.41P	17.466	16.283	0.518	0.482	4.39P	2.27P	2.12P
15	3.93P	3.93P	17.466	16.283	0.518	0.482	5.36P	2.78P	2.58P
14	4.71P	4.71P	17.466	16.283	0.518	0.482	6.12P	3.17P	2.95P
13	5.47P	5.47P	17.466	16.283	0.518	0.482	7.27P	3.77P	3.50P
12	6.25P	6.25P	17.466	16.283	0.518	0.482	8.24P	4.27P	3.97P
11	6.98P	6.98P	17.466	16.283	0.518	0.482	9.21P	4.77P	4.44P
10	7.71P	7.71P	17.466	16.283	0.518	0.482	10.18P	5.27P	4.91P
9	8.44P	8.44P	17.466	16.283	0.518	0.482	11.14P	5.77P	5.37P
8	9.18P	9.18P	17.466	16.283	0.518	0.482	12.11P	6.27P	5.84P
7	9.91P	9.91P	17.466	16.283	0.518	0.482	13.08P	6.78P	6.30P
6	10.64P	10.64P	17.466	16.283	0.518	0.482	14.05P	7.28P	6.77P
5	11.36P	11.36P	17.466	16.283	0.518	0.482	15.02P	7.78P	7.24P
4	12.09P	12.09P	17.466	16.283	0.518	0.482	15.99P	8.28P	7.71P
3	12.17P	12.17P	17.466	16.283	0.518	0.482	16.96P	8.79P	8.17P
2	13.39P	13.39P	17.466	16.283	0.518	0.482	17.56P	9.10P	8.46P
1	13.61P	13.61P	17.466	16.283	0.518	0.482	15.38P	7.97P	7.41P

（8）壁式框架弯矩图如图 6.31，图中数字应乘以 P，单位为"kN·m"。

（9）水平荷载作用下壁式框架侧移计算（表 6.22）

从表 6.22 容易看出：在水平荷载作用下，壁式框架侧移沿高度方向向上依次递减，呈现明显的剪切变形规律。

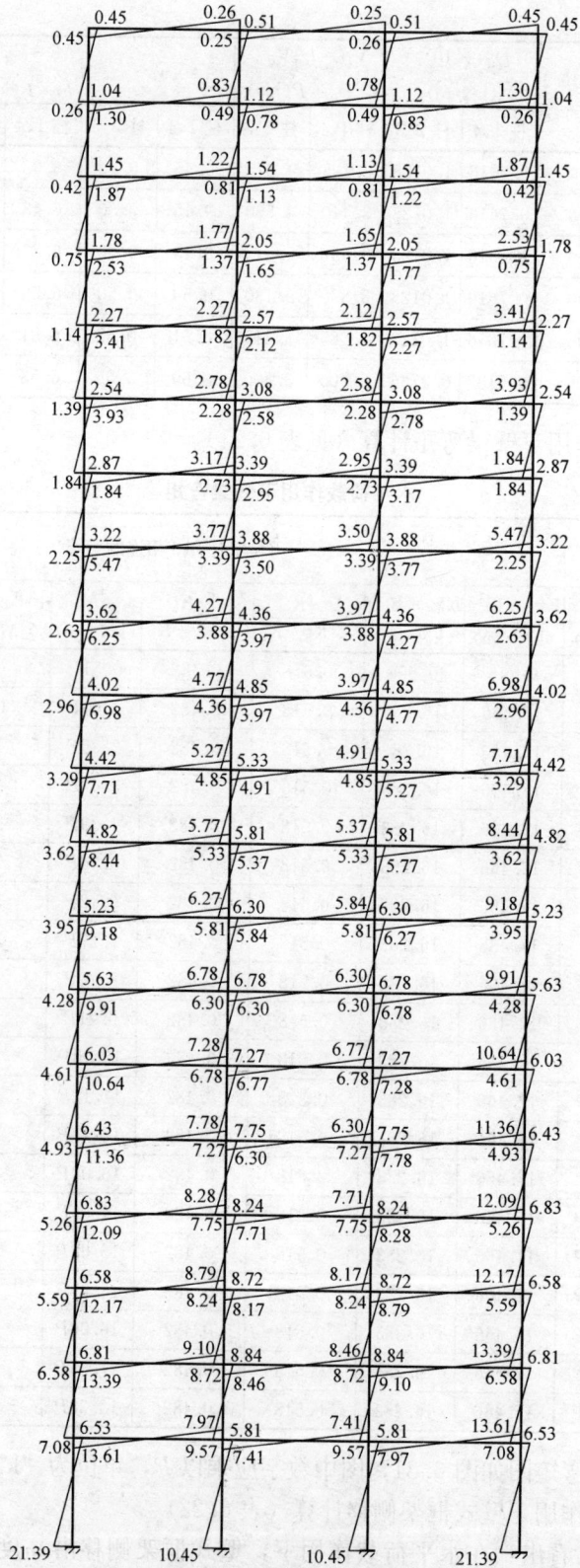

图 6.31　壁式框架弯矩图
（注：图中各数字应乘以 P）

水平荷载作用下壁式框架侧移 表 6.22

楼层	F_i(kN)	V_i(kN)	$\sum D(\times10^5)$(kN/m)	$\Delta u_i(\times10^{-3})$(mm)	$\Delta u_i/h_j(\times10^{-3})$
20	P	P	2.026	4.94P	P/689
19	P	2P	3.549	5.64P	P/603
18	P	3P	3.549	8.45P	P/402
17	P	4P	3.549	11.27P	P/302
16	P	5P	3.549	14.09P	P/241
15	P	6P	3.549	16.91P	P/201
14	P	7P	3.549	19.72P	P/172
13	P	8P	3.549	22.54P	P/151
12	P	9P	3.549	25.36P	P/134
11	P	10P	3.549	28.18P	P/121
10	P	11P	3.549	30.99P	P/110
9	P	12P	3.549	33.81P	P/101
8	P	13P	3.549	36.63P	P/93
7	p	14P	3.549	39.45P	P/86
6	P	15P	3.549	42.27P	P/80
5	p	16P	3.549	45.08P	P/75
4	P	17P	3.549	47.90P	P/71
3	P	18P	3.549	50.72P	P/67
2	P	19P	3.549	53.54P	P/64
1	P	20P	1.981	100.96P	P/50

$$u=\sum\Delta u_i=0.638P(mm)$$

2. 采用 SAP2000 程序（墙单元模型）计算

水平荷载作用下剪力墙侧移，见表 6.23。

水平荷载作用下剪力墙侧移 表 6.23

楼层	F_i(kN)	V_i(kN)	$u_i(\times10^{-3})$(mm)	$\Delta u_i(\times10^{-3})$(mm)	$\Delta u_i/h_j(\times10^{-3})$
20	P	P	705.53P	13.98P	P/243
19	P	2P	691.55P	11.97P	P/284
18	P	3P	679.58P	14.35P	P/237
17	P	4P	665.23P	16.48P	P/206
16	P	5P	648.75P	23.85P	P/143
15	P	6P	624.90P	18.60P	P/183
14	P	7P	606.30P	26.05P	P/131
13	P	8P	580.25P	25.97P	P/131
12	P	9P	554.28P	28.35P	P/120
11	P	10P	525.93P	30.93P	P/110
10	P	11P	495.00P	33.30P	P/102

楼层	F_i(kN)	V_i(kN)	$u_i(\times10^{-3})$(mm)	$\Delta u_i(\times10^{-3})$(mm)	$\Delta u_i/h_j(\times10^{-3})$
9	P	12P	461.70P	35.52P	P/96
8	P	13P	426.18P	37.55P	P/91
7	P	14P	388.63P	39.40P	P/86
6	P	15P	349.23P	40.93P	P/83
5	P	16P	308.30P	42.27P	P/80
4	P	17P	266.03P	51.58P	P/66
3	P	18P	214.45P	36.62P	P/93
2	P	19P	177.83P	49.36P	P/69
1	P	20P	128.47P	128.47P	P/39
$u=\sum\Delta u_i=0.706P$(mm)					

注：表中位移值取楼层各壳单元节点的平均值。

两种计算结果的比较：

楼层绝对位移 u_i 和层间相对位移 Δu_i 的比较，见表6.24。

位移比较 表6.24

楼层	$u_i(\times P\cdot10^{-3})$(mm)			$\Delta u_i(\times P\cdot10^{-3})$(mm)		
	手算	SAP2000	相差(%)	手算	SAP2000	相差(%)
20	638.44	705.53	9.51	4.94	13.98	64.66
19	633.50	691.55	8.39	5.64	11.97	52.88
18	627.87	679.58	7.61	8.45	14.35	41.11
17	619.42	665.23	6.89	11.27	16.48	31.61
16	608.14	648.75	6.26	14.09	23.85	40.92
15	594.06	624.90	4.94	16.91	18.60	9.09
14	577.15	606.30	4.81	19.72	26.05	24.30
13	557.43	580.25	3.93	22.54	25.97	13.21
12	534.88	554.28	3.50	25.36	28.35	10.55
11	509.52	525.93	3.12	28.18	30.93	8.89
10	481.35	495.00	2.76	30.99	33.30	6.94
9	450.35	461.70	2.46	33.81	35.52	4.81
8	416.54	426.18	2.26	36.63	37.55	2.45
7	379.91	388.63	2.24	39.45	39.40	-0.13
6	340.46	349.23	2.51	42.27	40.93	-3.27
5	298.20	308.30	3.28	45.08	42.27	-6.65
4	253.11	266.03	4.86	47.90	51.58	7.13
3	205.21	214.45	4.31	50.72	36.62	-38.50
2	154.50	177.83	13.12	53.54	49.36	-8.47
1	100.96	128.47	21.41	100.96	128.47	21.41

由表 6.24 可知，手算的位移一般较 SAP2000 算的位移小。

产生差异的原因分析：

由于手算时假定楼层刚度无限大，楼层各点侧移相同；而 SAP2000 在建模时，采用壳单元，楼层各点沿着水平受力方向均有轴向变形，故最终楼层各点的累计变形导致了位移值偏大。但楼层绝对位移差异，除一、二层外，其余各层一般在 10% 以内，工程中可以接受。

6.6 截面承载能力计算方法

1. 偏心受压剪力墙正截面承载力计算方法

偏心受压剪力墙正截面承载力计算时，假定中和轴到受压区边缘的距离为受压区高度 x 的 1.5 倍，中和轴以下的纵向钢筋全部屈服，中和轴以上的腹部纵向钢筋未屈服，且在计算中不考虑，计算简图如图 6.32 所示。

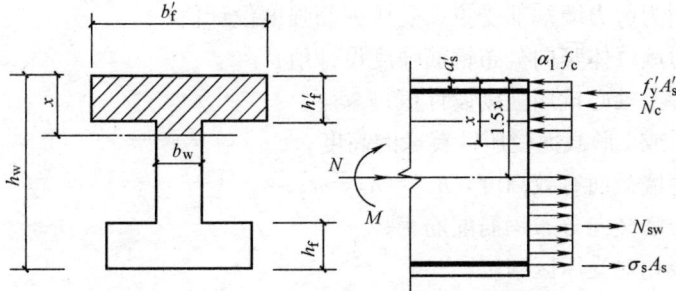

图 6.32 剪力墙正截面承载力计算简图

由工字形截面两个基本平衡公式（$\sum N=0$，$\sum M=0$），可得各种情况下的设计计算公式：

$$N \leqslant A'_s f'_y - A_s \sigma_s - N_{sw} + N_c \tag{6.100}$$

$$N\left(e_0 + h_{w0} - \frac{h_w}{2}\right) \leqslant A'_s f'_y (h_{w0} - a'_s) - M_{sw} + M_c \tag{6.101}$$

（1）当 $x > h'_f$ 时，中和轴在腹板中，基本公式中 N_c、M_c 由下式计算：

$$N_c = \alpha_1 f_c b_w x + \alpha_1 f_c (b'_f - b_w) h'_f \tag{6.102}$$

$$M_c = \alpha_1 f_c b_w x \left(h_{w0} - \frac{x}{2}\right) + \alpha_1 f_c (b'_f - b_w) h'_f \left(h_{w0} - \frac{h'_f}{2}\right) \tag{6.103}$$

（2）当 $x \leqslant h'_f$ 时，中和轴在翼缘内，基本公式中 N_c、M_c 由下式计算：

$$N_c = \alpha_1 f_c b'_f x \tag{6.104}$$

$$M_c = \alpha_1 f_c b'_f x \left(h_{w0} - \frac{x}{2}\right) \tag{6.105}$$

（3）当 $x \leqslant \xi_b h_{w0}$ 时，为大偏压，受拉、受压端部钢筋都达到屈服，基本公式中 σ_s、N_{sw}、M_{sw} 由下式计算：

$$\sigma_s = f_y \tag{6.106}$$

$$N_{sw} = (h_{w0} - 1.5x) b_w f_{yw} \rho_w \tag{6.107}$$

$$M_{sw} = \frac{1}{2} (h_{w0} - 1.5x)^2 b_w f_{yw} \rho_w \tag{6.108}$$

（4）当 $x>\xi_b h_{w0}$ 时，为小偏压，端部受压钢筋屈服，而受拉分布钢筋及端部钢筋均未屈服。基本公式中 σ_s、N_{sw}、M_{sw} 由下式计算：

$$\sigma_s=\frac{f_y}{\xi_b-0.8}\left(\frac{x}{h_{w0}}-\beta_c\right) \tag{6.109}$$

$$N_{sw}=0 \tag{6.110}$$

$$M_{sw}=0 \tag{6.111}$$

界限相对受压区高度

$$\xi_b=\frac{\beta_c}{1+\dfrac{f_y}{E_s\varepsilon_{cu}}} \tag{6.112}$$

式中 a'_s——剪力墙受压区端部钢筋合力点到受压区边缘的距离；

b'_f——T形或I形截面受压区翼缘宽度；

e_0——偏心距，$e_0=M/N$；

f_y、f'_y——分别为剪力墙端部受拉、受压钢筋强度设计值；

f_{yw}——剪力墙墙体竖向分布钢筋强度设计值；

f_c——混凝土轴心抗压强度设计值；

h'_f——T形或I形截面受压区翼缘的高度；

h_{w0}——剪力墙截面有效高度，$h_{w0}=h_w-a'_s$；

ρ_w——剪力墙竖向分布钢筋配筋率；

ξ_b——界限相对受压区高度；

α_1——受压区混凝土矩形应力图的应力与混凝土轴心抗压强度设计值的比值；当混凝土强度等级不超过C50时取1.0；当混凝土强度等级为C80时取0.94；当混凝土强度等级在C50和C80之间时，可按线性内插取值；

β_c——随混凝土强度提高而逐渐降低的系数；当混凝土强度等级不超过C50时取0.8；当混凝土强度等级为C80时取0.74；当混凝土强度等级在C50和C80之间时，可按线性内插取值；

ε_{cu}——混凝土极限压应变，应按现行国家标准《混凝土结构设计规范》GB 50010第7.1.2条的有关规定采用。

对于无地震作用组合，可直接应用公式（6.100）、公式（6.101）两个不等式进行验算；而有地震作用组合时，公式（6.100）、公式（6.101）右端均应除以承载力抗震调整系数 γ_{RE}，γ_{RE} 取0.85。

一级抗震等级的剪力墙，应按照设计意图控制塑性铰出现部位，在其他部位则应保证不出现塑性铰，因此对一级抗震等级的剪力墙的设计弯矩包线作了近似的规定，规定如下：

（1）底部加强部位及其上一层应按墙底截面组合弯矩计算值采用；

（2）其他部位可按墙肢组合弯矩计算值的1.2倍采用。

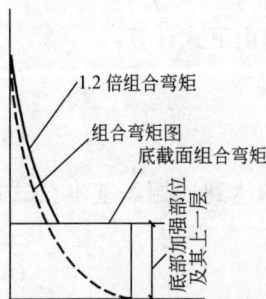

图 6.33　一级抗震等级设计的
剪力墙各截面弯矩设计值

202

图 6.33 描述了这一规定,图中虚线为计算的组合弯矩图,实线为应采用的弯矩设计值。

2. 正截面偏心受拉承载力验算方法

偏心受拉正截面计算公式直接采用了现行国家标准《混凝土结构设计规范》GB 50010 的有关公式。

（1）永久、短暂设计状况

$$N \leqslant \frac{1}{\dfrac{1}{N_{0u}} - \dfrac{e_0}{M_{wu}}}$$ (6.113)

（2）地震设计状况

$$N \leqslant \frac{1}{\gamma_{RE}} \left(\frac{1}{\dfrac{1}{N_{0u}} - \dfrac{e_0}{M_{wu}}} \right)$$ (6.114)

式中,N_{0u} 和 M_{wu} 可按下列公式计算:

$$N_{0u} = 2A_s f_y + A_{sw} f_{yw}$$ (6.115)

$$M_{wu} = A_s f_y (h_{w0} - a'_s) + A_{sw} f_{yw} \frac{(h_{w0} - a'_s)}{2}$$ (6.116)

式中　A_{sw}——剪力墙腹板竖向分布钢筋的全部截面面积。

在抗震设计的双肢剪力墙中,墙肢不宜出现小偏心受拉,因为如果双肢剪力墙中一个墙肢出现小偏心受拉,该墙肢可能会出现水平通缝而失去抗剪能力,则由荷载产生的剪力将全部转移到另一个墙肢而导致其抗剪承载力不足。当墙肢出现大偏心受拉时,墙肢易出现裂缝,使其刚度降低,剪力将在墙肢中重分配,此时,可将另一墙肢按弹性计算的剪力设计值增大（乘以 1.25 系数）,以提高其抗剪承载力。

3. 剪力墙斜截面受剪承载力计算方法

（1）剪力设计值的调整

一、二、三级抗震等级剪力墙底部加强部位都可用调整系数增大其剪力设计值,四级抗震等级及无地震作用组合时可不调整,公式如下:

$$V = \eta_{vw} V_w$$ (6.117)

式中　V——考虑地震作用组合的剪力墙墙肢底部加强部位截面的剪力设计值;

　　V_w——考虑地震作用组合的剪力墙墙肢底部加强部位截面的剪力计算值;

　　η_{vw}——剪力增大系数,一级为 1.6,二级为 1.4,三级为 1.2。

但是,在设防烈度为 9 度一级时,剪力墙底部加强部位仍然要求用实际配筋计算的抗弯承载力计算其剪力增大系数,公式如下:

$$V = 1.1 \frac{M_{wua}}{M_w} V_w$$ (6.118)

二、三级的其他部位及四级时可不调整。

式中　M_{wua}——考虑承载力抗震调整系数 γ_{RE} 后的剪力墙墙肢正截面抗弯承载力,应按实际配筋面积、材料强度标准值和轴向力设计值确定,有翼墙时应考虑墙两侧各一倍翼墙厚度范围内的纵向钢筋;

　　M_w——考虑地震作用组合的剪力墙墙肢截面的弯矩设计值。

（2）受剪承载力计算方法

1）偏心受压剪力墙斜截面受剪承载力验算方法

在剪力墙设计时,通过构造措施防止发生剪拉破坏或斜压破坏,通过计算确定墙中水平钢筋截面面积，防止发生剪切破坏。

偏压构件中，轴压力有利于抗剪承载力，但压力增大到一定程度后，对抗剪的有利作用减小，因此对轴力的取值加以限制。

① 永久、短暂设计状况

$$V \leqslant \frac{1}{\lambda - 0.5}\left(0.5f_t b_w h_{w0} + 0.13N\frac{A_w}{A}\right) + f_{yh}\frac{A_{sh}}{s}h_{w0} \tag{6.119}$$

② 地震设计状况

$$V \leqslant \frac{1}{\gamma_{RE}}\left[\frac{1}{\lambda - 0.5}\left(0.4f_t b_w h_{w0} + 0.1N\frac{A_w}{A}\right) + 0.8f_{yh}\frac{A_{sh}}{s}h_{w0}\right] \tag{6.120}$$

式中　N——剪力墙的轴向压力设计值，抗震设计时，应考虑地震作用效应组合；当 N 大于 $0.2f_c b_w h_w$ 时，应取 $0.2f_c b_w h_w$；

　　　A——剪力墙截面面积；

　　　A_w——T 形或 I 形截面剪力墙腹板的面积，矩形截面时应取 A；

　　　λ——计算截面处的剪跨比；计算时，当 λ 小于 1.5 应取 1.5；当 λ 大于 2.2 应取 2.2；当计算截面与墙底之间的距离小于 $0.5h_{w0}$ 时，λ 应按距墙底 $0.5h_{w0}$ 处的弯矩值与剪力值计算；

　　　s——剪力墙水平分布钢筋间距。

2）偏心受拉剪力墙的斜截面受剪承载力验算方法

偏拉构件中，考虑了轴向拉力的不利影响，轴力项用负值，验算公式与原规程相似，只是用混凝土受拉强度 f_t 代替受压强度 f_c，因而混凝土项的系数改变。

① 永久、短暂设计状况

$$V \leqslant \frac{1}{\lambda - 0.5}\left(0.5f_t b_w h_{w0} - 0.13N\frac{A_w}{A}\right) + f_{yh}\frac{A_{sh}}{s}h_{w0} \tag{6.121}$$

上式右端的计算值小于 $f_{yh}\dfrac{A_{sh}}{s}h_{w0}$ 时，应取等于 $f_{yh}\dfrac{A_{sh}}{s}h_{w0}$。

② 地震设计状况

$$V \leqslant \frac{1}{\gamma_{RE}}\left[\frac{1}{\lambda - 0.5}\left(0.4f_t b_w h_{w0} - 0.1N\frac{A_w}{A}\right) + 0.8f_{yh}\frac{A_{sh}}{s}h_{w0}\right] \tag{6.122}$$

上式右端方括号内的计算值小于 $0.8f_{yh}\dfrac{A_{sh}}{s}h_{w0}$ 时，应取等于 $0.8f_{yh}\dfrac{A_{sh}}{s}h_{w0}$。

（3）水平施工缝处受剪承载力验算方法

一级抗震等级剪力墙水平施工缝处竖向钢筋的截面面积应符合下列要求：

当 N 为轴向压力时

$$V_{wj} \leqslant \frac{1}{\gamma_{RE}}(0.6f_y A_s + 0.8N) \tag{6.123}$$

当 N 为轴向拉力时

$$V_{wj} \leqslant \frac{1}{\gamma_{RE}}(0.6f_y A_s - 0.8N) \tag{6.124}$$

式中　V_{wj}——水平施工缝处的剪力设计值；

N——水平施工缝处考虑地震作用组合的轴向力设计值；

A_s——剪力墙水平施工缝处全部竖向钢筋的截面面积（包括腹板内的竖向分布钢筋、附加竖向插筋以及端部暗柱和翼柱内竖向钢筋的截面面积）。

4. 轴压比限值

高层建筑随着高度的不断增高，剪力墙的轴压应力也不断增大。重力荷载代表值作用下墙肢的轴压比不宜超过表 6.25 的限值。

剪力墙墙肢轴压比限值　　　　　　　　　　　　　　表 6.25

轴 压 比	一级(9度)	一级(6、7、8度)	二级、三级
$\dfrac{N}{f_cA}$	0.4	0.5	0.6

注：N——重力荷载代表值作用下剪力墙墙肢的轴向压力设计值；

A——剪力墙墙肢截面面积；

f_c——混凝土轴心抗压强度设计值。

因为要简化设计计算，表 6.25 的注说明了 N 采用重力荷载代表值作用下的轴力设计值（不考虑地震作用组合，但需乘以重力荷载分项系数后的最大轴力设计值），计算剪力墙的名义轴压比。

应当说明的是，截面受压区高度不仅与轴压力有关，而且与截面形状有关，在相同的轴压力作用下，带翼缘的剪力墙受压区高度较小，延性相对要好些，一字形的矩形截面最为不利。但为了简化设计规定，条文中未区分工形、T 形及矩形截面。在设计时，对一字形的矩形截面剪力墙墙肢（或墙段）应从严掌握其轴压比。

5. 平面外轴心受压承载力验算方法

剪力墙平面外轴心受压承载力应按如下公式验算：

$$N \leqslant 0.9\varphi(f_cA + f'_yA'_s) \tag{6.125}$$

式中　A'_s——取全部竖向钢筋的截面面积；

φ——稳定系数，在确定稳定系数 φ 时平面外计算长度可按层高取；

N——取计算截面最大轴压力设计值；

0.9——为了保持与偏心受压构件正截面承载力具有相近的可靠度而引入的系数。

剪力墙的特点是平面内刚度及承载力大，而平面外刚度及承载力都相对很小。当剪力墙与平面外方向的梁连接时，会造成墙肢平面外弯曲，而一般情况下并不验算墙的平面外的刚度及承载力。在许多情况下，剪力墙平面外受力问题未引起结构设计人员的足够重视，没有采取相应措施。

防止剪力墙平面外变形过大和承载力不足的措施有：

（1）控制剪力墙平面外弯矩

特别要控制楼面大梁与剪力墙墙肢平面垂直相交或斜向相交时，较大的梁端弯矩对墙平面外的不利影响。梁高大于 2 倍墙厚时，梁端弯矩对墙平面外的安全不利。

（2）加强剪力墙平面外刚度和承载力的措施

可采用以下措施和强剪力墙平面外刚度和承载力（图 6.34）：

1）沿梁轴线方向设置与梁相连的剪力墙，抵抗该墙肢平面外弯矩；

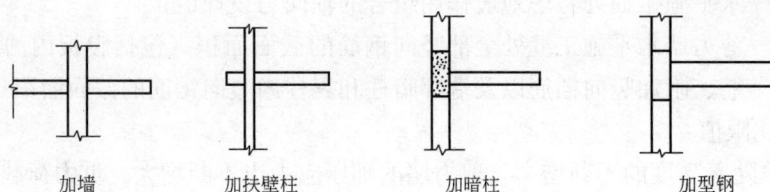

| 加墙 | 加扶壁柱 | 加暗柱 | 加型钢 |

图 6.34　梁墙相交时的措施

2) 当不能设置与梁轴线方向相连的剪力墙时，宜在墙与梁相交处设置扶壁柱；扶壁柱宜按计算确定截面及配筋；

3) 当不能设置扶壁柱时，应在墙与梁相交处设置暗柱，并宜按计算确定配筋；

4) 必要时，剪力墙内可设置型钢。

（3）其他措施及有关规定

除了加强剪力墙平面外的抗弯刚度和承载力以外，还可采取减小梁端弯矩的措施。例如，做成变截面梁，将梁端部截面减小，可减小端弯矩；又如楼面梁可设计为铰接或半刚接，或通过调幅减小梁端弯矩（此时应相应加大梁跨中弯矩）。通过调幅降低端部弯矩后，梁达到其设计弯矩后先开裂，墙便不会开裂，但这种方法应在梁出现裂缝不会引起其他不利影响的情况下采用。如果计算时假定大梁与墙相交的节点为铰接，则无法避免梁端裂缝。另外，是否能假定为铰接与墙梁截面相对刚度有关。总之以上减小梁端弯矩的措施也有不利的一面，不易定量控制，因此在规程条文中未给出，设计人员可根据具体情况灵活处理。

此外，楼面梁与剪力墙连接时，梁内纵向钢筋应伸入墙内，并可靠锚固。这条规定无论是梁与墙平面在哪个方向连接，无论是大梁还是小梁，无论采取了哪种措施，都应遵守。因为无论如何，梁可以开裂而不能掉落，可靠锚固是防止掉落的必要措施。梁与墙的连接有两种情况：当梁与墙在同一平面内时，多数为刚接，梁钢筋在墙内的锚固长度应与梁、柱连接时相同。当梁与墙不在同一平面内时，多数为半刚接，梁钢筋锚固应符合锚固长度要求；当墙截面厚度较小时，可适当减小梁钢筋锚固的水平段，但总长度应满足非抗震或抗震锚固长度要求。

由于剪力墙中的连梁更弱，不宜将楼面主梁支承在剪力墙之间的连梁上。因为，一方面主梁端部约束达不到要求，连梁没有抗扭刚度去抵抗平面外弯矩；另一方面对连梁不利，连梁本身剪切应变较大，容易出裂缝，因此要尽量避免。楼面主梁支承在剪力墙之间的连梁上是目前许多设计中常见的现象，规程对此作了明确规定。楼板次梁支承在连梁或框架梁上时，次梁端部可按铰接处理。

6. 连梁斜截面抗剪承载力计算方法

连梁正截面承载力按一般受弯构件正截面承载力公式计算，斜截面抗剪承载力计算略有不同，本节重点介绍连梁斜截面抗剪承载力计算。

（1）连梁剪力设计值

为了实现连梁的强剪弱弯、推迟剪切破坏、提高延性，给出了连梁剪力设计值的增大系数。

1) 无地震作用组合以及有地震作用组合的四级抗震等级时，应取考虑水平风荷载或水平地震作用组合的剪力设计值；

2）有地震作用组合的一、二、三级抗震等级时，连梁的剪力设计值应按下式进行调整（原规程要求一级抗震时用实配受弯钢筋反算，新规程允许采用增大系数 η_{vb}）：

$$V_{\mathrm{b}} = \eta_{\mathrm{vb}} \frac{M_{\mathrm{b}}^l + M_{\mathrm{b}}^r}{l_{\mathrm{n}}} + V_{\mathrm{Gb}} \tag{6.126}$$

3）9度设防时要求用连梁实际抗弯配筋反算该增大系数。

$$V_{\mathrm{b}} = 1.1(M_{\mathrm{bua}}^l + M_{\mathrm{bua}}^r)/l_{\mathrm{n}} + V_{\mathrm{Gb}} \tag{6.127}$$

式中　M_{b}^l、M_{b}^r——梁左、右端顺时针或反时针方向考虑地震作用组合的弯矩设计值；对一级抗震等级且两端均为负弯矩时，绝对值较小一端的弯矩应取零；

M_{bua}^l、M_{bua}^r——连梁左、右端顺时针或反时针方向实配的受弯承载力所对应的弯矩值，应按实配钢筋面积（计入受压钢筋）和材料强度标准值并考虑承载力抗震调整系数计算；

l_{n}——连梁的净跨；

V_{Gb}——在重力荷载代表值（9度时还应包括竖向地震作用标准值）作用下，按简支梁计算的梁端截面剪力设计值；

η_{vb}——连梁剪力增大系数，一级取 1.3，二级取 1.2，三级取 1.1。

（2）截面尺寸应满足的条件

连梁是对剪力墙结构抗震性能影响较大的构件，如果平均剪应力过大，在箍筋充分发挥作用之前，连梁就会发生剪切破坏。根据国内外的有关试验研究得到：连梁截面内平均剪应力大小对连梁破坏性能影响较大，尤其在小跨高比条件下，对截面尺寸提出要求，限制截面平均剪应力，对小跨高比连梁限制更加严格。

1）永久、短暂设计状况

$$V_{\mathrm{b}} \leqslant 0.25\beta_{\mathrm{c}} f_{\mathrm{c}} b_{\mathrm{b}} h_{\mathrm{b}0} \tag{6.128}$$

2）地震设计状况

跨高比大于 2.5 时　　$V_{\mathrm{b}} \leqslant \dfrac{1}{\gamma_{\mathrm{RE}}}(0.20\beta_{\mathrm{c}} f_{\mathrm{c}} b_{\mathrm{b}} h_{\mathrm{b}0}) \tag{6.129}$

跨高比不大于 2.5 时　　$V_{\mathrm{b}} \leqslant \dfrac{1}{\gamma_{\mathrm{RE}}}(0.15\beta_{\mathrm{c}} f_{\mathrm{c}} b_{\mathrm{b}} h_{\mathrm{b}0}) \tag{6.130}$

式中　V_{b}——连梁剪力设计值；

b_{b}——连梁截面宽度；

$h_{\mathrm{b}0}$——连梁截面有效高度；

β_{c}——混凝土强度影响系数。

（3）斜截面抗剪承载力计算方法

连梁截面验算应包括正截面受弯及斜截面受剪承载力两部分。受弯验算与梁相同，由于一般连梁都是上下配相同数量钢筋，可按双筋截面验算，受压区很小，通常用受拉钢筋对受压钢筋取矩，就可得到受弯承载力。

连梁的斜截面受剪承载力计算时，要注意将剪力设计值 V_b 经过调整增大，以保证连梁的强剪弱弯；此时，受剪承载力计算公式如下：

1）永久、短暂设计状况

$$V \leqslant 0.7 f_t b_b h_{b0} + f_{yv} \frac{A_{sv}}{s} h_{b0} \tag{6.131}$$

2）地震设计状况

跨高比大于 2.5

$$V \leqslant \frac{1}{\gamma_{RE}} \left(0.42 f_t b_b h_{b0} + f_{yv} \frac{A_{sv}}{s} h_{b0} \right) \tag{6.132}$$

跨高比不大于 2.5

$$V \leqslant \frac{1}{\gamma_{RE}} \left(0.38 f_t b_b h_{b0} + 0.9 f_{yv} \frac{A_{sv}}{s} h_{b0} \right) \tag{6.133}$$

剪力墙连梁对剪切变形十分敏感，其名义剪应力限制比较严。计算时在很多情况下会出现超限情况。为防止超限情况的出现，可采取以下措施：

1）减小连梁截面高度。注意当连梁名义剪应力超过限制值时，若加大截面高度会吸引更多剪力，更为不利；而不比减小截面高度或加大截面厚度有效，但后者一般很难实现。

2）按抗震设计的剪力墙中对连梁的弯矩及剪力可进行塑性调幅，以降低其剪力设计值。连梁塑性调幅可采用两种方法，一是在内力计算前就将连梁刚度进行折减；二是在内力计算之后，将连梁的弯矩和剪力组合值乘以折减系数。两种方法的效果都是减小连梁内力和配筋。因此，在内力计算时已经降低了刚度的连梁，其调幅范围应当限制或不再继续调幅。当部分连梁降低弯矩设计值后，其余部位连梁和墙肢的弯矩设计值应相应提高。

无论用什么方法，连梁调幅后的弯矩和剪力的设计值不应低于使用状况下的值，也不宜低于比设防烈度低一度的地震作用组合所得的弯矩设计值，其目的是避免在正常使用条件下或较小的地震作用下连梁上出现裂缝。因此，建议一般情况下可掌握调幅后的弯矩不小于调幅前弯矩（完全弹性）的 8/10（6～7 度）和 1/2（8～9 度）。

3）当连梁破坏对承受竖向荷载无明显影响时，可考虑在大震作用下该连梁不参与工作，按独立墙肢进行第二次多遇地震作用下结构内力分析，墙肢应按两次计算所得的较大内力进行配筋设计。

当第 1）、2）款的措施不能解决问题时，允许采用第 3）款的方法处理，即假定连梁在大震下破坏，不再能约束墙肢。因此可考虑连梁不参与工作，而按独立墙肢进行第二次结构内力分析，这时就是剪力墙的第二道防线。此时，剪力墙的刚度降低，侧移允许增大，这种情况往往使墙肢的内力及配筋加大，以保证墙肢的安全。

6.7 构 造 要 求

1. 剪力墙截面的最小厚度

剪力墙的厚度应符合以下要求：

（1）应符合以下稳定性要求：

1）剪力墙墙肢应满足下式的稳定要求：

$$q \leqslant \frac{E_c t^3}{10 l_0^2} \tag{6.134}$$

式中 q——作用于墙顶组合的等效竖向均布荷载设计值；

E_c——剪力墙混凝土的弹性模量；

t——剪力墙墙肢截面厚度；

l_0——剪力墙墙肢计算长度，应按式（6.135）确定。

2）剪力墙墙肢计算长度应按下式计算：

$$l_0 = \beta h \tag{6.135}$$

式中 β——墙肢计算长度系数，应按下列第3）条确定；

h——墙肢所在楼层的层高。

3）墙肢计算长度系数 β 应根据墙肢的支承条件按下列规定采用：

① 单片独立墙肢按两边支承板计算，取 β 等于1.0。

② T形、L形、槽形和工字形剪力墙的翼缘（图6.35），采用三边支承板按式（6.136）计算；当 β 计算值小于0.25时，取0.25。

$$\beta = \frac{1}{\sqrt{1 + \left(\frac{h}{2b_f}\right)^2}} \tag{6.136}$$

式中 b_f——T形、L形、槽形、工字形剪力墙的单侧翼缘截面高度，取图6.35中各 b_{fi} 的较大值或最大值。

③ T形剪力墙的腹板（图6.35）也按三边支承板计算，但应将式（6.136）中的 b_f 代以 b_w。

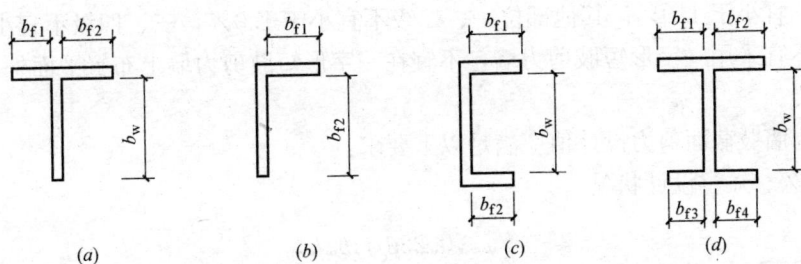

图6.35 剪力墙腹板与单侧翼缘截面高度示意

(a) T形；(b) L形；(c) 槽形；(d) 工字形

④ 槽形和工字形剪力墙的腹板（图6.35），采用四边支承板按式（6.137）计算；当 β 计算值小于0.2时，取0.2。

$$\beta = \frac{1}{\sqrt{1 + \left(\frac{3h}{2b_w}\right)^2}} \tag{6.137}$$

式中 b_w——槽形、工字形剪力墙的腹板截面高度。

4）当T形、L形、槽形、工字形剪力墙的翼缘截面高度或T形、L形剪力墙的腹板截面高度与翼缘截面厚度之和小于截面厚度的2倍和800mm时，尚宜按下式验算剪力墙的整体稳定：

$$N \leqslant \frac{1.2E_c I}{h^2} \tag{6.138}$$

式中　N——作用于墙顶组合的竖向荷载设计值；

I——剪力墙整体截面的惯性矩，取两个方向的较小值。

（2）一、二级剪力墙：底部加强部位不应小于 200mm，其他部位不应小于 160mm；一字形独立剪力墙底部加强部位不应小于 220mm，其他部位不应小于 180mm。

（3）三、四级剪力墙：不应小于 160mm，一字形独立剪力墙的底部加强部位尚不应小于 180mm。

（4）非抗震设计时不应小于 160mm。

（5）剪力墙井筒中，分隔电梯井或管道井的墙肢截面厚度可适当减小，但不宜小于 160mm。

2. 短肢剪力墙应符合的要求

抗震设计时，短肢剪力墙的设计应符合下列规定：

（1）短肢剪力墙截面厚度除应符合剪力墙截面厚度的要求外，底部加强部位尚不应小于 200mm，其他部位尚不应小于 180mm。

（2）一、二、三级短肢剪力墙的轴压比，分别不宜大于 0.45、0.50、0.55，一字形截面短肢剪力墙的轴压比限值应相应减少 0.1。

（3）短肢剪力墙的底部加强部位应按第 6.6 节调整剪力设计值，其他各层一、二、三级时剪力设计值应分别乘以增大系数 1.4、1.2 和 1.1。

（4）短肢剪力墙边缘构件的设置应符合本节第 6 点的规定。

（5）短肢剪力墙的全部竖向钢筋的配筋率，底部加强部位一、二级不宜小于 1.2%，三、四级不宜小于 1.0%；其他部位一、二级不宜小于 1.0%，三、四级不宜小于 0.8%。

（6）不宜采用一字形短肢剪力墙，不宜在一字形短肢剪力墙上布置平面外与之相交的单侧楼面梁。

剪力墙墙肢截面剪力设计值应满足以下要求：

1）永久、短暂设计状况

$$V_w \leqslant 0.25\beta_c f_c b_w h_{w0} \tag{6.139}$$

2）地震设计状况

剪跨比 λ 大于 2.5 时　　　$V_w \leqslant \dfrac{1}{\gamma_{RE}}(0.20\beta_c f_c b_w h_{w0}) \tag{6.140}$

剪跨比 λ 不大于 2.5 时　　　$V_w \leqslant \dfrac{1}{\gamma_{RE}}(0.15\beta_c f_c b_w h_{w0}) \tag{6.141}$

式中　V_w——剪力墙截面剪力设计值，应经过调整增大；

h_{w0}——剪力墙截面有效高度；

β_c——混凝土强度影响系数；

λ——计算截面处的剪跨比，即 $M^c/(V^c h_{w0})$，其中 M^c、V^c 应分别取与 V_w 同一组组合的弯矩和剪力计算值（注意，计算剪跨比时内力均不调整，以便反映剪力墙的实际剪跨比）。

3. 墙内钢筋

（1）配筋方式

在高层建筑剪力墙中"不应采用"单排分布钢筋。因为高层建筑的剪力墙厚度大，为防止混凝土表面出现收缩裂缝，同时使剪力墙具有一定的出平面抗弯能力，剪力墙不允许单排配筋。

当剪力墙厚度超过 400mm 时，如仅采用双排配筋，形成中间大面积的素混凝土，会使剪力墙截面应力分布不均匀，因此"可采用"和"宜采用"三排或四排配筋方案，受力钢筋可均匀分布成数排，或靠墙面的配筋略大。设计人员应根据具体情况参照表 6.26 采用符合上述精神的配筋方式。

各排分布钢筋之间的拉接筋间距不应大于 600mm，直径不应小于 6mm，在底部加强部位，约束边缘构件以外的拉接筋间距尚应适当加密。

剪力墙内宜采用的分布钢筋配筋方式   表 6.26

截面厚度	配筋方式	截面厚度	配筋方式
$b_w \leqslant 400\text{mm}$	双排配筋	$b_w > 700\text{mm}$	四排配筋
$400\text{mm} < b_w \leqslant 700\text{mm}$	三排配筋		

（2）分布钢筋最小配筋率

竖向分布钢筋和水平分布钢筋的最小配筋百分率应满足表 6.27 的要求。

剪力墙分布钢筋最小配筋率   表 6.27

情 况	抗震等级	最小配筋率	最大间距	最小直径
一般剪力墙	一、二、三级	0.25%	300mm	8mm
	四级、非抗震	0.20%	300mm	8mm
B级高度剪力墙	特一级	0.35% 0.40%（底部加强部位）	300mm	8mm
1. 房屋顶层 2. 长矩形平面房屋的楼电梯间 3. 纵向剪力墙端开间 4. 端山墙	抗震与非抗震	0.25%	200mm	—

为了保证分布钢筋具有可靠的混凝土握裹力，剪力墙竖向、水平分布钢筋的直径不宜大于墙肢截面厚度的 1/10，如果要求的分布钢筋直径过大，则应加大墙肢截面厚度。

（3）钢筋的锚固与连接

剪力墙中，钢筋的锚固和连接要满足以下要求：

1) 非抗震设计时，剪力墙纵向钢筋最小锚固长度应取 l_a；抗震设计时，剪力墙纵向钢筋最小锚固长度应取 l_{aE}。l_a、l_{aE} 的取值应分别符合有关规定；

2) 剪力墙竖向及水平分布钢筋的搭接连接（图 6.36），一级、二级抗震等级剪力墙的加强部位，接头位置应错开，

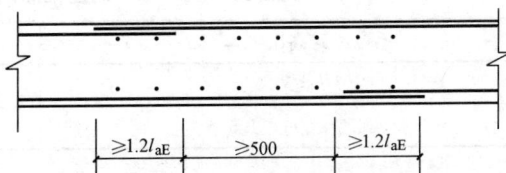

$\geqslant 1.2 l_{aE}$ $\geqslant 500$ $\geqslant 1.2 l_{aE}$

图 6.36 墙内分布钢筋的连接
注：非抗震设计时图中 l_{aE} 应取 l_a。

每次连接的钢筋数量不宜超过总数量的 50%，错开净距不宜小于 500mm；其他情况剪力墙的钢筋可在同一部位连接。非抗震设计时，分布钢筋的搭接长度不应小于 $1.2l_a$；抗震设计时，不应小于 $1.2l_{aE}$；

　　3）暗柱及端柱内纵向钢筋的连接和锚固要求宜与框架柱相同。

　　4. 连梁配筋构造

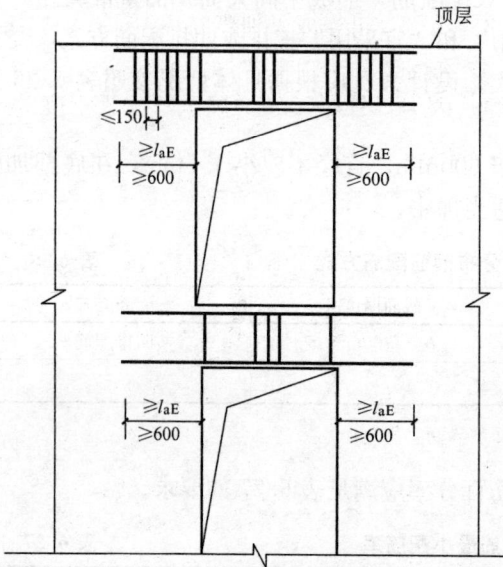

图 6.37　连梁配筋构造示意
注：图中非抗震设计时 l_{aE} 应取 l_a。

　　一般连梁的跨高比都较小，容易出现剪切斜裂缝，为防止斜裂缝出现后的脆性破坏，除了采取减小其名义剪应力、加大其箍筋配置的措施外，还应在构造上提出了一些特殊要求，例如对钢筋锚固、箍筋加密区范围、腰筋配置等作了规定，连梁配筋构造见图 6.37 示意图。

　　1）连梁顶面、底面纵向受力钢筋伸入墙内的锚固长度，抗震设计时不应小于 l_{aE}，非抗震设计时不应小于 l_a 且不应小于 600mm。

　　2）抗震设计时，沿连梁全长箍筋的构造应按框架梁梁端加密区箍筋的构造要求采用；非抗震设计时，沿连梁全长的箍筋直径不应小于 6mm，间距不应大于 150mm。

　　3）顶层连梁纵向钢筋伸入墙体的长度范围内，应配置间距不大于 150mm 的构造箍筋，箍筋直径应与该连梁的箍筋直径相同。

　　4）墙体水平分布钢筋应作为连梁的腰筋在连梁范围内拉通连续配置；当连梁截面高度大于 700mm 时，其两侧面沿梁高范围设置的纵向构造钢筋（腰筋）的直径不应小于 8mm，间距不应大于 200mm；对跨高比不大于 2.5 的连梁，梁两侧的纵向构造钢筋（腰筋）的面积配筋率不应小于 0.3%。

　　5）跨高比（l/h_b）不大于 1.5 的连梁，非抗震设计时，其纵向钢筋的最小配筋率可取为 0.2%；抗震设计时，其纵向钢筋的最小配筋率宜符合表 6.28 的要求；跨高比大于 1.5 的连梁，其纵向钢筋的最小配筋率可按框架梁的要求采用。

跨高比不大于 1.5 的连梁纵向钢筋的最小配筋率（%）　　　　表 6.28

跨高比	最小配筋率（采用较大值）
$l/h_b \leq 0.5$	$0.20,45f_t/f_y$
$0.5 < l/h_b \leq 1.5$	$0.25,55f_t/f_y$

　　6）剪力墙结构连梁中，非抗震设计时，顶面及底面单侧纵向钢筋的最大配筋率不宜大于 2.5%；抗震设计时，顶面及底面单侧纵向钢筋的最大配筋率宜符合表 6.29 的要求。如不满足，则应按实配钢筋进行连梁强剪弱弯的验算。

连梁纵向钢筋的最大配筋率（%）	表 6.29

跨高比	最大配筋率
$l/h_b \leqslant 1.0$	0.6
$1.0 < l/h_b \leqslant 2.0$	1.2
$2.0 < l/h_b \leqslant 2.5$	1.5

7）剪力墙的连梁不满足第 6.6 节第 6 点的要求时，可采取下列措施：

① 减小连梁截面高度或采取其他减小连梁刚度的措施。

② 抗震设计剪力墙连梁的弯矩可塑性调幅；内力计算时已经按规定降低了刚度的连梁，其弯矩值不宜再调幅，或限制再调幅范围。此时，应取弯矩调幅后相应的剪力设计值校核其是否满足第 6.6 节第 6 点规定；剪力墙中其他连梁和墙肢的弯矩设计值宜视调幅连梁数量的多少而相应适当增大。

③ 当连梁破坏对承受竖向荷载无明显影响时，可按独立墙肢的计算简图进行第二次多遇地震作用下的内力分析，墙肢截面应按两次计算的较大值计算配筋。

5. 墙面和连梁上开洞处理

当剪力墙墙面开洞较小，在整体计算中不考虑其影响时，除了将切断的分布钢筋集中在洞口边缘补足外，还要有所加强，以抵抗洞口应力集中。连梁是剪力墙中的薄弱部位，应重视连梁中开洞后的截面抗剪验算和加强措施。给出剪力墙墙面开洞洞口长度小于 800mm 以及连梁开洞时，应采取的措施：

1）当剪力墙墙面开有非连续小洞口（其各边长度小于 800mm），且在整体计算中不考虑其影响时，应将洞口处被截断的分布筋量分别集中配置在洞口上、下和左、右两边（图 6.38a），且钢筋直径不应小于 12mm。

2）穿过连梁的管道宜预埋套管，洞口上、下的有效高度不宜小于梁高的 1/3，且不宜小于 200mm，洞口处宜配置补强钢筋，被洞口削弱的截面应进行承载力验算，洞口处应配置补强纵向钢筋和箍筋（图 6.38b），补强纵向钢筋的直径不应小于 12mm。

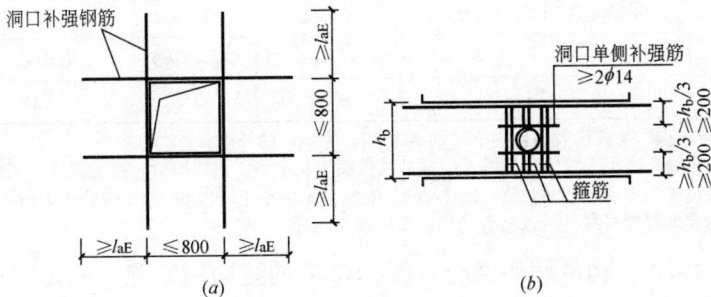

图 6.38　洞口补强配筋示意

（a）剪力墙洞口补强；（b）连梁洞口补强

注：非抗震设计时，图中锚固长度取 l_a。

6. 边缘构件

（1）约束边缘构件与构造边缘构件的应用范围

剪力墙两端和洞口两侧应设置边缘构件，并应符合下列规定：

1) 一、二、三级剪力墙底层墙肢底截面的轴压比大于表 6.30 的规定值时，以及部分框支剪力墙结构的剪力墙，应在底部加强部位及相邻的上一层设置约束边缘构件。

2) 除本条第 1 款所列的部位外，剪力墙应设置构造边缘构件。

3) B 级高度高层建筑的剪力墙，宜在约束边缘构件层与构造边缘构件层之间设置 1~2 层过渡层，过渡层边缘构件的箍筋配置要求可低于约束边缘构件的要求，但应高于构造边缘构件的要求。

剪力墙可不设约束边缘构件的最大轴压比　　　　　　　　　表 6.30

等级或烈度	一级(9 度)	一级(6、7、8 度)	二、三级
轴压比	0.1	0.2	0.3

（2）约束边缘构件设计

剪力墙的约束边缘构件可为暗柱、端柱和翼墙（图 6.39），并应符合下列规定：

1）约束边缘构件沿墙肢的长度 l_c 和箍筋配箍特征值 λ_v 应符合表 6.31 的要求，其体积配箍率 ρ_v 应按下式计算：

$$\rho_v = \lambda_v \frac{f_c}{f_{yv}}　　　　　　　　　　　（6.142）$$

式中　ρ_v——箍筋体积配箍率，可计入箍筋、拉筋以及符合构造要求的水平分布钢筋，计入的水平分布钢筋的体积配箍率不应大于总体积配箍率的 30%；

λ_v——约束边缘构件配箍特征值；

f_c——混凝土轴心抗压强度设计值；混凝土强度等级低于 C35 时，应取 35 的混凝土轴心抗压强度设计值；

f_{yv}——箍筋、拉筋或水平分布钢筋的抗拉强度设计值。

约束边缘构件沿墙肢的长度 l_c 及其配箍特征值 λ_v　　　　　表 6.31

项目	一级(9 度)		一级(6、7、8 度)		二、三级	
	$\mu_N \leqslant 0.2$	$\mu_N > 0.2$	$\mu_N \leqslant 0.3$	$\mu_N > 0.3$	$\mu_N \leqslant 0.4$	$\mu_N > 0.4$
l_c(暗柱)	$0.20h_w$	$0.25h_w$	$0.15h_w$	$0.20h_w$	$0.15h_w$	$0.20h_w$
l_c(翼墙或端柱)	$0.15h_w$	$0.20h_w$	$0.10h_w$	$0.15h_w$	$0.10h_w$	$0.15h_w$
λ_v	0.12	0.20	0.12	0.20	0.12	0.20

注：1. μ_N 为墙肢在重力荷载代表值作用下的轴压比，h_w 为墙肢的长度；
　　2. 剪力墙的翼墙长度小于翼墙厚度的 3 倍或端柱截面边长小于 2 倍墙厚时，按无翼墙、无端柱查表；
　　3. l_c 为约束边缘构件沿墙肢的长度（图 6.39）。对暗柱不应小于墙厚和 400mm 的较大值；有翼墙或端柱时，不应小于翼墙厚度或端柱沿墙肢方向截面高度加 300mm。

2）剪力墙约束边缘构件阴影部分（图 6.39）的竖向钢筋除应满足正截面受压（受拉）承载力计算要求外，其配筋率一、二、三级时分别不应小于 1.2%、1.0% 和 1.0%，并分别不应少于 $8\phi16$、$6\phi14$ 和 $6\phi14$ 的钢筋（ϕ 表示钢筋直径）。

3）约束边缘构件内箍筋或拉筋沿竖向的间距，一级不宜大于 100mm，二、三级不宜大于 150mm；箍筋、拉筋沿水平方向的肢距不宜大于 300mm，不应大于竖向钢筋间距的 2 倍。

（3）构造边缘构件设计

剪力墙构造边缘构件的范围宜按图 6.40 中阴影部分采用，其最小配筋应满足表 6.32 的规定，并应符合下列规定：

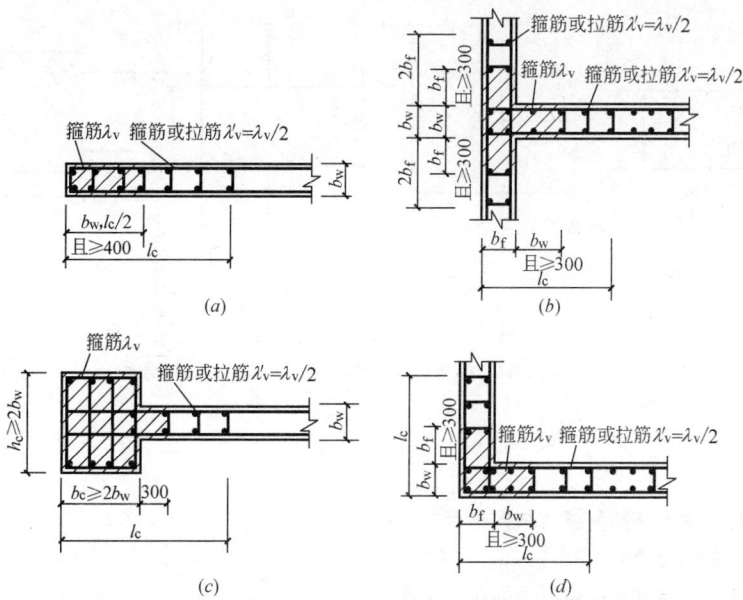

图 6.39　剪力墙的约束边缘构件

（a）暗柱；（b）有翼墙；（c）有端柱；（d）转角墙（L形墙）

1）竖向配筋应满足正截面受压（受拉）承载力的要求；

2）当端柱承受集中荷载时，其竖向钢筋、箍筋直径和间距应满足框架柱的相应要求；

3）箍筋、拉筋沿水平方向的肢距不宜大于300mm，不应大于竖向钢筋间距的2倍；

4）抗震设计时，对于连体结构、错层结构以及B级高度高层建筑结构中的剪力墙（筒体），其构造边缘构件的最小配筋应符合下列要求：

① 竖向钢筋最小量应比表6.32中的数值提高$0.001A_c$采用；

② 箍筋的配筋范围宜取图6.40中阴影部分，其配箍特征值λ_v不宜小于0.1。

5）非抗震设计的剪力墙，墙肢端部应配置不少于$4\phi12$的纵向钢筋，箍筋直径不应小于6mm、间距不宜大于250mm。

剪力墙构造边缘构件的最小配筋要求　　　　　　表 6.32

抗震等级	底部加强部位			其他部位		
	竖向钢筋最小量（取较大值）	箍筋		竖向钢筋最小量（取较大值）	拉筋	
		最小直径（mm）	沿竖向最大间距（mm）		最小直径（mm）	沿竖向最大间距（mm）
一	$0.010A_c$,$6\phi16$	8	100	$0.008A_c$,$6\phi14$	8	150
二	$0.008A_c$,$6\phi14$	8	150	$0.006A_c$,$6\phi12$	8	200
三	$0.006A_c$,$6\phi12$	6	150	$0.005A_c$,$4\phi12$	6	200
四	$0.005A_c$,$4\phi12$	6	200	$0.004A_c$,$4\phi12$	6	250

注：1. A_c为构造边缘构件的截面面积，即图6.40剪力墙截面的阴影部分；

　　2. 符号ϕ表示钢筋直径；

　　3. 其他部位的转角处宜采用箍筋。

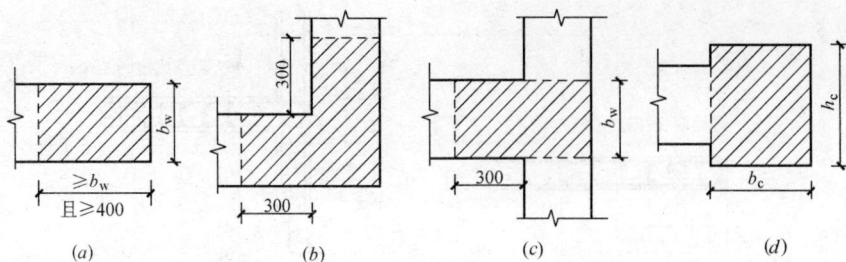

图 6.40　剪力墙的构造边缘构件

(a) 暗柱；(b) 转角墙（L形墙）；(c) 翼柱；(d) 端柱

习　题

6-1　剪力墙结构应该如何进行结构布置？

6-2　剪力墙如何分类？

6-3　带翼缘剪力墙如何确定翼缘的有效宽度？

6-4　剪力墙结构在竖向荷载下的内力如何计算？

6-5　整体墙在水平荷载下的内力与位移如何计算？

6-6　小开口墙在水平荷载下的内力与位移如何计算？

6-7　双肢墙在水平荷载下的内力与位移如何计算？

6-8　壁式框架在水平荷载下的内力与位移如何计算？

6-9　推导等效矩形单元的刚度矩阵。

6-10　推导等效三角形单元的刚度矩阵。

6-11　编写用等效矩形桁架单元进行结构分析的程序。

6-12　编写用等效三角形桁架单元进行结构分析的程序。

6-13　偏心受压剪力墙正截面承载力如何计算？

6-14　剪力墙斜截面受剪承载力如何计算？

6-15　水平施工缝处受剪承载力如何验算？

6-16　《高规》JGJ 3—2010 对剪力墙轴压比的限值为多少？

6-17　剪力墙平面外的轴心受压承载力如何验算？

6-18　连梁斜截面抗剪承载力如何计算？

6-19　剪力墙应满足哪些构造要求？

6-20　约束边缘构件与构造边缘构件各适用什么范围？

6-21　约束边缘构件与构造边缘构件构造上有什么区别？

6-22　图 6.41 所示剪力墙墙厚 200mm，连梁高 2000mm，混凝土的强度等级为 C40，求其在图示水平荷载作用下的弯矩与位移。

6-23　高层剪力墙结构设计题。

1. 工程概况

某高层住宅楼，采用剪力墙结构，地上 12 层，2～12 层，层高 2.8m，底层层高 3.9m，电梯机房高 3.2m，水箱高 3.1m，室内外高差 0.3m，阳台栏板顶高 1.1m，结构平面布置图如图 6.42 所示，设计使用年限为 50 年。

2. 设计资料

216

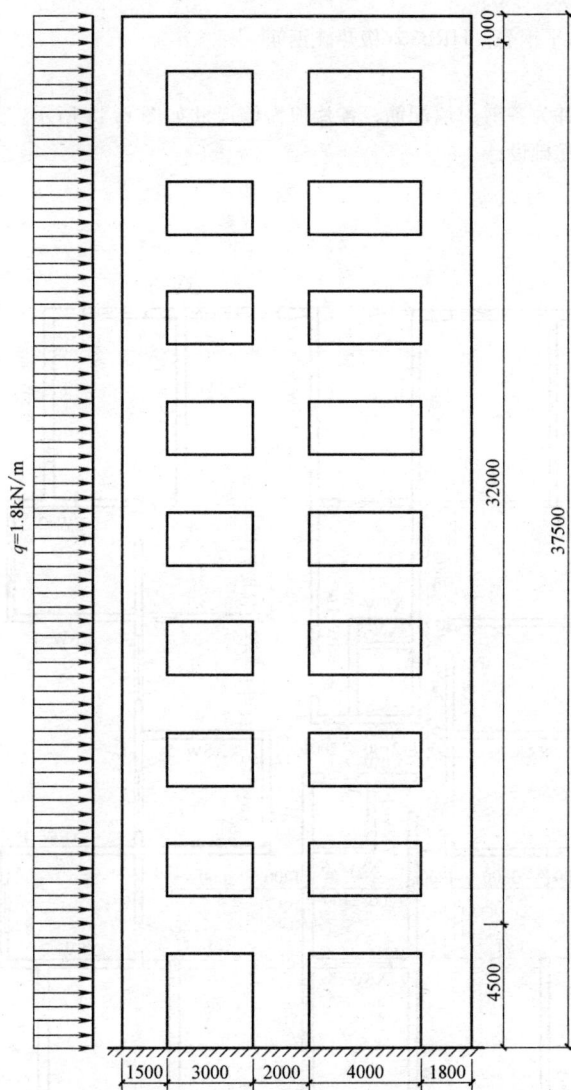

图 6.41 习题 6-22 附图

（1）基本风压：0.35kN/m²；地面粗糙度类别为 C 类。

（2）基本雪压：0.45kN/m²。

（3）设防烈度：8 度；设计分组：第一组；抗震设防类别：丙类。

（4）场地类别：Ⅱ类。

（5）剪力墙墙厚：地上 180mm；地下 250mm。

（6）轻质隔墙厚：120mm，按 1.2kN/m² 计算。

（7）楼面做法：楼板厚 120mm，地下室顶板厚 250mm，底板厚 400mm。各板顶做 20mm 厚水泥砂浆找平，地面装修重（标准值）按 0.6kN/m² 考虑，各板底粉 15mm 厚石灰砂浆。

（8）屋顶：不上人屋面，做法同楼面，但加做二毡三油防水层，再做 40mm 厚细石混凝土面层（内布细丝网）。

（9）混凝土强度等级：C30。

（10）墙内纵向及水平钢筋：HRB335 级热轧钢筋。

3. 设计要求

手算荷载与内力，并为各剪力墙配筋，各片剪力墙尺寸如图 6.43 所示。只做水平方向抗震计算，不考虑扭转效应。不做基础设计。

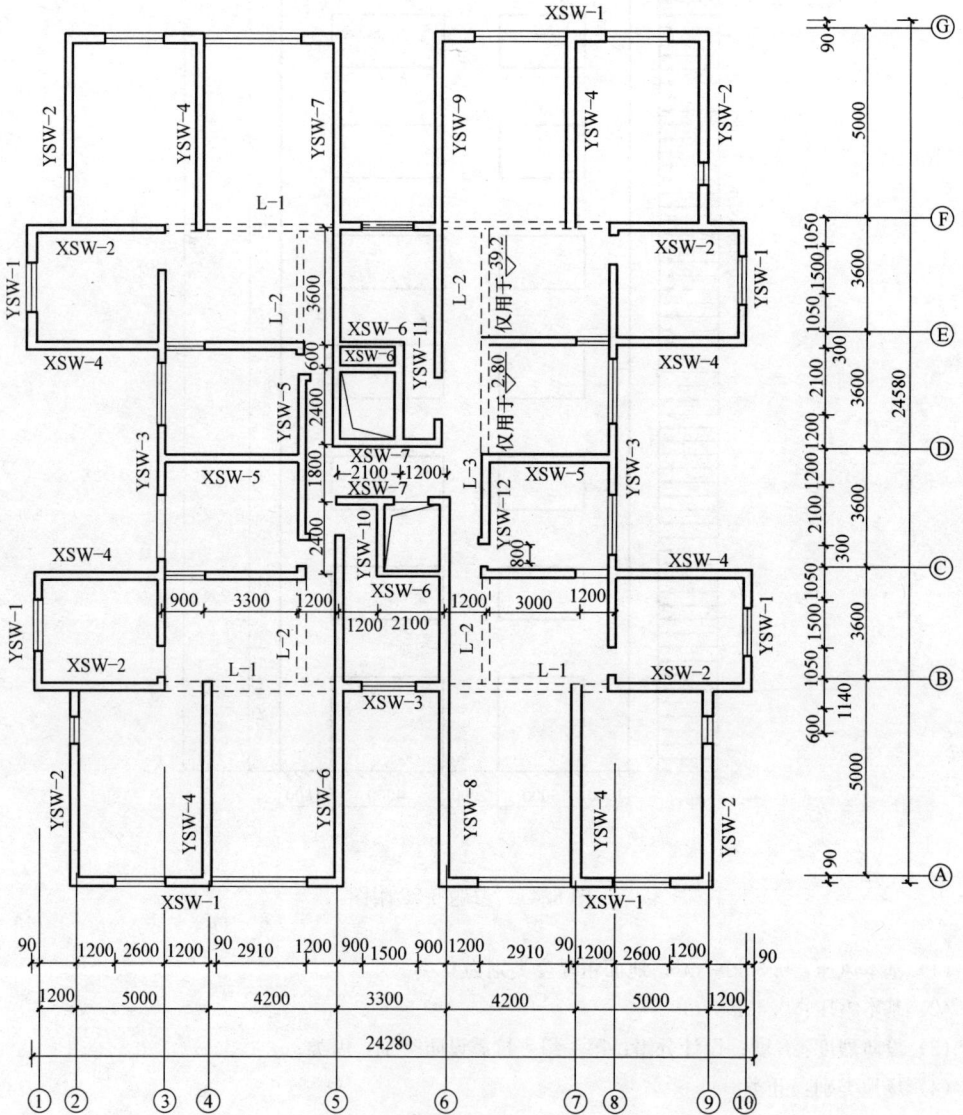

图 6.42　结构平面布置图

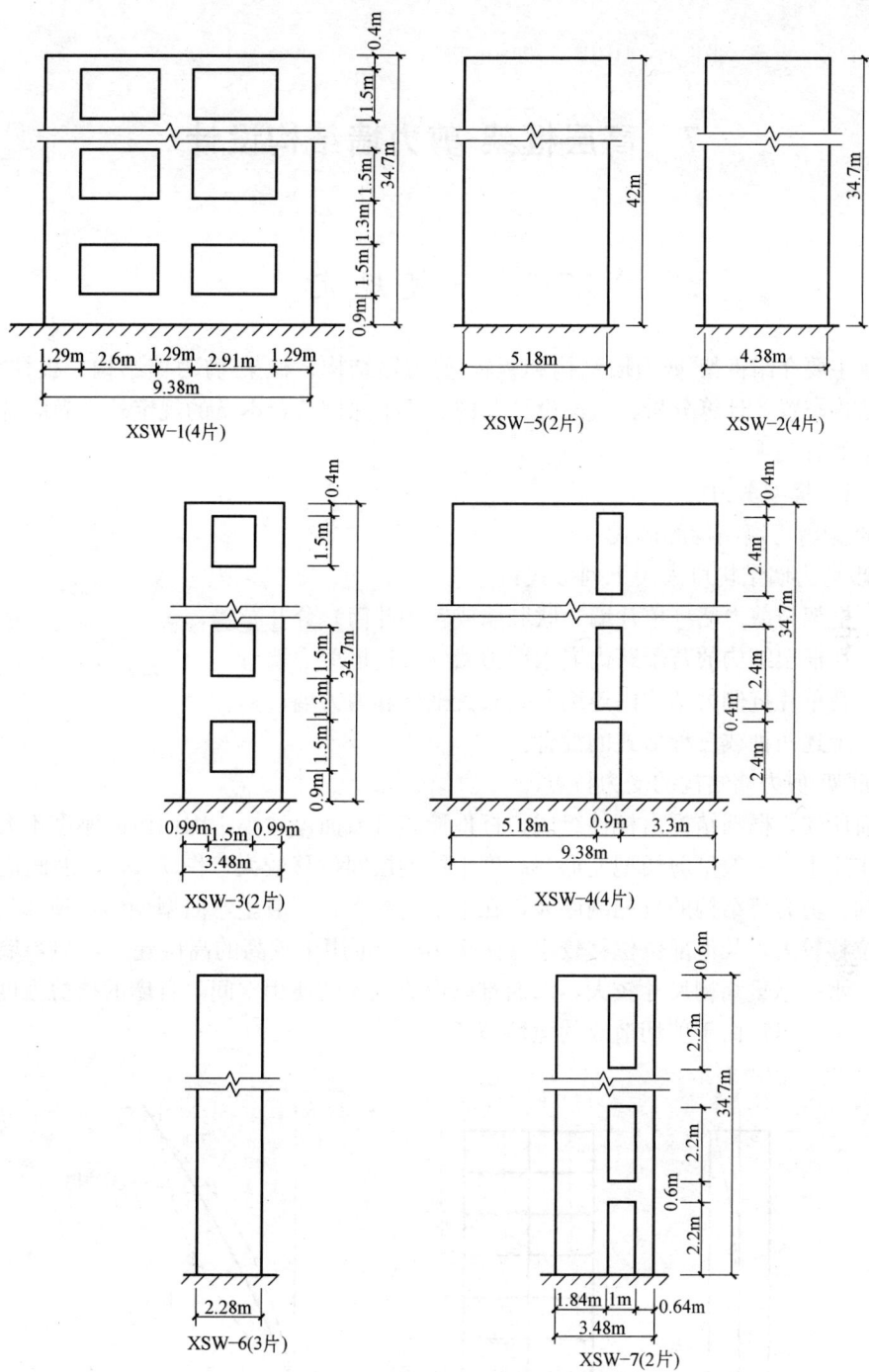

图 6.43 各片剪力墙的尺寸

7 高层框架-剪力墙结构设计

7.1 一般规定

本章主要介绍框架-剪力墙结构和板柱-剪力墙结构。框架-剪力墙结构、板柱-剪力墙结构的结构布置、计算分析、截面设计及构造要求除应符合本章的规定外，尚应分别符合前面各章的有关规定。

7.1.1 框架剪力墙

1. 框架剪力墙结构的形式

框架-剪力墙结构可采用下列形式：

（1）框架与剪力墙（单片墙、联肢墙或较小井筒）分开布置；

（2）在框架结构的若干跨内嵌入剪力墙（带边框剪力墙）；

（3）在单片抗侧力结构内连续分别布置框架和剪力墙；

（4）上述两种或三种形式的混合。

2. 框架-剪力墙结构的受力特点

如前所述，框架结构由杆件组成，杆件稀疏且截面尺寸小，因而侧向刚度不大，在侧向荷载作用下，一般呈剪切型变形，高度中段的层间位移较大（图 7.1b），因此适用高度受到限制。剪力墙结构的抗侧刚度大，在水平荷载下，一般呈弯曲型变形，顶部附近楼层的层间位移较大，其他部位位移较小（图 7.1a），可用于较高的高层建筑，但当墙的间距较大时，水平承重结构尺寸较大，因而难以形成较大的使用空间，且墙的抗剪强度弱于抗弯强度，易于出现由于剪切造成的脆性破坏。

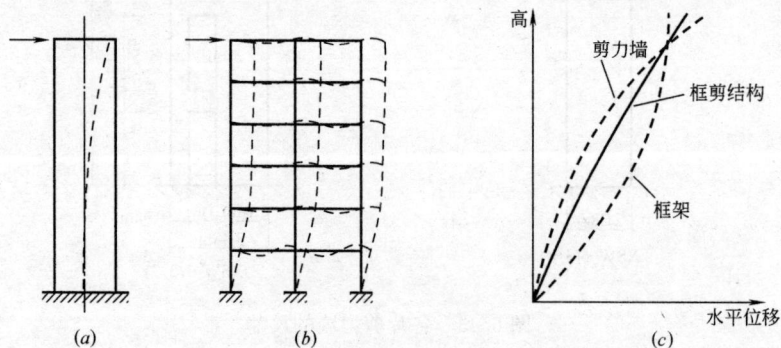

图 7.1 框架、剪力墙和框架-剪力墙的侧移

框架-剪力墙结构中有框架也有剪力墙，在结构布置合理的情况下，可以同时发挥两

者的优点和克服其缺点，即既具有较大的抗侧刚度，又可形成较大的使用空间，而且两种结构形成两道抗震防线，对结构抗震有利。因此，框架-剪力墙结构在实际工程中得到广泛的应用。

3. 框剪结构的结构布置原则

框架-剪力墙结构的布置要注意遵守以下原则：

（1）框架-剪力墙结构应设计成双向抗侧力体系。抗震设计时，结构两主轴方向均应布置剪力墙。

（2）框架-剪力墙结构中，主体结构构件之间除个别节点外不应采用铰接；梁与柱或柱与剪力墙的中线宜重合；框架梁、柱中心线之间有偏离时，应符合框架结构中梁、柱中心线的有关规定。

（3）框架-剪力墙结构中剪力墙的布置宜符合下列要求：

1）剪力墙宜均匀布置在建筑物的周边附近、楼梯间、电梯间、平面形状变化及恒载较大的部位，剪力墙间距不宜过大。

2）平面形状凹凸较大时，宜在凸出部分的端部附近布置剪力墙。

3）纵、横剪力墙宜组成 L 形、T 形和匚形等形式。

4）单片剪力墙底部承担的水平剪力不宜超过结构底部总水平剪力的 40%，以免受力过分集中。

5）剪力墙宜贯通建筑物的全高，并宜避免刚度突变；剪力墙开洞时，洞口宜上下对齐。

6）楼、电梯间等竖井的设置，宜尽量与其附近的框架或剪力墙的布置相结合，使之形成连续、完整的抗侧力结构。

7）抗震设计时，剪力墙的布置宜使两个主轴方向的侧向刚度接近。

剪力墙布置在建筑物的周边附近，目的是使它既发挥抗扭作用又减小位于周边而受室外温度变化的不利影响；布置在楼电梯间、平面形状变化处和凸出较大处是为了弥补平面的薄弱部位；把纵、横剪力墙组成 L 形、T 形等非一字形是为了发挥剪力墙自身刚度的作用；单片剪力墙承担的水平剪力不宜超过结构底部总水平剪力的 40%，是避免该片剪力墙对刚心位置影响过大，并一旦破坏对整体结构不利，及使基础承担过大的水平力等。

（4）当建筑平面为长矩形或平面有一部分为长条形（平面长宽比较大）时，在该部位布置的剪力墙除应有足够的总体刚度外，各片剪力墙之间的距离不宜过大，宜满足表 7.1 的要求。剪力墙间距过大时，两墙之间的楼盖会不能满足平面内刚性的要求，造成处于该区间的框架不能与邻近的剪力墙协同工作而增加负担。当两墙之间的楼盖开有大洞时，该段楼盖的平面刚度更差，墙的间距应再适当缩小。

长矩形平面中布置的纵向剪力墙，不宜集中在平面的两尽端。原因是集中在两端时，房屋的两端被抗侧刚度较大的剪力墙锁住，中间部分的楼盖在混凝土收缩或温度变化时容易出现裂缝。这种现象工程中常常见到，应予以重视。

4. 框架剪力墙的设计方法

抗震设计的框架-剪力墙结构，应根据在规定的水平力作用下结构底层框架部分承受的地震倾覆力矩与结构总地震倾覆力矩的比值，确定相应的设计方法，并应符合下列要求：

楼盖形式	非抗震设计（取较小值）	抗震设防烈度		
		6 度、7 度（取较小值）	8 度（取较小值）	9 度（取较小值）
现浇	$5.0B$,60	$4.0B$,50	$3.0B$,40	$2.0B$,30
装配整体	$3.5B$,50	$3.0B$,40	$2.5B$,30	—

注：1. 表中 B 为楼面宽度，单位为 m；

    2. 装配整体式楼盖应设置钢筋混凝土现浇层；

    3. 现浇层厚度大于 60mm 的叠合楼板可作为现浇板考虑；

    4. 当房屋端部未布置剪力墙时，第 1 片剪力墙与房屋端部的距离，不宜大于表中剪力墙间距的 1/2。

（1）框架部分承受的地震倾覆力矩不大于结构总地震倾覆力矩的 10% 时，按剪力墙结构进行设计，其中的框架部分应按框架-剪力墙结构的框架进行设计；

（2）当框架部分承受的地震倾覆力矩大于结构总地震倾覆力矩的 10% 但不大于 50% 时，按框架-剪力墙结构进行设计；

（3）当框架部分承受的地震倾覆力矩大于结构总地震倾覆力矩的 50% 但不大于 80% 时，按框架-剪力墙结构进行设计，其最大适用高度可比框架结构适当增加，框架部分的抗震等级和轴压比限值宜按框架结构的规定采用；

（4）当框架部分承受的地震倾覆力矩大于结构总地震倾覆力矩的 80% 时，按框架-剪力墙结构进行设计，但其最大适用高度宜按框架结构采用，框架部分的抗震等级和轴压比限值应按框架结构的规定采用。当结构的层间位移角不满足框架-剪力墙结构的规定时，可按 4.8 节的有关规定进行结构抗震性能分析与论证。

7.1.2 板柱剪力墙结构

1. 板柱-剪力墙结构的结构布置原则

板柱-剪力墙结构的布置应符合下列要求：

1）应布置成双向抗侧力体系，应设置筒体或两主轴方向均应设置剪力墙。

2）抗震设计时，房屋的周边应设置框架梁，房屋的顶层及地下一层顶板宜采用梁板结构。

3）有楼、电梯间等较大开洞时，洞口周围宜设置框架梁或边梁。

4）无梁板可根据承载力和变形要求采用无柱帽板或有柱帽板。当采用托板式柱帽时，托板的长度和厚度应按计算确定，且每方向长度不宜小于板跨度的 1/6，其厚度不宜小于 1/4 无梁板的厚度；抗震设计时，托板每方向长度尚不宜小于同方向柱截面宽度与 4 倍板厚度之和，托板处总厚度尚不宜小于 16 倍柱纵筋直径。当不满足承载力要求且不允许设置柱帽时可采用剪力架，此时板的厚度，非抗震设计时不应小于 150mm，抗震设计时不应小于 200mm。

5）双向无梁板厚度与长跨之比，不宜小于表 7.2 的规定。

双向无梁板厚度与长跨的最小比值   表 7.2

非预应力楼板		预应力楼板	
无柱帽	有柱帽	无柱帽	有柱帽
1/30	1/35	1/40	1/45

2. 设计方法

（1）结构分析中规则的板柱结构可用等代框架法，其等代梁的宽度宜采用垂直于等代框架方向两则柱距各 1/4；宜采用连续体有限元空间模型进行更准确的计算分析；

（2）楼板在柱周边临界截面的冲切应力，不宜超过 $0.70f_t$，超过时应配置抗冲切钢筋或抗剪栓钉，当地震作用导致柱上板带支座弯矩反号时还应对反向作复核。板柱节点冲切承载力的验算可按有关规范的相关规定进行验算，并应考虑节点不平衡弯矩作用下产生的剪力影响。

3. 筒体或剪力墙应承担的剪力

抗风设计时，板柱-剪力墙结构中各层筒体或剪力墙应能承担不小于 80% 相应方向该层承担的风荷载作用下的剪力；抗震设计时，应能承担各层全部相应方向该层承担的地震剪力，而各层板柱部分尚应能承担不小于 20% 相应方向该层承担的地震剪力，且应符合有关抗震构造要求。

7.2 框架-剪力墙结构在竖向荷载下内力的简化计算方法

框剪结构在竖向荷载作用下，可假定各竖向承重结构之间为简支联系，将竖向荷载按简支梁板简单地分配给框架和墙，再将各框架和各剪力墙按平面结构进行内力计算：

框架——按第 5 章 5.4 节的方法计算；

剪力墙——按第 6 章 6.4 节的方法计算。

初步设计阶段，框架-剪力墙结构竖向总荷载可按 $12\sim14kN/m^2$ 估算。

7.3 框架-剪力墙结构在水平荷载下内力与变形的简化计算方法

7.3.1 计算思路

采用手算方法计算框架-剪力墙结构在水平荷载下的内力时，可分如下两步进行：

1. 求某一方向的内力时，将该方向各片剪力墙合并成一片总剪力墙，将该方向各榀框架合并成一榀总框架，将该方向同一层的各根连梁合并成一根总连梁，对总剪力墙、总框架和总连梁进行协同工作分析，解决水平荷载在总剪力墙和总框架之间的分配，求得总剪力墙和总框架的总内力，并计算结构的侧向位移。

2. 按等效抗弯刚度比，将总剪力墙的内力分配给每片墙，将总框架的总剪力按柱的抗侧刚度分配给框架的各柱。

7.3.2 框架-剪力墙结构在水平荷载下的协同工作分析

1. 计算简图的选用

求某个方向框架和剪力墙的协同工作内力与位移时，要将该方向各榀框架合并成总框架，将该方向各片剪力墙合并成总剪力墙，将该方向各连梁合并成总连梁。连梁与框架和剪力墙的连接方式取决于连系构件的刚度。通常有以下两种类型：

（1）通过楼板连接

图 7.2（a）所示框架-剪力墙结构，框架和剪力墙是通过楼板的作用连接在一起的。假定楼板在平面内的刚度为无穷大，则同一楼层内各点的水平位移相同。此外，楼板在平面外的刚度很弱，计算时假定其平面外的刚度为零。因此，它对各平面抗侧力结构不产生约束弯矩。对于图 7.2（a）所示的受力情况，其计算简图如图 7.2（b）所示的铰接体系。图中，总剪力墙包含 2 片剪力墙，总框架包含 5 榀框架，链杆代表刚性楼盖，不考虑其轴向变形。

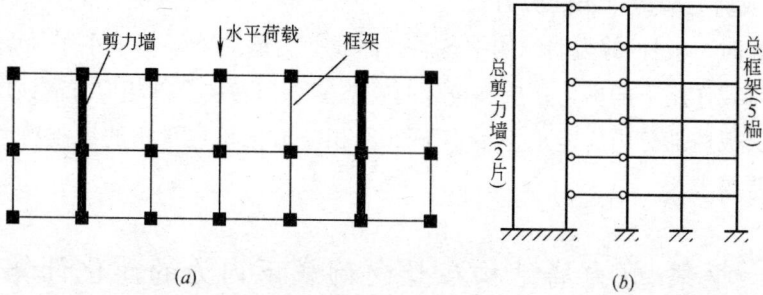

图 7.2　框架-剪力墙铰接体系

（2）通过楼板和连梁连接

图 7.3（a）所示结构在横向水平荷载作用下有 2 片双肢剪力墙和 5 榀框架，计算简图如图 7.3（b）所示。双肢墙的连梁对墙肢会产生约束弯矩。画计算简图时为了简单起

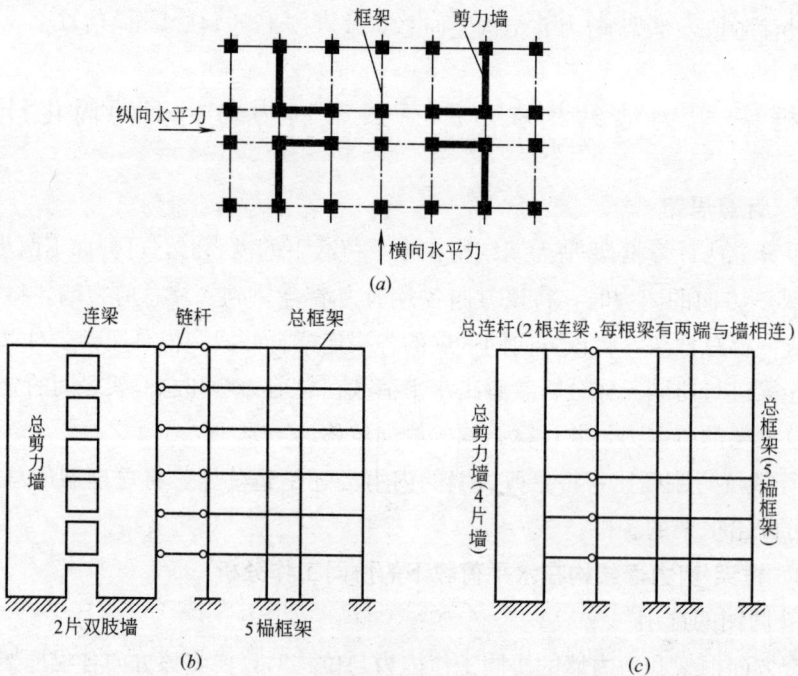

图 7.3　框架-剪力墙刚接体系
（a）结构平面图；（b）双肢墙与框架；（c）计算简图

见，常将图 7.3（b）画为图 7.3（c）的形式，将连梁与楼盖链杆的作用综合为总连杆。图 7.3（c）中剪力墙与总连杆间用刚接，表示剪力墙平面内的连梁对墙有转动约束，即能起连梁的作用；框架与总连杆间用铰结，表示楼盖链杆的作用。被连接的总剪力墙包含 4 片墙，总框架包含 7 榀框架；总连杆中包含 2 根连梁，每根梁有两端与墙相连，即 2 根连梁的 4 个刚接端对墙肢有约束弯矩作用。这种连接方式或计算图称为框架-剪力墙刚接体系。

对图 7.3（a）所示结构，当计算纵向地震作用时，计算简图仍可画为图 7.3（c）的统一形式。确定总剪力墙、总框架和总连杆时要注意，中间两片抗侧力结构中，既有剪力墙又有柱；一端与墙相连、另一端与柱（即框架）相连的梁也称为连梁，该梁对墙和柱都会产生转动约束作用；但该梁对柱的约束作用已反映在柱的 D 值中，该梁对墙的约束作用仍以刚接的形式反映，所以仍表为图 7.3（c）中一端刚接、一端铰接的形式。故图 7.3（a）结构纵向地震作用的计算图仍为图 7.3（c），总剪力墙包含 4 片墙，总框架包含 2 片框架和 6 根柱子（也起框架作用），总连杆中包含 8 根一端刚接、一端铰接的连梁，即 8 个刚接端对墙肢有约束弯矩作用。

最后要指出：计算地震力对结构的影响时，纵、横两个方向均需考虑。计算横向地震力时，考虑沿横向布置的抗震墙和横向框架；计算纵向地震力时，考虑沿纵向布置的抗震墙和纵向框架。取墙截面时，另一方向的墙可作为翼缘，取一部分有效宽度。

2. 连梁两端为铰接体系的框-剪结构在水平荷载下协同工作分析

（1）总剪力墙及总框架刚度的计算

总剪力墙抗弯刚度 EJ_w 是每片墙抗弯刚度之总和，近似取 $EJ_w = \sum_k EJ_{eq}$，其中 k 为总剪力墙中剪力墙片数；EJ_{eq} 为每片墙的等效抗弯刚度，可用第 6 章中介绍的方法计算。

总框架是取所有梁、柱单元的总和，总框架刚度是所有柱抗推刚度的总和。框架抗推刚度的定义是：产生单位层间变形角所需的推力 C_F。C_F 可以由柱的 D 值计算。由图 7.4 可见，总框架抗推刚度

$$C_F = h \cdot \sum D_j \qquad (7.1)$$

式中求和号表示同一层中所有柱 D 值之和。

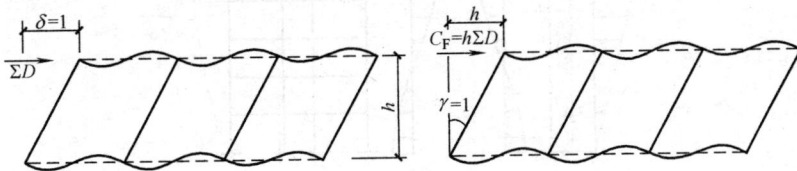

图 7.4　框架抗推刚度

这个协同工作计算方法中，假定总框架各层抗推刚度相等，为 C_F；也假定总剪力墙各层抗弯刚度相等，为 EJ_w。实际工程中，各层 C_F 或 EJ_w 值可能不同。如果各层刚度变化太大，则本方法不适用。如果相差不大，则可用加权平均方法得到平均的 C_F 及 EJ_w 值：

$$C_F = \frac{h_1 C_{F1} + h_2 C_{F2} + \cdots\cdots + h_n C_{Fn}}{H}$$

$$EJ_w = \frac{h_1 E_1 J_{w1} + h_2 E_2 J_{w2} + \cdots\cdots + h_n E_n J_{wn}}{H} \Bigg\} \tag{7.2}$$

式中　　C_{F1}，C_{F2}，$\cdots\cdots$，C_{Fn}——总框架中各层的抗推刚度；

$E_1 J_{w1}$，$E_2 J_{w2}$，$\cdots\cdots$，$E_n J_{wn}$——总剪力墙中各层的抗弯刚度；

h_1，h_2，$\cdots\cdots$，h_n——各层层高；

H——结构总高度。

考虑框架柱轴向变形时采用修正柱抗推刚度的方法。在框架高度大于 50m 或框架高度大于其宽度的 4 倍时，可采用修正抗推刚度，以减小该方法的误差。修正抗推刚度

$$C_{F0} = \frac{\delta_M}{\delta_M + \delta_N} \delta_F \tag{7.3}$$

式中　　δ_M——仅考虑梁、柱弯曲变形时框架的顶点位移；

δ_N——考虑柱轴向变形时框架的顶点位移。

δ_M 和 δ_N 可以用第 5 章中简化方法计算。计算时可以用任意给定荷载，但必须使用相同的荷载计算 δ_M 和 δ_N。

（2）计算公式

框剪结构协同工作计算，可采用连续化方法，把沿着连杆切开后各层连杆中的未知力 p_{Fi} 化成未知函数 $p_F(x)$（图 7.5c）。

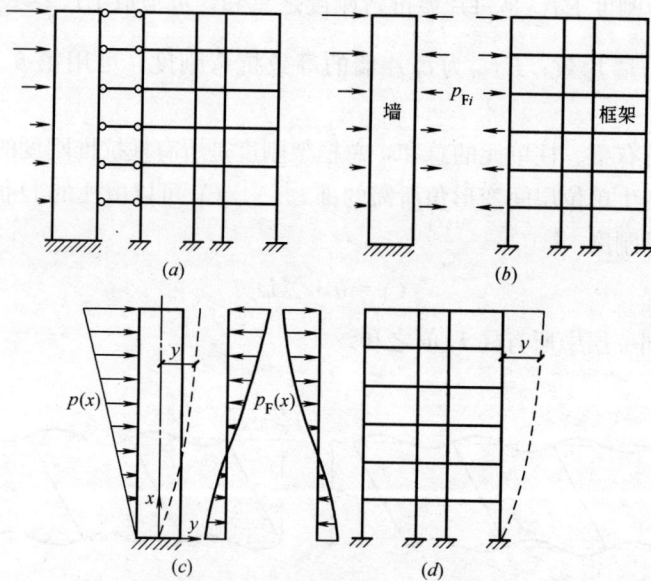

图 7.5　铰接体系基本体系

切开后总剪力墙为静定结构，所受荷载如图 7.6 所示，按照图中规定的正负号规则，悬臂梁的弯曲变形与内力有如下关系：

$$M_w = EJ_w \frac{d^2 y}{dx^2} \tag{7.4}$$

226

$$V_w = -EJ_w \frac{d^3 y}{dx^3} \qquad (7.5)$$

$$p_w = p(x) - p_F = EJ_w \frac{d^4 y}{dx^4} \qquad (7.6)$$

对于框架而言，当转角 θ 为 dy/dx 时，由图 7.4 可得总框架的层剪力

$$V_F = C_F \theta = C_F \frac{dy}{dx} \qquad (7.7)$$

微分一次，

$$\frac{dV_F}{dx} = -p_F = C_F \frac{d^2 y}{dx^2} \qquad (7.8)$$

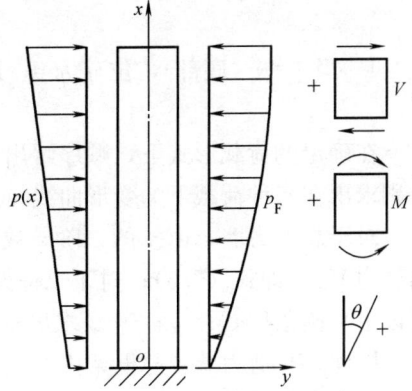

将式（7.8）代入式（7.6），经过整理，可建立侧移 $y(x)$ 的微分方程

$$\frac{d^4 y}{dx^4} - \frac{C_F}{EJ_w} \frac{d^2 y}{dx^2} = \frac{p(x)}{EJ_w} \qquad (7.9)$$

令

$$\left. \begin{array}{l} \lambda = H \sqrt{C_F/EJ_w} \\ \xi = x/H \end{array} \right\} \qquad (7.10)$$

则微分方程可写成

$$\frac{d^4 y}{d\xi^4} - \lambda^2 \frac{d^2 y}{d\xi^2} = \frac{H^4}{EJ_w} p(\xi) \qquad (7.11)$$

式中　λ——框剪结构刚度特征值，它与框架抗推刚度与剪力墙抗弯刚度的比值成正比；

ξ——相对坐标，坐标原点取在固定端处。

四阶非齐次常系数微分方程（7.11）的一般解是

$$y = C_1 + C_2 \xi + A \mathrm{sh} \lambda \xi + B \mathrm{ch} \lambda \xi + y_1 \qquad (7.12)$$

式中 y_1 是微分方程特解，与式（7.11）等号右边的式子有关，即与荷载形式 $p(\xi)$ 有关。C_1、C_2、A、B 是四个待定常数，由边界条件确定：

1）当 $\xi = 1$（顶部），在倒三角分布及均布水平荷载作用下，总剪力为 0，$V_w + V_F = 0$，即

$$-EJ_w \frac{d^3 y}{dx^3} + C_F \frac{dy}{dx} = 0$$

在顶部集中水平力作用下，$V_w + V_F = P$，即

$$-EJ_w \frac{d^3 y}{dx^3} + C_F \frac{dy}{dx} = P$$

2）当 $\xi = 0$（底部），近似取转角为 0，即

$$\frac{dy}{dx} = 0$$

3）当 $\xi = 1$（顶部），剪力墙弯矩为 0，近似取：

图 7.6　符号规则

$$\frac{\mathrm{d}^2 y}{\mathrm{d}x^2}=0$$

4）当 $\xi=0$（底部），位移为 0，即

$$y=0$$

在确定的荷载形式下，顺序解出上述四个边界条件，可求出四个待定常数。用此方法分别求出在三种荷载下的变形曲线 $y(\xi)$。

对于总剪力墙，由 y 的二阶导数可求出弯矩 M_w，即式（7.4）；由 y 的三阶导数可求出剪力 V_w，即式（7.5）；对于总框架，由 y 的一阶导数可求出剪力 V_F，即式（7.7），也可以由平衡条件 $C_F=V_P-V_w$ 求出框架剪力。

因此，总剪力墙及总框架内力及位移的主要计算公式是 y、M_w 及 V_w。下面分别给出三种典型水平荷载下的计算公式，其坐标及正负号规定见图 7.6。

倒三角形分布荷载下，

$$\left.\begin{aligned}
y&=\frac{qH^2}{C_F}\left[\left(1+\frac{\lambda\,\mathrm{sh}\lambda}{2}-\frac{\mathrm{sh}\lambda}{\lambda}\right)\frac{\mathrm{ch}\lambda\xi-1}{\lambda^2\mathrm{ch}\lambda}+\left(\frac{1}{2}-\frac{1}{\lambda^2}\right)\left(\xi-\frac{\mathrm{sh}\lambda\xi}{\lambda}\right)-\frac{\xi^3}{6}\right]\\
M_w&=\frac{qH^2}{\lambda^2}\left[\left(1+\frac{\lambda\,\mathrm{sh}\lambda}{2}-\frac{\mathrm{sh}\lambda}{\lambda}\right)\frac{\mathrm{ch}\lambda\xi}{\mathrm{ch}\lambda}-\left(\frac{\lambda}{2}-\frac{1}{\lambda}\right)\mathrm{sh}\lambda\xi-\xi\right]\\
V_w&=\frac{qH}{\lambda^2}\left[\left(1+\frac{\lambda\,\mathrm{sh}\lambda}{2}-\frac{\mathrm{sh}\lambda}{\lambda}\right)\frac{\lambda\,\mathrm{sh}\lambda\xi}{\mathrm{ch}\lambda}-\left(\frac{\lambda}{2}-\frac{1}{\lambda}\right)\lambda\,\mathrm{ch}\lambda\xi-1\right]
\end{aligned}\right\}\quad(7.13)$$

均布荷载作用下，

$$\left.\begin{aligned}
y&=\frac{qH^2}{C_F\lambda^2}\left[\left(\frac{1+\lambda\,\mathrm{sh}\lambda}{\mathrm{ch}\lambda}\right)(\mathrm{ch}\lambda\xi-1)-\lambda\,\mathrm{sh}\lambda\xi+\lambda^2\xi\left(1-\frac{\xi}{2}\right)\right]\\
M_w&=\frac{qH^2}{\lambda^2}\left[\left(\frac{1+\lambda\,\mathrm{sh}\lambda}{\mathrm{ch}\lambda}\right)\mathrm{ch}\lambda\xi-\lambda\,\mathrm{sh}\lambda\xi-1\right]\\
V_w&=\frac{qH}{\lambda}\left[\lambda\,\mathrm{ch}\lambda\xi-\left(\frac{1+\lambda\,\mathrm{sh}\lambda}{\mathrm{ch}\lambda}\right)\mathrm{sh}\lambda\xi\right]
\end{aligned}\right\}\quad(7.14)$$

顶点集中荷载作用下，

$$\left.\begin{aligned}
y&=\frac{PH^3}{EJ_w}\left[\frac{\mathrm{sh}\lambda}{\lambda^3\mathrm{ch}\lambda}(\mathrm{ch}\lambda\xi-1)-\frac{1}{\lambda^3}\mathrm{sh}\lambda\xi+\frac{1}{\lambda^2}\xi\right]\\
M_w&=PH\left(\frac{\mathrm{sh}\lambda}{\lambda\,\mathrm{ch}\lambda}\mathrm{ch}\lambda\xi-\frac{1}{\lambda}\mathrm{sh}\lambda\xi\right)\\
V_w&=P\left(\mathrm{ch}\lambda\xi-\frac{\mathrm{sh}\lambda}{\mathrm{ch}\lambda}\mathrm{sh}\lambda\xi\right)
\end{aligned}\right\}\quad(7.15)$$

（3）计算图表

y、M_w、V_w 中自变量为 λ、ξ。为使用方便，已分别将三种水平荷载下的位移、弯矩及剪力画成曲线，示于图 7.7～图 7.15 中。

图表中的值分别是位移系数 $y(\xi)/f_H$、弯矩系数 $M_w(\xi)/M_0$、剪力系数 $V_w(\xi)/V_0$。f_H 是悬臂墙的顶点位移，M_0 是底截面弯矩，V_0 是底截面剪力。在三种不同水平荷载下有各自的 f_H、M_0、V_0 值，已示于相应的图表中。使用时可根据该结构的 λ 值及所求截面的坐标 ξ 从图表中查出系数，代入下式即可求得该截面剪力墙的内力及该结构同一位置的侧移。

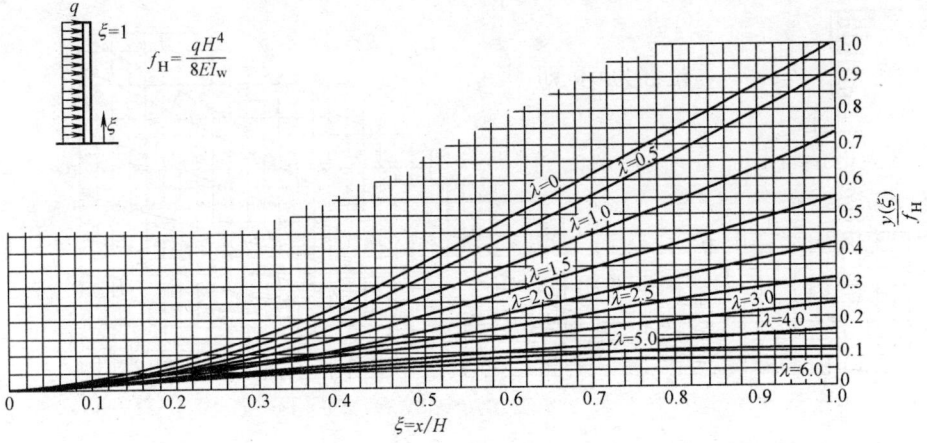

图 7.7 均布荷载位移系数

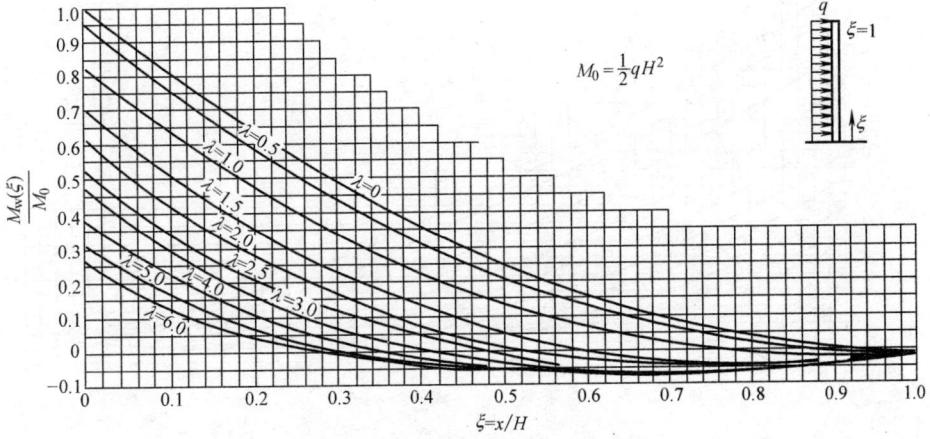

图 7.8 均布荷载剪力墙弯矩系数

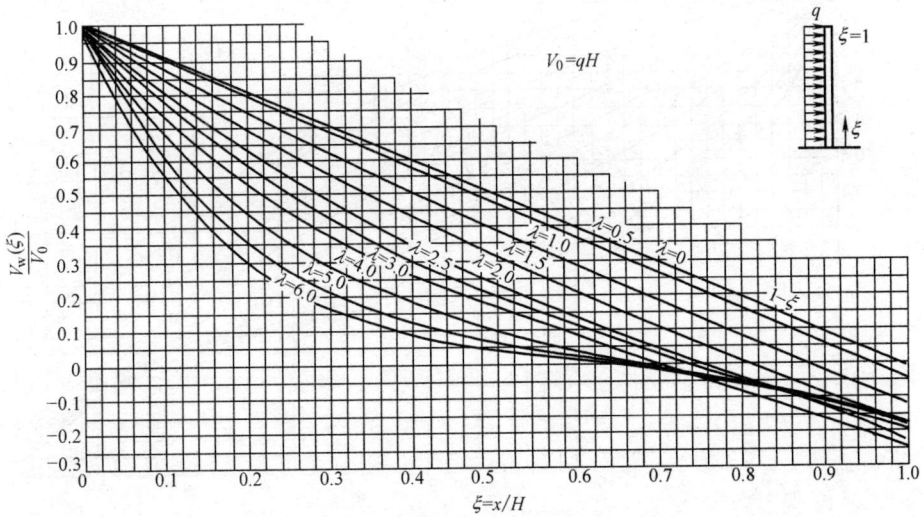

图 7.9 均布荷载剪力墙剪力系数

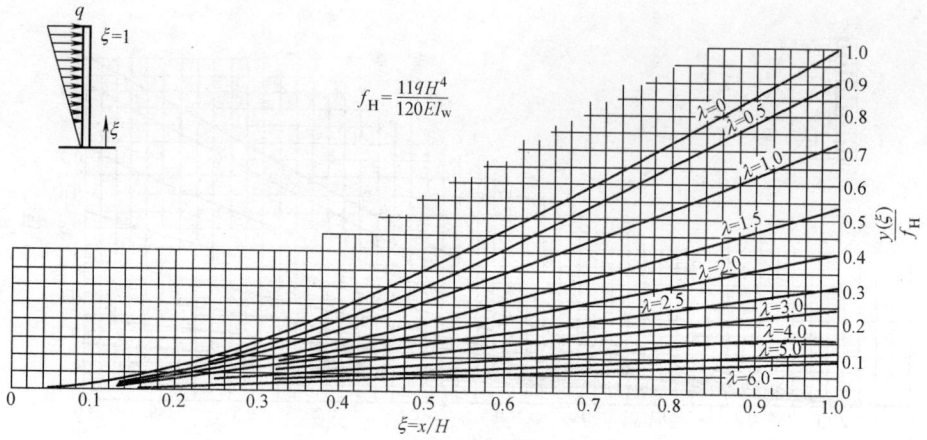

$$f_{\mathrm{H}}=\frac{11qH^4}{120EI_{\mathrm{w}}}$$

图 7.10 倒三角形荷载位移系数

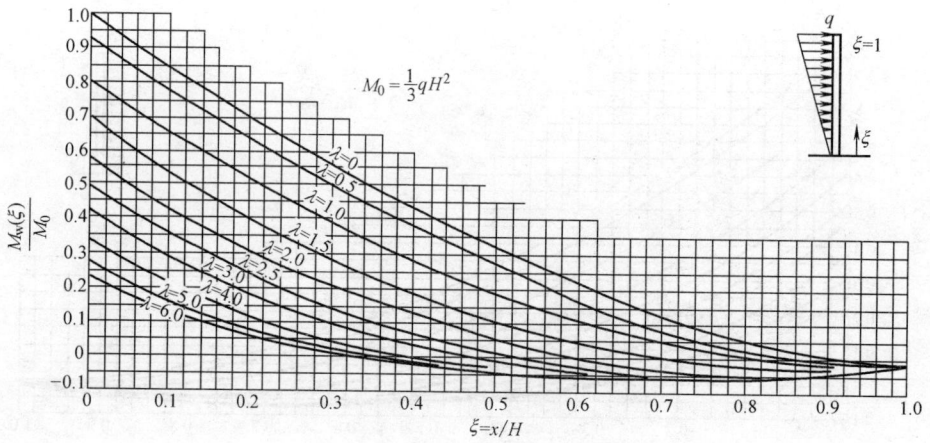

$$M_0=\frac{1}{3}qH^2$$

图 7.11 倒三角形荷载墙弯矩系数

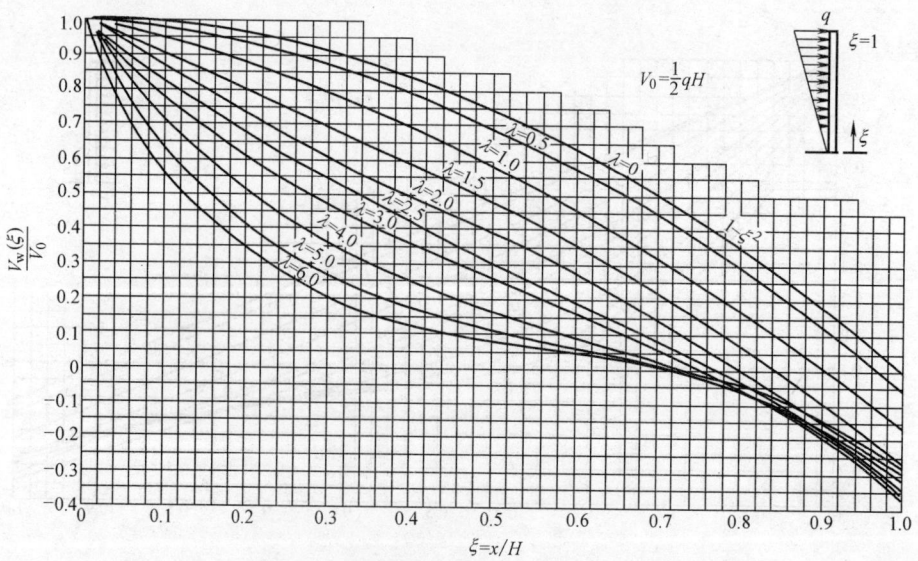

$$V_0=\frac{1}{2}qH$$

图 7.12 倒三角形荷载墙剪力系数

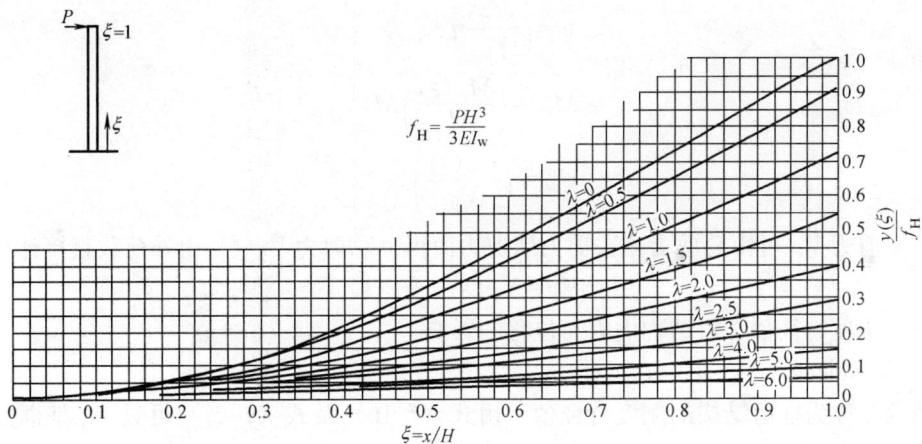

图 7.13 集中荷载位移系数

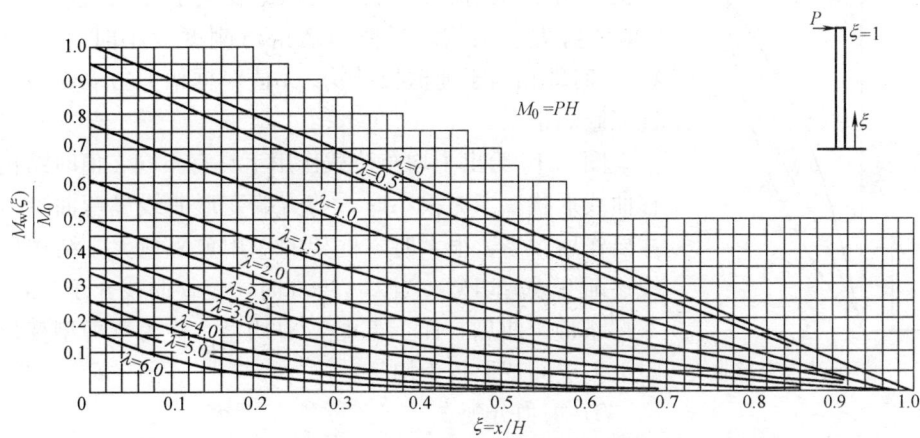

图 7.14 集中荷载墙弯矩系数

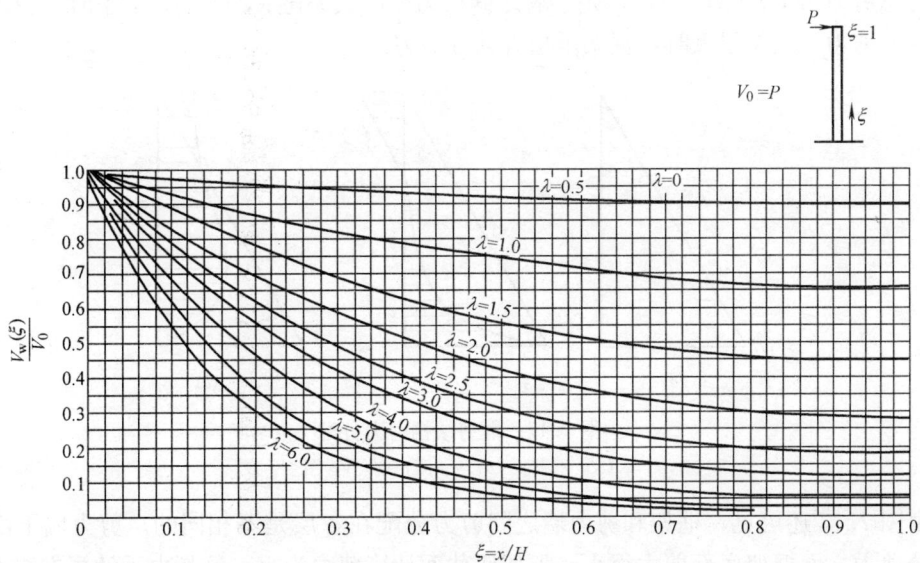

图 7.15 集中荷载墙剪力系数

$$\left. \begin{array}{l} y=\left(\dfrac{y(\xi)}{f_H}\right)f_H \\[3mm] M_w=\left(\dfrac{M_w(\xi)}{M_0}\right)M_0 \\[3mm] V_w=\left(\dfrac{V_w(\xi)}{V_0}\right)V_0 \end{array} \right\} \tag{7.16}$$

框架剪力 V_F 可由总剪力减去剪力墙剪力而得。总剪力 $V_p(\xi)$ 由外荷载直接计算，

$$V_F=V_P(\xi)-V_w(\xi) \tag{7.17}$$

（4）刚度特征值 λ 对结构内力与位移的影响

1）位移曲线

系数 λ 称为框剪结构的刚度特征值。由式（7.10）及式（7.27）可见，λ 是框架抗推刚度（或广义抗推刚度，其中包括连系梁约束刚度）与剪力墙抗弯刚度的比值。当框架抗推刚度很小时，λ 值较小；$\lambda=0$ 即纯剪力墙结构。当剪力墙抗弯刚度减小时，λ 值增大；$\lambda=\infty$ 时即相当于纯框架结构。λ 值对框架剪力墙受力、变形性能影响很大。

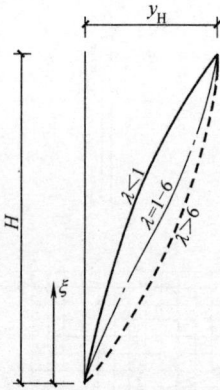

图 7.16 框剪结构变形曲线

图 7.16 给出了均布荷载作用下具有不同 λ 值时结构的位移曲线形状。当 λ 很小时，剪力墙变形曲线呈弯曲型，墙起主要作用。当 λ 很大时，框架的作用愈来愈大，结构位移曲线逐渐变成剪切型。当 $\lambda=1\sim6$ 时，位移曲线介于二者之间，下部略带弯曲型，而上部略带剪切型，称为弯剪型变形。此时上下层间变形较为均匀。

2）剪力分配

图 7.17 给出了均布荷载作用下总框架与总剪力墙之间的剪力分配关系。如果外荷载产生的总剪力为 V_p（图 7.17），则二者之间剪力分配关系随 λ 而变。λ 很小时，剪力墙承担大部分剪力，当 λ 很大时，框架承担大部分剪力。

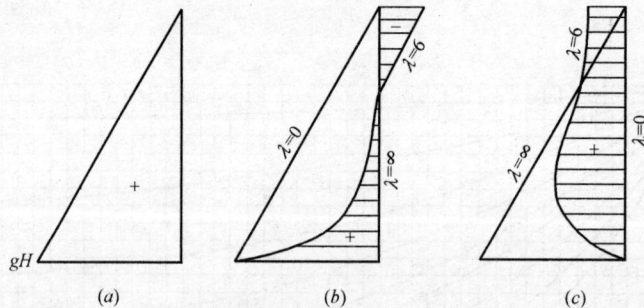

图 7.17 框剪结构剪力分配
(a) V_p 图；(b) V_w 图；(c) V_F 图

由图 7.17 还可见，框架和剪力墙之间剪力分配在各层是不相同的。剪力墙下部承受大部分剪力，而框架底部剪力很小，框架底截面计算剪力为零，这是由于计算方法近似性造成的，并不符合实际。在上部剪力墙出现负剪力，而框架却担负了较大的正剪力。在顶

部，框架和剪力墙的剪力都不是零，它们的和等于零（在倒三角形分布及均布荷载作用时，外荷载产生的总剪力为零）。

图 7.18 给出了二者之间的水平荷载分配情况（剪力 V_w 和 V_F 微分后可得到荷载 p_w 和 p_F），可以清楚地看到框剪结构协同工作的特点。

剪力墙下部承受的荷载 p_w 大于外荷载 p，上部荷载逐渐减小，顶部作用有反向的集中力。框架下部作用着负荷载，上部变为

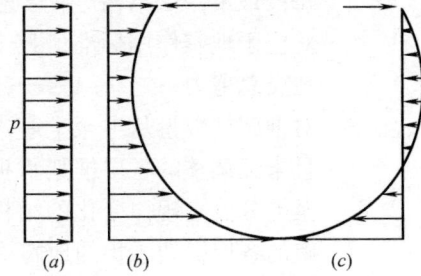

图 7.18　框剪结构荷载分配
(a) p 图；(b) p_w 图；(c) p_F 图

正荷载，顶部有正集中力。由变形协调产生的相互作用的顶部集中力是剪力墙及框架顶部剪力不为零的原因。

正是由于协同工作造成了这样的荷载和剪力分配特征，使从底到顶各层框架层剪力趋于均匀。这对于框架柱的设计是十分有利的。框架的剪力最大值在结构中部某层，大约在 $\xi=0.3\sim0.6$ 之间。随着 λ 值的增大，最大剪力层向下移动。通常由最大剪力值控制柱断面的配筋。因此，框剪结构中的框架柱和梁的断面尺寸和配筋可能做到上下比较均匀。

此外，还应注意，正是由于协同工作，框架与剪力墙之间的剪力传递变得更为重要。剪力传递是通过楼板实现的。因此，框剪结构中的楼板应能传递剪力。楼板整体性要求较高，特别是屋顶层要传递相互作用的集中剪力，设计时要注意保证楼板的整体性。

(5) 框架地震倾覆力矩计算

对于竖向布置比较规则的框架-剪力墙结构，框架部分承担的地震倾覆力矩可按下式计算：

$$M_c = \sum_{i=1}^{n} \sum_{j=1}^{m} V_{ij} h_i \tag{7.18}$$

式中　M_c——框架承担的在基本振型地震作用下的地震倾覆力矩；

　　　n——房屋层数；

　　　m——框架第 i 层柱的根数；

　　　V_{ij}——第 i 层第 j 根框架柱的计算地震剪力；

　　　h_i——第 i 层层高。

抗震设计的框架-剪力墙结构，在基本振型地震作用下，框架部分承受的地震倾覆力矩大于结构总地震倾覆力矩的 50% 时，其框架部分的抗震等级应按框架结构采用，柱轴压比限值宜按框架结构的规定采用。其最大适用高度和高宽比限值可比框架结构适当增加。

(6) 框架总剪力应满足的要求

框剪结构中，框架承担的总剪力要满足以下要求：

1) 抗震设计的框架-剪力墙结构中，框架部分承担的地震剪力满足式（7.19）要求的楼层，其框架总剪力不必调整；不满足式（7.19）要求的楼层，其框架总剪力应按 $0.2V_0$ 和 $1.5V_{f,max}$ 二者的较小值采用；

$$V_f \geqslant 0.2V_0 \tag{7.19}$$

式中　V_0——对框架柱数量从下至上基本不变的规则建筑，应取对应于地震作用标准值的结构底部总剪力；对框架柱数量从下至上分段有规律变化的结构，应取

每段最下一层结构对应于地震作用标准值的总剪力；

V_f——对应于地震作用标准值且未经调整的各层（或某一段内各层）框架承担的地震总剪力；

$V_{f,max}$——对框架柱数量从下至上基本不变的规则建筑，应取对应于地震作用标准值且未经调整的各层框架承担的地震总剪力中的最大值；对框架柱数量从下至上分段有规律变化的结构，应取每段中对应于地震作用标准值且未经调整的各层框架承担的地震总剪力中的最大值。

框架-剪力墙结构中，柱与剪力墙相比，其抗剪刚度是很小的，故在地震作用下，楼层地震总剪力主要由剪力墙来承担，框架柱只承担很小一部分，就是说框架由于地震作用引起的内力是很小的，而框架作为抗震的第二道防线，过于单薄是不利的，为了保证框架部分有一定的能力储备，规定框架部分所承担的地震剪力不应小于一定的值，并将该值规定为：取基底总剪力的20%（$0.2V_0$）和各层框架承担的地震总剪力中的最大值的1.5倍（$1.5V_{f,max}$）两者中的较小值。在高规规程历次版本中都有这个规定，但在执行中发现，若某楼层段突然减少了框架柱，按原方法来调整柱剪力时，将使这些楼层的单根柱承担过大的剪力而难以处理，故高规规程 JGJ 3—2002 版本增加了容许分段进行调整的做法，即当某楼层段柱根数减少时，则以该段为调整单元，取该段最底一层的地震剪力为该段的底部总剪力；该段内各层框架承担的地震总剪力中的最大值为该段的 $V_{f,max}$。

2）各层框架所承担的地震总剪力按第 1）款调整后，应按调整前、后总剪力的比值调整每根框架柱以及与之相连框架梁的剪力及端部弯矩标准值，框架柱的轴力标准值可不予调整。

3）按振型分解反应谱法计算地震作用时，为便于操作，框架柱地震剪力的调整可在振型组合之后进行。

框架剪力的调整应在楼层剪力满足规程 JGJ 3 规定的楼层最小剪力系数（剪重比）的前提下进行。

4）抗震设计时，板柱-剪力墙结构中各层横向及纵向剪力墙应能承担相应方向该层的全部地震剪力；各层板柱部分除应符合计算要求外，尚应能承担不少于该层相应方向地震剪力的20%。

3. 连梁与墙刚接体系在水平荷载下的协同工作分析

（1）刚结连杆杆端约束弯矩

图 7.19（a）所示刚接体系与铰接体系间的主要区别在于总剪力墙和总框架之间的连杆对墙肢有约束弯矩作用。因此，当连杆切开后，连杆中除了轴向力 P_{Fi} 外，还有剪力与弯矩（图 7.19b）。将剪力和弯矩向墙肢截面形心轴取矩，就形成约束弯矩 M_i（图 7.19c）。将约束弯矩及连梁轴力连续化后，可得到如图 7.19（d）的计算基本体系。框架部分与铰接体系完全相同，剪力墙部分增加了约束弯矩。在建立刚接体系基本方程之前，先讨论一下连杆约束弯矩。

如图 7.20 所示，形成刚接连杆的连系梁有两种情况，一种是在墙肢与框架之间，另一种是墙肢与墙肢之间。这两种连系梁都可以简化为带刚域的梁，如图 7.21 所示。刚域长度可以取从墙肢形心轴到连系梁边距离减去 1/4 连系梁高度。杆端有单位转角 $\theta=1$ 时，杆端的约束弯矩系数 m 可用下述公式计算：

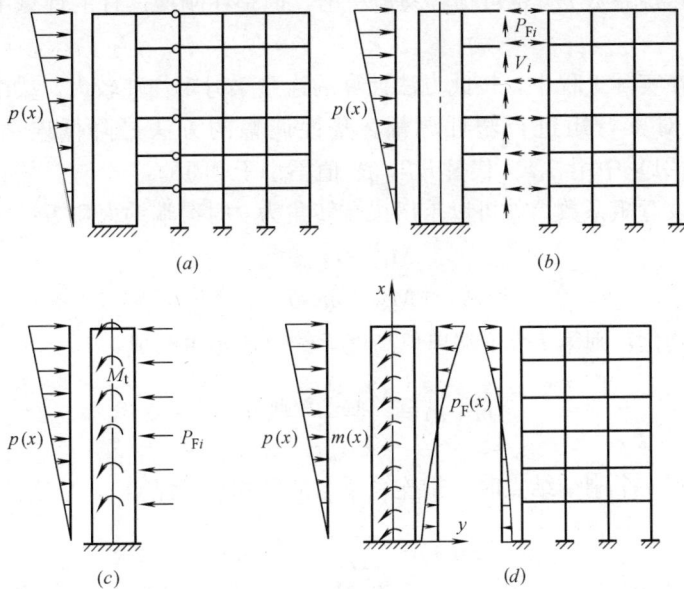

图 7.19　刚接体系基本体系

1）两端有刚域。在第 6 章中已有杆端弯矩系数，现写出如下，所有符号意义见图 7.21。

$$m_{12} = \frac{1+a-b}{(1+\beta)(1-a-b)^3} \cdot \frac{6EJ}{l}$$

$$m_{21} = \frac{1-a+b}{(1+\beta)(1-a-b)^3} \cdot \frac{6EJ}{l}$$

$$\beta = \frac{12\mu EJ}{GAl'^2}$$

(7.20)

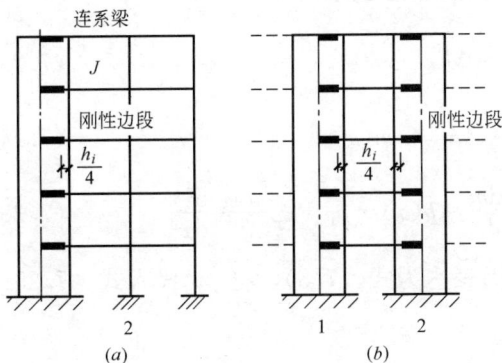

图 7.20　两种连系梁

（a）剪力墙与框架之间连系梁；（b）剪力墙之间连系梁

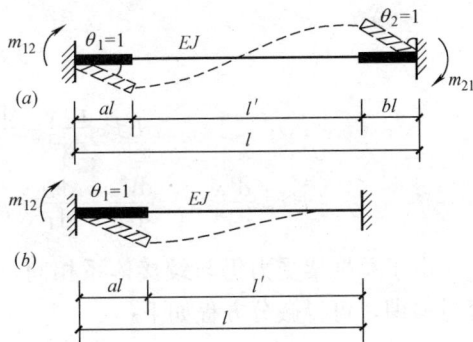

图 7.21　带刚域杆件

如果不考虑剪切变形，可令 $\beta=0$。

2）一端有刚域。上式中令 $b=0$，即得到一端有刚域梁的约束弯矩系数，

$$m_{12} = \frac{1+a}{(1+\beta)(1-a)^3} \cdot \frac{6EJ}{l}$$

(7.21)

235

另一端约束弯矩系数 m_{21} 也可很容易地写出，但是在刚接连杆的计算中不用，故此处省去。

需要指出，在实际工程中，按此方法计算的连系梁弯矩往往较大，梁配筋很多。为了减少配筋，允许对梁弯矩进行塑性调幅。塑性调幅的方法是降低连系梁刚度，在式 (7.20) 和式 (7.21) 中用 $\beta_h EJ$ 代替 EJ，β_h 值不小于 0.55。

有了梁端约束弯矩系数，就可以求出梁端转角为 θ 时梁端约束弯矩：

$$M_{12} = m_{12}\theta$$
$$M_{21} = m_{21}\theta$$

约束弯矩连续化，则第 i 个梁端单位高度上约束弯矩可写成：

$$m_i(x) = \frac{M_{abi}}{h} = \frac{m_{abi}}{h}\theta(x)$$

当同一层内有 n 个刚结结点时（指连系梁与墙肢相交的结点），总连杆约束弯矩为：

$$m(x) = \sum_{i=1}^{n} \frac{m_{abi}}{h}\theta(x) \tag{7.22}$$

式中　$\displaystyle\sum_{i=1}^{n} \frac{m_{abi}}{h}$ ——连杆总约束刚度。

n 个节点的统计方法是：每根两端刚域连系梁有 2 个节点，m_{ab} 是指 m_{12} 或 m_{21}；一端刚域的梁只有一个节点，m_{ab} 是指 m_{12}。

由于本方法假定该框架结构从底层到顶层层高及杆件截面都不变，因而沿高度连杆的约束刚度是常数。当实际结构中各层 m_{ab} 有改变时，应取各层约束刚度的加权平均值作为连系梁约束刚度。

（2）计算公式

由图 7.19 (d) 所示的计算基本体系，可建立微分关系如下：

$$EJ_w \frac{d^2 y}{dx^2} = M_w \tag{7.23}$$

$$EJ_w \frac{d^3 y}{dx^3} = \frac{dM_w}{dx} = -V_w + m(x) \tag{7.24}$$

$$EJ_w \frac{d^4 y}{dx^4} = -\frac{dV_w}{dx} + \frac{dm}{dx} = p_w + \frac{dm}{dx} = p(x) - p_F + \sum \frac{m_{abi}}{h} \frac{d^2 y}{dx^2} \tag{7.25}$$

由于总框架受力仍与铰接体系相同，p_F 仍表达为式（7.8），将 p_F 代入式（7.25），经过整理，可得微分方程如下：

$$\frac{d^4 y}{dx^4} - \frac{C_F + \sum \dfrac{m_{abi}}{h}}{EJ_w} \cdot \frac{d^2 y}{dx^2} = \frac{p(x)}{EJ_w} \tag{7.26}$$

令

$$\left.\begin{array}{l} \lambda = H\sqrt{\dfrac{C_F + \sum \dfrac{m_{abi}}{h}}{EJ_w}} \\[6mm] \xi = \dfrac{x}{H} \end{array}\right\} \tag{7.27}$$

则微分方程写成

$$\frac{\mathrm{d}^4 y}{\mathrm{d}\xi^4} - \lambda^2 \frac{\mathrm{d}^2 y}{\mathrm{d}\xi^2} = \frac{p(\xi)H^4}{EJ_{\mathrm{w}}} \tag{7.28}$$

上式和铰接体系的微分方程式（7.11）完全相同，因此，铰接体系中所有的微分方程解对刚接体系都适用，所有图表曲线也可以应用。但要注意刚接体系与铰接体系有以下区别：

（1）λ 值计算不同。λ 值按式（7.27）计算。

（2）内力计算不同。由式（7.13）～式（7.15）中计算的 V_{w} 或由图 7.7～图 7.15 中查出系数后由式（7.16）计算的 V_{w} 值不是总剪力墙的剪力。在刚接体系中，把由 y 微分三次得到的剪力记作 $-V'_{\mathrm{w}}$（上述公式及图表均由 y 微分三次得到的），由式（7.24）可得

$$EJ_{\mathrm{w}} \frac{\mathrm{d}^3 y}{\mathrm{d}\xi^3} = -V'_{\mathrm{w}} = -V_{\mathrm{w}} + m(\xi)$$

因此

$$V_{\mathrm{w}}(\xi) = V'_{\mathrm{w}}(\xi) + m(\xi) \tag{7.29}$$

式中　$m(\xi)$——连杆总约束弯矩。

由力的平衡条件可知，任意高度（坐标 ξ）处总剪力墙剪力与总框架剪力之和应与外荷载下总剪力相等，即

$$V_{\mathrm{p}} = V'_{\mathrm{w}} + m + V_{\mathrm{F}} = V'_{\mathrm{w}} + \overline{V}_{\mathrm{F}}$$

则

$$\overline{V}_{\mathrm{F}} = m + V_{\mathrm{F}} = V_{\mathrm{p}} - V'_{\mathrm{w}} \tag{7.30}$$

$\overline{V}_{\mathrm{F}}$ 称为框架广义剪力。

将式（7.30）与式（7.17）相比可知，刚接体系应按以下步骤进行计算：

1）由刚接体系的 λ 值及 ξ 值查图 7.7～图 7.15，按式（7.16）计算得到 y、M_{w} 及 V'_{w}。

2）按式（7.30）计算总框架广义剪力 $\overline{V}_{\mathrm{F}}$。

3）按框架抗推刚度及连杆总约束刚度比例分配，得到框架总剪力及连系梁总约束弯矩。

$$\left. \begin{aligned} V_{\mathrm{F}} &= \frac{C_{\mathrm{F}}}{C_{\mathrm{F}} + \sum \dfrac{m_{\mathrm{abi}}}{h}} \overline{V}_{\mathrm{F}} \\[2em] m &= \frac{\sum \dfrac{m_{\mathrm{abi}}}{h}}{C_{\mathrm{F}} + \sum \dfrac{m_{\mathrm{abi}}}{h}} \overline{V}_{\mathrm{F}} \end{aligned} \right\} \tag{7.31}$$

4）由式（7.29）计算总剪力墙剪力 V_{w}。

7.3.3　剪力墙、框架和连梁的内力计算

1. 剪力墙内力

剪力墙的弯矩和剪力都是底截面最大，愈往上愈小。一般取楼板标高处的 M、V 作为设计内力。因此，要取各楼板标高处的坐标计算 ξ，求出总剪力墙内力 M_{w}、V_{w} 后，按各片墙的等效刚度进行分配。第 i 个墙肢第 j 层的内力（共有 k 个墙肢）为：

$$M_{wij} = \frac{EJ_{eqi}}{\sum\limits_{i=1}^{k} EJ_{eqi}} \cdot M_{wj} \left.\right\}$$

$$V_{wij} = \frac{EJ_{eqi}}{\sum\limits_{i=1}^{k} EJ_{eqi}} \cdot V_{wj} \left.\right\}$$ (7.32)

2. 框架梁、柱内力

在求得框架总剪力 V_F 后，按各柱 D 值的比例把 V_F 分配到柱。严格说，应当取各柱反弯点位置的坐标计算 V_F，但计算太烦琐，在近似方法中也无必要。因此可近似求每层柱中点处的剪力。在按各楼板坐标 ξ 计算 V 后，可得到楼板标高处的 V_F。用各楼层上、下两层楼板标高处的 V_F，取平均值作为该层柱中点剪力。因此第 i 个柱（共有 m 个柱）第 j 层的剪力为：

$$V_{cij} = \frac{D_i}{\sum\limits_{i=1}^{m} D_i} \cdot \frac{(V_{Fj-1} + V_{Fj})}{2}$$ (7.33)

在求得每个柱的剪力以后，可以用第 5 章介绍的框架结构计算梁、柱弯矩的方法计算各个杆件内力。

3. 刚结连系梁的设计弯矩和剪力

按式（7.31）第二式求出的约束弯矩 m 是沿高度连续分布的。首先要将各个层高范围内的约束弯矩集中成弯矩 M'，然后按照各刚接连杆杆端刚度系数的比例把弯矩分配给各连系梁。要注意，凡是与墙肢相连的梁端都应分配到弯矩。共有 n 个刚节点，则第 i 个节点弯矩为：

$$M_{jiab} = \frac{m_{iab}}{\sum\limits_{i=1}^{n} m_{iab}} \cdot m_j \left(\frac{h_j + h_{j+1}}{2} \right)$$ (7.34)

式中，j 表示第 j 层，h_j 和 h_{j+1} 分别表示第 j 层和 $j+1$ 层的层高；m_{ab} 代表 m_{12} 或 m_{21}。求出的 m_{jiab} 是剪力墙轴线处的连杆弯矩，还要算出墙边处的弯矩才是连系梁截面的设计弯矩。由图 7.22 可得：

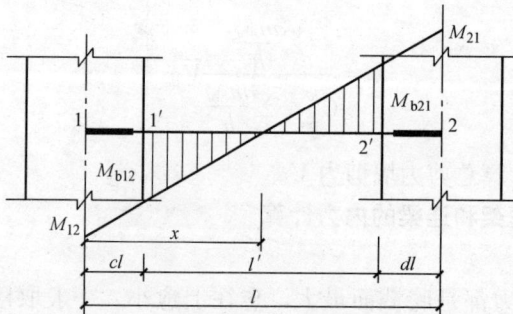

图 7.22 连系梁设计弯矩

连系梁设计弯矩

$$\left.\begin{aligned} M_{b12} &= \frac{x-cl}{x}M_{12} \\ M_{b21} &= \frac{l-x-dl}{x}M_{12} \end{aligned}\right\} \qquad (7.35)$$

$$x = \frac{m_{12}}{m_{12}+m_{21}}l \qquad (7.36)$$

连系梁设计剪力

$$V_b = \frac{M_{b12}+M_{b21}}{l'} \qquad (7.37)$$

或

$$V_b = \frac{M_{12}+M_{21}}{l} \qquad (7.37a)$$

7.4　框架-剪力墙结构中剪力墙合理数量

框架-剪力墙结构中,剪力墙配置较少时,结构的侧移将会较大,甚至影响到结构的安全。但是,剪力墙配置过多时,不但会影响正常的使用,而且会增加材料用量,提高工程造价,增大结构自重,使结构吸收的地震能量加大。因此,框架-剪力墙结构中,剪力墙的合理数量研究是一个十分重要的课题。

剪力墙的合理数量与很多因素有关,情况比较复杂,目前仍是以经验为主确定的,理论研究尚处在起步阶段。

日本是一个多地震国家,对框架-剪力墙结构中剪力墙布置数量的研究较早。他们从多次地震破坏的统计中,提出过每平方米楼面面积上剪力墙的长度不得小于某一值的壁率表示法所确定的长度,并认为当每平方米楼面面积上剪力墙的平均长度为50~150mm时较合适(图7.23)。

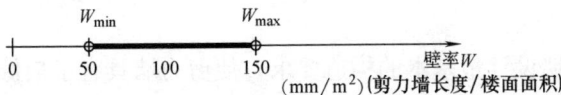

图 7.23　按壁率法确定剪力墙合理数量

壁率法不能反映墙厚、层数、重量、地震烈度、场地上类别等因素的影响。因此,日本后来又提出用平均压应力-墙截面面积表示法,并且将十胜冲地震和宫城冲地震按平均压应力-墙截面面积表示法的实际统计结果表示如图 7.24 所示。由图 7.24 可见,不同地区由于震源位置、震级大小、场地特征等差别,所得结果并不相同。

我国规程 JGJ 3 对框架-剪力墙结构中剪力墙的合理数量尚无明确规定。文献 [8] 根据我国已经建成的框架-剪力墙结构进行了统计,得出房屋底层剪力墙截面面积 A_w、柱截面面积 A_c 与底层楼面面积 A_f 之间的关系如表 7.3 所示。这些数值带有经验性质,是否合理尚有待研究。

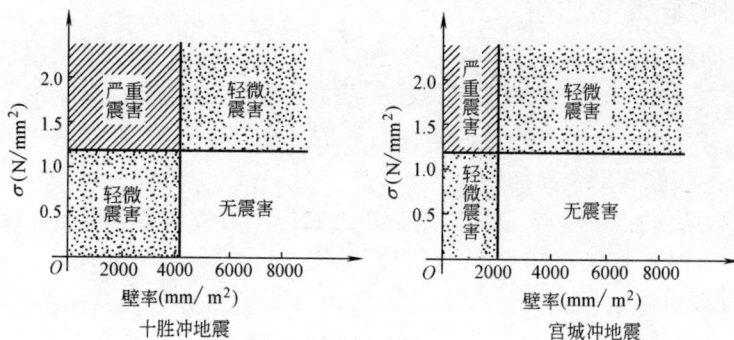

图 7.24　按平均压应力-墙截面面积表示法确定剪力墙合理数量

（图中平均压应力 $\sigma = G/(A_c + A_w)$，G 为楼层以上重量，A_c 为柱截面面积，A_w 为墙截面面积）

国内已建框剪结构房屋墙、柱截面面积与底层楼面面积百分比　　表 7.3

设计条件	$\dfrac{A_w + A_c}{A_f}$	$\dfrac{A_w}{A_f}$
7°、Ⅱ类土	3%～5%	1.5%～2.5%
8°、Ⅱ类土	4%～6%	2.5%～3%

7.5　框架-剪力墙的截面设计及构造要求

框架-剪力墙结构中的框架和剪力墙除应分别按第 5、第 6 两章中的框架和剪力墙进行截面设计和构造外，还要满足以下要求：

1. 框剪结构和板柱-剪力墙结构中的剪力墙

这两种结构中，剪力墙都是抗侧力的主要构件，承担较大的水平剪力，因此规程规定：剪力墙竖向和水平分布钢筋的配筋率，抗震设计时均应不小于 0.25%，非抗震设计时均应不小于 0.20%，并应至少双排布置（具体应根据墙厚确定，可参照剪力墙结构的相关规定）；各排分布钢筋之间应设置拉筋，拉筋直径不应小于 6mm，间距不应大于 600mm。

这些规定是剪力墙设计最基本的构造要求，使剪力墙具有了最低限度的强度和延性保证。实际工程中，应根据实际情况确定不低于该项要求的、适当的构造设计。该条是强制性条文，应特别注意。

2. 带边框的剪力墙

（1）带边框剪力墙的截面厚度应符合下列规定：

1）抗震设计时，一、二级剪力墙的底部加强部位均不应小于 200mm；

2）除第 1）项以外的其他情况下不应小于 160mm。

（2）剪力墙的水平钢筋应全部锚入边框柱内，锚固长度不应小于 l_a（非抗震设计）或 l_{aE}（抗震设计）。

（3）带边框剪力墙的混凝土强度等级宜与边框柱相同。

（4）与剪力墙重合的框架梁可保留，亦可做成宽度与墙厚相同的暗梁，暗梁截面高度可取墙厚的 2 倍或与该片框架梁截面等高，暗梁的配筋可按构造配置且应符合一般框架梁相应抗震等级的最小配筋要求。

（5）剪力墙截面宜按工字形设计，其端部纵向受力钢筋应配置在边框柱截面内。

（6）边框柱截面宜与该榀框架其他柱的截面相同，边框柱应符合框架柱构造配筋规定。剪力墙底部加强部位边框柱的箍筋宜沿全高加密；当带边框剪力墙上的洞口紧靠边框柱时，边框柱的箍筋宜沿全高加密。

带边框剪力墙的设计应使之能整体工作。首先，墙板自身应有足够厚度以保证其稳定性，条件许可时尽量满足条文中的厚度要求，若确实做不到则应按 6.7 节所列公式进行稳定性复核。其次，墙截面的设计应将之作为工字形截面来考虑，因此墙的端部纵向钢筋应配置在边框柱截面内，而边框柱又是框架的组成部分，故其构造应符合框架柱的构造要求。

3. 板柱-剪力墙结构中的板

（1）防止无梁板脱落的措施

在地震作用下，无梁板与柱的连接是最薄弱的部位，容易出现梁柱交接处的裂缝，严重时可能发展成为通缝，板因失去支承而脱落。为防止板的完全脱落而下坠，沿两个主轴方向布置并通过柱截面的板底连续钢筋不应过小（连续钢筋的总抗拉力等于该层楼板造成的对该柱的轴压力），以便把趋于下坠的楼板吊住而不至于倒塌。具体可按式（7.38）计算：

$$A_s \geqslant N_G / f_y \tag{7.38}$$

式中　A_s——通过柱截面的板底连续钢筋的总截面面积；

　　　N_G——在该层楼面重力荷载代表值作用下的柱轴向压力设计值；

　　　f_y——通过柱截面的板底连续钢筋的抗拉强度设计值。

（2）关于预应力无梁板

当柱网较大时，有时会采用预应力无梁楼板，对于这种情况，要求只能采用部分预应力而不能采用全预应力，而且板内钢筋应以非预应力筋为主要受力钢筋，预应力筋主要用作提高板的刚度（减小挠曲变形）和抗裂能力，因为预应力筋在地震的反复作用下的可靠性不如非预应力筋。

（3）板柱-剪力墙结构中构成板柱框架的柱上板带，当无柱帽时，由于柱的宽度有限，板带的受力主要集中在柱的连线附近，抗震设计时，无柱帽的板应在板内沿纵横柱轴线设置暗梁，将柱上板带上下纵向钢筋各 50% 集中布置在暗梁内，并按梁的构造要求设置箍筋。

（4）有托板式柱帽时，应加强托板与平板的连接使之成为整体。非抗震设计时，应在托板内设置构造钢筋（锚入平板内）；抗震设计时，托板在柱边处的弯矩可能发生变号，托板底部的钢筋要按计算确定；由于托板与平板成了整体，故计算柱上板带的支座面筋时可把托板的厚度考虑在内。

（5）无梁板上允许开局部洞口。当洞口尺寸满足图 7.25 的规定时，对板的受力影响不大，均可不作由于开洞的强度复核。但当洞口较大时，则应对被洞口削弱的板带进行刚度和强度的验算。所有洞口均应沿其周边设置补强钢筋。

（6）无梁板的冲切计算，洞口补强措施应符合现行国家标准《混凝土结构设计规范》GB 50010—2010 的有关规定。

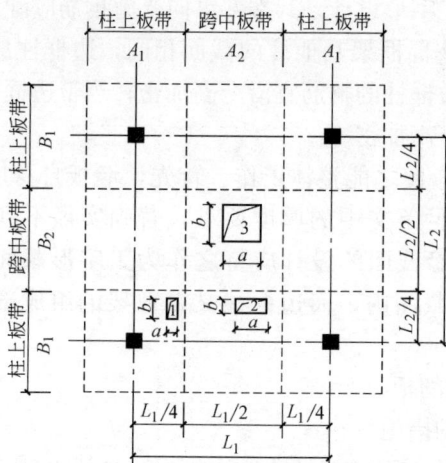

图 7.25　无梁楼板开洞要求

洞 1：$b \leqslant b_c/4$ 且 $b \leqslant t/2$；其中，b 为洞口长边尺寸，
b_c 为相应于洞口长边方向的柱宽，t 为板厚；洞 2：
$a \leqslant A_2/4$ 且 $b \leqslant B_1/4$；洞 3：$a \leqslant A_2/4$ 且 $b \leqslant B_2/4$

习　题

7-1　框架-剪力墙结构的受力有什么特点？

7-2　框架-剪力墙结构应如何布置？

7-3　什么是板柱-剪力墙结构？板柱-剪力墙结构的布置应符合哪些要求？

7-4　框架-剪力墙结构中框架与剪力墙可以结合的方式有哪些？

7-5　框架-剪力墙结构在竖向荷载下的内力如何计算？

7-6　框架-剪力墙结构在水平荷载下的内力如何计算？

7-7　什么是框架-剪力墙结构的刚度特征值？刚度特征值对框架-剪力墙结构的受力有什么影响？

7-8　如何计算框架-剪力墙结构中框架承担的地震倾覆力矩？

7-9　框架-剪力墙结构中框架承担的总剪力应满足什么要求？

7-10　如何计算框架-剪力墙结构中剪力墙的合理数量？

7-11　框架-剪力墙结构应满足哪些构造要求？

7-12　板柱-剪力墙结构应满足哪些构造要求？

7-13　已知：一个 20 层的框架-剪力墙平面结构（图 7.26），剪力墙长度为 8m，厚度为 200mm，高度为 65.8m。框架为两跨，跨长分别为 6m 和 7.2m，底层层高 5m，其余各层层高为 3.2m，梁截面尺寸为 $b \times h = 200\text{mm} \times 600\text{mm}$，柱截面尺寸为 $b \times h = 800\text{mm} \times 800\text{mm}$，连梁长 5m，截面尺寸为 $b \times h = 200\text{mm} \times 400\text{mm}$，与框架和与剪力墙均为铰接。混凝土强度等级为 C40，采用 HRB400 级钢筋配筋。承受倒三角形水平荷载，顶点荷载为 3.6kN/m。

要求：

（1）计算各层楼面处的侧向变形值，并画出侧向变形图；

（2）计算剪力墙各层楼面处的弯矩值和剪力值，并画出其弯矩图和剪力图；

（3）计算框架梁和柱的弯矩值，并画出其弯矩图。

242

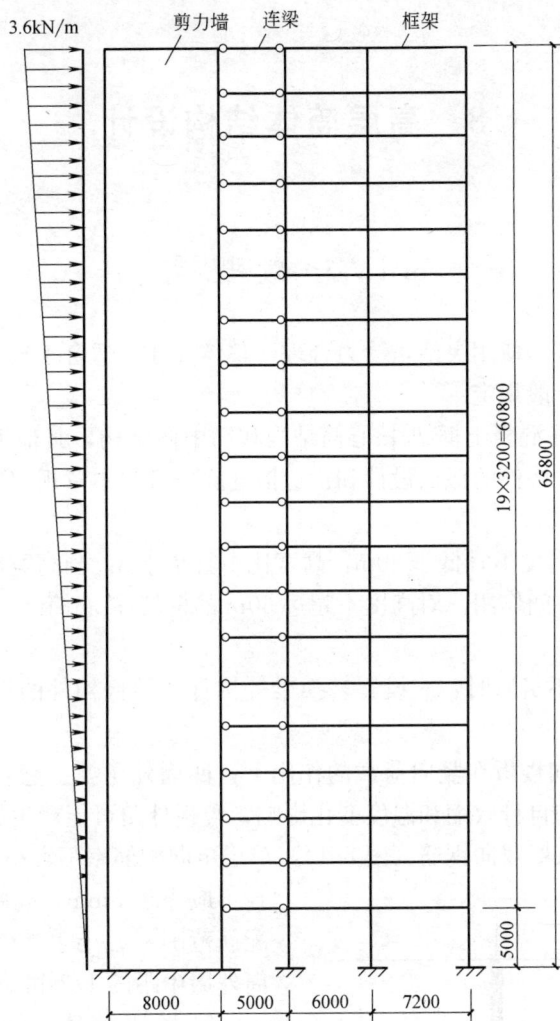

图 7.26 习题 7-13 图

8 高层筒体结构设计

8.1 一般规定

筒体结构造型美观，使用灵活，受力合理，整体性强，适合于较高的高层建筑。筒体结构设计应符合以下一般规定：

1. 本章适用于钢筋混凝土框架-核心筒结构和筒中筒结构，其他类型的筒体结构可参照使用。筒体结构各种构件的截面设计和构造措施除应遵守本章规定外，尚应符合第5~7章的有关规定。

2. 筒中筒结构的高度不宜低于80m，高宽比不宜小于3。当高宽比小于3时，不能较好地发挥结构的整体空间作用。对高度不超过60m的框架-核心筒结构，可按框架-剪力墙结构设计。

3. 当相邻层的柱不贯通时，应设置转换梁等构件。转换构件的结构设计应符合本规程第9章的有关规定。

4. 筒体结构的双向楼板在竖向荷载的作用下，四周外角要上翘，但受到剪力墙的约束，加上楼板混凝土的自身收缩和温度变化影响，楼板外角可能产生裂缝。因此，筒体结构的楼盖外角宜设置双层双向钢筋（图8.1），单层单向配筋率不宜小于0.3%，钢筋的直径不应小于8mm，间距不应大于150mm，配筋范围不宜小于外框架（或外筒）至内筒外墙中距的1/3和3m。

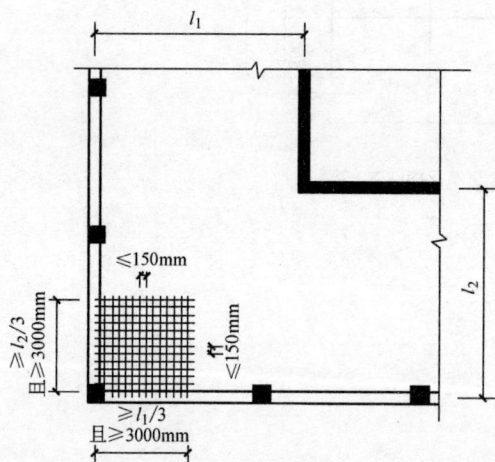

图8.1　板角配筋示意

5. 框架-筒体结构中，筒体墙与外框架之间的距离不宜过大，否则楼盖的跨度大，板的厚度和梁的截面高度大，变形、裂缝可能难以满足规范要求。核心筒或内筒的外墙与外框柱间的中距大于12m时，宜采取增设内柱等措施。

6. 核心筒或内筒中剪力墙截面形状宜简单；截面形状复杂的墙体可按应力进行截面设计校核。

7. 筒体结构核心筒或内筒设计应符合下列规定：

（1）墙肢宜均匀、对称布置；

（2）筒体角部附近不宜开洞，当不可避免时，筒角内壁至洞口的距离不应小于500mm和开洞墙截面厚度的较大值；

（3）筒体墙应验算墙体稳定，且外墙厚度不应小于 200mm，内墙厚度不应小于 160mm，必要时可设置扶壁柱或扶壁墙；

（4）筒体墙的水平、竖向配筋不应少于两排，其最小配筋率应符合第 6 章剪力墙中的有关规定；

（5）抗震设计时，核心筒、内筒的连梁宜配置对角斜向钢筋或交叉暗撑；

（6）筒体墙的加强部位高度、轴压比限值、边缘构件设置以及截面设计，应符合本规程第 6 章的有关规定。

8. 核心筒或内筒的外墙不宜在水平方向连续开洞，核心筒或内筒中连续开洞时，有可能使墙体出现小墙肢等薄弱环节。对个别无法避免的小墙肢，应控制其最小截面高度，并按柱的抗震构造要求配置箍筋和纵向钢筋，以加强其抗震能力。核心筒或内筒洞间墙肢的截面高度不宜小于 1.2m；当洞间墙肢的截面高度与厚度之比小于 4 时，宜按框架柱进行截面设计。

9. 在框架-筒体结构中，大部分水平剪力由核心筒或内筒承担，框架柱或框筒柱所承受的剪力远小于框架结构中的柱剪力，剪跨比明显增大，因此其轴压比限值可比框架结构适当放松。抗震设计时，框筒柱和框架柱的轴压比限值可按框架-剪力墙结构的规定采用。

10. 楼盖主梁不宜搁置在核心筒或内筒的连梁上。楼盖主梁搁置在核心筒的连梁上时，会使连梁产生较大的剪力和扭矩，容易产生脆性破坏。

11. 抗震设计时，筒体结构的框架部分按侧向刚度分配的楼层地震剪力标准值应符合下列规定：

（1）框架部分分配的楼层地震剪力标准值的最大值不宜小于结构底部总地震剪力标准值的 10%。

（2）当框架部分分配的地震剪力标准值的最大值小于结构底部总地震剪力标准值的 10%时，各层框架部分承担的地震剪力标准值应增大到结构底部总地震剪力标准值的 15%；此时，各层核心筒墙体的地震剪力标准值宜乘以增大系数 1.1，但可不大于结构底部总地震剪力标准值，墙体的抗震构造措施应按抗震等级提高一级后采用，已为特一级的可不再提高。

（3）当框架部分分配的地震剪力标准值小于结构底部总地震剪力标准值的 20%，但其最大值不小于结构底部总地震剪力标准值的 10%时，应按结构底部总地震剪力标准值的 20%和框架部分楼层地震剪力标准值中最大值的 1.5 倍二者的较小值进行调整。

按本条第 2 款或第 3 款调整框架柱的地震剪力后，框架柱端弯矩及与之相连的框架梁端弯矩、剪力应进行相应调整。

有加强层时，本条框架部分分配的楼层地震剪力标准值的最大值不应包括加强层及其上、下层的框架剪力。

8.2 框 筒 结 构

8.2.1 框筒的受力特点

由建筑外围的深梁、密排柱和楼盖构成的筒状空间结构，称为框筒。

框筒结构在水平荷载的作用下，同一横截面各竖向构件的轴力分布，与按平截面假定的轴力分布有较大的出入。图 8.2 为某框筒在水平荷载下各竖向构件的轴力分布图。其

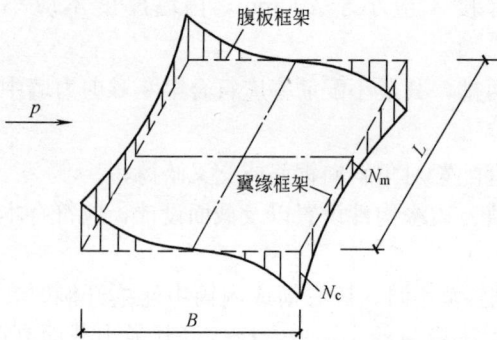

图 8.2 框筒的剪力滞后现象

中，角柱的轴力明显比按平截面假定的轴力大，而其他柱的轴力则比按平截面假定的轴力小，且离角柱越远，轴力的减小越明显。这种现象称为"剪力滞后"现象。剪力滞后现象主要是由于框筒梁的广义剪切变形（含局部弯曲）引起的。

剪力滞后现象影响到框筒结构的受力性能及其整体抗倾覆力矩的大小。当筒中筒结构的高宽比分别为 5、3 和 2 时，外框筒的抗倾覆力矩分别占总倾覆力矩的 50%、25% 和 10% 左右。

框筒结构虽然受剪力滞后而削弱其空间作用，但由于侧向刚度大，能提供较大使用空间，具有实用、经济等优点，广泛用于超高层建筑结构。

框筒结构的计算方法大致有两类：一是利用空间杆系理论编制电算程序的相对精确计算方法，即将框筒作为三维空间问题计算，采用三维梁单元模拟梁柱。这一方法待求的未知量较多，需求解大型的刚度矩阵，一般用在施工图设计阶段。在初步设计时，这一方法的计算工作量较大。二是简化分析方法，包括等效平面框架法和等效连续体法。其中，等效平面框架法又分为翼缘展开法和等效角柱法，通过等效降维的方法把空间框筒等效成平面框架，然后再进行求解。等效连续体法的思想是将离散杆件换算成等效连续体，即把框筒中的腹板、翼缘框架和薄壁筒中的连系梁用等效的正交异性板来代替，然后用能量法、有限条法、有限元法、样条函数法、加权残值法等对连续化后的薄板进行求解，再将薄板的应力转化成框筒各梁柱内力。

本章只介绍等效角柱法。

8.2.2 等效角柱法

文献 [21] 采用等效角柱法对框筒及筒中筒结构进行简化，将框筒或空间框架转化为等效的平面框架进行分析，提出翼缘框架对整个结构刚度的作用是通过角柱而实现的方法。

框筒结构在水平荷载作用下，角柱受力最大，腹板框架的角柱有轴力、剪力和弯矩。剪力和弯矩对翼缘框架平面外的影响可忽略不计，轴力将使角柱产生轴向变形，从而带动整个翼缘框架在其平面内产生影响。等代角柱法是用一个经换算的角柱来代替原框筒结构的作用，得到一个能代替原框筒结构的等效平面框架（图 8.3）。这样，问题便变为平面框架的计算问题。

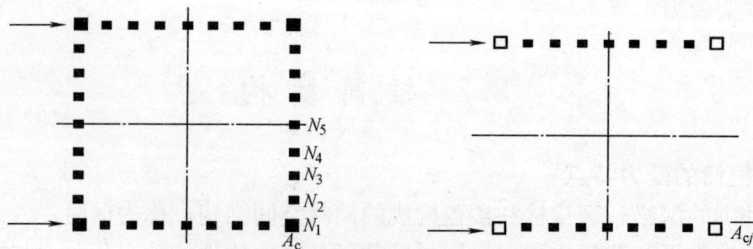

图 8.3 将框筒变换成等效平面框架示意图

此法的关键是找到每层恰当的等代角柱截面。方法是要使等代后角柱的轴向变形与等代前角柱的轴向变形相等。

设框筒第 j 层原角柱面积为 A_c，所受轴力为 N_1；等代角柱的截面面积为 $\overline{A}_{cj}$，所受轴力为 $\sum N$，则各自的轴向变形为：

$$\delta = \frac{N_1 \bar{h}}{EA_c} \tag{8.1}$$

$$\bar{\delta} = \frac{\sum N h}{E \overline{A}_{cj}} \tag{8.2}$$

$$\sum N = N_1 + N_2 + \cdots\cdots \tag{8.3}$$

由 $\bar{\delta} = \delta$，可得：

$$\overline{A}_{cj} = \frac{\sum N}{N_1} A_c = \beta A_c \tag{8.4}$$

式中　　　　　$\beta = \sum N / N_1$ 　　(8.5)
β 称为等代系数，其数值大小反映框筒结构空间作用的强弱。β 曲线如图 8.4 所示，β 是角柱与其他柱面积比以及梁的线刚度的函数。文献［21］取相当多的不同参数值进行回归分析，得出了等代系数的计算公式，并绘制了多个 β 值曲线图表供设计时查用。

我们在参考文献［21］的基础上，采用参考文献［18］的方法，先将框筒结构离散成各向均匀、连续、同性的壁板，利用最小势能原理，得到弯曲应力的表达式，再用等

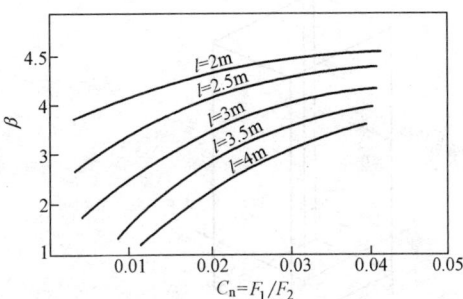

图 8.4　β 曲线图

l—梁跨；F_1—角柱面积；F_2—外框筒其他柱面积

效角柱的方法，将各向的壁板结构集成为平面框架，得到等代系数的表达式。

（1）等代条件

1）等代角柱处的变形与各向均匀、连续、同性的壁板角柱的变形相等；

2）等代角柱处的轴力为各向壁板翼缘框架柱轴力之和。

对于等效平面壁板模型而言，影响分析结果的精确性一般在以下两个方面：

① 等效平面壁板的弹性特征量（如等效弹性模量、等效剪切模量）；

② 等效平面壁板的分析方法。采用参考文献［18］的等效方法，可以得到很好的结果。

（2）基本假定

1）楼板平面内刚度为无穷大，平面外刚度忽略不计；

2）结构处于线弹性阶段；

3）沿建筑物高度方向，梁跨、柱距、层高分布均匀；

4）等效角柱沿高度截面保持不变。

（3）分析方法

框筒结构离散成正交各向同性壁板，一般可以认为由三部分组成：1）两块平行于水

平力方向的腹板；2）两块垂直于水平力方向的翼缘板；3）四个离散的角柱（原框筒结构中角柱扣除中柱面积后的剩余面积）。这三个部分通过楼板及四个角柱相互连接在一起。

Coull（1975）运用最小势能原理，考虑剪力滞后效应，得到了等效正交各向同性壁板内应力、应变的解析表达式，但表达式过于繁琐。我们采用文献［18］的表达式，考虑剪力滞后效应，腹板的位移方程为：

$$U_1(z,x)=\phi a\left[(1-\alpha)\frac{x}{a}+\alpha\left(\frac{x}{a}\right)^3\right] \tag{8.6}$$

翼缘板的位移方程为（图 8.6）：

$$U_2(z,y)=\phi a\left[(1-\beta)+\beta\left(\frac{y}{b}\right)^2\right] \tag{8.7}$$

其中，a 为腹板框架 x 向长度的一半（图 8.5），ϕ 为截面的转角，是 z 的函数；α、β 分别为腹板、翼缘板剪力滞后系数。

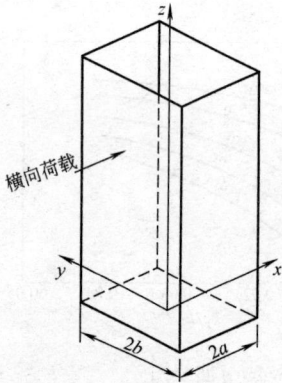

图 8.5　等效筒结构

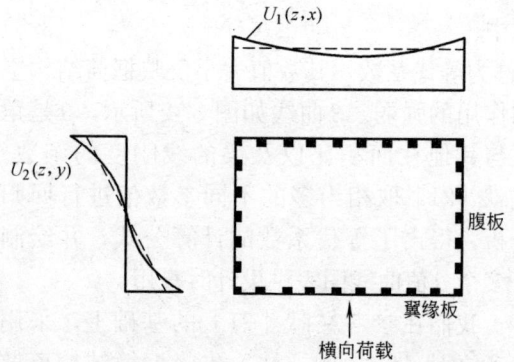

图 8.6　腹板和翼缘板中位移分布

假设材料的泊松比为 0，由弹性力学可知：腹板和翼缘板的应变为

腹板：
$$\varepsilon_{zw}=\frac{\partial U_1}{\partial z}=a\left[(1-\alpha)\ \frac{x}{a}+\alpha\left(\frac{x}{a}\right)^3\right]\frac{\partial\phi}{\partial z} \tag{8.8}$$

$$\gamma_{xz}=\frac{\partial u}{\partial z}+\frac{\partial U_1}{\partial x}=\frac{\partial u}{\partial z}+a\phi\left[(1-\alpha)\ \frac{1}{a}+3\alpha\left(\frac{x^2}{a^3}\right)\right] \tag{8.9}$$

翼缘板：
$$\varepsilon_{zf}=\frac{\partial U_2}{\partial z}=a\left[(1-\beta)+\beta\left(\frac{y}{b}\right)^2\right]\frac{\partial\phi}{\partial z} \tag{8.10}$$

$$\gamma_{yz}=\frac{\partial U_2}{\partial y}=a\phi\left[(1-\beta)+2\beta\frac{y}{b^2}\right] \tag{8.11}$$

其中，u 为结构水平方向位移，是 z 的函数。则整个结构所贮存的应变能为：

$$\prod_e=\int_0^H\int_{-a}^a t_w(E_w\varepsilon_{zw}^2+G_w\gamma_{xz}^2)\mathrm{d}x\mathrm{d}z+2\int_0^H E_m A_k\varepsilon_k^2\mathrm{d}z+\int_0^H\int_{-b}^b t_f(E_f\varepsilon_{zf}^2+G_f\gamma_{yz}^2)\mathrm{d}y\mathrm{d}z \tag{8.12}$$

外力所做的功为：

$$\prod_p=-\int_0^H p(z)u\mathrm{d}z \tag{8.13}$$

式中，$p(z)$ 为外荷载分布函数。

整个结构的势能为：

$$\Pi = \Pi_p + \Pi_e = \int_0^H \int_{-a}^a t_w (E_w \varepsilon_w^2 + G_w \gamma_{xz}^2) \mathrm{d}x \mathrm{d}z$$

$$+ \int_0^H \int_{-b}^b t_f (E_f \varepsilon_{zf}^2 + G_f \gamma_{yz}^2) \mathrm{d}y \mathrm{d}z + 2 \int_0^H E_m A_k \varepsilon_k^2 \mathrm{d}z - \int_0^H p(z) u \mathrm{d}z \qquad (8.14)$$

由最小势能原理可知，其对每个未知量的变分应为 0，则对 u、ϕ 变分，可得以下表达式：

$$EI \frac{\partial \phi}{\partial z} = M \qquad (8.15)$$

$$4 G_w t_w a \left(\frac{\partial u}{\partial z} + \phi \right) = S \qquad (8.16)$$

M、S 分别为由水平荷载产生的弯矩和剪力，I 为横截面的惯性矩。

为了避免求解偏微分方程的复杂，进一步假定 α、β 的表达式为多项式：

$$\alpha = \alpha_1 (1-\xi)^2 + \alpha_2 (2\xi - \xi^2) \qquad (8.17)$$

$$\beta = \beta_1 (1-\xi)^2 + \beta_2 (2\xi - \xi^2) \qquad (8.18)$$

其中 $\xi = \frac{z}{H}$。

当 $z=0$ 时，$\alpha = \alpha_1$，$\beta = \beta_1$；当 $z=H$ 时，$\alpha = \alpha_2$，$\beta = \beta_2$。从中可以知道，α_1、β_1 是结构底部（$z=0$）处的剪力滞后影响系数（图 8.7），α_2、β_2 是结构顶部（$z=H$）处的剪力滞后影响系数。因为我们仅关心翼缘板的应力表达式，它仅跟 β 有关，和 α 无关，而且，为简单起见，我们在后面的假设中应用 β_1 替代 β。

将式（8.16）、式（8.17）代入式（8.14），对 α_1、α_2、β_1、β_2 分别变分，并考虑边界条件，当 $z=H$ 时，$\frac{\mathrm{d}\alpha}{\mathrm{d}z}=0$，$\frac{\mathrm{d}\beta}{\mathrm{d}z}=0$，可以得到 β_1 的表达式如表 8.1 所示。

β_1 的表达式　　表 8.1

荷载情况	β_1
顶点集中荷载	$\beta_1 = \dfrac{3.5 m_f + 12.60}{m_f^2 + 11.20 m_f + 10.08}$
均布荷载	$\beta_1 = \dfrac{7.72 m_f + 14.15}{m_f^2 + 12.35 m_f + 11.32}$
倒三角形荷载	$\beta_1 = \dfrac{6.67 m_f + 13.71}{m_f^2 + 12.01 m_f + 10.97}$

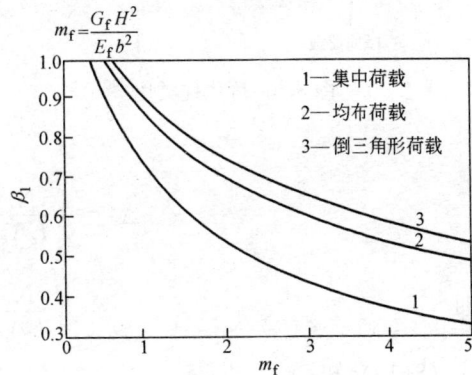

图 8.7　基底剪力滞后系数

m_f 为相对剪切刚度，其表达式如下：

$$m_f = \frac{G_f H^2}{E_f b^2} \qquad (8.19)$$

则翼缘板的轴向应力为：

$$\sigma_{zf} = E_f \frac{d\phi}{dz} a\left[(1-\beta) + \beta\left(\frac{y}{b}\right)^2\right] \tag{8.20}$$

对于等效各向同性板而言，其轴向变形应和框筒结构的变形相等，由此可得：

$$E_f st = EA_c, \quad E_m st = EA_c \tag{8.21}$$

假定 $E_f = E_m = E$，则 $t = \dfrac{A_c}{s}$，t 为等效各向同性板的厚度。

对于等效剪切模量，采用文献 [18] 的方法，可得其表达式如下

$$G_f = \frac{\dfrac{h}{st}}{\Delta_b + \Delta_s} \tag{8.22}$$

式中，h 为层高，s 为柱距，Δ_b、Δ_s 分别为弯曲位移和剪切位移，表达式分别如下：

$$\Delta_b = \frac{(h-d_b)^3}{12E_m I_c} + \left(\frac{h}{s}\right)^2 \frac{(s-d_c)^3}{12E_m I_b} \tag{8.23}$$

$$\Delta_s = \frac{(h-d_b)}{GA_c} + \left(\frac{h}{s}\right)^2 \frac{(s-d_c)}{G_m A_b} \tag{8.24}$$

式中　A_c、A_b——柱和梁的截面面积；

$\quad\quad\ d_c$、d_b——柱和梁的截面高度；

$\quad\quad\ I_c$、I_b——柱和梁的截面惯性矩。

一般认为，腹板框架在抵抗水平力方面起主要作用。翼缘框架通过框架梁将剪力传给角柱，形成空间抗侧力体系，可以说翼缘框架加强整个结构刚度的作用是通过角柱实现的。因而可以考虑加大角柱的刚度，将翼缘框架（包括角柱）视为一个放大的角柱，如图 8.8 所示，称为等代柱。等代柱的截面为 A_{ce}，考虑分析的简单化，假设等代角柱的大小沿层高分布均匀。

由于等代柱的作用和翼缘框架作用相等，即两者角柱处的变形条件等同。

即 $\Delta_e = \Delta_c$

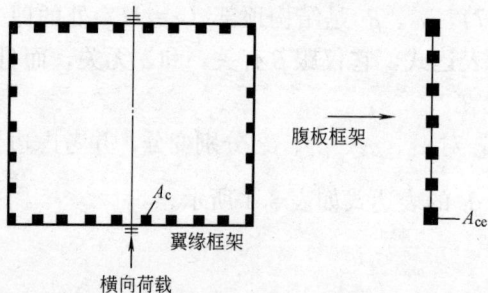

图 8.8　等代柱类比

$$\Delta_e = \int_0^H \frac{N_i}{EA_e} dz \quad \Delta_c = a\phi \tag{8.25}$$

也即

$$\int_0^H \frac{N_i}{EA_e} dz = a\phi \tag{8.26}$$

由式（8.19）知：

$$N_i = \int_0^b \left(E_f \frac{d\phi}{dz} a\left[(1-\beta) + \beta\left(\frac{y}{b}\right)^2\right]\right) dy + E_c \varepsilon_c A_k \tag{8.27}$$

由式（8.15）得：

$$\frac{d\phi}{dz} = \frac{M}{EI} \tag{8.28}$$

A_k 为角柱扣除中柱面积 A_c 后的剩余面积。

将式（8.27）、式（8.28）代入式（8.26）得：

$$A_{ce} = bt\left(1 - \frac{2}{3}\beta\right) + A_k，令 K = \frac{A_{ce}}{A_c}$$

所以，$K = \frac{bt}{A_c}\left(1 - \frac{2}{3}\beta\right) + \frac{A_k}{A_c}$，而 $t = \frac{A_c}{s}$，s 为柱距。

这样等代系数即可以简化为： $K = \frac{b}{s}\left(1 - \frac{2}{3}\beta\right) + \frac{A_k}{A_c}$。

因为 β 为 z 的函数，随着高度的变化而变化，而假定等代柱的面积沿高度不变。为分析简单起见，取其值为基底时的数值，即取 β_1，则最终等代系数为：

$$K = \frac{b}{s}\left(1 - \frac{2}{3}\beta_1\right) + \frac{A_k}{A_c} = k_e + k_c \tag{8.29}$$

式中，$k_e = \frac{b}{s}\left(1 - \frac{2}{3}\beta_1\right)$，$k_c = \frac{A_k}{A_c}$

由上式可知，等代系数由两部分组成，前一部分由翼缘框架决定，后一部分则由角柱决定。为便于应用，已将集中荷载、均布荷载和倒三角荷载作用下的 k_e 的值制成图（图8.9、图8.10）。

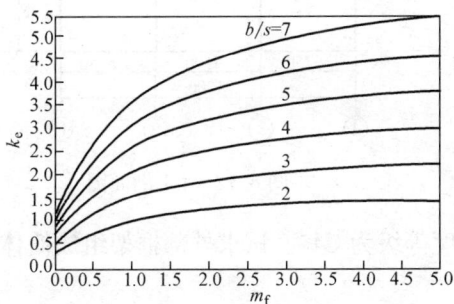

图 8.9　集中荷载作用于对称轴时 k_e 的值　　　　图 8.10　均布荷载作用于对称轴时 k_e 的值

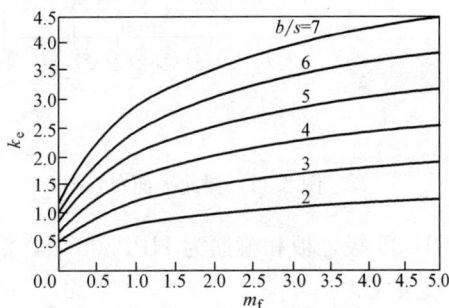

由等代系数的表达式可知，等代系数与正交各向同性板的相对剪切刚度（m_f）、角柱与中柱面积之比以及侧向荷载的分布形式有关（图8.10）。其中相对剪切刚度又是主要的影响因素，它的大小与梁和柱的线刚度、建筑物的高度等因素有关。

等代角柱的抗弯刚度按 A_{ce} 确定。假定等代角柱截面的形状为正方形时，则截面的边长为：

$$a_{ce} = \sqrt{A_{ce}}$$

等代角柱的抗弯刚度为：

$$\frac{1}{12}Ea_{ce} \cdot a_{ce}^3 = \frac{E \cdot A_{ce}^2}{12} \tag{8.30}$$

本节所述方法也适用于框架组成的筒体结构。

【例8.1】　某15层钢筋混凝土框架-筒体结构，平面和剖面分别如图8.11和图8.12所示。

采用钢筋混凝土无梁楼盖，一楼楼板厚300mm，其余各层楼板厚200mm；地下室和地上一层混凝土墙厚300mm，其余各层混凝土墙厚200mm；角柱截面尺寸800mm×800mm，中柱截面尺寸600mm×600mm，边梁尺寸250mm×600mm。梁柱钢筋等级为

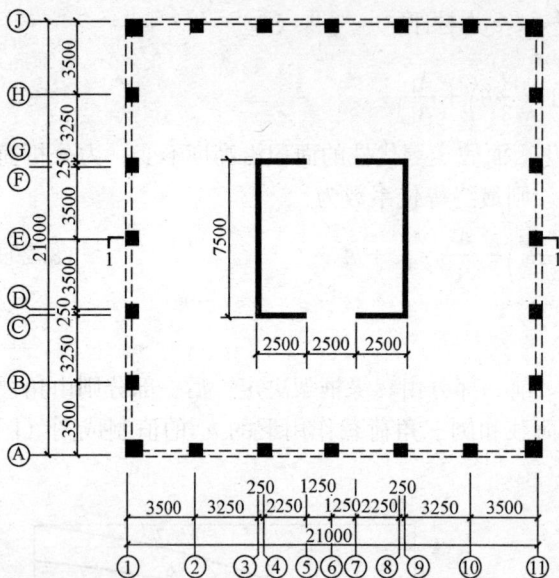

图 8.11　楼面平面布置图

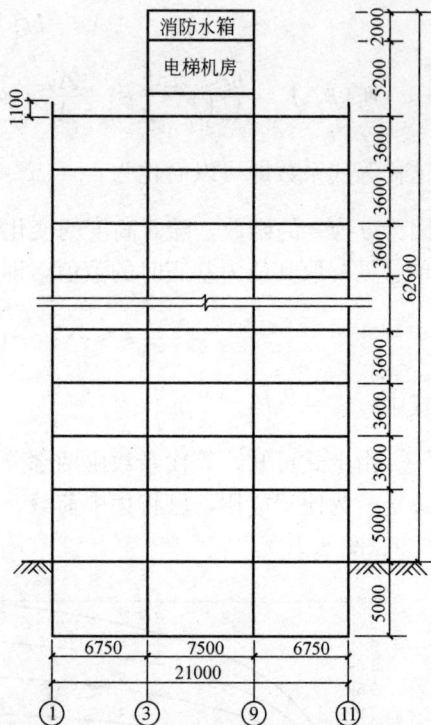

图 8.12　1-1 剖面图

HRB335 级，板和箍筋为 HPB300 级，混凝土强度等级为 C40。试求外部框架组成筒体的等效角柱。

【解】　如上所述，利用最小势能原理推导了等效角柱的面积 A_{ce} 的计算公式

$$A_{ce}=KA_c \tag{a}$$

式中　A_c——中柱的面积，$A_c=0.6\times0.6=0.36\text{m}^2$；

　　　K——等代系数，其表达式为：

$$K=\frac{b}{s}\left(1-\frac{2}{3}\beta_l\right)+\frac{A_k}{A_c} \tag{b}$$

其中　A_k——角柱扣除中柱面积 A_c 后的剩余面积，$A_k=0.28\text{m}^2$；

　　　b——翼缘框架长的一半，$b=0.5\times21=10.5\text{m}$；

　　　s——柱距，$s=3.5\text{m}$；

　　　β_l——结构底部处的剪力滞后系数，对于均布荷载，其表达式为：

$$\beta_l=\frac{7.72m_f+14.15}{m_f^2+12.35m_f+11.32} \tag{c}$$

其中　m_f——翼缘相对剪切刚度，其表达式为：

$$m_f=\frac{G_fH^2}{E_fb^2} \tag{d}$$

其中　E_f——翼缘弹性模量，$E_f=32.5\times10^6\text{kN/m}$；

　　　G_f——翼缘等效剪变模量，其表达式为：

$$G_f = \frac{\frac{h}{st}}{\Delta_b + \Delta_s} \tag{e}$$

其中，h 为层高，取 $h = 3.6m$；s 为柱距；$t = \frac{A_c}{s} = \frac{0.36}{3.5} = 0.103$，为等效各向同性板的厚度；$\Delta_b$、$\Delta_s$ 分别为弯曲位移和剪切位移，其表达式分别为：

$$\Delta_b = \frac{(h - d_b)^3}{12E_m I_c} + \left(\frac{h}{s}\right)^2 \frac{(s - d_c)^3}{12E_m I_b} \tag{f}$$

$$\Delta_s = \frac{(h - d_b)}{GA_c} + \left(\frac{h}{s}\right)^2 \frac{(s - d_c)}{G_m A_b} \tag{g}$$

其中　A_c、A_b——柱和梁的截面面积，$A_c = 0.36m^2$，$A_b = 0.25 \times 0.6 = 0.15m^2$；

$\quad\quad d_c$、d_b——柱和梁的截面高度，$d_c = 0.6m$，$d_b = 0.6m$；

$\quad\quad I_c$、I_b——柱和梁的截面惯性矩，

$$I_c = \frac{0.6 \times 0.6^3}{12} = 0.0108m^4, \quad I_b = \frac{0.25 \times 0.6^3}{12} = 0.0045m^4$$

$$E_m = 32.5 \times 10^6 \, kN/m^2$$

$$G = G_m = 13 \times 10^6 \, kN/m^2$$

由式（f）、式（g）可得 $\Delta_b = 6.4 \times 10^{-6}$，$\Delta_s = 7.0 \times 10^{-7}$；

代入式（e）得 $G_f = 1407234 kN/m$；

再代入式（d）得 $m_f = 1.21$；

再代入式（c）得 $\beta_1 = 0.85$；

再代入式（b）得 $K = 2.08$，等代柱截面面积：$0.6 \times 0.6 \times 2.08 = 0.75m^2$。

还可以使用文献 [21] 介绍的方法计算等代柱的面积：

角柱比：$C_n = 1.78/1$，梁的线刚度 $i = 0.0013$，查该文献制定的图线知：$C_n = 1.5/1$ 可得 $\beta \approx 2.0$，$C_n = 2/1$ 可得 $\beta \approx 1.8$。并由插入法得 $C_n = 1.78/1$ 时 $\beta = 1.89$。

因层数为 15 层，查得层数修正系数约 -0.65，修正后的 $\beta_{15} = 1.89 - 0.65 = 1.24$，等代柱截面：$0.8 \times 0.8 \times 1.24 = 0.79m^2$。

两种方法求得的等代柱面积相差 5.33%，相对而言前者推导过程较严谨和较精确。

8.2.3　框筒在扭转荷载下的内力与位移分析

框筒在扭转荷载下的内力和位移可采用等效平面法进行分析。以图 8.13 所示框筒为例，某楼层的扭转角和内力为：

$$\theta = \frac{\Delta x}{b} = \frac{\Delta y}{c} \tag{8.31}$$

$$P_x 2b + P_y 2c = T \tag{8.32}$$

当考虑整个框筒结构时，各楼层在扭矩 $\{T\}$ 作用下产生的扭转角 $\{\theta\}$、侧向位移 $\{\Delta x\}$ 和 $\{\Delta y\}$，以及两个方向框架承担的水平剪力 $\{P_x\}$ 和 $\{P_y\}$ 之间的关系为：

$$\{\theta\} = \frac{1}{b}\{\Delta x\} = \frac{1}{c}\{\Delta y\} \tag{8.33}$$

$$2b\{P_x\} + 2c\{P_y\} = \{T\} \tag{8.34}$$

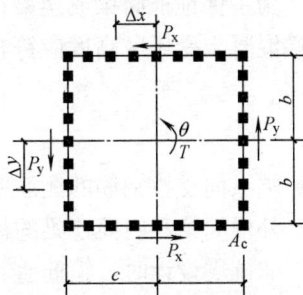

图 8.13　框筒受扭图

框架的水平剪力和水平位移间的关系为：

$$[K_x]\{\Delta x\} = \{P_x\} \tag{8.35}$$

$$[K_y]\{\Delta y\} = \{P_y\} \tag{8.36}$$

式中　$[K_x]$、$[K_y]$——x、y 向框架的侧向刚度。

$$\{\Delta y\} = \frac{c}{b}\{\Delta x\}$$

$$\frac{1}{b}(2b^2[K_x] + 2c^2[K_y])\{\Delta x\} = \{T\}$$

或

$$[K_\theta]\{\theta\} = \{T\} \tag{8.37}$$

其中

$$[K_\theta] = 2b^2[K_x] + 2c^2[K_y] \tag{8.38}$$

为框筒的扭转刚度矩阵。由式（8.37）可以求出 $\{\theta\}$，代入式（c）可得 $\{\Delta x\}$、$\{\Delta y\}$，从而可求得框架内力。

8.2.4　框筒梁和连梁设计

要改善外框筒的空间作用，避免框筒梁和内筒连梁在地震作用下产生脆性破坏，外框筒梁和内筒连梁的截面尺寸应符合下列要求：

1. 持久、短暂设计状况

$$V_b \leqslant 0.25\beta_c f_c b_b h_{b0} \tag{8.39}$$

2. 地震设计状况

（1）跨高比大于 2.5 时

$$V_b \leqslant \frac{1}{\gamma_{RE}}(0.20\beta_c f_c b_b h_{b0}) \tag{8.40}$$

（2）跨高比不大于 2.5 时

$$V_b \leqslant \frac{1}{\gamma_{RE}}(0.15\beta_c f_c b_b h_{b0}) \tag{8.41}$$

式中　V_b——外框筒梁或内筒连梁剪力设计值；

b_b——外框筒梁或内筒连梁截面宽度；

h_{b0}——外框筒梁或内筒连梁截面的有效高度；

γ_{RE}——承载力抗震调整系数。

为了保证框筒梁或连梁在地震作用下具有足够的延性，在计算中计入纵向受压钢筋的梁端混凝土受压区高度应符合下列要求：

$$一级　x \leqslant 0.25h_0 \tag{8.42}$$

$$二、三级　x \leqslant 0.35h_0 \tag{8.43}$$

且梁端纵向受拉钢筋的配筋率不应大于 2.5%。

外框筒梁和内筒连梁的构造配筋应符合下列要求：

非抗震设计时，箍筋直径不应小于 8mm，箍筋间距不应大于 150mm；抗震设计时，框筒梁和内筒连梁的端部反复承受正、负剪力，箍筋必须加强，箍筋直径不应小于 10mm，箍筋间距不应大于 100mm，由于梁跨高比较小，箍筋间距沿梁长不变。

梁内上、下纵向钢筋的直径不应小于 16mm。为了避免混凝土收缩，以及温差等间接作用导致梁腹部过早出现裂缝，当梁的截面高度大于 450mm 时，梁的两侧应增设腰筋，其直径不应小于 10mm，间距不应大于 200mm。

为了防止框筒或内筒连梁在地震作用下产生脆性破坏，对跨高比不大于 1.5 的梁应采用交叉暗撑，跨高比不大于 2 的梁宜采用交叉暗撑，且符合下列规定：

1）梁的截面宽度不宜小于 400mm，以免钢筋过密，影响混凝土浇筑质量。

2）全部剪力由暗撑承担，每根暗撑由不少于 4 根纵向钢筋组成，纵筋直径不应小于 14mm，其总面积 A_s 按下列公式计算：

持久、短暂设计状况：

$$A_s \geqslant \frac{V_b}{2f_y \sin\alpha} \tag{8.44}$$

地震设计状况：

$$A_s \geqslant \frac{\gamma_{RE} V_b}{2f_y \sin\alpha} \tag{8.45}$$

式中　α——暗撑与水平线的夹角。

3）两个方向暗撑的纵向钢筋均应采用矩形箍筋或螺旋箍筋绑成一体，箍筋直径不应小于 8mm，箍筋间距不应大于 200mm 及梁截面宽度 b_b 的一半；端部加密区的箍筋间距不应大于 100mm，加密区长度不应小于 600mm 及梁截面宽度的 2 倍（图 8.14）。

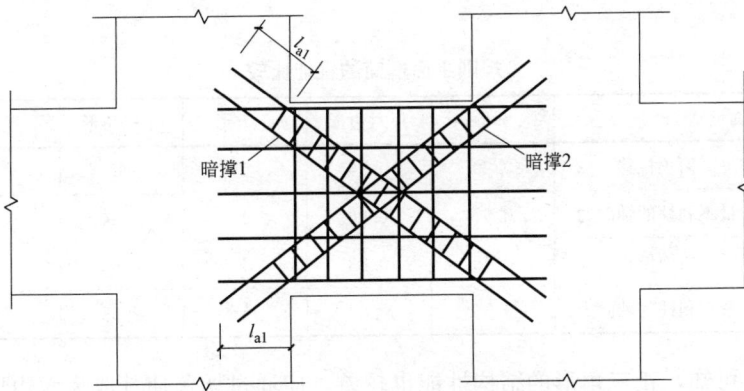

图 8.14　梁内交叉暗撑的配筋

4）纵筋伸入竖向构件的长度不应小于 l_{a1}，非抗震设计时，l_{a1} 可取 l_a；抗震设计时，l_{a1} 宜取 $1.15l_a$，其中 l_a 为钢筋的锚固长度。

3. 梁内竖向箍筋的间距可适当放大，但不应大于 150mm。

8.3　筒中筒结构

钢筋混凝土筒中筒体系是一种空间作用性能好，能抵抗较大水平力的结构体系，因而特别适合在超高层结构中采用。目前世界最高的一百幢高层建筑约有三分之二采用筒体结构。在筒中筒结构中，框筒侧向变形以剪切型为主，核心筒常以弯曲变形为主，二者通过楼板联系共同抵抗水平力。这种结构体系具有其组成部分各自的优点，一方面结构墙和筒体具有较大的侧向刚度，地震、风荷载作用时，对结构的层间侧向位移具有很好的控制作用，并且能避免结构在柱上产生塑性铰，形成薄弱层；另一方面，延性框筒与核心筒相互作用，可以起到明显的能量消耗作用。

8.3.1 平面形状对结构受力性能的影响

筒体结构的平面外形宜选用圆形、正多边形、椭圆形或矩形，内筒宜居中。研究表明，筒中筒结构在侧向荷载作用下，其结构性能与外框筒的平面外形也有关。对正多边形来讲，边数越多，剪力滞后现象越不明显，结构的空间作用越大；反之，边数越少，结构的空间作用越差。

表 8.2 为圆形、正多边形和矩形平面框筒的性能比较。假定 5 种外形的平面面积和筒壁混凝土用量均相同，以正方形的筒顶位移和最不利柱的轴向力为标准，在相同的水平荷载作用下，以圆形的侧向刚度和受力性能最佳，矩形最差；在相同的基本风压作用下，圆形平面的风载体型系数和风荷载最小，优点更为明显；矩形平面相对更差；由于正方形和矩形平面的利用率较高，仍具有一定的实用性，但对矩形平面的长宽比需加限制。矩形的长宽比越接近 1，轴力比 N_c/N_m 越小，结构空间作用越佳，其中 N_c 和 N_m 分别为外框筒在侧向力作用下，框筒翼缘框架角柱和中间柱的轴向力。一般来讲，当长宽比 $L/B=1$（即正方形）时，$N_c/N_m=2.5\sim5$；当 $L/B=2$ 时，$N_c/N_m=6\sim9$。当 $L/B=3$ 时，$N_c/N_m>10$，此时，中间柱已不能发挥作用，说明在设计筒中筒结构时，矩形平面的长宽比不宜大于 2。

规则平面框筒的性能比较 表 8.2

平面形状		圆形	正六边形	正方形	正三角形	矩形长宽比为 2
当水平荷载相同时	筒顶位移	0.90	0.96	1	1	1.72
	最不利柱的轴向力	0.67	0.96	1	1.54	1.47
当基本风压相同时	筒顶位移	0.48	0.83	1	1.63	2.46
	最不利柱的轴向力	0.35	0.83	1	2.53	2.69

由表 8.2 可知，正三角形的结构性能也较差，应通过切角使其成为六边形来改善外框筒的剪力滞后现象，提高结构的空间作用。外框筒的切角长度不宜小于相应边长的 1/8，其角部可设置刚度较大的角柱或角筒；内筒的切角长度不宜小于相应边长的 1/10，切角处的筒壁宜适当加厚。

8.3.2 筒中筒结构在水平荷载下的简化计算方法

筒中筒结构在水平荷载下的内力和位移计算可采用多种简化方法计算。例如：

1. 等效平面法

外框筒可用等代角柱法（图 8.15b）简化为平面框架，内筒为在水平荷载方向带翼缘的剪力墙，按框架-剪力墙结构计算。

2. 等效连续体法

外框筒可化为等效连续体，内筒一般为薄壁杆，因为对称荷载通过剪力中心，只产生弯曲，可按普通梁计算。计算简图见图 8.16（a），用力法可以求解（图 8.16b）。

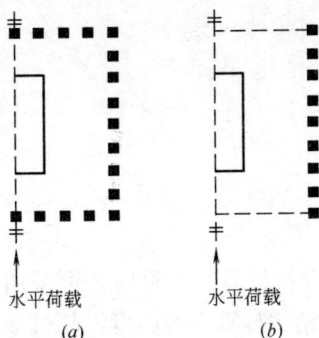

图 8.15 框筒的等效平面

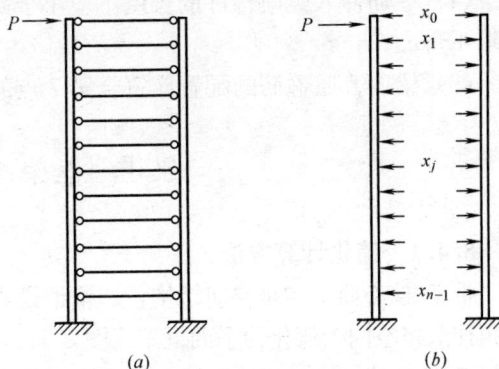

图 8.16 框筒的等效连续体计算简图

8.3.3 筒中筒结构的构造要求

1. 筒中筒结构的平面外形宜选用圆形、正多边形、椭圆形或矩形等，内筒宜居中。

2. 矩形平面的长宽比不宜大于 2。

3. 内筒的宽度可为高度的 $1/15 \sim 1/12$，如有另外的角筒或剪力墙时，内筒平面尺寸可适当减小。内筒宜贯通建筑物全高，竖向刚度宜均匀变化。

4. 三角形平面宜切角，外筒的切角长度不宜小于相应边长的 $1/8$，其角部可设置刚度较大的角柱或角筒；内筒的切角长度不宜小于相应边长的 $1/10$，切角处的筒壁宜适当加厚。

5. 外框筒应符合下列规定：

（1）柱距不宜大于 4m，框筒柱的截面长边应沿筒壁方向布置，必要时可采用 T 形截面；

（2）洞口面积不宜大于墙面面积的 60%，洞口高宽比宜与层高和柱距之比值相近；

（3）外框筒梁的截面高度可取柱净距的 $1/4$；

（4）角柱截面面积可取中柱的 $1 \sim 2$ 倍。

6. 外框筒梁和内筒连梁的截面尺寸应符合式（8.39）～式（8.41）的要求。

7. 外框筒梁和内筒连梁的构造配筋应符合下列要求：

（1）非抗震设计时，箍筋直径不应小于 8mm；抗震设计时，箍筋直径不应小于 10mm。

（2）非抗震设计时，箍筋间距不应大于 150mm；抗震设计时，箍筋间距沿梁长不变，且不应大于 100mm，当梁内设置交叉暗撑时，箍筋间距不应大于 200mm。

（3）框筒梁上、下纵向钢筋的直径均不应小于 16mm，腰筋的直径不应小于 10mm，腰筋间距不应大于 200mm。

8. 跨高比不大于 2 的框筒梁和内筒连梁宜增配对角斜向钢筋。跨高比不大于 1 的框筒梁和内筒连梁宜采用交叉暗撑（图 8.14），且应符合下列规定：

（1）梁的截面宽度不宜小于 400mm；

（2）全部剪力应由暗撑承担，每根暗撑应由不少于 4 根纵向钢筋组成，纵筋直径不应小于 14mm，其总面积 A_s 应符合式（8.44）和（8.45）的要求；

（3）两个方向暗撑的纵向钢筋应采用矩形箍筋或螺旋箍筋绑成一体，箍筋直径不应小

257

于 8mm，箍筋间距不应大于 150mm；

（4）纵筋伸入竖向构件的长度不应小于 l_{a1}，非抗震设计时 l_{a1} 可取 l_a，抗震设计时 l_{a1} 宜取 $1.15l_a$；

（5）梁内普通箍筋的配置应符合第 7 点的构造要求。

8.4 框架-核心筒结构

8.4.1 简化计算方法

框架-核心筒结构是空间结构，严格地说，应按空间结构进行计算。手算时，可采用等效角柱法将空间桁架化为平面框架（图 8.17），按框架-剪力墙结构计算。对高度不超过 60m 的框架-核心筒结构，可按框架剪力墙结构设计，适当降低核心筒和框架的构造要求。

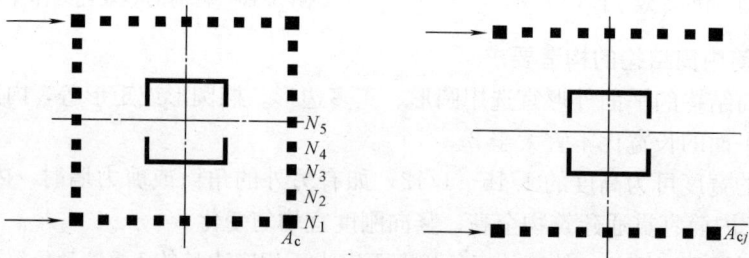

图 8.17 框架-核心筒的简化计算图

8.4.2 框架-核心筒结构的构造要求

1. 核心筒宜贯通建筑物全高。核心筒的宽度不宜小于筒体总高的 1/12，当筒体结构设置角筒、剪力墙或增强结构整体刚度的构件时，核心筒的宽度可适当减小。

为了保证高层建筑结构具有多道抗震设防的能力，外框架的刚度与内筒的刚度不宜相差过大。对于高度较高的框架-核心筒结构，其混凝土内筒和外框架之间的刚度宜有一个合适的比例，框架部分计算分配的楼层地震剪力，除底部个别楼层、加强层及其相邻上下层外，多数不低于基底剪力的 8% 且最大值不宜低于 10%，最小值不宜低于 5%。主要抗侧力构件中沿全高不开洞的单肢墙，应针对其延性不足采取相应措施。

2. 抗震设计时，核心筒墙体设计尚应符合下列规定：

（1）底部加强部位主要墙体的水平和竖向分布钢筋的配筋率均不宜小于 0.30%；

（2）底部加强部位约束边缘构件沿墙肢的长度宜取墙肢截面高度的 1/4，约束边缘构件范围内应主要采用箍筋；

（3）底部加强部位以上宜符合第 6 章的有关规定设置约束边缘构件。

3. 框架-核心筒结构的周边柱间必须设置框架梁。

4. 核心筒连梁的受剪截面应符合式（8.39）～式（8.41）的要求，其构造设计应符合 8.3.3 节和式（8.44）、式（8.45）的有关规定。

5. 对内筒偏置的框架-筒体结构，应控制结构在考虑偶然偏心影响的规定地震力作用下，最大楼层水平位移和层间位移不应大于该楼层平均值的 1.4 倍，结构扭转为主的第一自振周期 T_t 与平动为主的第一自振周期 T_1 之比不应大于 0.85，且 T_1 的扭转成分不宜大于 30%。

6. 当内筒偏置、长宽比大于 2 时，宜采用框架-双筒结构。

7. 当框架-双筒结构的双筒间楼板开洞时，其有效楼板宽度不宜小于楼板典型宽度的50%，洞口附近楼板应加厚，并应采用双层双向配筋，每层单向配筋率不应小于 0.25%；双筒间楼板宜按弹性板进行细化分析。

习　题

8-1　框筒结构受力有什么特点？

8-2　什么是剪力滞后效应？

8-3　什么是等效角柱法？如何计算等效角柱？

8-4　如何将框筒换算成等效实腹的薄壁筒？

8-5　如何用 D 值法进行框筒结构计算？

8-6　如何对框筒进行扭转荷载下的内力与位移进行分析？

8-7　如何设计框筒的连梁？

8-8　筒中筒结构受力有什么特点？

8-9　平面形状对结构受力性能有什么影响？

8-10　筒中筒结构如何进行简化计算？

8-11　筒中筒结构中内外筒尺寸及孔洞大小对结构受力有什么影响？

8-12　框架-核心筒结构如何进行简化分析？

8-13　框架-核心筒结构对框架和核心筒各有什么要求？

8-14　筒体结构对楼板及混凝土强度等级有什么要求？

8-15　已知图 8.18 所示的钢筋混凝土框架-核心筒结构平面布置，柱截面尺寸为 500mm×500mm，筒壁厚 200mm，混凝土的强度等级为 C40，采用等效角柱法，求等效角柱截面面积。

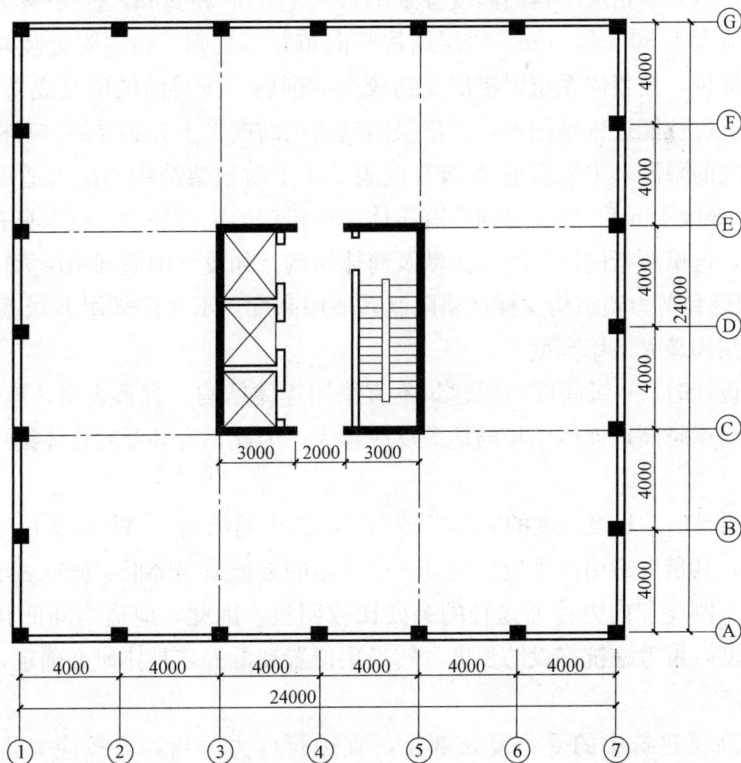

图 8.18　习题 8-15 图

9 复杂高层结构设计

9.1 复杂高层结构的类型

带转换层的结构、带加强层的结构、错层结构、连体结构以及竖向体型收进、悬挑超过第2章规定的结构，均属于复杂高层结构，它的竖向布置不规则，传力途径复杂，有的工程平面布置也不规则。

采用复杂高层结构时，要注意以下问题：

(1) 9度抗震设防时不应采用带转换层的结构、带加强层的结构和连体结构。

(2) 7度和8度抗震设计的高层建筑不宜同时采用超过两种本章所指的复杂结构。多种复杂结构同时在一个工程中采用，在比较强烈的地震作用下，将较难避免发生严重震害，因此，应尽量避免同时采用两种以上的复杂结构。当一定需要同时采用两种以上的复杂结构时，必须采取有效的加强措施。

(3) 对框架-剪力墙和剪力墙的错层结构的适用高度应加以较严格地限制。7度和8度抗震设计时，剪力墙错层结构的高度分别不宜大于80m和60m，框架-剪力墙错层结构的高度分别不应大于80m和60m。错层结构竖向布置不规则，错层附近竖向抗侧力结构较易形成薄弱部位，楼盖体系也因错层受到较大的削弱，按目前的研究成果和震害经验，对错层结构的抗震性能还较难把握，严格限制其适用高度是十分必要的。对框架错层结构没有更严格高度的限制，主要考虑A级高度表2.4中对框架结构的最大适用高度并不太高（7度55m，8度45m）。鉴于目前没有筒体结构错层的工程经验，也未见有关的研究成果和震害经验，这里所指的错层结构未涉及筒体结构。如设计中遇到错层筒体结构，应类似于框架-剪力墙和剪力墙结构一样严格限制其适用高度，不允许采用B级高度（表2.5）中规定的筒体结构最大适用高度。

(4) 抗震设计时，B级高度高层建筑不宜采用连体结构。震害表明，连体位置越高，越容易塌落。房屋越高，连体结构的地震反应越大，因此，有必要对连体结构的适用高度加以限制。

(5) 抗震设计时，B级高度的底部带转换层的筒中筒结构，当外筒采用由剪力墙构成的壁式框架时，其最大适用高度应比表2.5中规定的数值适当降低。研究表明，这种结构其转换层上、下刚度和内力传递途径的突变比较明显，因此，应适当降低其最大适用刚度。降低的幅度，可考虑抗震设防烈度、转换层位置高低等，具体研究确定，一般可考虑降低10%～20%。

(6) 复杂高层建筑中的受力复杂部位，宜进行应力分析，并按应力进行配筋设计校核。

9.2 带转换层的结构

9.2.1 转换层的结构形式

底部带转换层结构，转换层上部的部分竖向构件（剪力墙、框架柱）不能直接连续贯通落地，因此，必须设置安全可靠的转换构件。按现有的工程经验和研究成果，转换构件可采用转换大梁、桁架、空腹桁架、斜撑、箱形结构以及厚板等形式（图9.1）。由于转换厚板在地震区使用经验较少，可在非地震区和6度抗震设计时采用，不宜在抗震设防烈度为7、8、9度时采用。对于大空间地下室，因周围有约束作用，地震反应小于地面以上的框支结构，故7、8度抗震设计时的地下室可采用厚板转换层。转换层上部的竖向抗侧力构件（墙、柱）宜直接落在转换层的主要转换构件上。

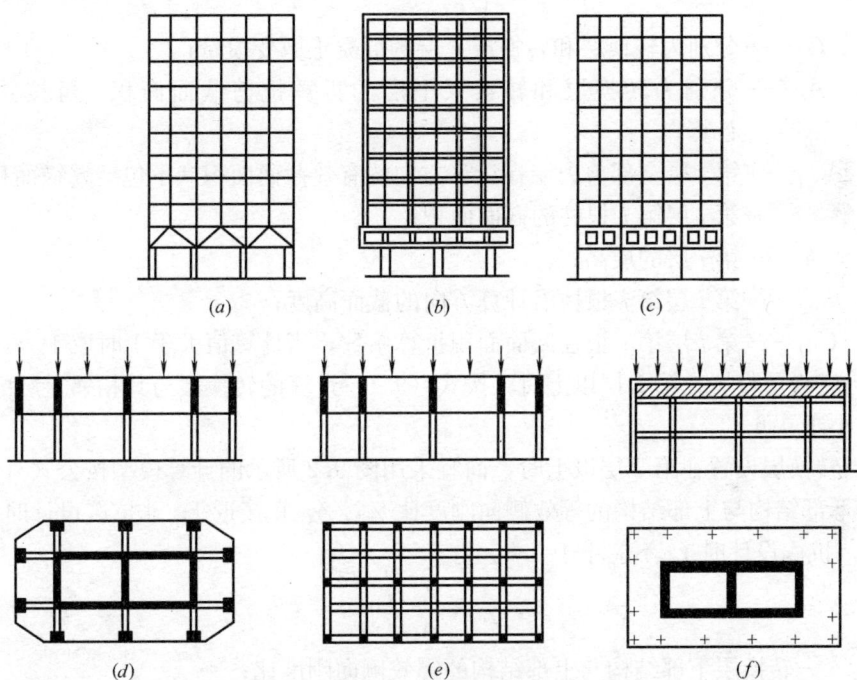

图9.1 内部大空间转换层的结构形式

(a) 桁架；(b) 箱形；(c) 空腹桁架；(d) 托梁；(e) 双向梁；(f) 板式

由框支主梁承托剪力墙并承托转换次梁及次梁上的剪力墙，其传力途径多次转换，受力复杂。框支主梁除承受其上部剪力墙的作用外，还需承受次梁传给的剪力、扭矩和弯矩，框支主梁易受剪破坏。这种方案一般不宜采用，但考虑到实际工程中会遇到转换层上部剪力墙平面布置复杂的情况，B级高度框支剪力墙结构不宜采用框支柱、次梁方案；A级高度框支剪力墙结构可以采用，但设计中应对框支梁进行应力分析，按应力校核配筋，并加强配筋构造措施。在具体工程设计中，如条件许可，也可考虑采用箱形转换层，非抗震设计或6度抗震设计时，也可采用厚板。

本章主要介绍带梁式转换层结构设计计算问题。

9.2.2 部分框支剪力墙结构的结构布置

部分框支剪力墙结构的布置应符合以下要求：

（1）落地剪力墙和筒体底部墙体应加厚；

（2）转换层上部结构与下部结构的侧向刚度比应符合以下规定：

1）当转换层设置在1、2层时，可近似采用转换层与其相邻上层结构的等效剪切刚度比 γ_{e1} 表示转换层上、下层结构刚度的变化，γ_{e1} 宜接近1，非抗震设计时 γ_{e1} 不应小于0.4，抗震设计时 γ_{e1} 不应小于0.5。γ_{e1} 可按下列公式计算：

$$\gamma_{e1}=\frac{G_1 A_1}{G_2 A_2}\times\frac{h_2}{h_1} \tag{9.1}$$

$$A_i = A_{w,i} + \sum_j C_{i,j}A_{ci,j} \quad (i=1,2) \tag{9.2}$$

$$C_{i,j}=2.5\left(\frac{h_{ci,j}}{h_i}\right)^2 \quad (i=1,2) \tag{9.3}$$

式中　G_1、G_2——分别为转换层和转换层上层的混凝土剪变模量；

A_1、A_2——分别为转换层和转换层上层的折算抗剪截面面积，可按式（9.2）计算；

$A_{w,i}$——第 i 层全部剪力墙在计算方向的有效截面面积（不包括翼缘面积）；

$A_{ci,j}$——第 i 层第 j 根柱的截面面积；

h_i——第 i 层的层高；

$h_{ci,j}$——第 i 层第 j 根柱沿计算方向的截面高度；

$C_{i,j}$——第 i 层第 j 根柱截面面积折算系数，当计算值大于1时取1。

2）当转换层设置在第2层以上时，按式（9.1）计算的转换层与其相邻上层的侧向刚度比不应小于0.6。

3）当转换层设置在第2层以上时，尚宜采用图9.2所示的计算模型按公式（9.4）计算转换层下部结构与上部结构的等效侧向刚度比 γ_{e2}。γ_{e2} 宜接近1，非抗震设计时 γ_{e2} 不应小于0.5，抗震设计时 γ_{e2} 不应小于0.8。

$$\gamma_{e2}=\frac{\Delta_2 H_1}{\Delta_1 H_2} \tag{9.4}$$

式中　γ_{e2}——转换层下部结构与上部结构的等效侧向刚度比；

H_1——转换层及其下部结构（计算模型1）的高度；

Δ_1——转换层及其下部结构（计算模型1）的顶部在单位水平力作用下的侧向位移；

H_2——转换层上部若干层结构（计算模型2）的高度，其值应等于或接近计算模型1的高度 H_1，且不大于 H_1；

Δ_2——转换层上部若干层结构（计算模型2）的顶部在单位水平力作用下的侧向位移。

（3）框支层周围楼板不应错层布置。

（4）落地剪力墙和筒体的洞口宜布置在墙体的中部。

（5）框支剪力墙转换梁上一层墙体内不宜设边门洞，不宜在中柱上方设门洞。

（6）长矩形平面建筑中落地剪力墙的间距 l 宜符合以下规定：

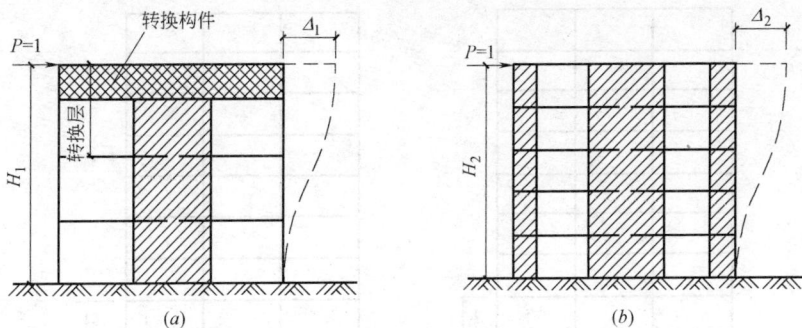

图 9.2 转换层上、下等效侧向刚度计算模型

(a) 计算模型 1——转换层及下部结构；(b) 计算模型 2——转换层上部结构

非抗震设计：$l \leqslant 3B$ 且 $l \leqslant 36m$；

抗震设计：

底部为 1～2 层框支层时：$l \leqslant 2B$ 且 $l \leqslant 24m$；

底部为 3 层及 3 层以上框支层时：$l \leqslant 1.5B$ 且 $l \leqslant 20m$。

其中，B——楼盖宽度。

（7）落地剪力墙与相邻框支柱的距离，1～2 层框支层时不宜大于 12m，3 层及 3 层以上框支层时不宜大于 10m。

（8）框支框架承担的地震倾覆力矩不应大于结构总地震倾覆力矩的 50%。

（9）带托柱转换层的筒体结构，外围转换柱与内筒、核心筒的间距不宜大于 12m。

9.2.3 框支框架结构的受力分析

1. 转换层高度对结构受力性能影响

底部转换层位置越高，转换层上、下刚度突变越大，转换层上、下内力传递途径的突变越加剧。此外，转换层位置越高，落地剪力墙或筒体易出现受弯裂缝，从而使框支柱的内力增大，转换层上部附近的墙体易于破坏。总之，转换层位置越高对抗震越不利。因此，对部分框支剪力墙结构，转换层设置高度，8 度时不宜超过 3 层，7 度时不宜超过 5 层，6 度时可适当提高。对托柱转换层结构，其转换层可适当提高。

2. 框支框架结构的简化计算方法

（1）计算简图

托柱形式的转换梁结构计算可以采用杆件有限元计算方法。当采用杆件系统协同工作和空间程序进行分析时，转换梁作为梁单元考虑。当转换梁的截面高度大于或等于该层层高时，计算中转换梁的位置取在梁上皮标高处，下层层高取两层层高之和（如图 9.3 所示），计算所得的柱端弯矩应乘以考虑上部框架和转换梁共同工作的修正系数 β_h。

$$\beta_h = \frac{h_{i-1}}{h_{i-1} + h_i} \tag{9.5}$$

式中 h_i——转换层楼层高度；

h_{i-1}——相邻转换层楼层高度。

计算中需要注意的是，当考虑转换梁和上部框架共同工作时，上部框架梁、柱的内力

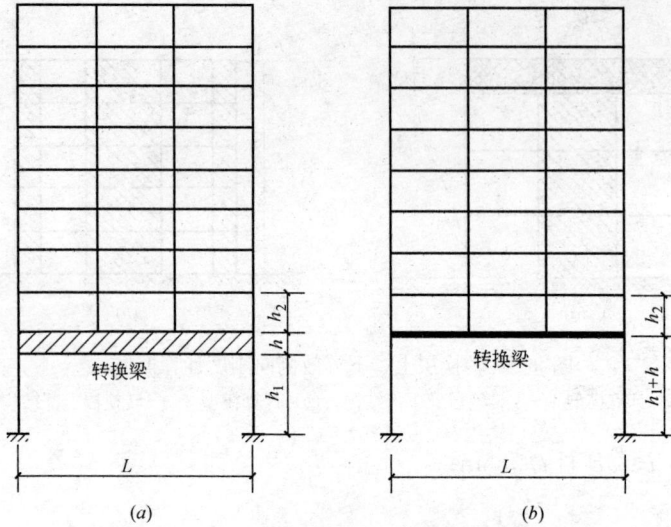

图 9.3　托柱形梁式转换层结构的计算简图

(a) 实际结构；(b) 计算模型

均有弯矩 M、剪力 V 及轴力 N，因此，用杆件系统协同工作和空间程序进行分析时，必须采用考虑轴向变形的弯曲杆单元。转换梁单元应考虑剪切变形的影响，其单元刚度矩阵 $[K]^e$ 如式（9.6）所示。

式中

$$[K]^e = \begin{bmatrix} \dfrac{EA}{l} & 0 & 0 & -\dfrac{EA}{l} & 0 & 0 \\ 0 & \dfrac{12i}{(1+\beta)l^2} & -\dfrac{6i}{(1+\beta)l} & 0 & -\dfrac{12i}{(1+\beta)l^2} & -\dfrac{6i}{(1+\beta)l} \\ 0 & -\dfrac{6i}{(1+\beta)l} & \dfrac{4+\beta}{1+\beta}i & 0 & \dfrac{6i}{(1+\beta)l} & \dfrac{2-\beta}{1+\beta}i \\ -\dfrac{EA}{l} & 0 & 0 & \dfrac{EA}{l} & 0 & 0 \\ 0 & -\dfrac{12i}{(1+\beta)l^2} & \dfrac{6i}{(1+\beta)l} & 0 & \dfrac{12i}{(1+\beta)l^2} & \dfrac{6i}{(1+\beta)l} \\ 0 & -\dfrac{6i}{(1+\beta)l} & \dfrac{2-\beta}{1+\beta}i & 0 & \dfrac{6i}{(1+\beta)l} & \dfrac{4+\beta}{1+\beta}i \end{bmatrix} \quad (9.6)$$

式中　$\beta = \dfrac{12EI\mu}{GAl^2}$，$i = \dfrac{EI}{l}$；

μ——上截面有关的系数，矩形截面取 $\mu = 1.2$。

（2）转换梁的截面设计方法

目前国内结构设计工作者普遍采用的转换梁截面设计方法主要有：

1）普通梁截面设计方法

直接取用高层建筑结构计算分析程序（如 TBSA、PKPM 系列、TAT 等）计算出的

264

转换梁内力结果，按普通梁进行受弯构件承载力计算。

2）偏心受拉构件截面设计方法

框支梁为偏心受拉构件，应按《混凝土结构设计规范》GB 50010—2010 第 6.2.23 条～6.2.25 条的规定设计，即按偏心受拉构件进行截面设计。

按偏心受拉构件进行截面设计的关键是如何将有限元分析得到的转换梁截面上的应力换算成截面内力，但这是一种比较麻烦的事情。分析表明，可按式（9.7）～式（9.9）将转换梁的截面应力换算成截面内力。根据转换梁的截面内力 M、N 按偏心受拉构件进行正截面承载力计算，根据 V 进行斜截面受剪承载力计算。

当 $m=3$ 时

$$\left.\begin{array}{l}N=\dfrac{1}{6}bh\big[(\sigma_1+\sigma_4)+2(\sigma_2+\sigma_3)\big] \\[2mm] M=\dfrac{1}{18}bh^2\Big[\dfrac{5}{4}(\sigma_1-\sigma_4)+2(\sigma_2-\sigma_3)\Big] \\[2mm] V=\dfrac{1}{6}bh\big[(\tau_1+\tau_4)+2(\tau_2+\tau_3)\big]\end{array}\right\} \tag{9.7}$$

当 $m=4$ 时

$$\left.\begin{array}{l}N=\dfrac{1}{8}bh\big[(\sigma_1+\sigma_5)+2(\sigma_2+\sigma_3+\sigma_4)\big] \\[2mm] M=\dfrac{1}{16}bh^2\Big[\dfrac{7}{8}(\sigma_1-\sigma_5)+(\sigma_2-\sigma_4)\Big] \\[2mm] V=\dfrac{1}{8}bh\big[(\tau_1+\tau_5)+2(\tau_2+\tau_3+\tau_4)\big]\end{array}\right\} \tag{9.8}$$

当 $m=5$ 时

$$\left.\begin{array}{l}N=\dfrac{1}{10}bh\big[(\sigma_1+\sigma_6)+2(\sigma_2+\sigma_3+\sigma_4+\sigma_5)\big] \\[2mm] M=\dfrac{1}{50}bh^2\Big[\dfrac{9}{4}(\sigma_1-\sigma_6)+3(\sigma_2-\sigma_5)+(\sigma_3-\sigma_4)\Big] \\[2mm] V=\dfrac{1}{10}bh\big[(\tau_1+\tau_6)+2(\tau_2+\tau_3+\tau_4+\tau_5)\big]\end{array}\right\} \tag{9.9}$$

式中　　m——沿转换梁截面高度网格划分等分数；

$\sigma_i(i=1\sim m)$——计算条带边缘正应力；

$\tau_i(i=1\sim m)$——计算条带边缘剪应力；

　　b——转换梁截面宽度；

　　h——转换梁截面高度。

3）深梁截面设计方法

实际工程中转换梁的高跨比 $h/l=1/8\sim1/6$，因此转换梁是一种介于普通梁和深梁之间的梁，尤其是框支转换梁，其受力和破坏特征类似于深梁。

当转换梁承托的上部墙体满跨或基本满跨时，转换梁与上部墙体之间共同工作的能力较强，此时上部墙体和转换梁的受力如同一倒 T 形深梁。转换梁为该组合深梁的受拉翼缘，跨中区存在很大的轴向拉力，此时转换梁就不能按普通梁进行截面设计，但如果将倒 T 形深梁的受拉区部分划出来按偏心受拉构件进行截面设计，计算出的纵向受力钢筋的配筋量偏少，不能满足承载力的要求。这样深梁截面设计方法的关键是选取倒 T 形深梁的截面高度以及确定截面的内力臂。在确定了这些未知量后就可以算出倒 T 形深梁截面上的弯矩、剪力，然后按深梁进行截面设计。

4）应力截面设计方法

对转换梁进行有限元分析得到的结果是应力及其分布规律，为能直接应用转换梁有限元分析后的应力大小及其分布规律进行截面的配筋计算，假定：

① 不考虑混凝土的抗拉作用，所有拉力由钢筋承担；

② 钢筋达到其屈服强度设计值 f_y；

③ 受压区混凝土的强度达轴心抗压强度设计值 f_c。

由前面计算假定及图 9.4 所示可得正截面配筋计算公式为：

受拉区条带：

$$f_y A_s = (\sigma_i + \sigma_{i+1}) b_i \frac{\Delta h_i}{2} \tag{9.10}$$

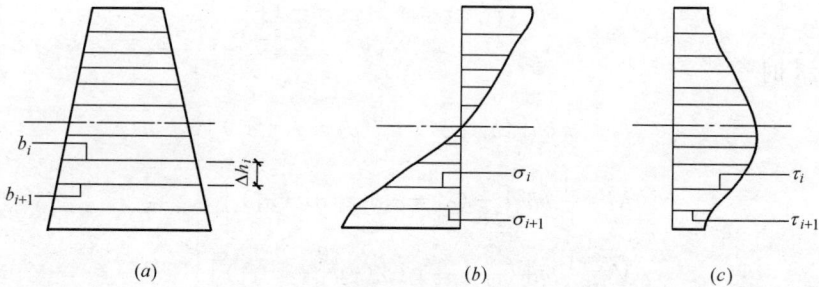

图 9.4　截面和应力分布
(a) 截面；(b) 正应力分布；(c) 剪应力分布

受压区条带：

$$f_y A_s + f_c b_i \Delta h_i = (\sigma_i + \sigma_{i+1}) b_i \frac{\Delta h_i}{2} \tag{9.11}$$

式中　b_i——所计算条带的截面宽度；

Δh_i——所计算条带的高度；

σ_i、σ_{i+1}——所计算条带边缘的正应力。

斜截面受剪承载力计算时，截面的设计剪力 V 按下式计算：

$$V = \sum_1^m (\tau_i + \tau_{i+1}) b_i \frac{\Delta h_i}{2} \tag{9.12}$$

式中　τ_i、τ_{i+1}——计算条带边缘的剪应力；

m——截面划分的条带总数；

其余符号同前。

应力截面设计法的步骤如下：

① 采用高精度有限元法计算转换梁截面沿高度方向的应力（σ_i，τ_i）；

② 分别按式（9.10）、式（9.11）及式（9.12）计算出各条带中拉力或压力以及剪力；

③ 对每一个条带进行截面的配筋计算。

3. 框支框架结构内力与位移计算的等效桁架单元方法

有限元计算的最大问题就是计算结果不能直接使用，需要将应力变为弯矩、剪力和轴力，再按规范的配筋方法来配筋。利用等效桁架单元法可以将计算出的各根桁架杆件的轴力直接使用，将轴力计算出来后，再按照规范上轴心受拉构件配筋计算的公式直接配筋。这样就解决了通常有限元方法需要换算的问题。从而使转换梁的设计大为简化。

9.2.4　框支剪力墙结构的受力分析

1. 框支剪力墙结构的受力性能

框支剪力墙是底部为框架、上部为剪力墙，剪力墙由底部框架支承的结构（图 9.5）。

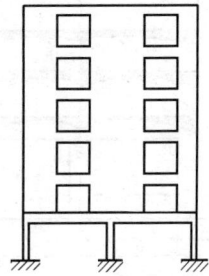

图 9.5　框支剪力墙

框支剪力墙由于底部可以形成大的使用空间。因此，它特别适合于底部为商店、餐馆、车库和上部为住宅、旅馆、办公室的高层建筑。但是，这种结构上部刚度大，下部刚度小，抗侧刚度在底部楼盖处发生突变。我们曾经对这种结构进行过低周反复荷载试验，结果表明（图9.6），其抗水平荷载性能较差，破坏一般出现在支承框架的顶节点和框架柱的底部截面。当框支柱的轴压比较大时，结构破坏带有突然性。因此，对于有抗震设防要求的建筑，为了改善结构的受力性能，提高其抗震能力，在进行结构平面布置时，可以将一部分剪力墙落地，并贯通至基础，做成落地剪力墙与框支剪力墙协同工作的受力体系。

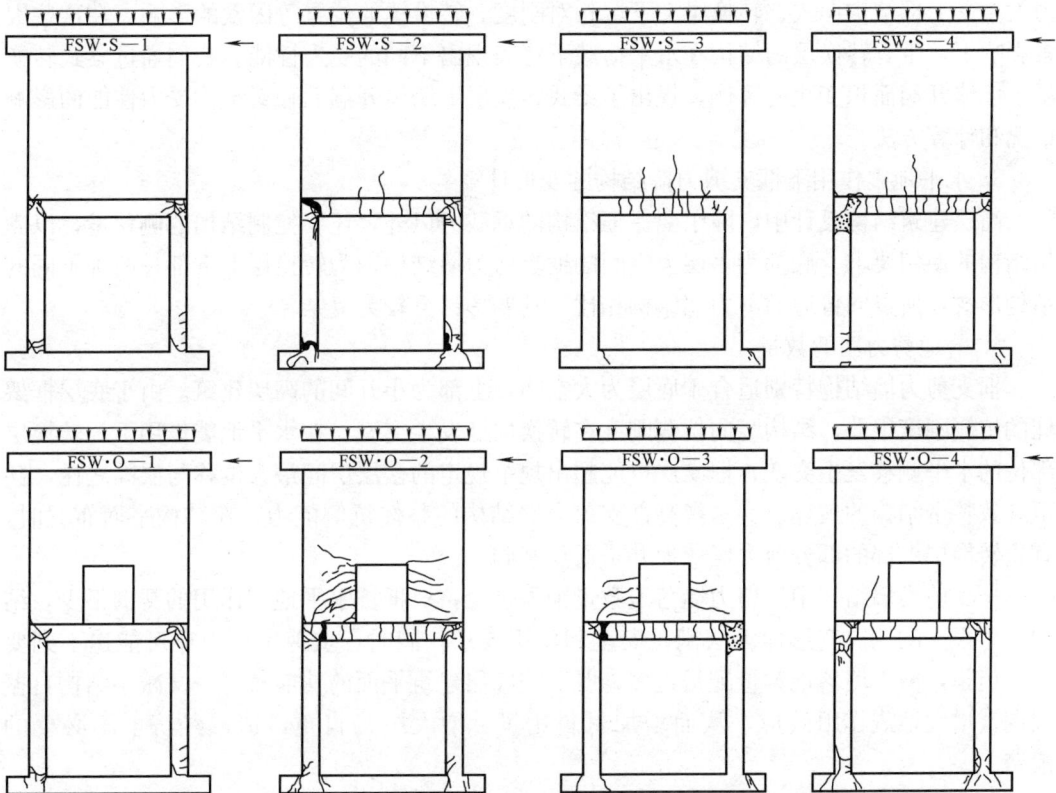

图 9.6　框支剪力墙破坏图形

框支剪力墙在竖向均布荷载作用下的墙体应力分布如图 9.7 所示。

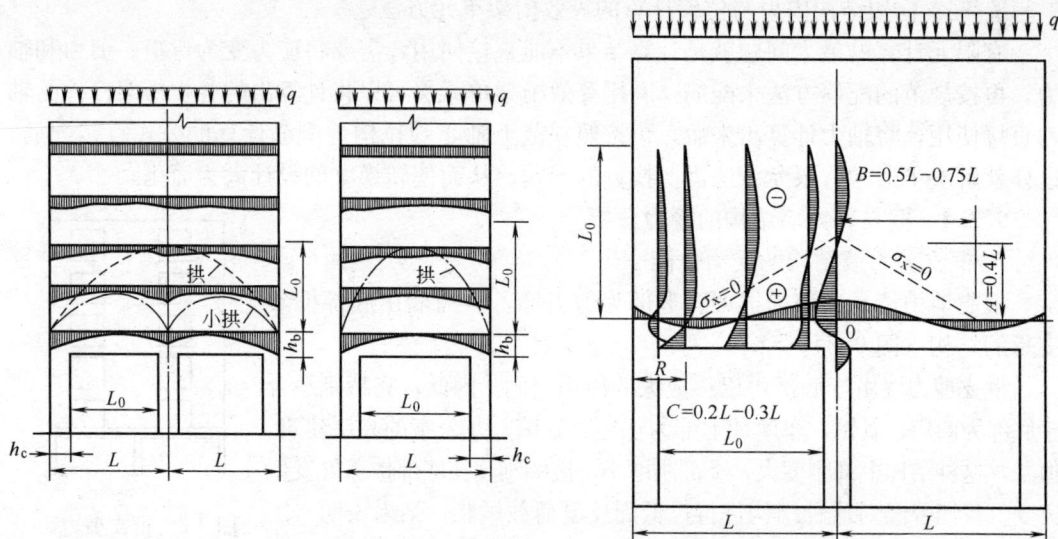

图 9.7　框支剪力墙在竖向均布荷载作用下墙体应力分布

2. 墙体开洞对结构受力性能的影响

国内外的研究表明，作为梁式转换层的主要受力构件——转换大梁，其受力形式与受力大小受上部结构形式、转换梁上下层相对刚度、转换梁的位置等因素的影响。在这些因素影响下，带有转换层的结构在水平荷载下将表现出不同的受力性能。我们通过梁式转换层上墙体开洞面积变化的算例，提出了梁式转换层上墙体开洞面积对结构受力性能的影响情况和计算方法。

3. 水平地震作用下框支剪力墙结构的变形计算

高层建筑结构设计中，除了要保证结构的承载力以外，还要控制结构的侧移量，以满足结构的使用要求。底部为多层大空间的框支剪力墙结构因为转换层上下部是两种不同的结构形式，所以同普通的剪力墙结构相比，其变形计算较为复杂。

4. 落地剪力墙的数量

框支剪力墙结构特别适合于底层为大空间、上部为小开间的高层建筑。由于底层框架柱的抗侧刚度很弱，结构竖向抗侧刚度在转换层处发生突变。在水平地震作用下，转换层部位的水平侧移发生突变，框支层可能超出规范规定的楼层层间最大位移与层高之比，甚至导致整个结构的破坏。为了提高框支剪力墙结构的整体抗侧能力，在结构平面布置时，宜将转换层上部的部分剪力墙落地并贯通至基础。

框支剪力墙结构中，剪力墙落地数量配得过少，对抵抗水平地震作用的帮助很少，结构产生很大的侧向变形而无法满足安全和使用要求，同时，抗剪承载力亦可能达不到要求。但是，剪力墙落地数量配得过多，既影响底层建筑平面的功能布置，又减小结构自振周期，增大地震作用效应，从而增加材料用量、增大结构自重，造成经济上不必要的浪费。

9.2.5　构造要求

1. 底部加强部位的高度

带转换层的高层建筑结构，其剪力墙底部加强部位的高度应从地下室顶板算起，宜取至转换层以上两层且不宜小于房屋高度的 1/10。

2. 转换层的位置

部分框支剪力墙结构在地面以上设置转换层的位置，8 度时不宜超过 3 层，7 度时不宜超过 5 层，6 度时可适当提高。

3. 抗震等级

带转换层的高层建筑结构，其抗震等级应符合 4.5 节的有关规定，带托柱转换层的筒体结构，其转换柱和转换梁的抗震等级按部分框支剪力墙结构中的框支框架采纳。对部分框支剪力墙结构，当转换层的位置设置在 3 层及 3 层以上时，其框支柱、剪力墙底部加强部位的抗震等级宜按本书表 4.7 和表 4.8 的规定提高一级采用，已为特一级时可不提高。

4. 内力增大系数

转换结构构件可采用转换梁。桁架、空腹桁架、箱形结构、斜撑等，非抗震设计和 6 度抗震设计时可采用厚板，7、8 度抗震设计时地下室的转换结构构件可采用厚板。特一、一、二级转换结构构件的水平地震作用计算内力应分别乘以增大系数 1.9、1.6、1.3；转换结构构件应按 3.7.2 节的规定考虑竖向地震作用。

5. 转换梁

转换梁设计应符合下列要求：

（1）转换梁上、下部纵向钢筋的最小配筋率，非抗震设计时均不应小于 0.30%；抗震设计时，特一、一、和二级分别不应小于 0.60%、0.50% 和 0.40%。

（2）离柱边 1.5 倍梁截面高度范围内的梁箍筋应加密，加密区箍筋直径不应小于 10mm、间距不应大于 100mm。加密区箍筋的最小面积配筋率，非抗震设计时不应小于 $0.9f_t/f_{yv}$；抗震设计时，特一、一和二级分别不应小于 $1.3f_t/f_{yv}$、$1.2f_t/f_{yv}$ 和 $1.1f_t/f_{yv}$。

（3）偏心受拉的转换梁的支座上部纵向钢筋至少应有 50% 沿梁全长贯通，下部纵向钢筋应全部直通到柱内；沿梁腹板高度应配置间距不大于 200mm、直径不小于 16mm 的腰筋。

转换梁设计尚应符合下列规定：

（1）转换梁与转换柱截面中线宜重合。

（2）转换梁截面高度不宜小于计算跨度的 1/8。托柱转换梁截面宽度不应小于其上所托柱在梁宽方向的截面宽度。框支梁截面宽度不宜大于框支柱相应方向的截面宽度，且不宜小于其上墙体截面厚度的 2 倍和 400mm 的较大值。

（3）转换梁截面组合的剪力设计值应符合下列规定：

持久、短暂设计状况 $$V \leqslant 0.20\beta_c f_c bh_0 \tag{9.13}$$

地震设计状况 $$V \leqslant \frac{1}{\gamma_{RE}}(0.15\beta_c f_c bh_0) \tag{9.14}$$

（4）托柱转换梁应沿腹板高度配置腰筋，其直径不宜小于 12mm、间距不宜大于 200mm。

（5）转换梁纵向钢筋接头宜采用机械连接，同一连接区段内接头钢筋截面面积不宜超过全部纵筋截面面积的 50%，接头位置应避开上部墙体开洞部位、梁上托柱部位及受力较大部位。

（6）转换梁不宜开洞。若必须开洞时，洞口边离开支座柱边的距离不宜小于梁截面高度；被洞口削弱的截面应进行承载力计算，因开洞形成的上、下弦杆应加强纵向钢筋和抗剪箍筋的配置。

（7）对托柱转换梁的托柱部位和框支梁上部的墙体开洞部位，梁的箍筋应加密配置，加密区范围可取梁上托柱边或墙边两侧各 1.5 倍转换梁高度；箍筋直径、间距及面积配筋率应符合本节转换梁的规定。

（8）框支剪力墙结构中的框支梁上、下纵向钢筋和腰筋（图 9.8）应在节点区可靠锚固，水平段应伸至柱边，且非抗震设计时不应小于 $0.4l_{ah}$，抗震设计时不应小于 $0.4l_{abE}$，梁上部第一排纵向钢筋应向柱内弯折锚固，且应延伸过梁底不小于 l_a（非抗震设计）或 l_{aE}（抗震设计）；当梁上部配置多排纵向钢筋时，其内排钢筋锚入柱内的长度可适当减小，但水平段长度和弯下段长度之和不应小于钢筋锚固长度 l_a（非抗震设计）或 l_{aE}（抗震设计）。

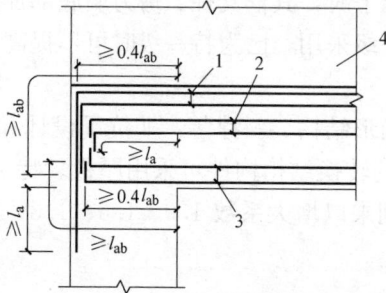

图 9.8　框支梁主筋和腰筋的锚固
1—梁上部纵向钢筋；2—梁腰筋；3—梁
下部纵向钢筋；4—上部剪力墙
抗震设计时图中 l_a、l_{ab} 分别取为 l_{aE}、l_{abE}

（9）托柱转换梁在转换层宜在托柱位置设置正交方向的框架梁或楼面梁。

6. 转换柱

转换柱设计应符合下列要求：

（1）柱内全部纵向钢筋配筋率应符合 5.11 节中框支柱的规定。

（2）抗震设计时，转换柱箍筋应采用复合螺旋箍或井字复合箍，并应沿柱全高加密，箍筋直径不应小于 10mm，箍筋间距不应大于 100mm 和 6 倍纵向钢筋直径的较小值。

（3）抗震设计时，转换柱的箍筋配箍特征值应比普通框架柱要求的数值增加 0.02 采用，且箍筋体积配箍率不应小于 1.5%。

转换柱设计尚应符合下列规定：

（1）柱截面宽度，非抗震设计时不宜小于 400mm，抗震设计时不应小于 450mm；柱截面高度，非抗震设计时不宜小于转换梁跨度的 1/15，抗震设计时不宜小于转换梁跨度的 1/12。

（2）一、二级转换柱由地震作用产生的轴力应分别乘以增大系数 1.5、1.2，但计算柱轴压比时可不考虑该增大系数。

（3）与转换构件相连的一、二级转换柱的上端和底层柱下端截面的弯矩组合值应分别乘以增大系数 1.5、1.3，其他层转换柱柱端弯矩设计值应符合 5.9 节的规定。

（4）一、二级柱端截面的剪力设计值应符合 5.9 节的有关规定。

（5）转换角柱的弯矩设计值和剪力设计值应分别在本条第 3、4 款的基础上乘以增大系数 1.1。

（6）柱截面的组合剪力设计值应符合下列规定：

持久、短暂设计状况　　　　　　$V \leqslant 0.20\beta_c f_c bh_0$　　　　　　　　　　（9.15）

地震设计状况 $$V \leqslant \frac{1}{\gamma_{RE}}(0.15\beta_c f_c b h_0)$$ (9.16)

(7) 纵向钢筋间距均不应小于 80mm，且抗震设计时不宜大于 200mm，非抗震设计时不宜大于 250mm；抗震设计时，柱内全部纵向钢筋配筋率不宜大于 4.0%。

(8) 非抗震设计时，转换柱宜采用复合螺旋箍或井字复合箍，其箍筋体积配箍率不宜小于 0.8%，箍筋直径不宜小于 10mm，箍筋间距不宜大于 150mm。

(9) 部分框支剪力墙结构中的框支柱在上部墙体范围内的纵向钢筋应伸入上部墙体内不少于一层，其余柱纵筋应锚入转换层梁内或板内；从柱边算起，锚入梁内、板内的钢筋长度，抗震设计时不应小于 l_{aE}，非抗震设计时不应小于 l_a。

7. 转换梁与转换柱的节点

抗震设计时，转换梁、柱的节点核心区应进行抗震验算，节点应符合构造措施的要求。转换梁、柱的节点核心区应按 5.11 节的规定设置水平箍筋。

8. 箱形转换结构

箱形转换结构上、下楼板厚度均不宜小于 180mm，应根据转换柱的布置和建筑功能要求设置双向横隔板；上、下板配筋设计应同时考虑板局部弯曲和箱形转换层整体弯曲的影响，横隔板宜按深梁设计。

9. 转换厚板

厚板设计应符合下列规定：

(1) 转换厚板的厚度可由抗弯、抗剪、抗冲切截面验算确定。

(2) 转换厚板可局部做成薄板，薄板与厚板交界处可加腋；转换厚板亦可局部做成夹心板。

(3) 转换厚板宜按整体计算时所划分的主要交叉梁系的剪力和弯矩设计值进行截面设计并按有限元法分析结果进行配筋校核；受弯纵向钢筋可沿转换板上、下部双层双向配置，每一方向总配筋率不宜小于 0.6%；转换板内暗梁的抗剪箍筋面积配筋率不宜小于 0.45%。

(4) 厚板外周边宜配置钢筋骨架网。

(5) 转换厚板上、下部的剪力墙、柱的纵向钢筋均应在转换厚板内可靠锚固。

(6) 转换厚板上、下一层的楼板应适当加强，楼板厚度不宜小于 150mm。

10. 空腹桁架转换层

采用空腹桁架转换层时，空腹桁架宜满层设置，应有足够的刚度。空腹桁架的上、下弦杆宜考虑楼板作用，并应加强上、下弦杆与框架柱的锚固连接构造；竖腹杆应按强剪弱弯进行配筋设计，并加强箍筋配置以及与上、下弦杆的连接构造措施。

11. 框支柱水平地震剪力标准值

部分框支剪力墙结构框支柱承受的水平地震剪力标准值应按下列规定采用：

(1) 每层框支柱的数目不多于 10 根时，当底部框支层为 1~2 层时，每根柱所受的剪力应至少取结构基底剪力的 2%；当底部框支层为 3 层及 3 层以上时，每根柱所受的剪力应至少取结构基底剪力的 3%。

(2) 每层框支柱的数目多于 10 根时，当底部框支层为 1~2 层时，每层框支柱承受剪力之和应至少取结构基底剪力的 20%；当框支层为 3 层及 3 层以上时，每层框支柱承受剪力之和应至少取结构基底剪力的 30%。

框支柱剪力调整后，应相应调整框支柱的弯矩及柱端框架梁的剪力和弯矩，但框支梁的剪力、弯矩、框支柱的轴力可不调整。

12. 落地剪力墙

(1) 部分框支剪力墙结构中，特一、一、二、三级落地剪力墙底部加强部位的弯矩设计值应按墙底截面有地震作用组合的弯矩值乘以增大系数 1.8、1.5、1.3、1.1 采用；其剪力设计值应按 4.5 节和 6.6 节的有关规定进行调整。落地剪力墙墙肢不宜出现偏心受拉。

(2) 部分框支剪力墙结构中，剪力墙底部加强部位墙体的水平和竖向分布钢筋的最小配筋率，抗震设计时不应小于 0.3%，非抗震设计时不应小于 0.25%；抗震设计时钢筋间距不应大于 200mm，钢筋直径不应小于 8mm。

(3) 部分框支剪力墙结构的剪力墙底部加强部位，墙体两端宜设置翼墙或端柱，抗震设计时尚应按 6.7 节的规定设置约束边缘构件。

(4) 部分框支剪力墙结构的落地剪力墙基础应有良好的整体性和抗转动的能力。

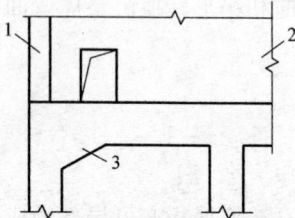

图 9.9　框支梁上墙体有边门洞时洞边墙体的构造要求
1—翼墙或端柱；2—剪力墙；
3—框支梁加腋

13. 框支梁上部墙体

部分框支剪力墙结构框支梁上部墙体的构造应符合下列规定：

(1) 当梁上部的墙体开有边门洞时（图 9.9），洞边墙体宜设置翼墙、端柱或加厚，并应按 6.7 节约束边缘构件的要求进行配筋设计；当洞口靠近梁端部且梁的受剪承载力不满足要求时，可采取框支梁加腋或增大框支墙洞口连梁刚度等措施。

(2) 框支梁上部墙体竖向钢筋在梁内的锚固长度，抗震设计时不应小于 l_{aE}，非抗震设计时不应小于 l_a。

(3) 框支梁上部一层墙体的配筋宜按下列规定进行校核：

1) 柱上墙体的端部竖向钢筋面积 A_s：

$$A_s = h_c b_w (\sigma_{01} - f_c)/f_y \tag{9.17}$$

2) 柱边 $0.2l_n$ 宽度范围内竖向分布钢筋面积 A_{sw}：

$$A_{sw} = 0.2l_n b_w (\sigma_{02} - f_c)/f_{yw} \tag{9.18}$$

3) 框支梁上部 $0.2l_n$ 高度范围内墙体水平分布筋面积 A_{sh}：

$$A_{sh} = 0.2l_n b_w \sigma_{xmax}/f_{yh} \tag{9.19}$$

式中　l_n——框支梁净跨度（mm）；

　　　h_c——框支柱截面高度（mm）；

　　　b_w——墙肢截面厚度（mm）；

　　　σ_{01}——柱上墙体 h_c 范围内考虑风荷载、地震作用组合的平均压应力设计值（N/mm²）；

　　　σ_{02}——柱边墙体 $0.2l_n$ 范围内考虑风荷载、地震作用组合的平均压应力设计值（N/mm²）；

　　　σ_{xmax}——框支梁与墙体交接面上考虑风荷载、地震作用组合的水平拉应力设计值

（N/mm²）。

有地震作用组合时，式（9.17）～式（9.19）中 σ_{01}、σ_{02}、σ_{xmax} 均应乘以 γ_{RE}，γ_{RE} 取 0.85。

（4）框支梁与其上部墙体的水平施工缝处宜验算抗滑移能力。

14. 框支转换层楼板

（1）部分框支剪力墙结构中，框支转换层楼板厚度不宜小于 180mm，应双层双向配筋，且每层每方向的配筋率不宜小于 0.25%，楼板中钢筋应锚固在边梁或墙体内；落地剪力墙和筒体外围的楼板不宜开洞。楼板边缘和较大洞口周边应设置边梁，其宽度不宜小于板厚的 2 倍，全截面纵向钢筋配筋率不应小于 1.0%。与转换层相邻楼层的楼板也应适当加强。

（2）部分框支剪力墙结构中，抗震设计的矩形平面建筑框支转换层楼板，其截面剪力设计值应符合下列要求：

$$V_f \leqslant \frac{1}{\gamma_{RE}}(0.1\beta_c f_c b_f t_f) \tag{9.20}$$

$$V_f \leqslant \frac{1}{\gamma_{RE}}(f_y A_s) \tag{9.21}$$

式中 b_f、t_f——分别为框支转换层楼板的验算截面宽度和厚度；

V_f——由不落地剪力墙传到落地剪力墙处按刚性楼板计算的框支层楼板组合的剪力设计值，8 度时应乘以增大系数 2.0，7 度时应乘以增大系数 1.5，验算落地剪力墙时可不考虑此增大系数；

A_s——穿过落地剪力墙的框支转换层楼盖（包括梁和板）的全部钢筋的截面面积；

γ_{RE}——承载力抗震调整系数，可取 0.85。

（3）部分框支剪力墙结构中，抗震设计的矩形平面建筑框支转换层楼板，当平面较长或不规则以及各剪力墙内力相差较大时，可采用简化方法验算楼板平面内受弯承载力。

9.3　带加强层高层结构

1. 加强层的结构形式

当框架-核心筒结构的侧向刚度不能满足设计要求时，可沿竖向利用建筑避难层、设备层空间，设置适宜刚度的水平伸臂构件，构成带加强层的高层建筑结构（图 9.10）。必要时，也可设置周边水平环带构件。加强层的工作机理如图 9.11 所示。加强层采用的水平伸臂构件、周边环带构件可采用下列结构形式：

（1）斜腹杆桁架；

（2）实体梁；

（3）整层或跨若干层高的箱形梁；

（4）空腹桁架。

2. 带加强层高层建筑结构应满足的要求

带加强层高层建筑结构设计应符合下列要求：

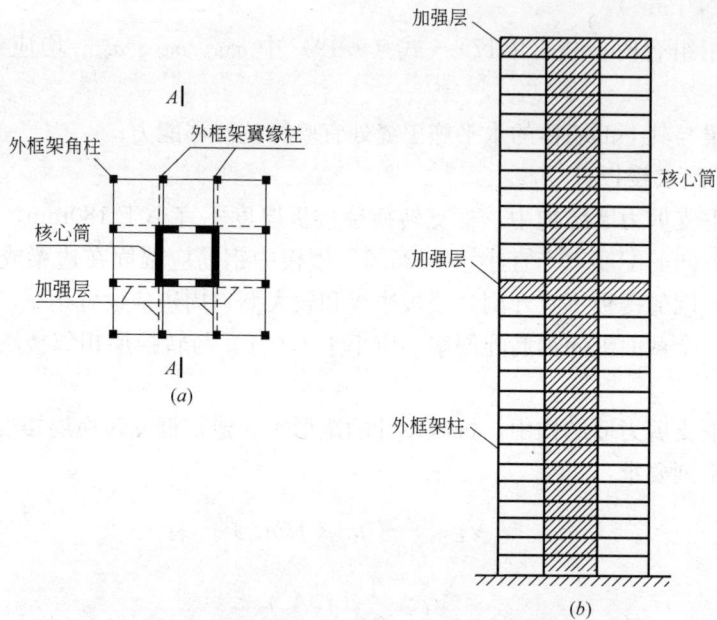

图 9.10　带加强层高层建筑结构的平面图和剖面图

(a) 带加强层高层建筑结构平面图（图中虚线为加强层
设置位置）；(b) A—A 剖面图

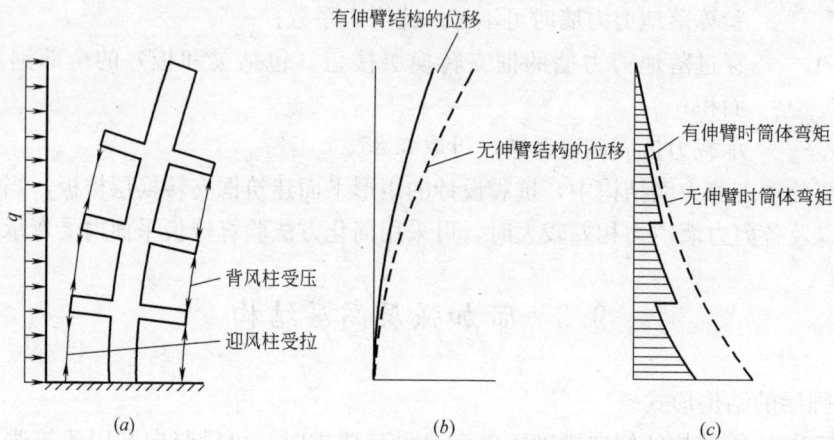

图 9.11　加强层的工作机理

(a) 伸臂结构在水平荷载作用下的变形；(b) 位移；(c) 筒体弯矩

（1）加强层位置和数量要合理有效，当布置 1 个加强层时，位置可在 0.6H 附近；当布置 2 个加强层时，位置可在顶层和 0.5H 附近；当布置多个加强层时，加强层宜沿竖向从顶层向下均匀布置。水平加强层对减小结构侧移的效果是显著的，但不是与加强层数量成倍数的增加（图 9.12）。因此，在超高层结构中，根据房屋高度与结构形式的不同，设置 1～4 道加强层就可以。

（2）加强层水平伸臂构件宜贯通核心筒，其平面布置宜位于核心筒的转角、T 字节点处；水平伸臂构件与周边框架的连接宜采用铰接或半刚接。结构内力和位移计算中，设置水平伸臂桁架的楼层宜考虑楼板平面内的变形。

（3）加强层处内力和位移将发生突变（图9.13），应避免加强层及其相邻层框架柱内力增加而引起的破坏。加强层及其上、下层框架柱的配筋构造应加强；加强层及其相邻层核心筒配筋应加强。

（4）加强层及其相邻层楼盖刚度和配筋应加强。

（5）在施工程序及连接构造上应采取措施减小结构竖向温度变形及轴向压缩对加强层的影响。

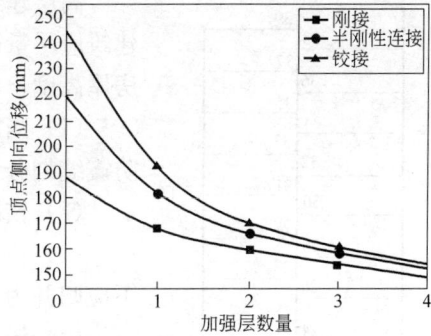

图 9.12 加强层数量与顶点侧移关系曲线

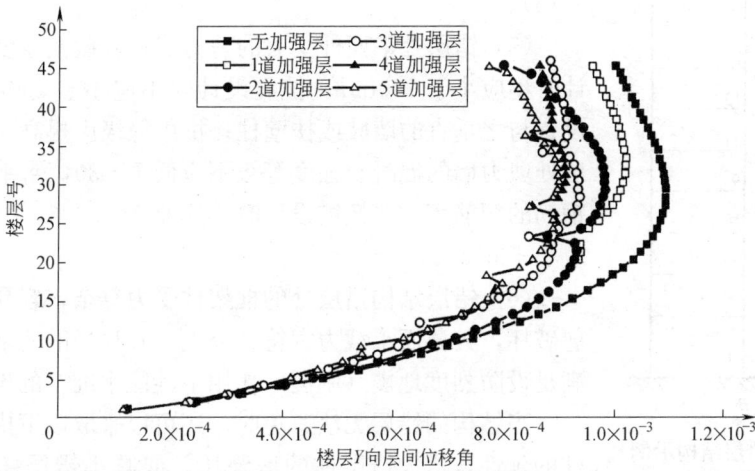

图 9.13 某高层建筑结构刚臂数量与楼层 Y 向层间位移角的关系图

抗震设计时，带加强层高层建筑结构应符合下列构造要求：

（1）加强层及其相邻层的框架柱和核心筒剪力墙的抗震等级应提高一级采用，一级提高至特一级，若原抗震等级为特一级则不再提高。

（2）加强层及其上、下相邻一层的框架柱，箍筋应全柱段加密，轴压比限值应按其他楼层框架柱的数值减小 0.05 采用。

（3）加强层及其相邻核心筒剪力墙应设置约束边缘构件。

9.4 带错层的高层结构

错层结构（图 9.14）属竖向布置不规则结构。由于楼面结构错层，使错层柱（图9.14 中 B 柱）形成许多段短柱，在水平荷载和地震作用下，这些短柱容易发生剪切破坏。错层附近的竖向抗侧力结构受力复杂，难免会形成众多应力集中部位。错层结构的楼板有时会受到较大的削弱。剪力墙结构错层后会使部分剪力墙的洞口布置不规则，形成错洞剪力墙或叠合错洞剪力墙；框架结构错层则更为不利，往往形成许多短柱与长柱混合的不规则体系。

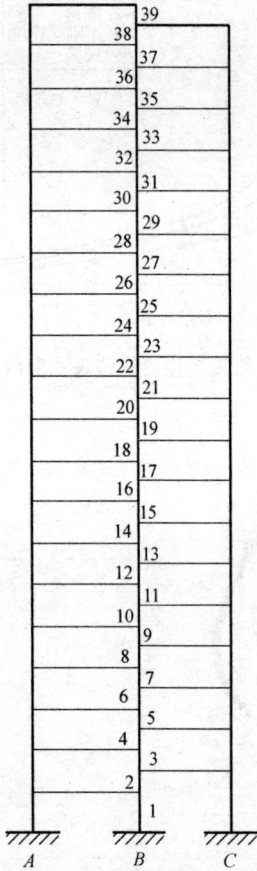

图 9.14 错层结构示例

高层建筑尽可能不采用错层结构，特别对抗震设计的高层建筑应尽量避免采用，如建筑设计中遇到错层结构，则应限制房屋高度，并需符合以下各项有关要求：

（1）当房屋不同部位因功能不同而使楼层错层时，宜采用防震缝划分为独立的结构单元。

（2）错层两侧宜采用结构布置和侧向刚度相近的结构体系。

（3）错层结构中，错开的楼层应各自参加结构整体计算，不应归并为一层计算。

（4）错层处框架柱的截面高度不应小于 600mm，混凝土强度等级不应低于 C30，抗震等级应提高一级采用，但抗震等级已经为特一级时应允许不再提高，箍筋应全柱段加密（图 9.15）。

（5）错层处平面外受力的剪力墙，其截面厚度，非抗震设计时不应小于 200mm，抗震设计时不应小于 250mm，并均应设置与之垂直的墙肢或扶壁柱；抗震等级应提高一级采用。错层处剪力墙的混凝土强度等级不应低于 C30，水平和竖向分布钢筋的配筋率，非抗震设计时不应小于 0.3%，抗震设计时不应小于 0.5%。

（6）错层结构错层处的框架柱受力复杂，容易发生短柱受剪破坏，其截面承载力宜符合公式（4.14）的要求，即要求其满足设防烈度地震（中震）作用下性能水准 2 的设计要求。

当结构的错层无法避免时，还可以采取以下措施增加错层柱的延性，增大错层柱的剪跨比，或减小错层柱的弯矩和剪力，防止错层柱发生脆性破坏，改善错层框架结构的受力性能：

（1）提高错层柱的抗震等级，使错层柱的纵向钢筋和箍筋的配筋量加大，使安全储备增加，性能得到改善。

（2）将错层柱全柱范围内的箍筋加密，改善错层柱的脆性。

（3）当错层柱的截面尺寸较大时，沿柱截面两个方向的中线设缝，将截面一分为四（图 9.16），使得在保证截面承载力不受影响的情况下，增大柱的剪跨比，改善错层柱的脆性。

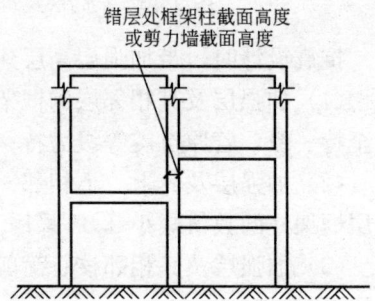

图 9.15　错层结构加强部位示意

（4）当错层高度较小时，在梁端加腋（图 9.17），使建筑上有错层，但结构上无错层。

（5）适当增加非错层柱的截面尺寸和适当减小错层柱的截面尺寸，通过调整柱的刚度比来降低错层柱的弯矩和剪力，改善错层柱的受力性能。

（6）在错层框架结构中加设撑杆（图 9.18），减小错层柱的弯矩和剪力。

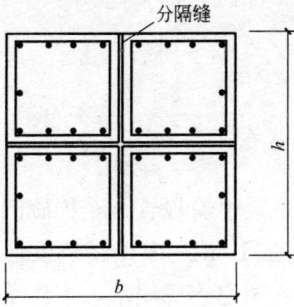

图 9.16　大截面短柱处理方法

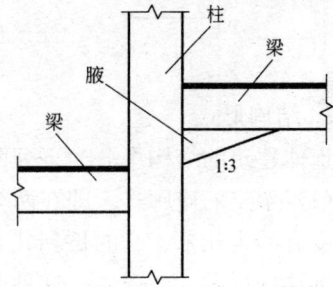

图 9.17　梁下加腋示意图

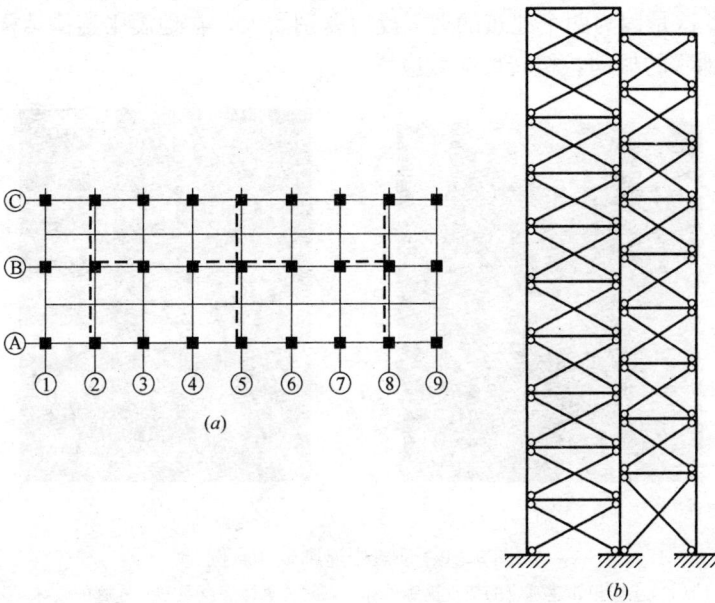

图 9.18　带撑杆错层结构

（a）平面图（图中虚线为撑杆平面位置）；（b）②、⑤、⑧轴的带撑杆错层框架

　　（7）在错层框架结构中加设剪力墙（图 9.19），使水平荷载和地震作用下的剪力主要由剪力墙承受，改善错层柱的受力性能。

　　带撑杆的错层框架结构和带剪力墙的错层框架结构（又可称为错层框架-剪力墙结构）包含两种结构体系，在地震作用下，相当于有两道抗震设防体系，对结构抗震十分有利。

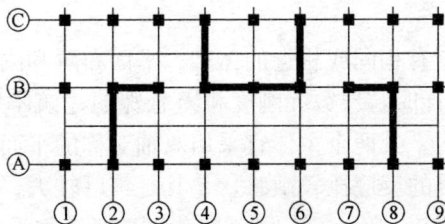

图 9.19　带剪力墙错层结构

9.5 连 体 结 构

1. 结构形式

连体建筑的结构可分为下列两种形式：

(1) 架空的连廊式。即在两个建筑之间有设置 1 个连廊，也有设置多个连廊的，连廊的跨度有的为几米、有的长到几十米，连廊的宽度一般都在 10m 之内。建筑设计中有时会遇到这种形式。地震中，这种形式的连体结构大量破坏，架空连廊塌落，主体结构与连接体的连接部位结构破坏严重。两个建筑之间多个连廊的，高处连廊首先塌落（图9.20），底部的连廊有的没有塌落；两个建筑高度不等或体型、平面和刚度不同，则连体破坏尤为严重。这是因为两个建筑的地震反应差别太大，在地震中连体结构会出现复杂的 X、Y、θ 相互耦联的振动，扭转反应效应增大。

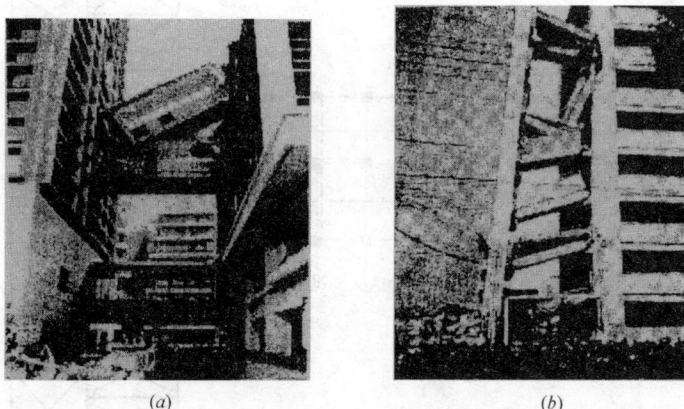

图 9.20　地震中连廊破坏示例
(a) 连接相邻建筑物的架空连廊破坏；(b) 公寓楼底层及架空连廊的破坏

(2) 凯旋门式。这种形式的两个主体结构一般采用对称的平面形式，在两个主体结构的顶部若干层连接成整体楼层，连接体的宽度与主体结构的宽度相等或接近。

连体结构自振振型较为复杂，前几个振型与单体建筑有明显的不同，除顺向振型外，还出现反向振型，因此要进行详细的计算分析；连体结构总体为一开口薄壁构件，扭转性能较差，扭转振型丰富，当第一扭转频率与场地卓越频率接近时，容易引起较大的扭转反应，易使结构发生脆性破坏。连体结构中部刚度小，而此部位混凝土强度等级又低于下部结构，从而使结构薄弱部位由结构的底部转为连体结构中塔楼的中下部，这是连体结构设计时应注意的问题。

连体结构各独立部分宜有相同或相近的体型、平面布置和刚度，宜采用双轴对称的平面形式。7 度、8 度抗震设计时，层数和刚度相差悬殊的建筑不宜采用连体结构。特别是对于第二种形式的连体结构，其两个主体宜采用双轴对称的平面形式。

架空的连体对竖向地震的反应比较敏感，尤其是跨度较大、自重较大的连体对竖向地震的影响更为明显（图 9.21）。因此，7 度 0.15g 和 8 度抗震设计时，连体结构的连体部分应考虑竖向地震的影响。6 度和 7 度 0.10g 抗震设计时，连体结构的连接体宜考虑竖向

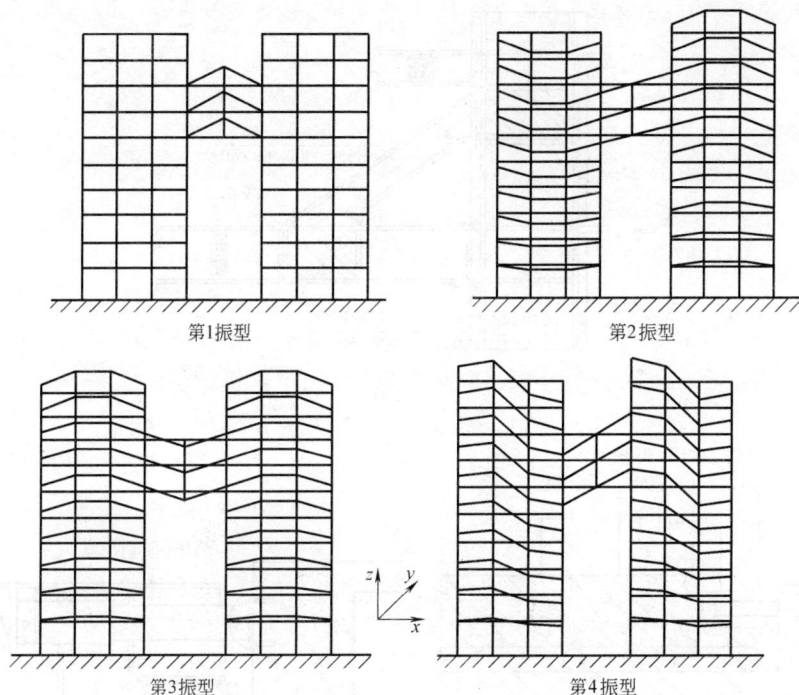

图 9.21 某高层建筑在竖向地震作用下的前四阶振型

地震的影响。错层结构不应在 9 度抗震设计中采用。

2. 连接构造

为了使连接体结构与主体结构牢固连接，避免地震中塌落，连接体结构与主体结构的连接应满足以下要求：

（1）连接体结构与主体结构宜采用刚性连接（图 9.22a），必要时连接体结构可延伸至主体部分的内筒，并与内筒可靠连接。

连接体结构与主体结构采用滑动连接时（图 9.22b、c），支座滑移量应能满足两个方向在罕遇地震作用下的位移要求，并应采取防坠落、撞击措施。计算罕遇作用下的位移时，应采用时程分析方法进行复核计算。

（2）连接体结构应加强构造措施，连接体结构的边梁截面宜加大，楼板厚度不宜小于 150mm，宜采用双层双向钢筋网，每层每方向钢筋网的配筋率不宜小于 0.25%。

连接体结构可设置钢梁、钢桁架和型钢混凝土梁，型钢应伸入主体结构并加强锚固。

当连接体结构包含多个楼层时，应特别加强其最下面一个楼层及顶层的设计和构造。

（3）抗震设计时，连接体及与连接体相邻的结构构件的抗震等级应提高一级采用，一级提高至特一级，若原抗震等级为特一级则允许不再提高。

（4）与连接体相连的框架柱在连接体高度范围及其上、下层，箍筋应全柱段加密配置，轴压比限值应按其他楼层框架柱的数值减小 0.05 采用。

（5）与连接体相连的剪力墙在连接体高度范围及其上、下层应设置约束边缘构件。

3. 连体结构的计算

连体结构的计算应符合下列规定：

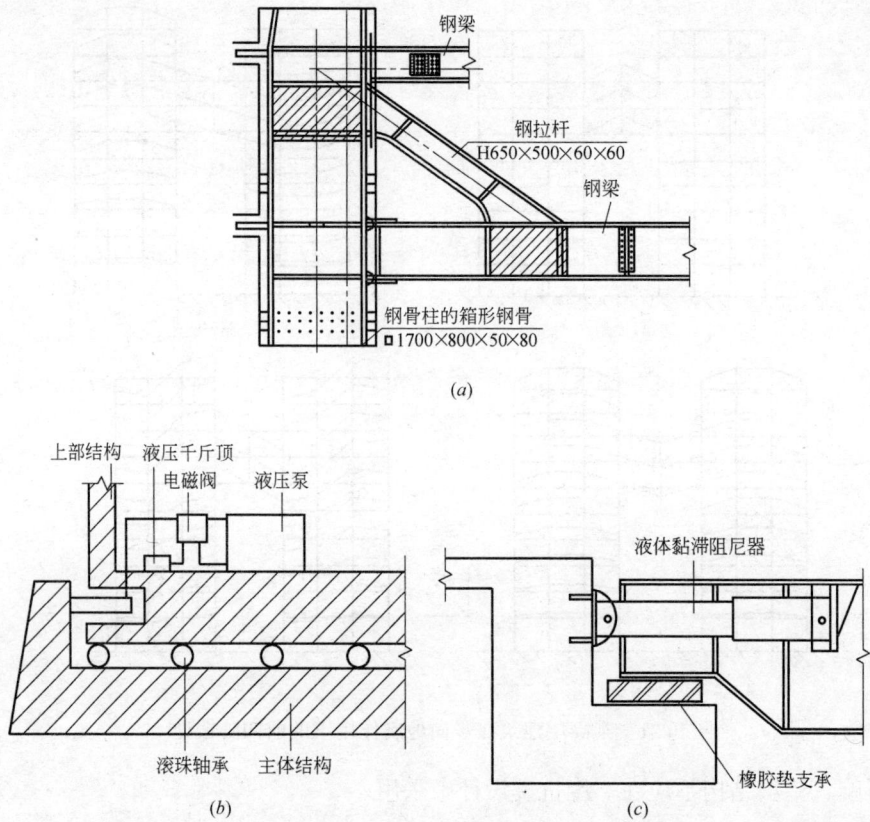

图 9.22 连接体（连廊）与塔楼常见的几种连接

(a) 钢骨柱与箱形钢梁刚接连接节点；(b) 滚珠限位装置；(c) 带阻尼器的橡胶垫支座

（1）刚性连接的连接体楼板应按式（9.20）和式（9.21）进行受剪截面和承载力验算；

（2）刚性连接的连接体楼板较薄弱时，宜补充分塔楼模型计算分析。

当几部分结构的连接薄弱时，应考虑连接部位各构件的实际构造和连接的可靠程度，必要时可取结构整体模型和分开模型计算的不利情况，或要求某部分结构在设防烈度下保持弹性工作状态。

9.6 竖向体型收进及悬挑结构

多塔楼结构以及体型收进、悬挑结构，竖向体型突变部位的楼板宜加强，楼板厚度不宜小于150mm，宜双层双向配筋，每层每方向钢筋网的配筋率不宜小于0.25％。体型突变部位上、下层结构的楼板也应加强构造措施。

9.6.1 多塔结构

1. 结构布置

多塔楼结构的主要特点是，在多个高层建筑的底部有一个连成整体的大裙房，形成大底盘；当1幢高层建筑的底部设有较大面积的裙房时，为带底盘的单塔结构，这种结构是多塔楼结构的一个特殊情况。对于多个塔楼仅通过地下室连为一体，地上无裙房或有局部小裙房但不连为一体的情况，一般不属于本规程所指的大底盘多塔楼结构。

带大底盘的高层建筑，结构在大底盘上一层突然收进，属竖向不规则结构；大底盘上有2个或多个塔楼时，结构振型复杂，并会产生复杂的扭转振动；如结构布置不当，竖向刚度突变、扭转振动反应及高振型影响将会加剧。因此，多塔楼结构（含单塔楼）设计中应遵守下述结构布置的要求。

（1）塔楼与底盘宜对称布置，塔楼结构的综合质心与底盘结构质心的距离不宜大于底盘相应边长的20%。

1995年日本阪神地震中，有几幢带底盘的单塔楼建筑，在底盘上一层严重破坏。1幢5层的建筑，第一层为大底盘裙房，上部4层突然收进，而且位于大底盘的一侧，上部结构与大底盘结构质心的偏心距离较大，地震中第2层（即大底盘上一层）严重破坏；另一幢12层建筑，底部2层为大底盘，上部10层突然收进，并位于大底盘的一侧，地震中第3层（即大底盘上一层）严重破坏，第4层也受到破坏。

中国建筑科学研究院建筑结构研究所等单位的试验研究和计算分析也表明，塔楼在底盘上部突然收进已造成结构竖向刚度和抗力的突变，如结构布置上又使塔楼与底盘偏心则更加剧了结构的扭转振动反应。因此，结构布置上应注意尽量减少塔楼与底盘的偏心。

（2）抗震设计时，带转换层塔楼的转换层不宜设置在底盘屋面的上层塔楼内（图9.23），否则应采取有效的抗震措施。

多塔楼结构中同时采用带转换层结构，这已经是两种复杂结构在同一工程中采用，结构的竖向刚度、抗力突变加之结构内力传递途径突变，要使这种结构的安全能有基本保证已相当困难，如再把转换层设置在大底盘屋面的上层塔楼内，仅按规程和各项规定设计也很难避免该楼层在地震中破坏，设计者必须提出有效的抗震措施。

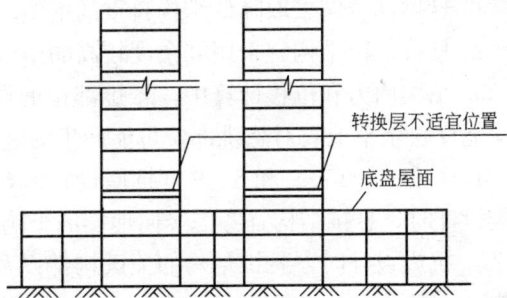

图9.23　多塔楼结构转换层不适宜位置示意

（3）多塔楼建筑结构的各塔楼的层数、平面和刚度宜接近。

中国建筑科学研究院建筑结构研究所等单位进行了多塔楼结构的有机玻璃模型试验和计算分析说明，当各塔楼的质量和刚度不同、分布不均匀时，结构的扭转振动反应大，高振型对内力的影响更为突出。如各塔楼层数和刚度相差较大时，宜将裙房用防震缝分开。

（4）结构布置中不允许上述3种不利的结构布置同时在一个工程中出现。

2. 加强措施

多塔楼结构的设计除需符合各项有关规定外，尚应满足下列补充加强措施。

（1）为保证多塔楼（含单塔楼）建筑结构底盘与塔楼的整体作用，底盘屋面楼板厚度不宜小于150mm，并应加强配筋构造，板面负弯矩配筋宜贯通；底盘屋面的上、下层结构的楼板也应加强构造措施。当底盘楼层为转换层时，其底盘屋面楼板的加强措施应符合转换层楼板的规定。

（2）抗震设计时，对多塔楼（含单塔楼）结构的底部薄弱部位应予以特别加强，图

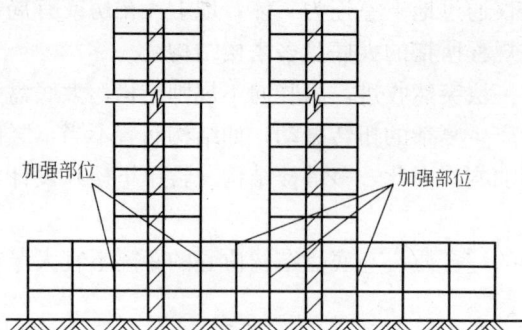

图 9.24 多塔楼结构加强部位示意

9.24 所示为加强部位示意。多塔楼之间的底盘屋面梁应予加强；各塔楼与底部裙房相连的柱、剪力墙，从固定端至裙房屋面上一层的高度范围内，柱纵向钢筋的最小配筋率宜适当提高，柱箍筋宜在裙房屋面上、下层的范围内全高加密；剪力墙宜设置约束边缘构件。柱箍筋宜在裙楼屋面上、下层的范围内全高加密；当塔楼结构相对于底盘结构偏心收进时，应加强底盘周边竖向构件的配筋构造措施。

3. 结构计算

大底盘多塔楼结构，可按 4.2 节规定的整体和分塔楼计算模型分别验算整体结构和各塔楼结构扭转为主的第一周期与平动为主的第一周期的比值，并应符合 2.3.1 节的有关要求。

9.6.2 悬挑结构

悬挑结构设计应符合下列规定：

1. 悬挑部位应采取降低结构自重的措施。

2. 悬挑部位结构宜采用冗余度较高的结构形式。

3. 结构内力和位移计算中，悬挑部位的楼层宜考虑楼板平面内的变形，结构分析模型应能反映水平地震对悬挑部位可能产生的竖向振动效应。

4. 7 度（0.15g）和 8、9 度抗震设计时，悬挑结构应考虑竖向地震的影响；6、7 度抗震设计时，悬挑结构宜考虑竖向地震的影响。

5. 抗震设计时，悬挑结构的关键构件以及与之相邻的主体结构关键构件的抗震等级宜提高一级采用，一级提高至特一级，抗震等级已经为特一级时，允许不再提高。

6. 在预估罕遇地震作用下，悬挑结构关键构件的截面承载力宜符合式（4.63）的要求。

9.6.3 体型收进结构

体型收进高层建筑结构、底盘高度超过房屋高度 20% 的多塔楼结构的设计应符合下列规定：

1. 体型收进处宜采取措施减小结构刚度的变化，上部收进结构的底部楼层层间位移角不宜大于相邻下部区段最大层间位移角的 1.15 倍；

2. 抗震设计时，体型收进部位上、下各 2 层塔楼周边竖向结构构件的抗震等级宜提高一级采用，一级提高至特一级，抗震等级已经为特一级时，允许不再提高；

3. 结构偏心收进时，应加强收进部位以下 2 层结构周边竖向构件的配筋构造措施。

习　题

9-1　《高规》JGJ 3—2010 所指复杂高层建筑结构包括哪些结构形式？

9-2　采用复杂高层建筑结构时要注意哪些问题？

9-3　转换层结构有哪几种常用的结构形式？各有什么特点？

10 高层混合结构设计

10.1 高层混合结构的形式及特点

1. 高层混合结构的形式

由钢框架、型钢混凝土框架或钢管混凝土框架与钢筋混凝土核心筒所组成的框架-核心筒结构，以及由外围钢框筒或型钢混凝土框筒或钢管混凝土框筒与钢筋混凝土核心筒所组成的筒中筒结构，称为高层混合结构（图 10.1）。

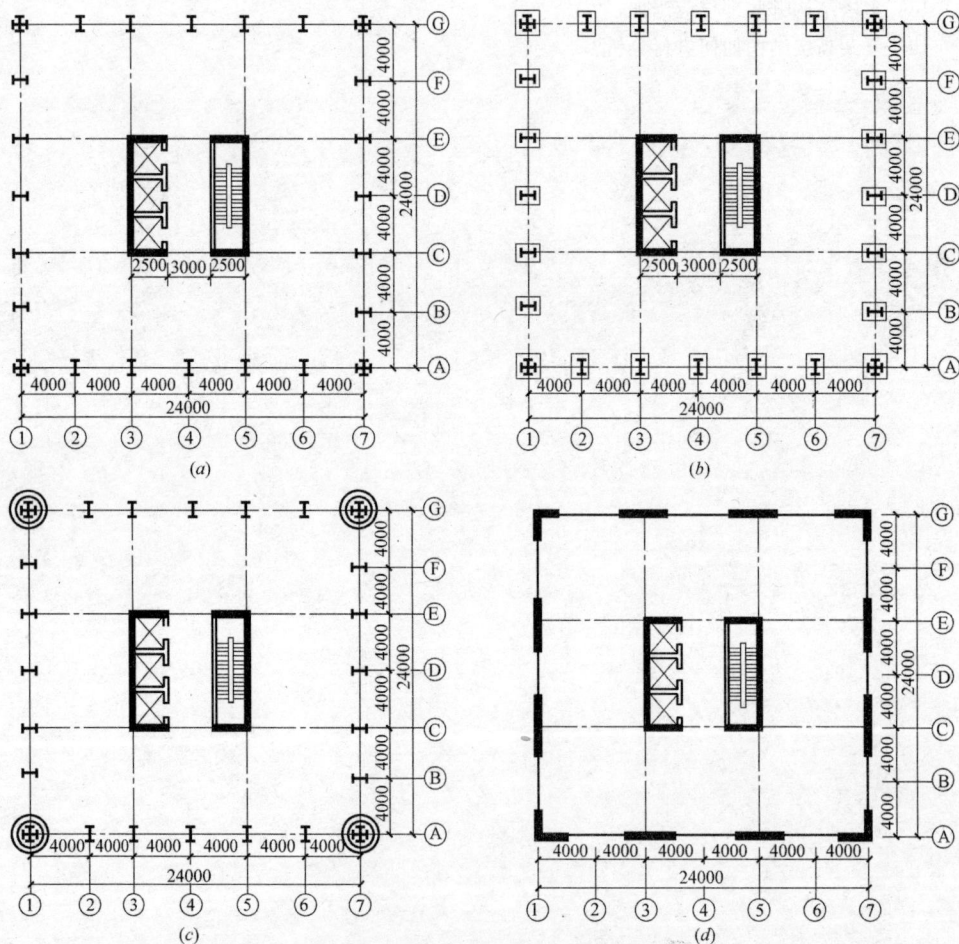

图 10.1 高层混合结构平面示例

（a）钢框架-钢筋混凝土核心筒高层混合结构平面示意图；（b）型钢混凝土框架-钢筋混凝土核心筒高层混合结构平面示意图；（c）主框架为钢管混凝土框架、次框架为钢框架-钢筋混凝土核心筒高层混合结构平面示意图；（d）外部为型钢混凝土框筒，内部为钢筋混凝土核心筒高层混合结构平面示意图

型钢混凝土框架可以是型钢混凝土梁与型钢混凝土柱（钢管混凝土柱）组成的框架，也可以是钢梁与型钢混凝土柱（钢管混凝土柱）组成的框架，外围的钢筒体可以是钢框筒，桁架筒或交叉网格筒。型钢混凝土外筒体主要指由型钢混凝土（钢管混凝土）构件构成的框筒、桁架筒或交叉网格筒。为减少柱子尺寸或增加延性而在混凝土柱中设置型钢，而框架梁仍为混凝土梁时，该体系不宜视为混合结构，此外对于体系中局部构件（如框支梁柱）采用型钢梁柱（型钢混凝土梁柱）也不应视为混合结构。

混合结构不但具有钢结构建筑自重轻、延性好、截面尺寸小、施工进度快的特点，而且具有钢筋混凝土建筑结构刚度大、防火性能好、造价低等优点，因此成为最近三十多年来迅速发展的一种结构体系。

根据不完全的统计，我国已建和正在建设的高层建筑中，80%以上都是采用混合结构建造而成。工程实例如表10.1所示。

国内钢-混凝土混合结构建筑实例　　　　　　　　　　表 10.1

工 程 名 称	层 数	高 度	结 构 形 式	高宽比
上海环球金融中心	101	492	SRC柱、钢梁、混凝土内筒	8.4
金茂大厦	88	420.5	SRC柱、钢梁、混凝土内筒	7.2
地王大厦	69	324.8	钢管柱、钢梁、混凝土内筒	8.8
赛格广场	72	291.6	钢管柱、钢梁、混凝土内筒	
大连世界贸易大厦	61	242	SRC柱、钢梁、混凝土内筒	5.1
上海银行	46	230	SRC柱、钢梁、混凝土内筒	5.2
浦东国际金融大厦	53	230	钢柱、钢梁、混凝土内筒	5.2
上海新世界广场	61	219	SRC柱、钢梁、混凝土内筒	
上海国际航运大厦	50	208	钢柱、钢梁、混凝土内筒	4.7
森茂大厦	46	202	SRC柱、钢梁、混凝土内筒	4.4
大连远洋大厦	51	200.8	钢柱、钢梁、混凝土内筒	5.2
陕西信息大厦	52	189	SRC柱、钢梁、混凝土内筒	4.9
世界金融大厦	43	166	SRC柱、钢梁、混凝土内筒	
深圳发展中心	48	165	钢柱、钢梁、混凝土内筒	4
期货大厦	43	158	钢柱、钢梁、混凝土内筒	
新金桥大厦	38	157	钢柱、钢梁、混凝土内筒	4.4
上海希尔顿饭店	43	144	钢柱、钢梁、混凝土内筒	4.5
上海证券大厦	27	121	外钢框架支撑、混凝土内筒	
上海瑞金大厦	27	107	钢柱、钢梁、混凝土内筒	3.6
北京香格里拉饭店	24	83	SRC柱、钢梁、混凝土内筒	2.9

2. 高层混合结构的受力特点

混合结构是由两种性能有较大差异的结构组合而成的。只有对其受力特点有充分的了解并进行合理设计，才能使其优越性得以发挥。

混合结构的主要受力特点有：

（1）在钢框架-混凝土筒体混合结构体系中，混凝土筒体承担了绝大部分的水平剪力，而钢框架承受的剪力约为楼层总剪力的 5％，但由于钢筋混凝土筒体的弹性极限变形很小，约为 1/3000，在达到规程限定的变形时，钢筋混凝土抗震墙已经开裂，而此时钢框架尚处于弹性阶段，地震作用在抗震墙和钢框架之间会进行再分配，钢框架承受的地震力会增加，而且钢框架是重要的承重构件，它的破坏和竖向承载力的降低，将危及房屋的安全。

混合结构高层建筑随地震强度的加大，损伤加剧，阻尼增大，结构破坏主要集中于混凝土筒体，表现为底层混凝土筒体的混凝土受压破坏、暗柱和角柱纵向钢筋压屈，而钢框架没有明显的破坏现象，结构整体破坏属于弯曲型。

混合结构体系建筑的抗震性能在很大程度上取决于混凝土筒体，为此必须采取有效措施保证混凝土筒体的延性。

（2）楼面梁与外框架和核心筒的连接应牢固，保证外框架与核心筒协同工作，防止结构由于节点破坏而发生破坏。钢框架梁和混凝土筒体连接区受力复杂，预埋件与混凝土之间的粘结容易遭到破坏，当采用楼面无限刚性假定进行分析时，梁只承受剪力和弯矩，但试验表明，这些梁实际上还存在轴力，而且由于轴力的存在，往往在节点处引起早期破坏，因此节点设计必须考虑水平力的有效传递。现在比较通行的钢梁通过预埋钢板与混凝土筒体连接的做法，经试验结果表明，不是非常可靠的。此外，钢梁与混凝土筒体连接处仍存在弯矩。

（3）混凝土筒体浇捣完后会产生收缩、徐变，总的收缩、徐变量比荷载作用下的轴向变形大，而且要很长时间以后才趋于稳定，而钢框架无此性能。因此，在混合结构中，即使无外荷载作用，由于混凝土筒体的收缩、徐变产生的竖向变形差，也有可能使钢框架产生很大的内力（图 10.2）。

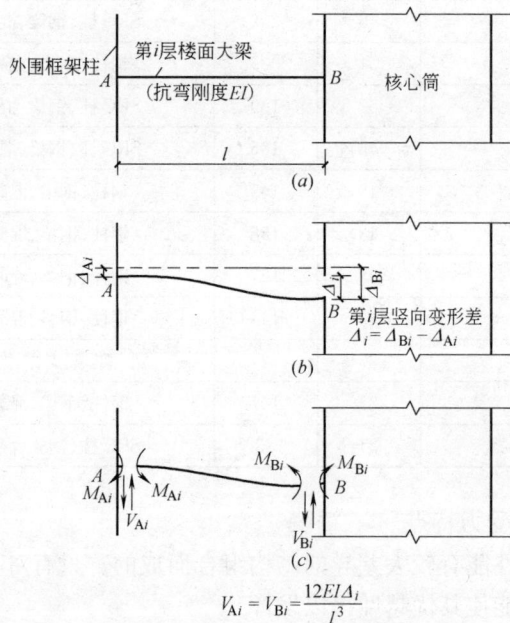

图 10.2　第 i 层横梁 AB 的竖向变形差及内力

10.2 高层混合结构的布置

1. 一般原则

(1) 混合结构的平面布置应符合下列规定：

1) 平面宜简单、规则、对称、具有足够的整体抗扭刚度，平面宜采用方形、矩形、多边形、圆形、椭圆形等规则平面，建筑的开间、进深宜统一；

2) 筒中筒结构体系中，当外围钢框架柱采用 H 形截面柱时，宜将柱截面强轴方向布置在外围筒体平面内；角柱宜采用十字形、方形或圆形截面；

3) 楼盖主梁不宜搁置在核心筒或内筒的连梁上。

(2) 混合结构的竖向布置应符合下列规定：

1) 结构的侧向刚度和承载力沿竖向宜均匀变化、无突变，构件截面宜由下至上逐渐减小。

2) 混合结构的外围框架柱沿高度宜采用同类结构构件；当采用不同类型结构构件时，应设置过渡层，且单柱的抗弯刚度变化不宜超过 30%。

3) 对于刚度变化较大的楼层，应采取可靠的过渡加强措施。

4) 钢框架部分采用支撑时，宜采用偏心支撑和耗能支撑，支撑宜双向连续布置；框架支撑宜延伸至基础。

(3) 8、9 度抗震设计时，应在楼面钢梁或型钢混凝土梁与混凝土筒体交接处及混凝土筒体四角墙内设置型钢柱；7 度抗震设计时，宜在楼面钢梁或型钢混凝土梁与混凝土筒体交接处及混凝土筒体四角墙内设置型钢柱。

(4) 混合结构中，外围框架平面内梁与柱应采用刚性连接；楼面梁与钢筋混凝土筒体及外围框架柱的连接可采用刚接或铰接。

(5) 楼盖体系应具有良好的水平刚度和整体性，其布置应符合下列规定：

1) 楼面宜采用压型钢板现浇混凝土组合楼板、现浇混凝土楼板或预应力混凝土叠合楼板，楼板与钢梁应可靠连接；

2) 机房设备层、避难层及外伸臂桁架上下弦杆所在楼层的楼板宜采用钢筋混凝土楼板，并应采取加强措施；

3) 对于建筑物楼面有较大开洞或为转换楼层时，应采用现浇混凝土楼板；对楼板大开洞部位宜采取设置刚性水平支撑等加强措施。

(6) 当侧向刚度不足时，混合结构可设置刚度适宜的加强层。加强层宜采用伸臂桁架 (图 10.3)，必要时可配合布置周边带状桁架 (图 10.4)。加强层设计应符合下列规定：

1) 伸臂桁架和周边带状桁架宜采用钢桁架。

2) 伸臂桁架应与核心筒墙体刚接，上、下弦杆均应延伸至墙体内且贯通，墙体内宜设置斜腹杆或暗撑；外伸臂桁架与外围框架柱宜采用铰接或半刚接，周边带状桁架与外框架柱的连接宜采用刚性连接。

3) 核心筒墙体与伸臂桁架连接处宜设置构造型钢柱，型钢柱宜至少延伸至伸臂桁架高度范围以外上、下各一层。

4) 当布置有外伸桁架加强层时，应采取有效措施减少由于外框柱与混凝土筒体竖向变形差异引起的桁架杆件内力。

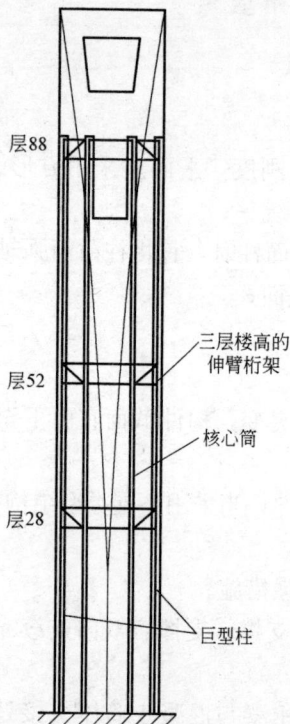

图 10.3 上海环球金融中心
伸臂桁架立面图

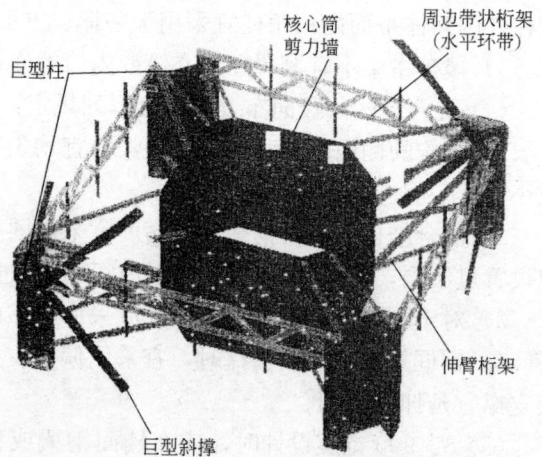

图 10.4 上海环球金融中心伸臂桁架空间图

2. 最大适用高度

混合结构房屋适用的最大高度如表 10.2 所示。

混合结构高层建筑适用的最大高度（m） 表 10.2

结 构 体 系		非抗震设计	抗震设防烈度				
			6 度	7 度	8 度		9 度
					0.2g	0.3g	
框架-核心筒	钢框架-钢筋混凝土核心筒	210	200	160	120	100	70
	型钢（钢管）混凝土框架-钢筋混凝土核心筒	240	220	190	150	130	70
筒中筒	钢外筒-钢筋混凝土核心筒	280	260	210	160	140	80
	型钢（钢管）混凝土外筒-钢筋混凝土核心筒	300	280	230	170	150	90

注：平面和竖向均不规则的结构，最大适用高度应适当降低。

混合结构高层建筑的适用高度是根据现有的试验结果，结合我国现有的钢-混凝土混合结构的工程实践，并参考国外的一些工程经验偏于安全地确定的。其中钢框架-混凝土筒体结构比 B 级高度的混凝土高层建筑的适用高度略低，而型钢混凝土框架-混凝土筒体混合结构则比 B 级高度的混凝土高层建筑的适用高度略高。

3. 房屋高宽比限值

混合结构高层建筑高宽比限值如表 10.3 所示。

结构体系	非抗震设计	抗震设防烈度		
		6度、7度	8度	9度
框架-核心筒	8	7	6	4
筒中筒	8	8	7	5

混合结构高层建筑的高宽比限值是考虑到其主要的抗侧力体系仍然是钢筋混凝土筒体，其限值均参照钢筋混凝土结构体系的要求进行个别调整。

10.3 内力与变形计算方法

10.3.1 一般方法

1. 弹性分析时，宜考虑钢梁与现浇混凝土楼板的共同作用，梁的刚度可取钢梁刚度的 1.5～2.0 倍，但应保证钢梁与楼板有可靠连接。弹塑性分析时，可不考虑楼板与梁的共同作用。

2. 结构弹性阶段的内力和位移计算时，构件刚度取值应符合下列规定：

(1) 型钢混凝土构件、钢管混凝土柱的刚度可按下列公式计算：

$$EI = E_c I_c + E_a I_a \tag{10.1}$$

$$EA = E_c A_c + E_a A_a \tag{10.2}$$

$$GA = G_c A_c + G_a A_a \tag{10.3}$$

式中　$E_c I_c$、$E_c A_c$、$G_c A_c$——分别为钢筋混凝土部分的截面抗弯刚度、轴向刚度及抗剪刚度；

$E_a I_a$、$E_a A_a$、$G_a A_a$——分别为型钢、钢管部分的截面抗弯刚度、轴向刚度及抗剪刚度。

(2) 无端柱型钢混凝土剪力墙可近似按相同截面的混凝土剪力墙计算其轴向、抗弯和抗剪刚度，可不计端部型钢对截面刚度的提高作用；

(3) 有端柱型钢混凝土剪力墙可按 H 形混凝土截面计算其轴向和抗弯刚度，端柱内型钢可折算为等效混凝土面积计入 H 形截面的翼缘面积，墙的抗剪刚度可不计入型钢作用；

(4) 钢板混凝土剪力墙可将钢板折算为等效混凝土面积计算其轴向、抗弯和抗剪刚度。

3. 竖向荷载作用计算时，宜考虑钢柱、型钢混凝土（钢管混凝土）柱与钢筋混凝土核心筒竖向变形差异引起的结构附加内力，计算竖向变形差异时宜考虑混凝土收缩、徐变、沉降及施工调整等因素的影响。

4. 当混凝土筒体先于外围框架结构施工时，应考虑施工阶段混凝土筒体在风力及其他荷载作用下的不利受力状态；应验算在浇筑混凝土之前外围型钢结构在施工荷载及可能的风载作用下的承载力、稳定及变形，并据此确定钢结构安装与浇筑楼层混凝土的间隔层数。

5. 混合结构在多遇地震作用下的阻尼比可取为 0.04。风荷载作用下楼层位移验算和构件设计时，阻尼比可取为 0.02～0.04。

6. 结构内力和位移计算时，设置伸臂桁架的楼层以及楼板开大洞的楼层应考虑楼板平面内变形的不利影响。

10.3.2 简化方法

为了了解地震作用下高层混合结构的横向变形性能，可采用下面的简化方法。

1. 简化分析模型

基于楼板平面内刚度无限大的假定，可以将结构等效为总框架与总剪力墙，分别用一竖向弯曲型杆件和一竖向剪切型杆件来考虑钢框架与混凝土核心筒之间的协同工作（图10.5）。其中，由于剪力墙的长细比较小，剪切变形的影响不可忽略。因此，取梁的等效剪切刚度为框架的抗侧刚度与剪力墙的剪切刚度之和，梁的弯曲刚度为总剪力墙的弯曲刚度。并且，在一般的简化分析中，都没有考虑结构的重力二阶效应。

本简化分析中考虑了重力二阶效应，得到混合结构在水平地震作用下的横向变形性能。当结构受到分布荷载 $w(z)$ 作用时，由位移协调以及力平衡条件，对于弯曲梁有：

$$-EI\frac{\mathrm{d}^3u}{\mathrm{d}z^3} = \int_z^H [w(z)-q(z)]\mathrm{d}z - Q + N_\mathrm{w}(z)\frac{\mathrm{d}u}{\mathrm{d}z} \tag{10.4}$$

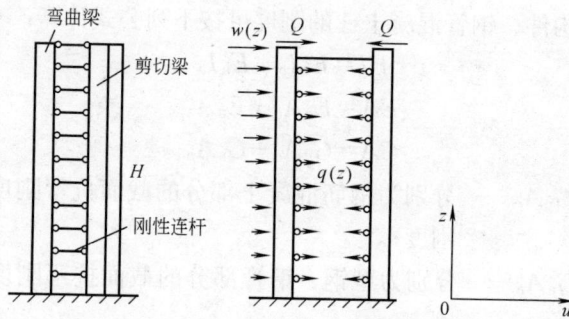

图 10.5　结构简化分析模型

式中　EI——等效弯曲梁的弯曲刚度；

u——横向位移；

H——结构总高；

$N_\mathrm{w}(z)$——弯曲梁轴力；

Q——作用于弯曲梁及剪切梁顶点的集中力。

对于剪切梁有：　$$GA\frac{\mathrm{d}u}{\mathrm{d}z} = \int_z^H q(z)\mathrm{d}z + Q + N_\mathrm{f}(z)\frac{\mathrm{d}u}{\mathrm{d}z} \tag{10.5}$$

式中　GA——等效剪切梁的剪切刚度；

N_f——剪切梁轴力。

将式（10.4）和式（10.5）分别对 z 微分并相加得

$$EI\frac{\mathrm{d}^4u}{\mathrm{d}z^4} - GA\frac{\mathrm{d}^2u}{\mathrm{d}z^2} + [N_\mathrm{w}(z)+N_\mathrm{f}(z)]\frac{\mathrm{d}^2u}{\mathrm{d}z^2} + \frac{\mathrm{d}[N_\mathrm{w}(z)+N_\mathrm{f}(z)]}{\mathrm{d}z}\frac{\mathrm{d}u}{\mathrm{d}z} = w(z) \tag{10.6}$$

$[N_\mathrm{w}(z)+N_\mathrm{f}(z)]$ 即为结构的轴力，假设结构质量沿高度分布均匀，设其竖向荷载分

布集度为 g。令 $N(z)=N_w(z)+N_f(z)$，则

$$N(z)=g(H-z) \tag{10.7}$$

显然，当 $z=0$ 时，$N_0=gH$，N_0 为结构总重。令 $\xi=z/H$，并将式（10.7）代入式（10.6），可知

$$\frac{\mathrm{d}^4 u}{\mathrm{d}\xi^4}-\lambda^2\frac{\mathrm{d}^2 u}{\mathrm{d}z^2}+\alpha(1-\xi)\frac{\mathrm{d}^2 u}{\mathrm{d}z^2}-\alpha\frac{\mathrm{d}u}{\mathrm{d}z}=\frac{H^4}{EI}w(\xi) \tag{10.8}$$

式中，无量纲的 λ 为剪切刚度与弯曲刚度之比，α 为重力二阶效应系数，二者分别为：

$$\lambda=H\sqrt{\frac{GA}{EI}}, \qquad \alpha=\frac{gH^3}{EI}=\frac{N_0 H^2}{EI} \tag{10.9}$$

式（10.8）为 4 阶变系数常微分方程，很难得到解析解；采用数值法求解该微分方程，可以得到 $u(z)$ 的数值解。

考虑不同周期下结构水平地震作用分布形式不同。对于质量分布均匀的结构体系，可采用类似美国 NEHRP 规范中推荐的水平力分布形式，表达为：

$$w(\xi)=W_{\max}(\xi)^k \tag{10.10}$$

式中 $W_{\max}$——结构顶点荷载集度；

　　　　k——无量纲量。

美国 NEHRP 规范中规定当结构基本周期小于 0.5s 时，k 为 1；当基本周期大于 2.5s 时，k 为 2；结构基本周期在 0.5～2.5s 之间时，采用插值法求 k。本文 k 值取 0～2，对应的水平力分布形式如图 10.6 所示。当 k 为 0 时，对应为均布分布荷载；k 为 1 时，对应为倒三角形分布荷载。

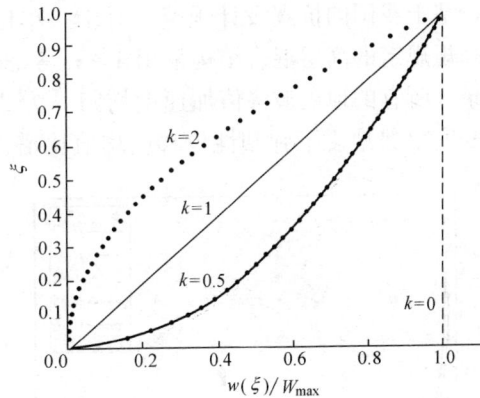

图 10.6　水平力分布形式

2. 近似地震下横向变形分析

对于多遇地震情况下，结构一般处于弹性阶段，可采用弹性反应谱法求得结构的地震动下的响应，对于 n 阶振型下 j 层楼层处的位移 u_{jn} 及层间位移 Δ_{jn} 一般符合下式

$$u_{jn}=\gamma_n\phi_{jn}D_n \tag{10.11}$$

$$\Delta_{jn}=\gamma_n(\phi_{jn}-\phi_{jn-1})D_n \tag{10.12}$$

式中 γ_n——n 阶振型参与系数；

　　　　ϕ_{jn}——归一化后 n 阶振型 j 层楼层处的振型形状；

　　　　D_n——对应于 n 阶振型周期 T_n 及阻尼比 ξ_n 下的弹性反应谱位移。

采用以下基本假定：（1）结构地震反应由第一振型控制；（2）结构质量、层间刚度沿高度分布均匀；（3）采用上述方法计算所得的楼层位移向量归一化后替代结构第一振型向量。这样，近似的楼层位移及层间位移可以表示为

$$u_j = \beta_1 \Psi_j S_d \tag{10.13}$$

$$\Delta_j = \beta_1 (\Psi_j - \Psi_{j-1}) S_d \tag{10.14}$$

式中　β_1——近似的振型参与系数；

　　　Ψ_j——j 层楼层的假定振型形状；

　　　S_d——对应基本周期 T_1 下的弹性谱位移。

$$\beta_1 = \frac{\sum_{j=1}^{N} m_i \Psi_i}{\sum_{j=1}^{N} m_i \Psi_i^2} = \frac{\sum_{j=1}^{N} \Psi_i}{\sum_{j=1}^{N} \Psi_i^2} \tag{10.15}$$

$$\Psi_j = \frac{u(z_j)}{u(H)} \tag{10.16}$$

由此，多遇地震下结构的最大楼层位移与最大层间位移为：

$$u_{\text{roof}} = \beta_1 S_d \tag{10.17}$$

$$\Delta_{\max} = \max(\Psi_j - \Psi_{j-1}) u_{\text{roof}} \tag{10.18}$$

在罕遇地震作用下，结构处于弹塑性阶段，结构的最大楼层位移与层间位移可以在弹性方法的基础上，参照国内外规范，采用增大系数的方法考虑。采用弹塑性反应谱的方式，基于我国的抗震设计规范，对于一单位质量的理想弹塑性 SDOF 体系，其阻尼比按照高规规定的高层混合结构采用 4%；考虑四种场地土条件，每种场地输入 50 条地震波记录（所有的地震波峰值加速度均归一为 220gal、400gal 以及 620gal），得到 7 度、8 度及 9 度罕遇地震下弹塑性位移的均值比谱（图 10.7），进行非线性拟合（图 10.8），得到

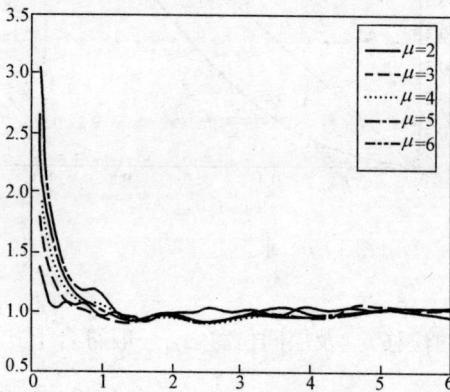

图 10.7　均值弹塑性位移比谱　　　　　图 10.8　公式 (10.19) 拟合结果

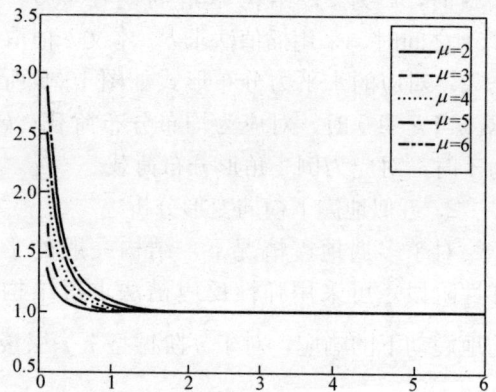

如下的顶点位移放大系数 β_2 的拟合公式：

$$\beta_2 = \frac{u_{\text{ine}}}{u_{\text{e}}} = \left[1 + \left(\frac{1}{\mu} - 1 \right) \exp(-12 T \mu^{-0.9}) \right]^{-1} \tag{10.19}$$

式中　μ——顶层楼层位移延性系数，可以通过将多自由度体系等效为单自由度体系，由弹塑性反应谱得到；

　　　T——结构基本周期。

罕遇地震作用下结构的最大楼层位移为：$u_{\text{roof}} = \beta_1 \beta_2 S_d$ 　　　　　　　(10.20)

对于由第一振型控制的结构，其层间最大位移角增大系数 β_3 可采用如下的表达式

$$\beta_3 = 1 + \frac{\mu}{30} + \frac{N}{200} \qquad (10.21)$$

式中　N——楼层数。

罕遇地震作用下结构的最大层间位移为：

$$\Delta_{\max} = \beta_3 \max(\Psi_j - \Psi_{j-1}) u_{\text{roof}} \qquad (10.22)$$

【例 10-1】　结构为 20 层外钢框架-内混凝土核心筒混合结构，平面尺寸及布置如图
10.9 所示，结构总高为 84m，1 到 20 层层高为
4.2m。外钢框架柱、梁均采用 H 型钢。梁采用
HN700×300×13×24，柱采用 HW400×400×13
×21。核心筒为钢筋混凝土，墙厚为 400mm。外钢
框架与混凝土核心筒之间采用两端铰接，楼板采用
压型钢板上浇筑混凝土。钢材采用 Q235，混凝土为
C40。1 到 12 层楼层质量均为 1.2×10^6 kg。试用本
节所述近似方法计算结构的横向变形。

【解】　将结构等效为一剪切杆与一弯曲杆。
其中剪切杆的等效剪切刚度 GA 为框架的抗侧刚度

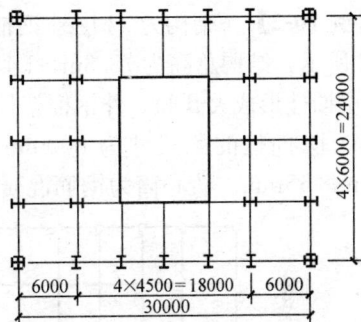

图 10.9　结构平面布置图

与混凝土核心筒的剪切刚度之和：弯曲杆的弯曲刚度 EI 为混凝土核心筒的抗弯刚度。本
例中 GA 为 6.72×10^7 kN，EI 为 1.10×10^{10} kN·m²，则剪切刚度与弯曲刚度之比 λ 为
6.56，重力二阶效应系数 α 为 0.15。

考察结构在设计多遇地震为 7、8、9 度下的结构弹性变形性能以及在设计罕遇地震
7、8、9 度下的结构塑性变形性能。其中弹性变形性能采用振型分解反应谱法进行计算，
结构塑性变形采用非线性动力时程分析。非线性动力时程分析中选取 4 条 peer 强震记录
进行，分别为 El-centro（NS）、Loma Prieta、Northridge 及 Morgan Hill。

对比本节方法与其他方法计算所得的结构横向变形（主要为结构顶点位移与层间位移
角最大值），结果如图 10.10 和图 10.11 所示。

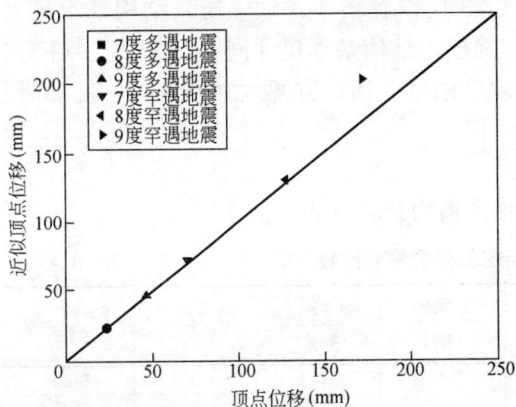

图 10.10　顶点位移

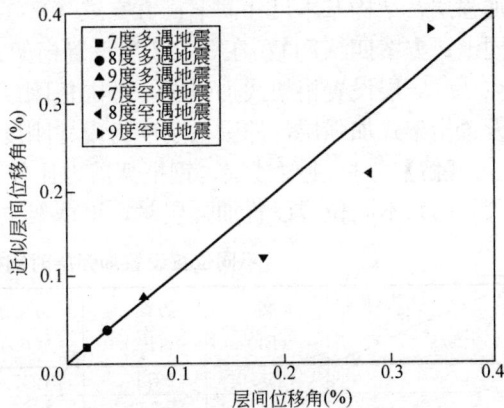

图 10.11　最大层间位移角

由上图可看到，采用本节所述方法近似求得结构顶点位移同振型分解反应谱法以及非线形动力时程分析的结果相近，最大误差不超过18%。最大层间位移角的最大误差不超过25%。

10.4 水平荷载下钢框架与混凝土筒的刚度比及加强层位置对结构受力性能的影响

为了了解水平荷载下钢框架与混凝土筒体刚度比及加强层位置对混合结构受力性能的影响，我们选择了一个工程实例，通过改变混凝土筒体的壁厚以改变其钢框架与混凝土筒体刚度比和变换加强层位置，计算结构的内力与变形，并将计算结果进行了比较。

【例10-2】 结构为23层外钢框架-内混凝土核心筒混合结构，平面尺寸及布置如图10.12所示，结构总高为78.3m，1到2层层高为4.5m，3到23层层高为3.3m。在结构的1、2层抽柱形成大开间，外钢框架柱、梁均采用方钢管，柱尺寸全部为800mm×800mm×55mm。除抽柱的梁尺寸为800mm×800mm×55mm外，其余的梁尺寸均为600mm×600mm×55mm。核心筒为钢筋混凝土，墙厚为150mm。钢材采用Q235，混凝土为C40。

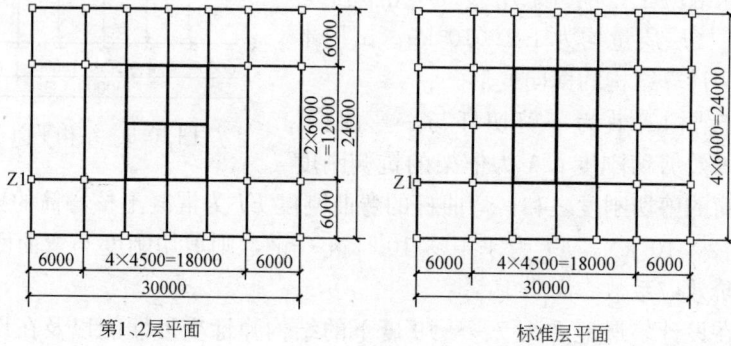

图10.12 算例平面布置

计算方案：在框架的顶点沿 x 向施加单向的集中荷载，大小为4725kN，不考虑竖向荷载作用。计算采用ANSYS6.1，运用梁、壳混合单元进行分析。为了探讨合理的框架与剪力墙的刚度比以及加强层的适当位置，就以下六个方案进行计算分析：方案一（F1）：各层均不设桁架式加强层，结构基本尺寸同上；方案二（F2）：在3层设置桁架式加强层，结构基本尺寸同上；方案三（F3）：在23层设置桁架式加强层，结构基本尺寸同上；方案四（F4）：在3、23层设置桁架式加强层，结构基本尺寸同上；方案五（F5）：在3、23层设置桁架式加强层，外围柱刚度为内柱刚度2倍；方案六（F6）：在3、23层设置桁架式加强层，外围柱刚度为内柱刚度3.6倍。

【解】 1. 主要楼层，钢框架剪力比较

（1）不同位置设置加强层时，钢框架主要楼层剪力比较（表10.4）

不同位置设置加强层时钢框架主要楼层剪力比较（kN）　　　　　　表10.4

层　号 剪力(kN)	方案一 （F1）	方案二 （F2）	方案三 （F3）	方案四 （F4）	$\dfrac{F2-F1}{F1}$%	$\dfrac{F3-F1}{F1}$%	$\dfrac{F4-F1}{F1}$%
4	1955.0	2371.0	1947.5	2360.8	21.3	−0.4	20.8
3	1841.7	−392.2	1836.5	−386.3	−121.3	−0.3	−121.0
2	902.8	1149.1	900.0	1145.0	27.3	−0.3	26.8
1	987.0	930.7	985.0	930.4	−5.7	−0.2	−5.7

基底钢框架的剪力变化很小，而在加强层及相邻层变化较大，在加强层处剪力变号，变化明显。

（2）外柱刚度变化时，钢框架主要楼层剪力比较

基底钢框架的剪力随着外柱刚度的增大而增大，在加强层处剪力变号。1 到 4 层的剪力值变化随着柱刚度的增加，变化趋于均匀。加强层下（1～2 层）剪力增加比较明显，大于 35%，而加强层上剪力增加不是很明显，小于 7%。

2. 基底钢框架弯矩比较

（1）不同位置设置加强层时，基底钢框架弯矩比较（表 10.5）

不同位置设置加强层时基底钢框架弯矩比较（kN·m）　　　　　　表 10.5

层　号 弯矩(kN·m)	方案一 （F1）	方案二 （F2）	方案三 （F3）	方案四 （F4）	$\frac{F2-F1}{F1}$%	$\frac{F3-F1}{F1}$%	$\frac{F4-F1}{F1}$%
1	3358.0	3247.4	3354.7	3245.0	−3.3	−0.1	−3.4

基底钢框架抗倾覆弯矩变化不是很明显，绝对值小于 4%，占总倾覆弯矩 0.8%～0.9%。

（2）外柱刚度变化时，基底钢框架弯矩比较（表 10.6）

不同框架与剪力墙刚度比时基底钢框架弯矩比较（kN·m）　　　　　表 10.6

层　号 弯矩(kN·m)	方案四 （F4）	方案五 （F5）	方案六 （F6）	$\frac{F5-F4}{F4}$%	$\frac{F6-F4}{F4}$%
1	3245.0	4860.4	6885.7	49.8	112.2

基底钢框架抗倾覆弯矩随外柱刚度的增加而增大，但是其占总倾覆弯矩比例不是很大，小于 2%。

3. x 向楼层位移及层间位移比较

（1）不同位置设置加强层时楼层位移及层间位移比较（图 10.13）

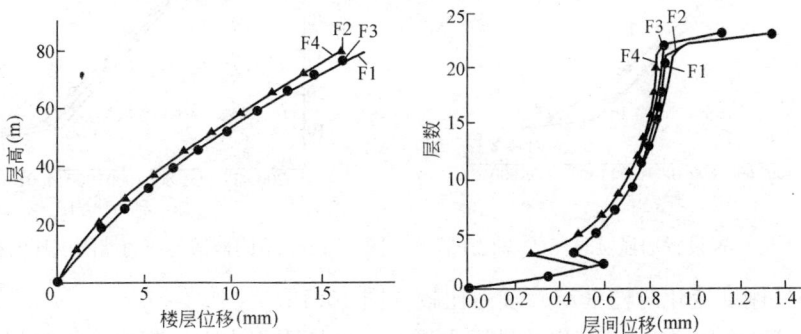

图 10.13　不同位置设置加强层时楼层位移及层间位移图

在第 3 层设一道加强层（F2），框架顶点的位移减小 5.2%，在第 3 层和第 23 层设两道加强层（F4），框架顶点位移减小 8.6%。在第 3 层设一道加强层（F2），层间位移减小，在加强层处减小最大，达到 39.9%。随着距离加强层越远，其减小的幅度越小。平均减小 6.1%。在第 3 层和第 23 层设两道加强层（F4），在加强层处减小的仍然最大，也是 39.9%，平均减小 8.6%。

（2）外柱刚度变化时楼层位移及层间位移比较（图 10.14）

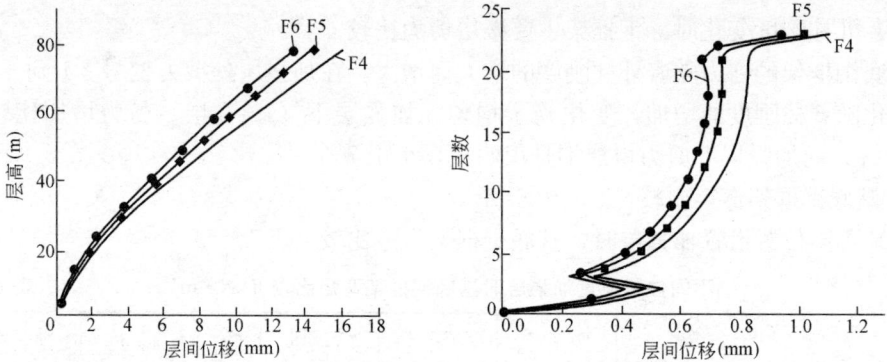

图 10.14　不同框架与剪力墙刚度比时楼层位移及层间位移图

随着外柱刚度的增大，楼层位移和层间位移均减小，其减小的幅度与外柱刚度增大的比例基本成正比。

4. 柱（Z1）轴力比较

（1）不同位置设置加强层时柱（Z1）轴力比较（图 10.15）

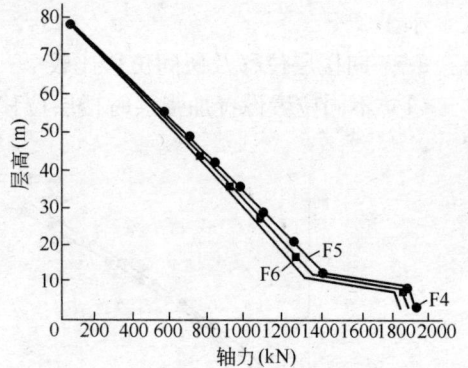

在第 3 层设一道加强层（F2），柱 Z1 轴力从一层到加强层逐渐增加，平均增加 4.4%。加强层上至顶层轴力逐渐减小，加强层处减小最大，达 15.0%，平均减小 5.9%。在第 3 层和第 23 层设两道加强层后（F4），柱 Z1 轴力从一层到第一道加强层逐渐增加，平均增加 4.2%。两道加强层间轴力减小，平均减小 10.5%。

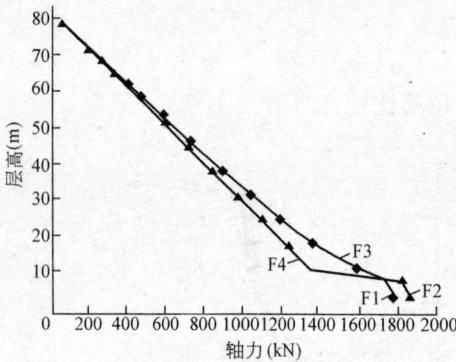

图 10.15　不同位置设置加强层时柱 Z1 轴力图　　图 10.16　不同框架与剪力墙刚度比时柱 Z1 轴力图

（2）外柱刚度变化时柱（Z1）轴力比较（图 10.16）

随着外柱刚度的增大，柱 Z1 的轴力也增大。外柱刚度为内柱刚度 2 倍时（F5），柱 Z1 的轴力平均增大 5.3%。外柱刚度为内柱刚度 3.6 倍时（F6），柱 Z1 的轴力平均增大 9.0%。

5. 计算结果分析

增大外围框架柱的刚度，可以使总框架承担结构总的剪力和弯矩的能力增大。在第一道加强层下剪力增大的幅度大于第一道加强层上剪力增大的幅度，这使得整个结构的剪力的分布比较均匀。对于楼层位移和层间位移，增大外围框架柱的刚度可以明显地减小楼层位移和层间位移。而基底的弯矩占整个结构的总的倾覆弯矩的比例变化不是很明显。可以认为增大外围框架柱的刚度，使得整个钢框架通过加强层和混凝土核心筒形成有效的结构抗侧力体系，每层钢框架所承担结构总的剪力大于结构总剪力的 20%，并能有效地减小楼层位移和层间位移。而混凝土核心筒仍然承受结构总抗倾覆力矩的 90%以上，且对于外围柱轴力影响不是很明显。

在第 3 层设置加强层和在第 23 层设置加强层对于楼层位移和层间位移的影响相差不多，而在第 3 层和第 23 层均设置加强层，对楼层位移和层间位移的影响幅度减小。因此，就一道加强层而言，随着加强层道数的增加，减小结构侧移效果减弱。但第一道加强层以上的层间位移减小较多，平均减小 9%，最大减小 39.8%。而增设加强层对钢框架所承担的剪力和弯矩的影响不明显，这表明水平向的桁架加强层对于结构的水平抗侧刚度的影响不大。对于外围框架柱轴力而言，在第一道加强层下，轴力增加，但是增幅不大，而在两道加强层之间轴力减小，减小的幅度较大，平均减小 10.5%，最大减小 29.8%。

通过以上分析，对于高层混凝土核心筒-钢框架结构在水平荷载下的受力性能，可以得出以下结论：

（1）适当地增大外围钢框架柱的刚度可以有效地增大钢框架在水平荷载下的受力性能。在结构的底部区域，对于剪力，可以使混合结构中钢框架部分承担的剪力约为总剪力的 17%～26%，使剪力的分布趋于均匀。

（2）混合结构的底部区域，加大外围钢框架柱的刚度对于钢框架的抗倾覆力矩没有明显的影响，刚框架的抗倾覆力矩约为总倾覆力矩的 0.8%～1%。混凝土核心筒仍然承担绝大部分的抗倾覆力矩。

（3）适当加大外围钢框架柱的刚度，可以较显著地减小框架顶点位移和层间位移，对于顶点框架位移约可减小 10%～12%；对于层间位移，约可减小 10%～15%。

（4）加强层对于控制水平向楼层位移作用不是很大，对于整个结构的水平抗侧刚度的影响不是很明显，但可以明显地减小柱轴力；随着加强层数的增多，其作用减小。故应在适当的位置加设加强层，且加强层数目不应过多。一般的高层建筑，可只在结构刚度突变区域设置一道加强层。

（5）在加强层处，钢框架部分剪力反号。在其附近几层处，钢框架剪力的变化比较大，易形成结构的薄弱层，结构设计时应予注意。

10.5　竖向荷载下钢框架与混凝土筒的刚度比及加强层位置对结构受力性能的影响

为了了解竖向荷载下钢框架与混凝土核心筒刚度比及加强层位置对混合结构受力性能的影响，我们采用 10.4 节中相同的例题和相同的方法进行分析，并将分析结果进行了比较。

【例 10-3】　计算程序采用大型结构分析通用有限元程序 ANSYS6.1，采用梁、壳单元进行分析。为了探寻剪力墙与钢框架不同刚度比以及不同位置设加强层对结构竖向受力性能的影响，采用以下几个方案进行分析计算：方案一（w2）：剪力墙厚度为 200mm；方案二（w3）：剪力墙厚度为 300mm；方案三（w4）：剪力墙厚度为 400mm；方案四（w6）：剪力墙厚度为 600mm。每种方案里面又分 5 种情况：（1）不设加强层（s0）；（2）第 3 层加强（s3）；（3）第 3、14 层加强（s3-14）；（4）第 3、23 层加强（s3-23）；

（5）第3、11、23层加强（s3-11-23）。

【解】 1. 变剪力墙厚度时剪力墙承担的总轴力比较（图10.17）

在图10.13所示的五种情况下，随着剪力墙厚度的增加，剪力墙承担的总轴力均大幅增加，大于20%，增加百分数逐渐减小。不设加强层时，剪力墙厚度增加100mm，承担的轴力平均增加22.05%；厚度增加200mm，承担的轴力平均增加39.17%；厚度增加400mm，承担的轴力平均增加63.55%。第3层设加强层后，剪力墙承担的轴力随墙厚增加的变化情况和不设加强层时的变化相差不大，分别增加1.3%、2.67%和4.95%，加强层以下墙的轴力随墙厚的增加影响逐渐减小。设第2、3道加强层与设1道加强层时相比的平均增长幅度变化不大于2%。第3层和顶层加强时，顶层剪力墙承担的轴力随墙厚的增加变化不大，当墙厚增加100mm、200mm和400mm时，轴力分别增加2.3%、1.88%和1.96%。

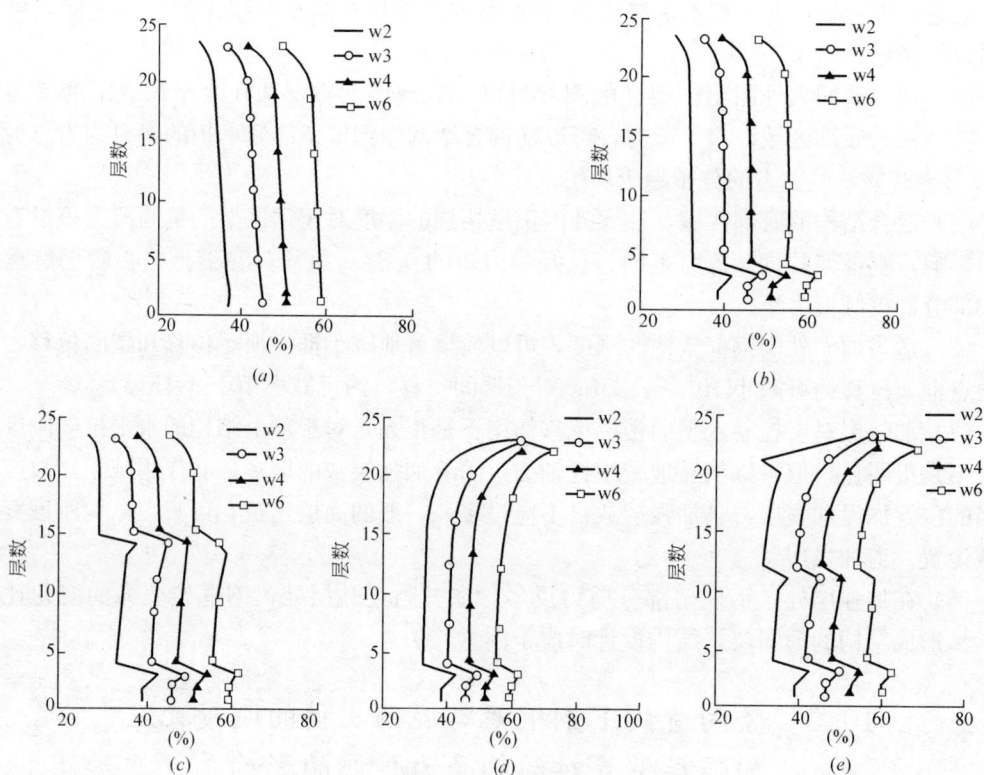

图10.17　剪力墙承担的总轴力

（a）无加强层；（b）第3层加强；（c）第3、14层加强；（d）第3、23层加强；（e）第3、14、23层加强

2. 在不同位置设置加强层时剪力墙承担的轴力比较（图10.18）

剪力墙厚为200mm、第1道加强层设在第3层时，竖向荷载下剪力墙承担的轴力，在加强层突然增大14.8%；加强层以下剪力墙轴力增大，但增大百分比显著减小（<1.9%）；加强层向上至顶层剪力墙轴力减小，减小百分比逐渐减小。在第14层设第2道加强层时，第3层以下与只设1道加强层时相比剪力墙轴力增加小于1.0%；从第1道加强层以上到第2道加强层之间，剪力墙承担的轴力比不设加强层时所承担的减小，减小百分比随离加

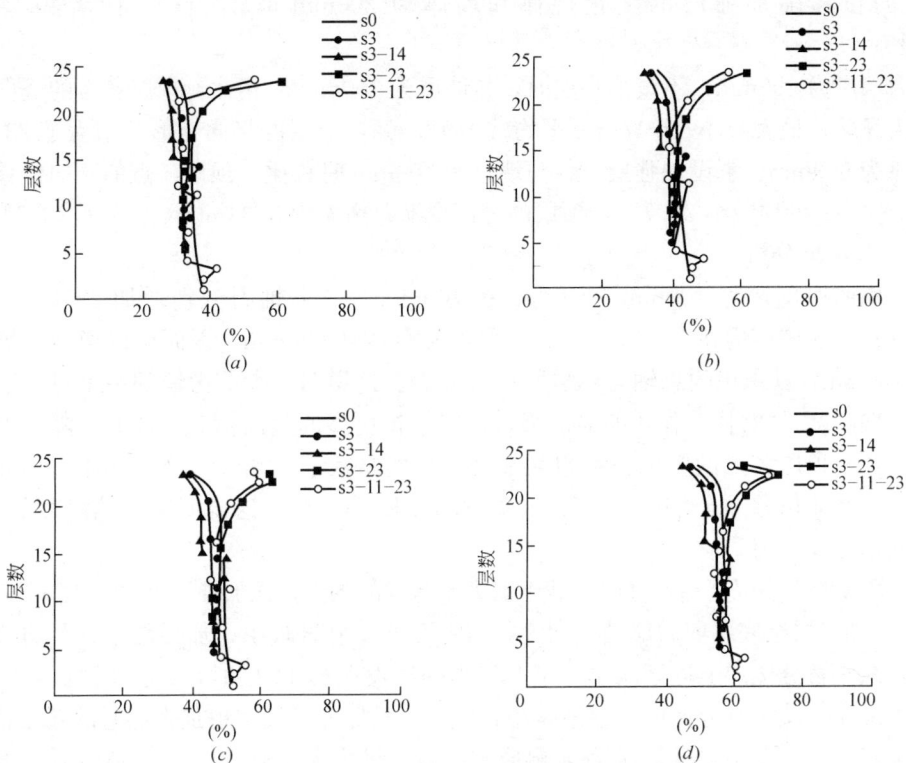

图 10.18　剪力墙承担的总轴力

(a) 墙厚 200mm；(b) 墙厚 300mm；(c) 墙厚 400mm；(d) 墙厚 600mm

强层而逐渐减小，但减小量低于只设 1 道加强层时的减小量；第 2 道加强层处剪力墙轴力则突然增大 7.66%；第 2 道加强层以上至顶层，剪力墙轴力减小，减小百分比也随离加强层而逐渐减小。第 2 道加强层设在顶层时，第 3 层以下与第 2 道加强层设在第 14 层时的相比，变化小于 0.5%；第 3 层以上墙轴力的变化与不设加强层时相比从减小 9.96% 向上逐渐变化到顶层增加 100.52%。在第 3、11、23 层处设置共 3 道加强层时，剪力墙承担的轴力与不设加强层时相比，加强层处均突然增大，从下向上增大的百分比分别为 15.76%、6.12% 和 75.33%；第 3 层以上到第 10 层轴力减小，减小百分比逐渐减小；第 11 层以上到第 22 层，轴力从减小 10.57% 逐渐变化到增大 25.50%。

剪力墙厚为 300mm、400mm 和 600mm 时，墙轴力随加强层的设置位置和层数变化规律同墙厚为 200mm 时的一样，但受影响程度减小了。

3. 顶点竖向位移的比较

由于结构双向对称，故只选取对称的 1/4 平面内的节点进行分析，各点位置见图 10.14。

剪力墙厚为 200mm 时，第 3 层设加强层，各点位的顶点竖向位移显著减小，最大减小 12.51%，最小减小 4.95%，变形差由 2.5mm 减少为 2.15mm；第 3、11 和 23 层设加强层，点 5 竖向位移减小 9.57%，点 7 竖向位移增大 8.92%，变形差减小为 1.18mm。

剪力墙厚为 300mm、不设加强层时，与墙厚为 200mm 时相比，顶层各点的竖向位移显著减小，最小减小 14.1%，平均减小 11.05%，但顶层的竖向变形差增大了 17.2%；

顶点竖向位移随加强层的变化规律和墙厚为 200mm 时的相同，两者相差不大（<1.0%）。

剪力墙厚为 400mm、不设加强层时，与墙厚为 200mm 时相比，顶层各点的竖向位移减小更为显著，最大减小 22.47%，平均减小 18.4%，顶层的竖向变形差增大了 23.6%；剪力墙厚为 600mm、不设加强层时，与墙厚为 200mm 时相比，顶层各点的竖向位移最大减小 33.37%，平均减小 27.7%，顶层的竖向变形差增大为 3.34mm，增大了 33.6%。

4. 计算结果分析

剪力墙的厚度增加 100mm、200mm 和 400mm 后，墙轴力分别增加 22%、39% 和 64% 左右；由于该结构高 78.3m，剪力墙厚度不会达到 600mm，因而可以说剪力墙厚度每增加 100mm，其承担的总轴力将增加 20% 左右。这说明增大剪力墙的厚度可以明显地增大其竖向刚度，"脊柱"作用明显加强，可以承担更多的竖向荷载。同时，随着剪力墙厚度的增加，顶层各点的竖向位移也明显减小。墙厚减小 100mm、200mm、400mm 时，顶层各点的竖向位移差分别减小 17.2%、23.6% 和 33.6%，这说明剪力墙厚度的减小，使竖向变形更为均匀。

第 3 层设置为加强层后，竖向荷载下剪力墙承担的轴力，在加强层突然增大（7.75%～14.8%）；加强层至底层剪力墙轴力增大，增大百分比显著减小；加强层至顶层剪力墙轴力减小，减小百分比向上逐渐减小。第 2 道加强层设在第 14 层时，2 道加强层之间从下至上轴力减小，减小百分比向上逐渐减小，但减小量低于只设 1 道加强层时的减小量。顶层设有加强层时，双顶层的墙轴力影响最大，最大可增大 100.52%。总体来看，剪力墙轴力在加强层及其附近几层变化最大，且在加强层处显著增大；在加强层以下，轴力增大，但增大幅度较小，且增大百分比向下逐渐减小；在加强层以上，轴力减小，减小百分比向上逐渐减小。同时，剪力墙厚度不变时，随加强层数的增多，柱子的竖向位移减小，墙的竖向位移增大，使楼层竖向位移趋于均匀。说明加强层有较大的抗弯刚度，减小了加强层以上柱子的竖向位移，并把荷载传递到剪力墙，增大其竖向变形，很好地起到了减小变形差的作用。从以上分析来看，加强层设在第 3 层和顶层对改善结构的竖向变形最有利，若再设第 3 道加强层时变化已不大。

通过以上分析，对于高层外钢框架-钢筋混凝土核心筒结构在竖向荷载一次加载下的受力性能，可以得出以下结论：

（1）增加剪力墙的厚度，可以显著地增加剪力墙承担的总轴力，减小楼层的平均竖向位移；减小剪力墙厚度可减小楼层的竖向位移差。

（2）设加强层仅对加强层及其附近几层的受力影响较大：加强层处剪力墙轴力突然增大；加强层以下轴力增大，增大百分比向下逐渐减小；加强层以上轴力减小，减小百分比向上逐渐减小。

（3）设加强层可以减小柱子的竖向变形和增大剪力墙的竖向变形，从而显著地减小楼层的竖向变形差；但随加强层道数增加，竖向位移差的减小幅度减弱，故加强层不宜多设。

（4）改善结构的竖向受力性能和变形性能，应适当地增加剪力墙的厚度和设置加强层。

（5）加强层附近几层内力发生突变，设计时应对加强层相连接的构件予以加强。

10.6　楼盖刚度对混合结构受力性能的影响

外部为钢框架、内部为混凝土核心筒组成的混合结构不但具有钢结构建筑自重轻、强度高、延性好、施工速度快、建筑物内部净空大等特点，而且具有钢筋混凝土建筑结构刚度大、防火性能好、造价低等优点。因此，它是最近十多年来迅速发展的一种结构体系，已被广泛应用于世界各国的超高层建筑中。

钢框架结构是一种典型的剪切变形结构体系，延性好，自重轻，抗侧刚度弱，自振周期长。混凝土筒体结构是一种典型的弯曲变形结构体系，延性差，自重大，抗侧刚度大，自振周期短。这两种性能完全不同的结构协同工作的程度主要取决于楼盖的刚度。楼盖刚度大，两者的协同工作就好；反之亦然。在地震作用下，楼盖可能受拉，也可能受压，或者一部分受拉，一部分受压，情况十分复杂。为进一步探求外部为钢框架、内部为混凝土核心筒组成的混合结构在水平荷载下的协同工作机理，有必要将框架结构、筒体结构及混合结构进行单独分析，再进行对比，而且楼板具有一定的刚度是混合结构协同工作的基础。因此，关于楼板刚度对混合结构受力性能的影响有必要进行探讨。

此外，混合结构剪力滞后使得翼缘各柱受力不均匀，中部柱子的轴向应力减少，角部轴力应力增大，腹板框架各柱轴力也不是直线分布（剪力滞后造成的），如何减少翼缘剪力滞后影响也是设计中的主要问题。

我们以一幢 30 层外部为钢框架、内部为混凝土核心筒组成的混合结构为例，采用通用有限元程序 SAP2000 分别计算了外钢框架结构、内混凝土筒体结构以及外部为钢框架、内部为混凝土核心筒组成的混合结构，比较其各种结构体系的受力性能。通过调整楼板形式和板厚，探讨了楼板刚度对混合结构受力性能的影响，以寻求减少剪力滞后的有效途径。

【例 10-4】　某一 30 层外部为钢框架、内部为混凝土核心筒组成的混合结构（图 10.19），设计使用年限 50 年，设防烈度 7 度，Ⅱ 类场地土，设计地震分组为第一组。外钢框架采用 H 形（594×302×14×23）钢柱与工字形（450×160×8.6×14.2）钢梁；角柱采用十字形钢柱，截面尺寸见图 10.20，混凝土筒体厚 200mm；钢筋混凝土屋、楼面板厚 200mm。底层层高 5m，其余各层层高 3.4m，平面布置见图 10.19。混凝土强度等级为 C40，钢材选用 Q235。

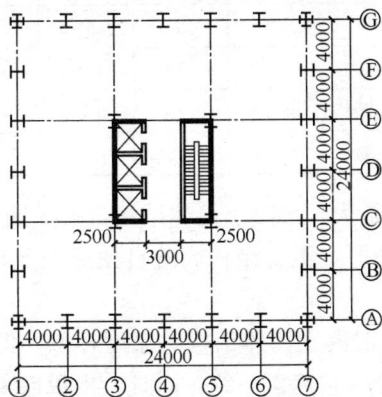

图 10.19　混合结构平面布置图

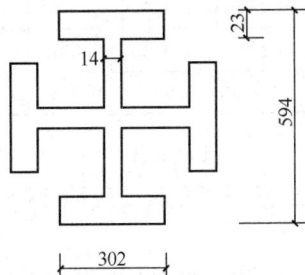

图 10.20　角柱截面尺寸图

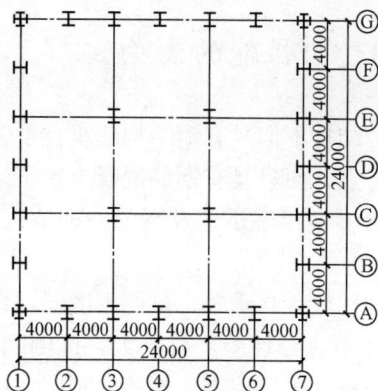

图 10.21 钢框架结构平面布置图

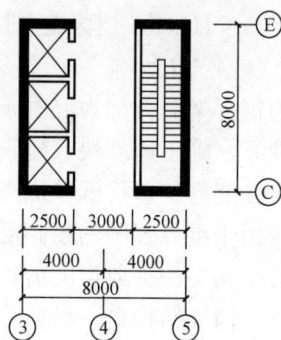

图 10.22 混凝土筒体结构平面布置图

【解】 1. 方案选取

共选取 5 种方案（见表 10.7）

方案选取表 表 10.7

方案	方案 1	方案 2	方案 3	方案 4	方案 5
结构体系	钢框架结构	混凝土筒体结构	混合结构（板厚 200）	混合结构（板厚 250）	混合结构（板厚 300）
图示	图 10.21	图 10.22	图 10.19	图 10.19	图 10.19

2. 计算分析

运用 SAP2000 进行计算，外钢框架梁、柱采用 BEAM 单元，内混凝土核心筒及楼板采用 SHELL 单元建模。不计楼板变形，按照我国现行《建筑抗震设计规范》GB 50011—2010 中的地震反应谱进行 Y 向（即图 10.19 中的横向）静力分析。

3. 结果分析

（1）结构自振周期（见表 10.8）

结构自振周期比较 表 10.8

方案	$T_1(s)$	$T_2(s)$	$T_3(s)$	$T_4(s)$	$T_5(s)$	$T_6(s)$	$T_7(s)$	$T_8(s)$	$T_9(s)$	$T_{10}(s)$
方案 1	3.556	1.146	0.629	0.441	0.376	0.336	0.272	0.239	0.223	0.191
方案 2	2.800	0.758	0.358	0.217	0.157	0.145	0.105	0.087	0.078	0.062
方案 3	3.476	1.053	0.546	0.355	0.260	0.250	0.214	0.184	0.144	0.116
方案 4	3.454	1.038	0.537	0.354	0.282	0.253	0.219	0.188	0.149	0.121
方案 5	3.453	1.032	0.531	0.351	0.303	0.256	0.223	0.191	0.153	0.124

从表 10.8 可以看出：（1）钢框架结构自振周期最大，混凝土筒体结构自振周期最小，混合结构自振周期介于前两种结构之间；（2）楼板愈厚，混合结构高阶自振周期（自第 5 阶始）愈大。

从图 10.23～图 10.26 可以看出：钢框架结构与混凝土筒体结构的振型相似，但各阶振幅差别较大，楼板刚度的存在迫使二者在各楼层处振幅趋于一致，同时，楼板连梁也会产生拉压轴力，混合结构的振型接近于混凝土筒体结构。因此，混合结构楼板刚度的存在

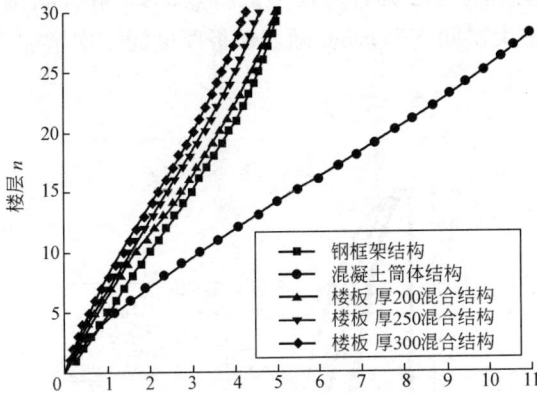

图 10.23 第一振型

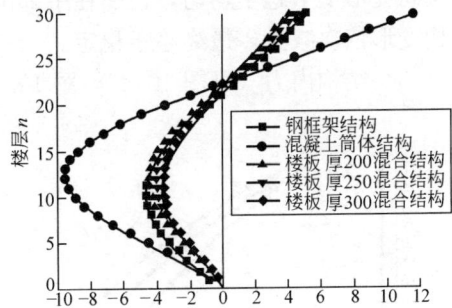

图 10.24 第二振型

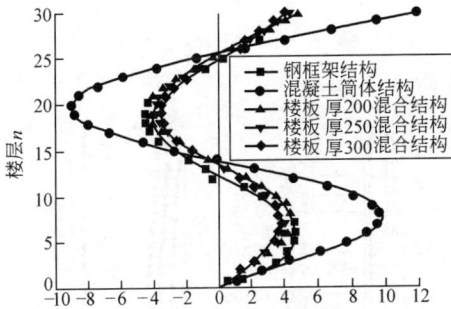

图 10.25 第三振型

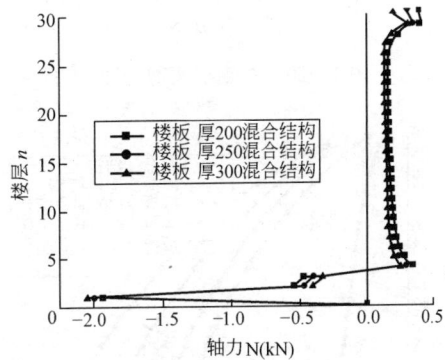

图 10.26 第一振型对应的连梁轴力

是钢框架结构与混凝土筒体结构共同工作的基础。板厚对连梁的轴力影响不大，但连梁轴力在底层突然增大数倍，在工程设计中，底层楼板需要加强。

（2）结构水平侧移（见图 10.27、图 10.28）

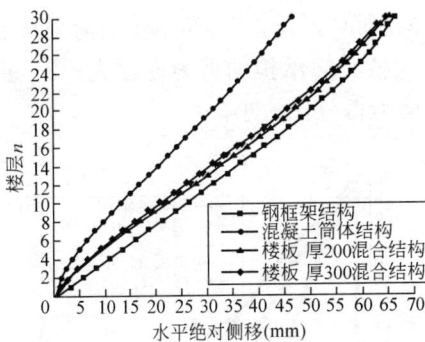

图 10.27 结构水平绝对侧移图

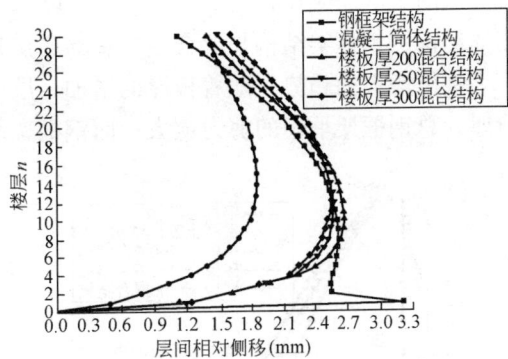

图 10.28 结构层间相对侧移图

从图 10.27、图 10.28 可以看出：1）在水平荷载作用下，钢框架结构呈剪切变形；混凝土筒体结构呈弯曲变形。混合结构呈弯剪变形，这是因为：在混合结构下部，混凝土筒体起主要作用，变形具有弯曲型特点；在结构上部，钢框架的层间变形相对较小，协同工作迫使混凝土筒体向外弯曲的程度减少，使结构变形具有剪切型的特点；2）混合结构的层间变形上下趋于均匀，往往在中部出现最大层间变形；3）随着楼板厚度的依次增加，结构变形依次减少，最终趋于稳定。

（3）结构内力（见图10.29～图10.36）

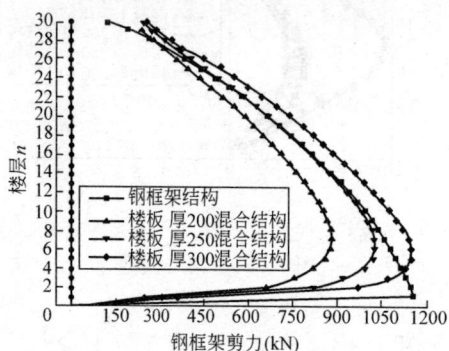

图 10.29　总钢框架剪力图

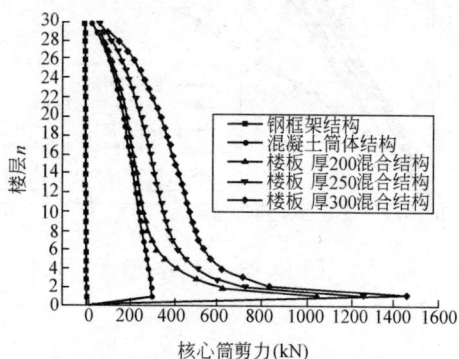

图 10.30　核心筒剪力图

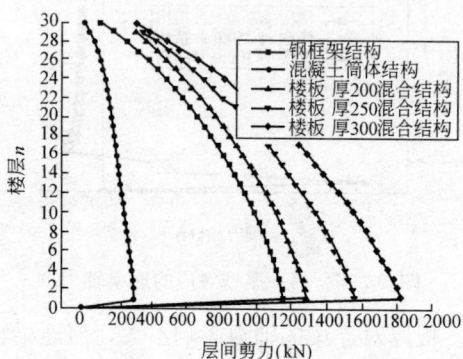

图 10.31　层间剪力图

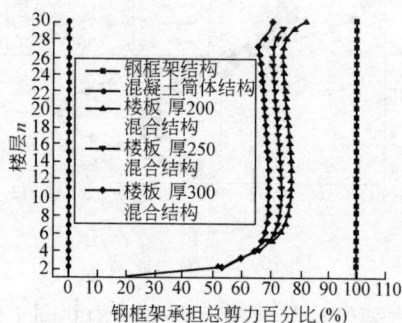

图 10.32　钢框架承担总剪力百分比图

从图10.29～图10.32可以看出：1）层间剪力从小到大的结构体系依次为：混凝土筒体结构、钢框架结构与混合结构。除底层外，结构层间剪力与核心筒承担的剪力从上至下表现出增大的趋势。随着板厚的增加，层间剪力与核心筒承担的剪力亦增大；2）板厚愈厚，总钢框架承担的剪力愈大；而钢框架承担总剪力百分比愈小。

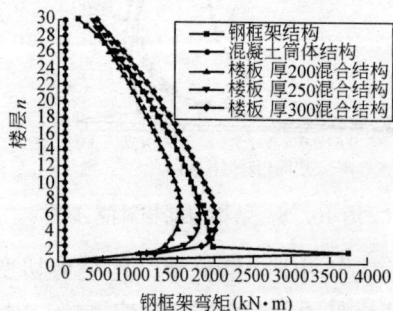

图 10.33　总钢框架弯矩图

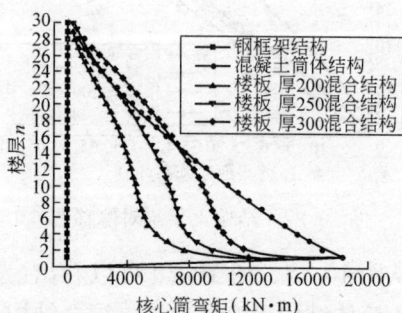

图 10.34　核心筒弯矩图

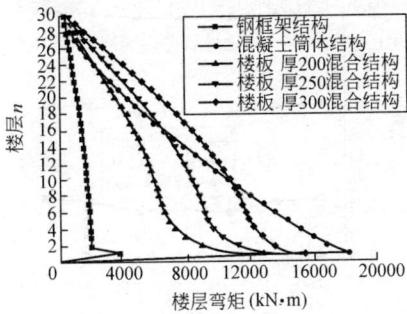

图 10.35　楼层弯矩图

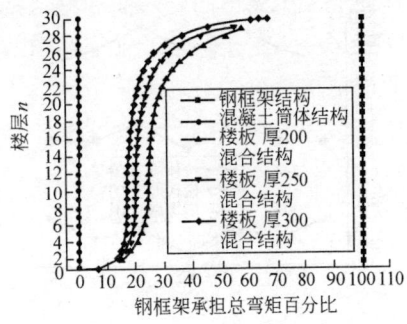

图 10.36　钢框架承担总弯矩百分比图

从图 10.33~图 10.36 可以看出：1）除底层外，结构楼层弯矩与核心筒承担的弯矩从上至下表现出增大的趋势。随着板厚的增加，楼层弯矩与核心筒承担的弯矩亦增大；2）板厚愈厚，总钢框架承担的弯矩愈大；而钢框架承担总弯矩百分比愈小。

（4）剪力滞后

所谓剪力滞后现象，是指在水平荷载作用下，腹板框架与一般框架相似，一端受拉，另一端受压，角柱受力最大。翼缘框架受力是通过与腹板框架相交的角柱传递过来，角柱受压缩短，使与它相邻的梁承受剪力（受弯），因此相邻柱承受轴压；第二个柱受压又使第二跨梁受剪（受弯），相邻柱又承受轴压，如此传递，使翼缘框架的梁和柱都承受其平面内的弯矩、剪力与轴力（与水平作用力方向垂直）。由于梁的变形，使翼缘框架各柱压缩变形向中心逐渐递减，轴力也逐渐减少。腹板框架的柱轴力也呈曲线分布，角柱轴力大，中部柱轴力较小（与直线分布相比），腹板框架剪力滞后现象也是由于梁的变形造成的，它使角柱的轴力加大。

设计中要考虑怎样减少翼缘框架剪力滞后，因为若能使翼缘框架中间柱轴力增大，就会提高抗倾覆力矩的能力，提高结构抗侧刚度，也就能最大程度地提高结构所用材料的效率。

图 10.37、图 10.38 中，"有梁结构"是指外钢框架与混凝土核心筒间有梁连接，"无梁结构"是指外钢框架与混凝土核心筒间直接通过无梁楼板连接。

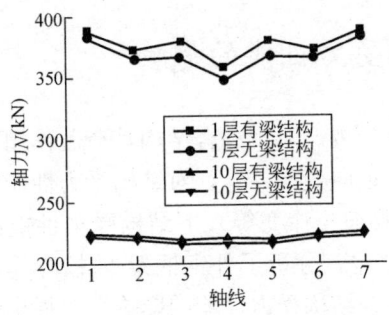

图 10.37　翼缘框架柱轴力分布图

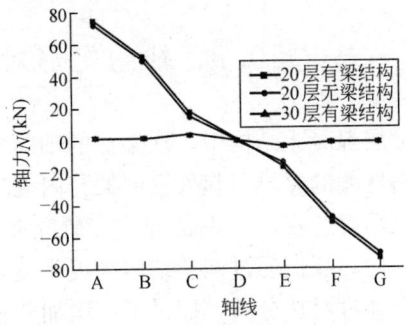

图 10.38　腹板框架柱轴力分布图

从图 10.37~图 10.40 中可以看出：1）剪力滞后现象沿高度方向是变化的，底部剪力滞后现象相对严重一些，愈向上，柱轴力绝对值减少，剪力滞后现象缓和，轴力分布趋于平均。因此，混合结构要达到相当的高度，才能充分发挥作用，高度不大的混合结构，

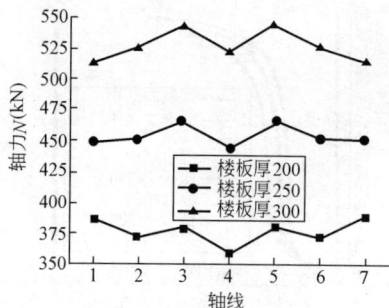

图 10.39　1 层翼缘框架柱轴力分布图

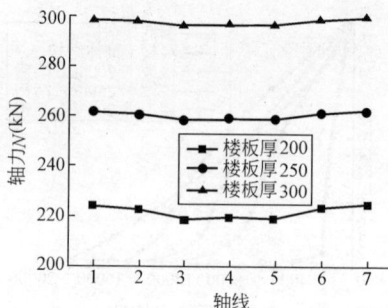

图 10.40　10 层翼缘框架柱轴力分布图

剪力滞后影响相对较大；2）无梁楼板较有梁楼板对翼缘框架柱剪力滞后严重，增大板厚可以提高中柱轴力，减少剪力滞后效应。从经济上考虑，宜选取增设伸臂结构来增大楼板刚度，可以有效地减少剪力滞后。

由以上讨论可见：

（1）混合结构楼板刚度的存在是钢框架结构与混凝土筒体结构共同工作的基础。采用混合结构可使结构变形、内力沿高度方向趋于均匀，受力性能得以改善。

（2）混合结构自振周期介于钢框架结构与混凝土筒体结构之间；楼板愈厚，混合结构低阶自振周期愈小，高阶周期愈大。

（3）在水平荷载作用下，混合结构变形具有弯剪型的特点；且层间变形上下趋于均匀，在中部出现最大层间变形；随着楼板厚度的依次增加，结构变形依次减少，最终趋于稳定。

（4）除底层外，结构内力（含层间剪力、楼层弯矩及钢框架承担总剪力与弯矩）从上至下表现出增大的趋势；随着板厚的增加，层间剪力、楼层弯矩及总钢框架承担剪力、弯矩亦增加，而钢框架承担总剪力与总弯矩百分比减少。板厚对连梁的轴力影响不大，但连梁轴力在底层突然增大数倍，在工程设计中，底层楼板需要加强。

（5）混合结构宜用于高度较大的建筑。增大楼板刚度能减少剪力滞后效应，其中增设伸臂结构是有效措施之一。

10.7　轴向变形对混合结构受力性能的影响

高层混凝土结构中，框架柱的轴向变形一般不宜忽视。对于混合结构，荷载作用下由于材料性能的差异引起外钢框架与内混凝土核心筒的轴向变形差异，对结构受力性能的影响更是不容忽视，它也是进一步研究非荷载作用（收缩、徐变等）下结构受力性能的基础。因此，我们通过调整结构高度来变换结构的高宽比，分析了外钢框架-内核心筒混合结构，通过对比分析，探讨了一次加载轴向变形对混合结构受力性能的影响，并提出了一些合理化建议，以指导工程实际。

【例 10-5】　某外钢框架-内混凝土核心筒混合结构，设计使用年限 50 年，设防烈度 7 度，Ⅱ类场地土，设计地震分组为第一组。外钢框架采用 H 形（594×302×14×23）钢柱与工字形（450×160×8.6×14.2）钢梁；角柱采用十字形钢柱（594×302×14×23）；

混凝土筒体厚200mm；钢筋混凝土屋、楼面板厚200mm。底层层高5m，其余各层层高3.4m，平面布置见图10.41。

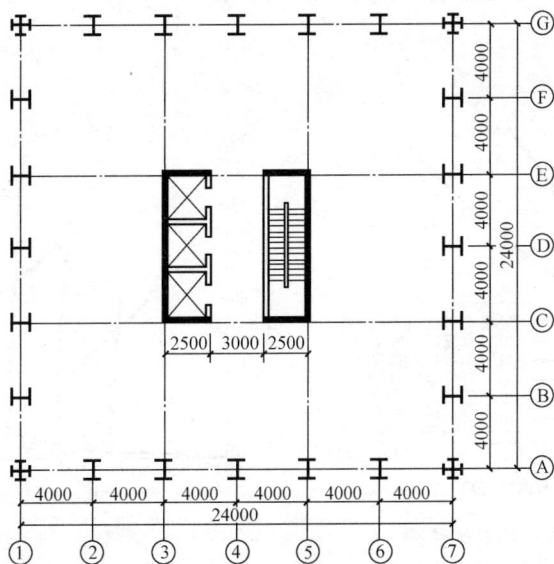

图10.41 结构平面布置图

共选取3种方案（见表10.9）。

方案选取表 表10.9

方案	楼层数	结构总高(m)	高宽比 H/B	方案	楼层数	结构总高(m)	高宽比 H/B
方案1	20	69.6	2.90	方案3	40	137.6	5.73
方案2	30	103.6	4.32				

【解】 运用SAP2000进行计算，外钢框架梁、柱采用BEAM单元，内混凝土核心筒及楼板采用SHELL单元建模。不计楼板变形，按照我国现行《建筑抗震设计规范》GB 50011—2010中的地震反应谱进行Y向（即图10.41中的横向）静力分析。

结果分析：

结构自振周期比较 表10.10

楼层	是否考虑轴向变形	$T_1(s)$	$T_2(s)$	$T_3(s)$	$T_4(s)$	$T_5(s)$	$T_6(s)$	$T_7(s)$	$T_8(s)$	$T_9(s)$	$T_{10}(s)$
40	否	3.868	1.891	0.471	0.367	0.276	0.111	0.151	0.116	0.112	0.096
	是	5.096	1.984	1.514	0.779	0.653	0.514	0.369	0.282	0.248	0.218
30	否	2.836	1.418	0.357	0.278	0.209	0.159	0.114	0.103	0.088	0.072
	是	3.474	1.483	1.052	0.545	0.486	0.353	0.249	0.213	0.183	0.143
20	否	1.833	0.946	0.242	0.189	0.141	0.108	0.092	0.078	0.060	0.056
	是	2.094	0.983	0.631	0.322	0.319	0.202	0.163	0.137	0.100	0.096

从表10.10可以看出：（1）轴向变形使得结构"变柔"、刚度降低，导致结构自振周期增加；（2）轴向变形对基本周期的影响最大；且结构愈高，轴向变形引起结构自振周期增加的幅度愈大。考虑轴向变形时，40层的结构基本周期约增大25%。

从图10.42和图10.43可以看出：（1）水平地震作用下，不考虑轴向变形时，结构变形沿高度近似呈直线；考虑轴向变形时，结构呈弯剪型变形，即结构下部呈弯曲变形，上部呈剪切变形；（2）轴向变形使得结构的最大层间位移发生在结构的中下部；（3）轴向变形引起结构侧移增加，且增加量最多可达总侧移量30%。

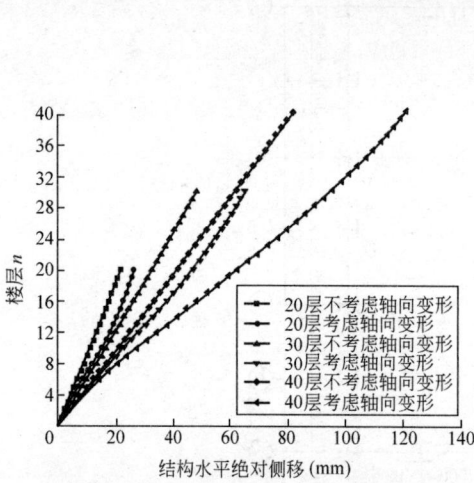

图 10.42　结构水平绝对侧移图

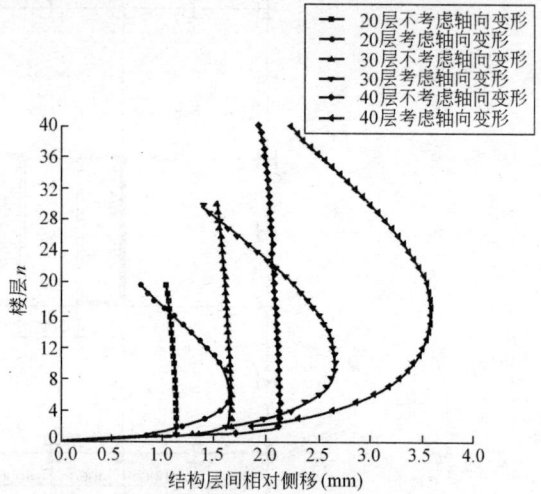

图 10.43　结构层间相对侧移图

从图 10.44 和图 10.45 可以看出：（1）由于轴向变形使得结构自振周期较少，结构吸收的能量减少，层间剪力亦减少，且随着结构层数增加，减少幅度愈大；层间剪力从上至下总体上表现出增大的趋势，轴向变形使得层间剪力在结构中部存在两个反弯点；总核心筒承担的剪力规律类似于层间剪力；（2）不计轴向变形时，总钢框架承担的剪力沿竖向基本不变；考虑轴向变形时，总钢框架承担的剪力在结构的中下部存在一个极大值，且在结构上部总钢框架承担的剪力较不考虑轴向变形的少，而在结构下部情况刚好相反；（3）在结构底部，钢框架承担的剪力约占总剪力的 7%～8%，且沿竖向大致增加；在结构底部和顶部，不考虑轴向变形时，钢框架承担总剪力的百分比在 50% 以内，而考虑轴向变形时，则在 30% 以内，层数对钢框架承担总剪力百分比的影响不很明显。

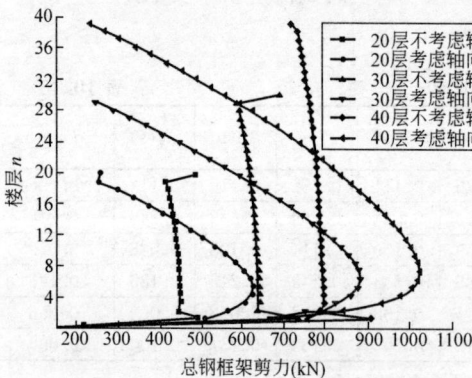

图 10.44　总钢框架剪力图

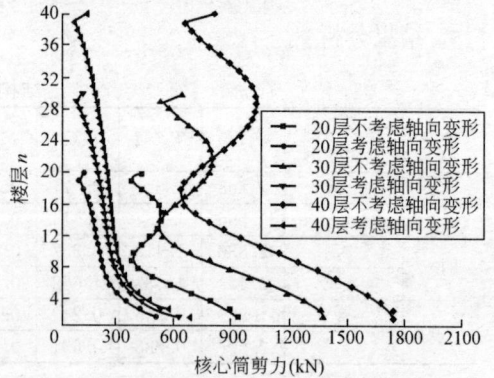

图 10.45　核心筒剪力图

从图 10.46～图 10.51 可以看出：（1）层间剪力从上至下总体上表现出增大的趋势；除顶部几层外，轴向变形使得楼层弯矩增大，且随着结构层数增加，增大幅度愈大；总核心筒承担的剪力规律类似于层间剪力；（2）不计轴向变形时，总钢框架承担的弯矩沿竖向基本不变；考虑轴向变形时，总钢框架承担的弯矩在结构的中下部存在一个极大值，且在结构上部总钢框架承担的弯矩较不考虑轴向变形的少，在结构下部情况刚好相反；（3）在结构底部，钢框架承担的弯矩约占总弯矩的 16％～19％，且沿竖向大致增加；在结构底部和顶部，不考虑轴向变形时，钢框架承担总剪力的 50％左右，而考虑轴向变形时钢框架承担总剪力的 70％左右，层数对钢框架承担总弯矩百分比的影响不很明显。

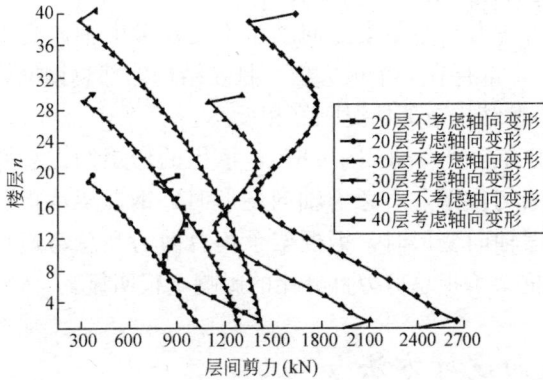

图 10.46　层间剪力图

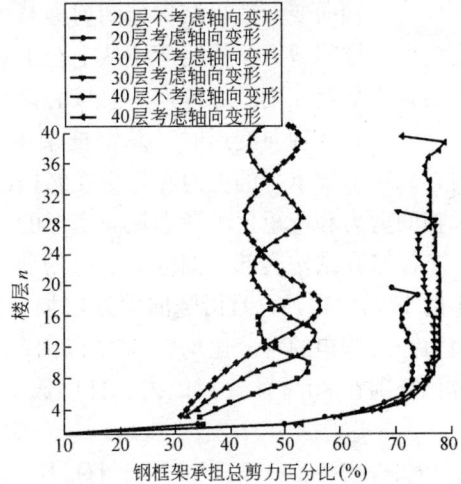

图 10.47　钢框架承担总剪力百分比图

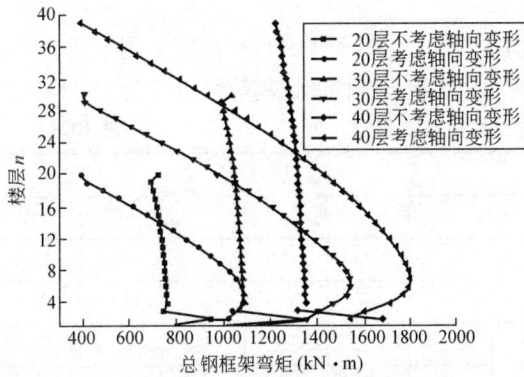

图 10.48　总钢框架弯矩图

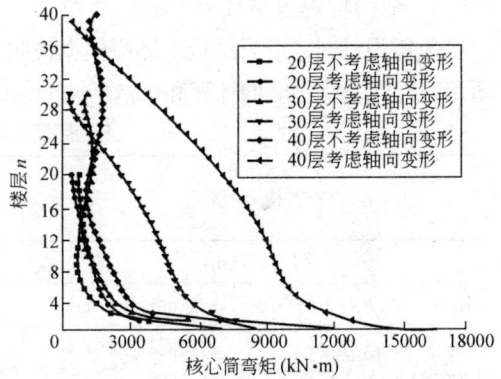

图 10.49　核心筒弯矩图

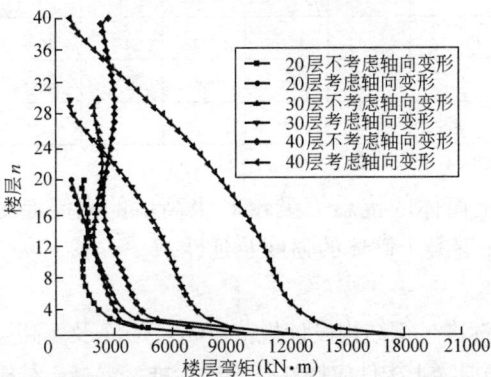

图 10.50　楼层弯矩图

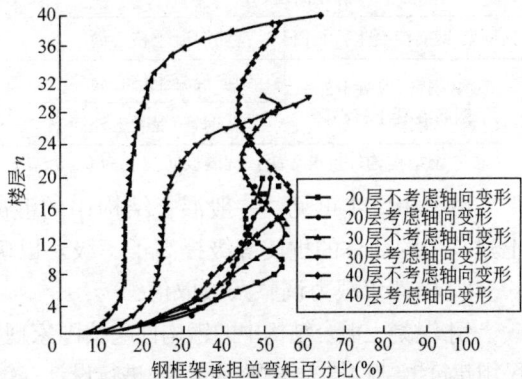

图 10.51　钢框架承担总弯矩百分比图

由以上讨论可见：

（1）轴向变形使得结构"变柔"，刚度降低，导致结构自振周期增加，吸收的地震能量减少；考虑轴向变形时，40层的结构基本周期约增大25%。

（2）考虑轴向变形时，结构变形从近似直线变成弯剪型，最大层间位移发生在结构的中下部，轴向变形引起结构侧移增加，且增加量最多可达总侧移量30%。

（3）轴向变形使得结构层间剪力减少，楼层弯矩增大，且随着结构层数增加，变化幅度愈大。层间剪力、楼层弯矩从上至下总体上表现出增大的趋势，轴向变形使得层间剪力在结构中部存在两个反弯点。总核心筒承担的剪力规律类似于层间剪力。

（4）不计轴向变形时，总钢框架承担的剪力和弯矩沿竖向基本不变；考虑轴向变形时，总钢框架承担的剪力和弯矩在结构的中下部存在一个极大值，且在结构上部总钢框架承担的剪力和弯矩比不考虑轴向变形的小，在结构下部情况刚好相反。

（5）在结构底部，钢框架承担的剪力约占总剪力的7%～8%，承担的弯矩约占总弯矩的16%～19%，且沿竖向大致增加。在结构顶部，不考虑轴向变形时，钢框架承担总剪力和总弯矩的百分比均在50%以内；考虑轴向变形时，钢框架承担总剪力和总弯矩百分比分别在30%与70%以内，且层数对钢框架承担总剪力百分比的影响不很明显。

10.8 截面设计方法

1. 结构抗震等级

抗震设计时，混合结构房屋应根据设防类别、烈度、结构类型和房屋高度采用不同的抗震等级，并应符合相应的计算和构造措施要求。丙类建筑混合结构的抗震等级应按表10.11确定。

钢-混凝土混合结构抗震等级 表 10.11

结 构 类 型		抗震设防烈度						
		6 度		7 度		8 度		9 度
房屋高度（m）		≤150	>150	≤130	>130	≤100	>100	≤70
钢框架-钢筋混凝土核心筒	钢筋混凝土核心筒	二	一	一	特一	特一	特一	
型钢（钢管）混凝土框架-钢筋混凝土核心筒	钢筋混凝土核心筒	二	二	二	一	特一	特一	
	型钢（钢管）混凝土框架	三	二	二	一	一	一	
房屋高度（m）		≤180	>180	≤150	>150	≤120	>120	≤90
钢框架-钢筋混凝土核心筒	钢筋混凝土核心筒	二	一	一	特一	特一	特一	
型钢（钢管）混凝土外筒-钢筋混凝土核心筒	钢筋混凝土核心筒	二	一	一	二	特一	特一	
	型钢（钢管）混凝土外筒	三	二	二	一	一	一	

注：钢结构构件抗震等级，抗震设防烈度为6、7、8、9度时应分别取四、三、二、一级。

由表10.11可见，一般混合结构中的混凝土筒体的抗震等级较 B 级高度的钢筋混凝土建筑中的筒体的抗震等级提高了一级，以确保混凝土筒体的强度及延性。

2. 构件承载力调整系数取值

钢-混凝土混合结构中的钢构件应按国家现行标准《钢结构设计规范》GB 50017 及《高层民用建筑钢结构技术规程》JGJ 99 进行设计；钢筋混凝土构件应按现行国家标准《混凝土结构设计规范》GB 50010 及《型钢混凝土组合结构技术规程》JGJ 138 进行截面设计。

有地震作用组合时，型钢混凝土构件和钢构件的承载力调整系数 γ_{RE} 应按表 10.12 和表 10.13 选用。

型钢（钢管）混凝土构件承载力抗震调整系数 γ_{RE}　　　　表 10.12

正截面承载力计算				斜截面承载力计算
型钢混凝土梁	型钢混凝土柱及钢管混凝土柱	剪力墙	支撑	各类构件及节点
0.75	0.80	0.85	0.80	0.85

钢构件承载力抗震调整系数 γ_{RE}　　　　表 10.13

强度破坏(梁,柱,支撑,节点板件,螺栓,焊缝)	屈曲稳定(柱,支撑)
0.75	0.80

3. 型钢混凝土柱的轴压比限值

限制型钢混凝土柱的轴压比作用是为了保证型钢混凝土柱的延性。型钢混凝土柱的轴压比可按下式计算：

$$\mu_N = N/(f_c A + f_a A_a) \tag{10.23}$$

式中　μ_N——型钢混凝土柱的轴压比；

　　　N——考虑地震组合的柱轴向力设计值；

　　　A——扣除型钢后的混凝土截面面积；

　　　f_c——混凝土的轴心抗压强度设计值；

　　　f_a——型钢的抗压强度设计值；

　　　A_a——型钢的截面面积。

当考虑地震作用组合时，钢-混凝土混合结构中型钢混凝土柱的轴压比不宜大于表 10.14 的限值。

型钢混凝土柱轴压比限值　　　　表 10.14

抗 震 等 级	一	二	三
轴压比限值	0.70	0.80	0.90

注：1. 框支柱的轴压比限值应比表中数值减少 0.10 采用；

　　2. 剪跨比不大于 2 的柱，其轴压比限值应比表中数值减少 0.05 采用；

　　3. 当混凝土强度等级大于 C60 时，表中数值宜减少 0.05。

4. 型钢钢板可不作局部稳定验算的宽厚比

型钢混凝土构件中，型钢钢板的宽厚比满足表 10.15 的要求时，可不进行局部稳定验算（图 10.52）。

型钢板件宽厚比限值　　　　表 10.15

钢号	梁		柱		
			H、十、T 形截面		箱形截面
	b/t_f	h_w/t_w	b/t_f	h_w/t_w	h_w/t_w
Q235	23	107	23	96	72
Q345	19	91	19	81	61
Q390	18	83	18	75	56

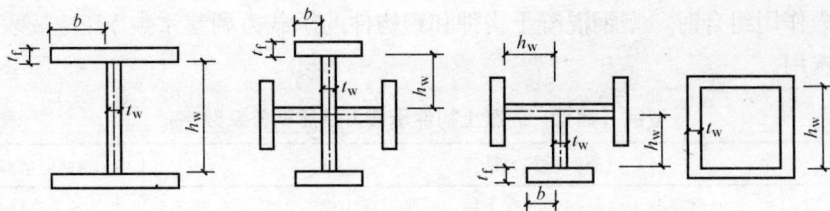

图 10.52 型钢板件宽厚比

10.9 构 造 措 施

1. 型钢混凝土梁

型钢混凝土梁应满足下列构造要求：

（1）混凝土粗骨料最大直径不宜大于 25mm，型钢宜采用 Q235 及 Q345 级钢材，也可采用 Q390 或其他符合结构性能要求的钢材。

（2）型钢混凝土梁的最小配筋率不宜小于 0.30%，梁的纵向钢筋宜避免穿过柱中型钢的翼缘。梁的纵向的受力钢筋不宜超过两排；配置两排钢筋时，第二排钢筋宜配置在型钢截面外侧。当梁的腹板高度大于 450mm 时，在梁的两侧面应沿梁高度配置纵向构造钢筋，纵向构造钢筋的间距不宜大于 200mm。

（3）型钢混凝土梁中型钢的混凝土保护层厚度不宜小于 100mm，梁纵向钢筋净间距及梁纵向钢筋与型钢骨架的最小净距不应小于 30mm，且不小于粗骨料最大粒径的 1.5 倍及梁纵向钢筋直径的 1.5 倍。

（4）型钢混凝土梁中的纵向受力钢筋宜采用机械连接。如纵向钢筋需贯穿型钢柱腹板并以 90°弯折固定在柱截面内时，抗震设计的弯折前直段长度不应小于钢筋抗震基本锚固长度 l_{abE} 的 40%，弯折直段长度不应小于 15 倍纵向钢筋直径；非抗震设计的弯折前直段长度不应小于钢筋基本锚固长度 l_{ab} 的 40%，弯折直段长度不应小于 12 倍纵向钢筋直径。

（5）梁上开洞不宜大于梁截面总高的 40%，且不宜大于内含型钢截面高度的 70%，并应位于梁高及型钢高度的中间区域。

（6）型钢混凝土悬臂梁自由端的纵向受力钢筋应设置专门的锚固件，型钢梁的上翼缘宜设置栓钉；型钢混凝土转换梁在型钢上翼缘宜设置栓钉。栓钉的最大间距不宜大于 200mm，栓钉的最小间距沿梁轴线方向不应小于 6 倍的栓钉杆直径，垂直梁方向的间距不应小于 4 倍的栓钉杆直径，且栓钉中心至型钢板件边缘的距离不应小于 50mm。栓钉顶面的混凝土保护层厚度不应小于 15mm。

（7）型钢混凝土梁的箍筋应符合下列规定：

1）箍筋的最小面积配筋率应符合式（5.58）和式（5.61）～式（5.63）的规定，且不应小于 0.15%。

2）抗震设计时，梁端箍筋应加密配置。加密区范围，一级取梁截面高度的 2.0 倍，二、三、四级取梁截面高度的 1.5 倍；当梁净跨小于梁截面高度的 4 倍时，梁箍筋应全跨加密配置。

3）型钢混凝土梁应采用具有 135°弯钩的封闭式箍筋，弯钩的直段长度不应小于 8 倍箍筋直径。非抗震设计时，梁箍筋直径不应小于 8mm，箍筋间距不应大于 250mm；抗震设计时，梁箍筋的直径和间距应符合表 10.16 的要求。

梁箍筋直径和间距（mm）　　　　　　　　　表 10.16

抗震等级	箍筋直径	非加密区箍筋间距	加密区箍筋间距
一	≥12	≤180	≤120
二	≥10	≤200	≤150
三	≥10	≤250	≤180
四	≥8	250	200

2. 型钢混凝土柱

型钢混凝土柱要满足以下构造要求：

（1）型钢混凝土柱的长细比不宜大于 80。

（2）房屋的底层、顶层以及型钢混凝土与钢筋混凝土交接层的型钢混凝土柱宜设置栓钉，型钢截面为箱形的柱子也宜设置栓钉，栓钉水平间距不宜大于 250mm。

（3）混凝土粗骨料的最大直径不宜大于 25mm。型钢柱中型钢的保护层厚度不宜小于 150mm；柱纵向钢筋净间距不宜小于 50mm，且不应小于柱纵向钢筋直径的 1.5 倍；柱纵向钢筋与型钢的最小净距不应小于 30mm，且不应小于粗骨料最大粒径的 1.5 倍。

（4）型钢混凝土柱的纵向钢筋最小配筋率不宜小于 0.8%，且在四角应各配置一根直径不小于 16mm 的纵向钢筋。

（5）柱中纵向受力钢筋的间距不宜大于 300mm；当间距大于 300mm 时，宜附加配置直径不小于 14mm 的纵向构造钢筋。

（6）型钢混凝土柱的型钢含钢率不宜小于 4%。

（7）型钢混凝土柱箍筋的构造设计应符合下列规定：

1）非抗震设计时，箍筋直径不应小于 8mm，箍筋间距不应大于 200mm。

2）抗震设计时，箍筋应做成 135°弯钩，箍筋弯钩直段长度不应小于 10 倍箍筋直径。

3）抗震设计时，柱端箍筋应加密，加密区范围应取矩形截面柱长边尺寸（或圆形截面柱直径）、柱净高的 1/6 和 500mm 三者的最大值；对剪跨比不大于 2 的柱，其箍筋均应全高加密，箍筋间距不应大于 100mm。

4）抗震设计时，柱箍筋的直径和间距应符合表 10.17 的规定，加密区箍筋最小体积配箍率尚应符合式（10.24）的要求，非加密区箍筋最小体积配箍率不应小于加密区箍筋最小体积配箍率的一半；对剪跨比不大于 2 的柱，其箍筋体积配箍率尚不应小于 1.0%，9 度抗震设计时尚不应小于 1.3%。

$$\rho_v \geqslant 0.85 \lambda_v f_c / f_y \qquad (10.24)$$

式中　λ_v——柱最小配箍特征值，宜按表 5.29 采用。

型钢混凝土柱箍筋直径和间距（mm）　　　　　　表 10.17

抗震等级	箍筋直径	非加密区箍筋间距	加密区箍筋间距
一	≥12	≤150	≤100
二	≥10	≤200	≤100
三、四	≥8	≤200	≤150

注：箍筋直径除应符合表中要求外，尚不应小于纵向钢筋直径的 1/4。

3. 型钢混凝土梁柱节点

型钢混凝土梁柱节点应满足下列的构造要求：

（1）型钢柱在梁水平翼缘处应设置加劲肋，其构造不应影响混凝土浇筑密实；

（2）箍筋间距不宜大于柱端加密区间距的 1.5 倍，箍筋直径不宜小于柱端箍筋加密区的箍筋直径；

（3）梁中钢筋穿过梁柱节点时，不宜穿过柱型钢翼缘；需穿过柱腹板时，柱腹板截面损失率不宜大于 25%，当超过 25% 时，则需进行补强；梁中主筋不得与柱型钢直接焊接。

4. 钢管混凝土柱

（1）圆形钢管混凝土构件及节点可按本规程附录 F 进行设计。

（2）圆形钢管混凝土柱尚应符合下列构造要求：

1）钢管直径不宜小于 400mm。

2）钢管壁厚不宜小于 8mm。

3）钢管外径与壁厚的比值 D/t 宜在 $(20\sim100)\sqrt{235/f_y}$ 之间，f_y 为钢材的屈服强度。

4）圆钢管混凝土柱的套箍指标 $\dfrac{f_a A_a}{f_c A_c}$，不应小于 0.5，也不宜大于 2.5。

5）柱的长细比不宜大于 80。

6）轴向压力偏心率 e_0/r_c 不宜大于 1.0，e_0 为偏心距，r_c 为核心混凝土横截面半径。

7）钢管混凝土柱与框架梁刚性连接时，柱内或柱外应设置与梁上、下翼缘位置对应的加劲肋；加劲肋设置于柱内时，应留孔以利混凝土浇筑；加劲肋设置于柱外时，应形成加劲环板。

8）直径大于 2m 的圆形钢管混凝土构件应采取有效措施减小钢管内混凝土收缩对构件受力性能的影响。

（3）矩形钢管混凝土柱应符合下列构造要求：

1）钢管截面短边尺寸不宜小于 400mm。

2）钢管壁厚不宜小于 8mm。

3）钢管截面的高宽比不宜大于 2，当矩形钢管混凝土柱截面最大边尺寸不小于800mm 时，宜采取在柱子内壁上焊接栓钉、纵向加劲肋等构造措施。

4）钢管管壁板件的边长与其厚度的比值不应大于 $60\sqrt{235/f_y}$。

5）柱的长细比不宜大于 80。

6）矩形钢管混凝土柱的轴压比应按公式（10.23）计算，并不宜大于表 10.18 的限值。

矩形钢管混凝土柱轴压比限值　　　　　　　　　表 10.18

一级	二级	三级
0.70	0.80	0.90

5. 型钢混凝土剪力墙与钢板混凝土剪力墙

（1）钢板混凝土剪力墙的受剪截面应符合下列规定：

1）持久、短暂设计状况

$$V_{cw} \leqslant 0.25 f_c b_w h_{w0} \tag{10.25}$$

$$V_{cw} = V - \left(\frac{0.3}{\lambda} f_a A_{a1} + \frac{0.6}{\lambda - 0.5} f_{sp} A_{sp} \right) \tag{10.26}$$

2）地震设计状况

剪跨比 λ 大于 2.5 时

$$V_{cw} \leqslant \frac{1}{\gamma_{RE}} (0.20 f_c b_w h_{w0}) \tag{10.27}$$

剪跨比 λ 不大于 2.5 时

$$V_{cw} \leqslant \frac{1}{\gamma_{RE}} (0.15 f_c b_w h_{w0}) \tag{10.28}$$

$$V_{cw} = V - \frac{1}{\gamma_{RE}} \left(\frac{0.25}{\lambda} f_a A_{a1} + \frac{0.5}{\lambda - 0.5} f_{sp} A_{sp} \right) \tag{10.29}$$

式中　V——钢板混凝土剪力墙截面承受的剪力设计值；

　　V_{cw}——仅考虑钢筋混凝土截面承担的剪力设计值；

　　λ——计算截面的剪跨比，当 $\lambda < 1.5$ 时，取 $\lambda = 1.5$，当 $\lambda > 2.2$ 时，取 $\lambda = 2.2$；当计算截面与墙底之间的距离小于 $0.5 h_{w0}$ 时，λ 应按距离墙底 $0.5 h_{w0}$ 处的弯矩值与剪力值计算；

　　f_a——剪力墙端部暗柱中所配型钢的抗压强度设计值；

　　A_{a1}——剪力墙一端所配型钢的截面面积，当两端所配型钢截面面积不同时，取较小一端的面积；

　　f_{sp}——剪力墙墙身所配钢板的抗压强度设计值；

　　A_{sp}——剪力墙墙身所配钢板的横截面面积。

（2）钢板混凝土剪力墙偏心受压时的斜截面受剪承载力，应按下列公式进行验算：

1）持久、短暂设计状况

$$V \leqslant \frac{1}{\lambda - 0.5} \left(0.5 f_t b_w h_{w0} + 0.13 N \frac{A_w}{A} \right) + f_{yv} \frac{A_{sh}}{s} h_{w0} +$$
$$\frac{0.3}{\lambda} f_a A_{a1} + \frac{0.6}{\lambda - 0.5} f_{sp} A_{sp} \tag{10.30}$$

2）地震设计状况

$$V \leqslant \frac{1}{\gamma_{RE}} \left[\frac{1}{\lambda - 0.5} \left(0.4 f_t b_w h_{w0} + 0.1 N \frac{A_w}{A} \right) + 0.8 f_{yv} \frac{A_{sh}}{s} h_{w0} + \right.$$
$$\left. \frac{0.25}{\lambda} f_a A_{a1} + \frac{0.5}{\lambda - 0.5} f_{sp} A_{sp} \right] \tag{10.31}$$

式中　N——剪力墙承受的轴向压力设计值，当大于 $0.2 f_c b_w h_w$ 时，取为 $0.2 f_c b_w h_w$。

（3）型钢混凝土剪力墙、钢板混凝土剪力墙应符合下列构造要求：

1）抗震设计时，一、二级抗震等级的型钢混凝土剪力墙、钢板混凝土剪力墙底部加强部位，其重力荷载代表值作用下墙肢的轴压比不宜超过表 6.25 的限值，其轴压比可按下式计算：

$$\mu_N = N / (f_c A_c + f_a A_a + f_{sp} A_{sp}) \tag{10.32}$$

式中　N——重力荷载代表值作用下墙肢的轴向压力设计值；

　　A_c——剪力墙墙肢混凝土截面面积；

　　A_a——剪力墙所配型钢的全部截面面积。

2）型钢混凝土剪力墙、钢板混凝土剪力墙在楼层标高处宜设置暗梁。

3）端部配置型钢的混凝土剪力墙，型钢的保护层厚度宜大于100mm；水平分布钢筋应绕过或穿过墙端型钢，且应满足钢筋锚固长度要求。

4）周边有型钢混凝土柱和梁的现浇钢筋混凝土剪力墙，剪力墙的水平分布钢筋应绕过或穿过周边柱型钢，且应满足钢筋锚固长度要求；当采用间隔穿过时，宜另加补强钢筋。周边柱的型钢、纵向钢筋、箍筋配置应符合型钢混凝土柱的设计要求。

（4）钢板混凝土剪力墙尚应符合下列构造要求：

1）钢板混凝土剪力墙体中的钢板厚度不宜小于10mm，也不宜大于墙厚的1/15；

2）钢板混凝土剪力墙的墙身分布钢筋配筋率不宜小于0.4%，分布钢筋间距不宜大于200mm，且应与钢板可靠连接；

3）钢板与周围型钢构件宜采用焊接；

4）钢板与混凝土墙体之间连接件的构造要求可按照现行国家标准《钢结构设计规范》GB 50017中关于组合梁抗剪连接件构造要求执行，栓钉间距不宜大于300mm；

5）在钢板墙角部1/5板跨且不小于1000mm范围内，钢筋混凝土墙体分布钢筋、抗剪栓钉间距宜适当加密。

6. 钢梁或型钢混凝土梁与筒体的连接

钢梁或型钢混凝土梁与混凝土筒体应有可靠连接，应能传递竖向剪力及水平力。当钢梁或型钢混凝土梁通过埋件与混凝土筒体连接时，预埋件应有足够的锚固长度，连接做法可按图10.53采用。

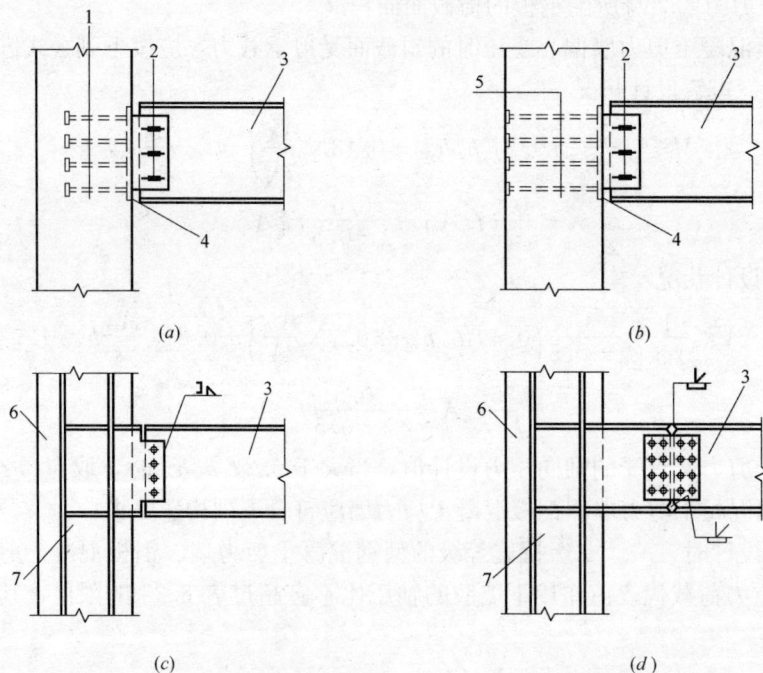

图10.53　钢梁、型钢混凝土梁与混凝土核心筒的连接构造示意
（a）铰接；（b）铰接；（c）铰接；（d）刚接

1—栓钉；2—高强度螺栓及长圆孔；3—钢梁；4—预埋件端板；5—穿筋；6—混凝土墙；7—墙内预埋钢骨柱

316

7. 埋入式柱脚

抗震设计时，混合结构中的钢柱及型钢混凝土柱、钢管混凝土柱宜采用埋入式柱脚。采用埋入式柱脚时，应符合下列规定：

（1）埋入深度应通过计算确定，且不宜小于型钢柱截面长边尺寸的 2.5 倍。

（2）在柱脚部位和柱脚向上延伸一层的范围内宜设置栓钉，其直径不宜小于 19mm，其竖向及水平间距不宜大于 200mm。

当有可靠依据时，可通过计算确定栓钉数量。

8. 钢筋混凝土核心筒、内筒

钢筋混凝土核心筒、内筒的设计，除应符合第 8 章的规定外，尚应符合下列规定：

（1）抗震设计时，钢框架-钢筋混凝土核心筒结构的筒体底部加强部位分布钢筋的最小配筋率不宜小于 0.35%，筒体其他部位的分布筋不宜小于 0.30%。

（2）抗震设计时，框架-钢筋混凝土核心筒混合结构的筒体底部加强部位约束边缘构件沿墙肢的长度宜取墙肢截面高度的 1/4，筒体底部加强部位以上墙体宜按 6.7 节的规定设置约束边缘构件。

（3）当连梁抗剪截面不足时，可采取在连梁中设置型钢或钢板等措施。

10.10 减小混合结构竖向变形差的措施

可以采取以下措施减小混合结构竖向变形差影响：

（1）核心筒先施工，比周围钢柱超前 8～15 层高，利用时间差减小竖向变形差（图 10.54）。

（2）核心筒与周围巨型柱结构之间设置多道外伸桁架（钢臂），桁架在施工期间能自由移动，待相对位移大部分完成后再刚性连接。

（3）每 10 层左右作一单元对钢柱的下料长度进行调整，以补偿内外结构竖向变形差。

（4）每 5 层设计一种特殊节点；这种节点可以允许竖向自由伸缩，但能有效地传递水平剪力，把竖向变形差限制在 5 层以内。

（5）调整混凝土的组成材料及配合比，采用合理的措施和养护方法，减小混凝土的徐变和收缩。

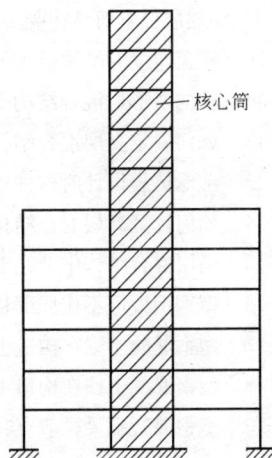

图 10.54 核心筒超前施工示意图

10.11 改善混凝土筒体延性的措施

一般可采取下列一些措施来提高混凝土筒体的延性：

（1）保证混凝土筒体角部的完整性，并加强角部的配筋，特别是筒体底部的角部更应加强。

(2) 筒体角部设置型钢柱，四周配以纵向钢筋及箍筋形成暗柱。

(3) 通过增加墙厚控制筒体剪力墙的剪应力水平。

(4) 筒体剪力墙配置多层钢筋，必要时在楼层标高处设置钢筋混凝土暗梁。

(5) 连梁采用交叉配筋方式。

(6) 若有可能，可采用型钢混凝土剪力墙或带竖缝剪力墙。

(7) 在连梁中设置水平缝。

(8) 筒体剪力墙的开洞位置尽量对称均匀。

(9) 采用钢板混凝土剪力墙。

习　题

10-1　什么结构称为高层混合结构？

10-2　世界上有哪些有代表性的高层混合结构？

10-3　高层混合结构受力上有什么特点？

10-4　高层混合结构的结构布置要注意哪些问题？

10-5　高层混合结构的最大适用高度为多少？

10-6　混合结构房屋高宽比限值为多少？

10-7　如何计算高层混合结构在竖向荷载和水平荷载作用下的内力与位移？

10-8　钢框架与混凝土筒体的抗弯刚度比对结构受力性能有什么影响？

10-9　加强层位置对结构受力性能有什么影响？

10-10　楼盖刚度对结构受力性能有什么影响？

10-11　轴向变形对混合结构受力性能有什么影响？

10-12　如何确定高层混合结构的抗震等级？

10-13　考虑抗震设计时构件承载力调整系数如何取值？

10-14　如何计算高层混合结构中型钢混凝土柱的轴压比？

10-15　高层混合结构中型钢混凝土柱的轴压比限值为多少？

10-16　型钢钢板可不作局部稳定验算的宽厚比为多少？

10-17　型钢混凝土梁在构造上应满足哪些要求？

10-18　型钢混凝土柱在构造上要满足哪些要求？

10-19　型钢混凝土梁柱节点在构造上要满足哪些要求？

10-20　减小混合结构竖向变形差异的措施有哪些？

10-21　改善混凝土筒体延性的措施有哪些？

10-22　某 25 层高层建筑，采用外钢框架、内混凝土核心筒体结构，混凝土强度等级为 C40，钢结构的钢材采用 Q235B。外框架采用 H 形（$594 \times 302 \times 14 \times 23$）钢柱与工字形（$450 \times 160 \times 8.6 \times 14.2$）钢梁；角柱采用十字形钢柱（$594 \times 302 \times 14 \times 23$）；混凝土筒体墙厚 300mm；钢筋混凝土楼面板和屋面板厚 200mm。底层层高 5.5m，其余各层层高 3.4m，平面布置见图 10.55。要求采用等效角柱法将其化算成框-剪结构，利用协同工作原理求结构 y 向在风荷载作用下的变形、剪力墙的弯矩和剪力以及钢框架的弯矩，并将它们画成图形。基本风压值为 $\omega_0 = 0.40 \text{kN/m}^2$。

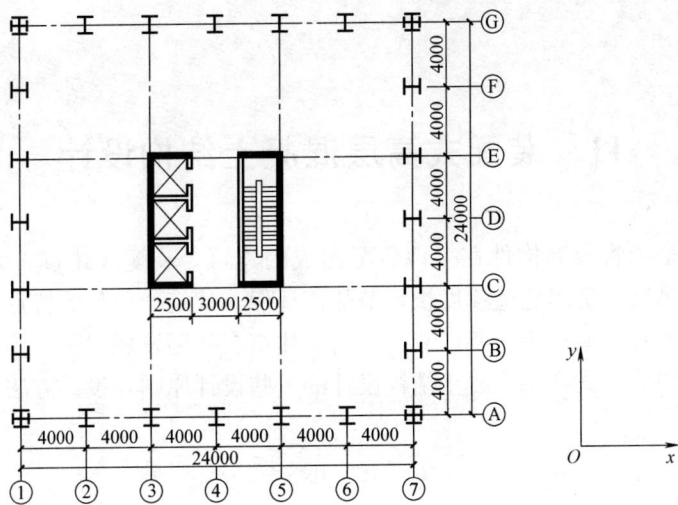

图 10.55 结构平面布置图

11 装配式高层混凝土结构设计

装配式建筑是指将预制构件在工地装配而成的建筑。装配式建筑具有构件工厂化生产，现场机械化吊装，房屋建造速度快，节能、环保，建筑产业化等特点，使我国建筑业落后的面貌得到改善。最近十多年，装配式高层建筑在我国发展很快，并且有着广泛的应用前景。本章介绍装配式高层混凝土结构设计的一些设计原则与设计方法。

11.1 一般规定

1. 最大适用高度

装配式混凝土结构可分为全装配式混凝土结构和装配整体式混凝土结构两类。全装配式混凝土结构是将预制构件用连接件连接而成的，装配整体式混凝土结构的构件部分预制、部分在工地用混凝土现浇而成。全装配式混凝土结构现场无湿作业，施工速度快，但预制构件的节点和接缝是点式连接，节点和接缝的刚度较小，结构的抗震性能较弱。装配整体式混凝土结构的梁板是叠合构件，节点和接缝采用现浇混凝土连接，结构的刚度大，抗震性能好。全装配式混凝土结构适合多层装配式混凝土结构采用，装配整体式混凝土结构适合高层装配式混凝土结构采用。本章介绍装配整体式混凝土结构。

装配整体式框架结构、装配整体式剪力墙结构、装配整体式框架-现浇剪力墙结构、装配整体式框架-现浇核心筒结构、装配整体式部分框支剪力墙结构的最大适用高度应满足表 11.1 的要求，并应符合下列规定：

（1）当结构中竖向构件全部为现浇且楼盖采用叠合梁板时，房屋的最大适用高度可按现行行业标准《高层建筑混凝土结构技术规程》JGJ 3—2010 中的规定采用；

（2）装配整体式剪力墙结构和装配整体式部分框支剪力墙结构，在规定的水平作用力下，当预制剪力墙构件底部承担的总剪力大于该层总剪力的 50% 时，其最大适用高度应适当降低；当预制剪力墙构件底部承担的总剪力大于该层总剪力的 80% 时，最大适用高度应取表 11.1 中括号内的数值。

装配整体式结构房屋的最大适用高度（m） 表 11.1

结　构　类　型	抗震设防烈度			
	6 度	7 度	8 度(0.20g)	8 度(0.30g)
装配整体式框架结构	60	50	40	30
装配整体式框架-现浇剪力墙结构	130	120	100	80
装配整体式框架-现浇核心筒结构	140	120	100	80
装配整体式剪力墙结构	130(120)	110(100)	90(80)	70(60)
装配整体式部分框支剪力墙结构	110(100)	90(80)	70(60)	40(30)

注：1. 房屋高度指室外地面到主要屋面的高度，不包括局部突出屋顶部分；

2. 部分框支剪力墙结构指地面以上有部分框支剪力墙的剪力墙结构，不包括仅个别框支墙的情况；

3. 当房屋高度超过表中数值时，结构设计应有可靠依据，并采取有效的加强措施。

2. 最大高宽比

装配整体式混凝土结构的高宽比不宜超过表 11.2 的规定。

装配整体式结构适用的最大高宽比 表 11.2

结构类型	抗震设防烈度	
	6度、7度	8度
装配整体式框架结构	4	3
装配整体式框架-现浇剪力墙结构	6	5
装配整体式剪力墙结构	6	5
装配整体式框架-现浇核心筒结构	7	6

3. 抗震等级

装配整体式混凝土结构构件的抗震设计，应根据设防类别、烈度、结构类型和房屋高度采用不同的抗震等级，并应符合相应的计算和构造措施要求。丙类装配整体式混凝土结构的抗震等级应按表 11.3 确定。其他抗震设防类别和特殊场地类别下的建筑应符合国家现行标准《建筑抗震设计规范》GB 50011—2010、《装配式混凝土结构技术规程》JGJ 1—2014、《高层建筑混凝土结构技术规程》JGJ 3—2010 中对抗震计算或构造措施进行调整的规定。

丙类装配整体式结构的抗震等级 表 11.3

结构类型		6度		7度			8度		
装配整体式框架结构	高度(m)	≤24	>24	≤24	>24		≤24	>24	
	框架	四	三	三	二		二	一	
	大跨度框架	三		二			一		
装配整体式框架-现浇剪力墙结构	高度(m)	≤60	>60	≤24	>24且≤60	>60	≤24	>24且≤60	>60
	框架	四	三	四	三	二	三	二	一
	剪力墙	三	三	三	二	二	二	二	一
装配整体式框架-现浇核心筒结构	高度(m)	≤60	>60	≤60	>60		≤60	>60	
	框架	四	三	三	二		二	一	
	核心筒	三	二	二	二		二	一	
装配整体式剪力墙结构	高度(m)	≤70	>70	≤24	>24且≤70	>70	≤24	>24且≤70	>70
	剪力墙	四	三	四	三	二	三	二	一
装配整体式部分框支剪力墙结构	高度	≤70	>70	≤24	>24且≤70	>70	≤24	>24且≤70	>70
	现浇框支框架	二	二	二	二	二	二	二	一
	底部加强部位剪力墙	三	二	三	二	二	二	二	一
	其他区域剪力墙	四	三	四	三	二	三	二	一

注：大跨度框架指跨度不小于 18m 的框架。

抗震设计的装配式混凝土结构，当其房屋高度、规则性、结构类型、节点连接构造、构件形式和构造等不符合《装配式混凝土建筑技术标准》GB/T 51231—2016 的规定或者抗震设防标准有特殊要求时，可按国家现行标准《建筑抗震设计规范》GB 50011 和《高层建筑混凝土结构技术规程》JGJ 3 的有关规定进行结构抗震性能化设计。结构在设防烈度及罕遇地震作用下的内力及变形分析，可根据结构受力状态采用弹性分析方法或弹塑性分析方法。

11.2 结构用材料

普通混凝土结构的结构用材料主要是混凝土、钢筋、型钢或钢板。装配式结构的结构用材料除了混凝土、钢筋、型钢和钢板外，还有连接用材料。混凝土、钢筋、钢材和连接用材料的力学性能指标和耐久性要求等，应符合国家现行标准《混凝土结构设计规范》GB 50010、《钢结构设计规范》GB 50017 和《装配式混凝土建筑技术标准》GB/T 51231—2016 等的有关规定。本节介绍几种连接用材料。

1. 金属波纹管

钢筋金属波纹管浆锚搭接连接采用的金属波纹管，应符合现行行业标准《预应力混凝土用金属波纹管》JG 225 的有关规定。金属波纹管宜采用软钢带制作，性能应符合现行国家标准《碳素结构钢冷轧钢带》GB 716 的有关规定；当采用镀锌钢带时，其双面镀锌层重量不宜小于 $60g/m^2$，性能应符合现行国家标准《连续热镀锌钢板及钢带》GB/T 2518 的有关规定。

2. 挤压套筒

挤压套筒原材料的实测力学性能应符合现行行业标准《钢筋机械连接用套筒》JG/T 163 的有关规定；适用于挤压套筒连接的钢筋应为 HRB335、HRB335E、HRB400、HRB400E、HRB500 和 HRB500E 级热轧带肋钢筋。钢筋强度等级代号后带"E"的代表抗震用钢筋。

3. 内外叶墙板间的拉结件

预制混凝土夹心保温外墙板中内外叶墙板间的拉结件，宜采用纤维增强塑料（FRP）拉结件或不锈钢拉结件。

（1）当采用纤维增强塑料（FRP）拉结件时，其材料力学性能指标应符合表 11.4 的要求，其耐久性能应符合国家现行标准《纤维增强复合材料建设工程应用技术规范》GB 50608 的有关规定。

纤维增强塑料（FRP）拉结件材料力学性能指标　　　　　表 11.4

项目	指标要求	试验方法
拉伸强度	≥700MPa	GB/T 1447
弹性模量	≥42GPa	GB/T 1447
抗剪强度	≥30MPa	JC/T 773

（2）当采用不锈钢拉结件时，其材料力学性能指标应符合表 11.5 的要求。

项目	指标要求	试验方法
屈服强度	≥380MPa	GB/T 228
拉伸强度	≥500MPa	GB/T 228
弹性模量	≥190GPa	GB/T 228
抗剪强度	≥300MPa	GB/T 6400

11.3　结 构 分 析

装配整体式混凝土结构的分析方法与普通现浇混凝土结构的分析方法基本相同。

1. 弹性分析模型

装配整体式混凝土结构弹性分析模型中，节点和接缝的模拟应符合下列规定：

（1）当预制构件之间采用现浇连接且接缝构造及承载力满足《装配混凝土结构技术规程》JGJ 1 中的相应要求时，可按现浇混凝土结构进行模拟；

（2）对于《装配式混凝土建筑技术标准》GB/T 51231—2016 中未包含的连接节点及接缝形式，应按照实际情况模拟。

2. 弹塑性分析中节点及接缝的模拟

装配整体式混凝土结构弹塑性分析中，节点及接缝的模拟应根据其在受力全过程中的特性确定。材料的非线性行为可根据现行国家标准《混凝土结构设计规范》GB 50010 确定，节点、接缝的非线性行为可根据试验研究确定。

3. 层间最大位移角限值

按弹性方法计算的风荷载或多遇地震标准值作用下的楼层层间最大位移 Δu 与层高 h 之比的限值宜按表 4.9 采用。罕遇地震作用下，结构薄弱层（部位）层间弹塑性位移应按 4.7 节的方法计算，层间弹塑性位移角应满足表 4.10 的要求。

11.4　预制构件设计与连接

1. 预制构件设计应符合的规定

预制构件设计应符合以下规定：

（1）根据结构方案和传力途径的要求，确定预制构件的布置及构造；

（2）预制构件的设计应满足建筑使用功能，并符合标准化要求；

（3）预制构件的形状、尺寸、重量等应充分考虑制作、运输、安装各环节的要求。

2. 预制构件设计应进行的验算

预制构件的设计应按下列不同状况，分别进行验算：

（1）对持久设计状况，应对预制构件进行承载力、变形、裂缝验算；

（2）对地震设计状况，应对预制构件进行承载力验算；

（3）对制作、运输和堆放、安装等短暂设计状况下的预制构件验算，应符合现行国家标准《混凝土结构工程施工规范》GB 50666 的有关规定；

（4）预制构件的配筋设计应便于工厂化生产和现场连接，同等设计强度下，宜统一钢筋规格，采用大直径、大间距的方式进行配筋设计。

3. 预制构件连接应符合的规定

预制构件连接应符合国家现行标准《混凝土结构设计规范》GB 50010、《建筑抗震设计规范》GB 50011 和《装配式混凝土结构技术规程》JGJ 1 等有关规定，并应符合下列规定：

（1）连接构造合理、传力直接、施工方便，能保证结构整体性；

（2）预制构件的拼接部位宜设置在构件受力较小的部位；

（3）连接节点不应先于构件破坏；

（4）满足使用和施工阶段的承载力、稳定性和变形的要求。

4. 接缝的受剪承载力

装配整体式结构中，接缝的正截面承载力应符合现行国家标准《混凝土结构设计规范》GB 50010 的规定。接缝的受剪承载力应符合下列规定：

（1）持久设计状况：

$$\gamma_0 V_{jd} \leqslant V_u \tag{11.1}$$

（2）地震设计状况：

$$V_{jdE} \leqslant V_{uE}/\gamma_{RE} \tag{11.2}$$

在梁、柱端部箍筋加密区及剪力墙底部加强部位，尚应符合以下规定：

$$\eta_j V_{mua} \leqslant V_{uE} \tag{11.3}$$

式中　γ_0——结构重要性系数，安全等级为一级时不应小于 1.1，安全等级为二级时不应小于 1.0；

V_{jd}——持久设计状况下接缝剪力设计值（N）；

V_{jdE}——地震设计状况下接缝剪力设计值（N）；

V_u——持久设计状况下梁端、柱端、剪力墙底部接缝受剪承载力设计值（N）；

V_{uE}——地震设计状况下梁端、柱端、剪力墙底部接缝受剪承载力设计值（N）；

V_{mua}——被连接构件端部按实配钢筋面积计算的斜截面受剪承载力设计值（N）；

γ_{RE}——接缝受剪承载力抗震调整系数，取 0.85；

η_j——接缝受剪承载力增大系数，抗震等级为一级和二级时取 1.2，抗震等级为三级和四级时取 1.1。

5. 预制构件接长连接应满足的要求

预制构件接长连接应满足下列要求：

（1）连接部位的受力钢筋宜采用机械连接；采用焊接连接时，应考虑焊接应力对接头的不利影响；

（2）接长连接应考虑施工和使用过程中的温差、混凝土收缩等不利影响，宜适当增加构造配筋；

（3）接长连接宜采用细石混凝土，强度等级应比预制构件提高一级，并应采取措施减少混凝土的收缩；

（4）接长连接应考虑构件制造误差的影响。

6. 节点及接缝处的纵向钢筋连接

装配整体式混凝土结构中，节点及接缝处的纵向钢筋连接宜根据接头受力、施工工艺等要求选用套筒灌浆连接、机械连接、浆锚搭接连接、焊接连接、绑扎搭接连接等连接方式。当采用套筒灌浆连接时，应满足现行行业标准《钢筋套筒灌浆连接应用技术规程》JGJ 355的要求；当采用机械连接时，应满足现行行业标准《钢筋机械连接技术规程》JGJ 107的要求；当采用焊接连接时，应满足行业标准《钢筋焊接及验收规程》JGJ 18 的要求。

纵向钢筋采用浆锚搭接连接时，对预留孔成孔工艺、孔道形状和长度、构造要求、灌浆料和被连接钢筋，应进行力学性能以及适用性的试验验证。直径大于 20mm 的钢筋不宜采用浆锚搭接连接，直接承受动力荷载的构件纵向钢筋不应采用浆锚搭接连接。

纵向钢筋采用挤压套筒连接时，应符合下列规定：

（1）预制构件之间应预留后浇段，后浇段高度或长度应根据挤压套筒接头安装工艺等确定；

（2）挤压套筒接头应满足Ⅰ级接头的要求；

（3）挤压套筒的尺寸，可根据被连接钢筋的牌号、直径以及套筒所用钢材的力学性能和挤压工艺等确定。

11.5 楼盖设计

1. 楼盖结构型式的选择

装配整体式结构的楼盖宜采用叠合楼盖，叠合梁、板设计应符合国家现行标准《混凝土结构设计规范》GB 50010 和《装配式混凝土结构技术规程》JGJ 1 的有关规定。

装配整体式结构中，下列部位宜采用现浇楼盖：

（1）结构转换层；

（2）平面复杂或开洞较大的楼层；

（3）作为上部结构嵌固部位的地下室楼层；

（4）顶层楼板；当顶层楼板采用叠合楼板时，后浇混凝土叠合层厚度不应小于 100mm，且后浇层内宜采用双层双向通长配筋，上层钢筋直径不宜小于 8mm，间距不宜大于 200mm。

2. 叠合板设计方法

叠合板可根据预制板接缝构造、支座构造、长宽比按单向板或双向板设计。当预制板之间采用分离式接缝（图 11.1a）时，宜按单向板设计。对长宽比不大于 3 的四边支承叠合板，当其预制板之间采用整体式接缝（图 11.1b）或无接缝（图 11.1c）时，可按双向板设计。

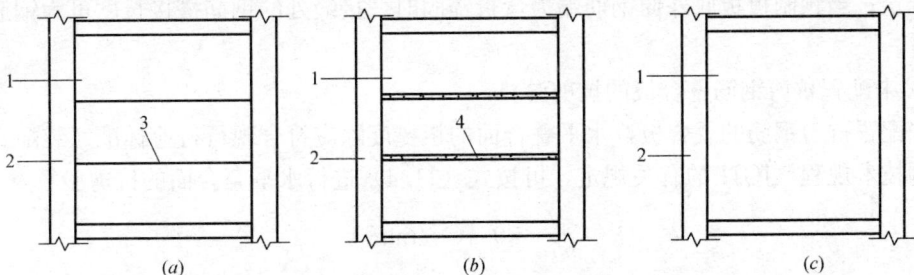

图 11.1 叠合板的预制板布置形式示意

（a）单向叠合板；（b）带接缝的双向叠合板；（c）无接缝双向叠合板

1—预制板；2—梁或墙；3—板侧分离式接缝；4—板侧整体式接缝

3. 叠合板支座处的纵向钢筋配置

叠合板支座处的纵向钢筋配置应符合现行行业标准《装配式混凝土结构技术规程》JGJ1 的有关规定。当后浇混凝土叠合层厚度不小于 100mm，且不小于预制层厚度的 1.5 倍时，支承端预制板内纵向受力钢筋可采用搭接方式锚入支承梁或墙的现浇层内（图 11.2），并应符合下列规定：

（1）附加钢筋截面面积应经计算确定，且不应少于受力方向跨中板底钢筋面积的 1/3；

（2）附加钢筋直径不宜小于 8mm，间距不宜大于 300mm；

（3）当附加钢筋为构造钢筋时，伸入楼板的长度不应小于与板底钢筋的受压搭接长度，伸入支座的长度不应小于 15d（d 为附加钢筋直径）且宜伸衬支座中的线；当附加钢筋为受拉钢筋时，深入支座的长度不应小于受拉钢筋锚固长度，深入楼板的长度不应小于与板底钢筋的受拉搭接长度 l_a；

（4）在垂直于附加钢筋的方向宜布置横向分布钢筋，在搭接范围内，不宜少于 3 根分布钢筋，且钢筋直径不宜小于 6mm，间距不宜大于 250mm。

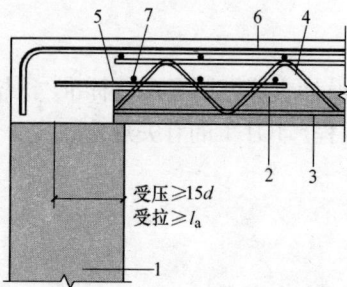

图 11.2 叠合板板端构造示意

1—支撑梁或墙；2—预制板；3—板底钢筋；4—桁架钢筋；5—附加钢筋；6—支座钢筋；7—横向分布钢筋

4. 双向叠合板板侧的整体式接缝构造

双向叠合板板侧的整体式接缝宜设置在叠合板的次要受力方向上且宜避开最大弯矩截面。接缝可采用后浇带形式，并应符合下列规定：

（1）后浇带宽度不宜小于 200mm。

（2）后浇带两侧板底纵向受力钢筋可在后浇带中焊接、搭接连接、弯折锚固。

（3）当后浇带两侧板底纵向受力钢筋在后浇带中弯折锚固时，应符合现行行业标准《装配式混凝土结构技术规程》JGJ1 的有关规定。

（4）当后浇带两侧板底纵向受力钢筋在后浇带中搭接连接时，应符合下列规定：

1）预制板板底外伸钢筋可为直线形，也可将其端部弯折 90°或 135°（图 11.3）；

2）接缝处的钢筋搭接长度应符合现行国家标准《混凝土结构设计规范》GB 50010 的有关规定；当预制板板底外伸钢筋端为弯折锚固时，接缝处的钢筋搭接长度可为钢筋的锚固长度。

5. 未配置抗剪钢筋叠合板的抗剪验算

未配置抗剪钢筋的叠合板，水平叠合面的粗糙度除应符合现行行业标准《装配式混凝土结构技术规程》JGJ1 的有关规定，可按式（11.4）进行水平叠合面的抗剪验算：

$$\frac{V}{bh_0} \leqslant 0.4 (\text{N/mm}^2) \tag{11.4}$$

式中 V——叠合板验算截面处剪力；

b——叠合板宽度；

h_0——叠合板有效高度。

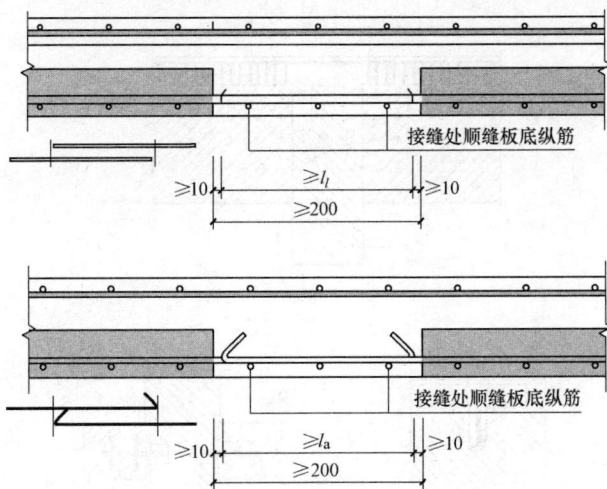

图 11.3 双向叠合板整体式接缝构造示意图

6. 叠合梁水平叠合面受剪承载力验算

叠合梁水平叠合面的受剪承载力验算应符合下列规定：

（1）叠合面的受剪承载力验算应以支座点、弯矩绝对值最大点和零弯矩点为界限，划分为若干剪跨区分别进行；

（2）每个剪跨区段内，叠合面上的纵向剪力 V_h 可按下式计算：

$$V_h = A_c f_c \tag{11.5}$$

式中　A_c——叠合面以上混凝土受压区面积；

　　　f_c——混凝土轴心抗压强度设计值。

（3）各剪跨区段内的水平叠合面受剪承载力应按以下规定验算：

$$V_h \leqslant c f_t A_{ch} + A_{sd} f_{yd} (\mu \sin\alpha + \cos\alpha) < 0.25 f_c A_{ch} \tag{11.6}$$

式中　f_t——混凝土轴心抗拉强度设计值；

　　　A_{ch}——各剪跨区段的水平叠合面面积；

　　　A_{sd}——各剪跨区段内，穿过叠合面的抗剪钢筋截面面积，箍筋可计入抗剪钢筋；

　　　f_{yd}——抗剪钢筋抗拉强度设计值，且不大于 360N/mm²；

　　　α——抗剪钢筋与水平叠合面的夹角，$0° \leqslant \alpha \leqslant 90°$；

　　c、μ——与水平叠合面粗糙度相关的系数，当粗糙面符合《装配式混凝土结构技术规程》JGJ1 有关规定时可取 $c = 0.45$，$\mu = 0.7$。

（4）抗剪钢筋配筋率 ρ_{sd} 不应低于 0.2%，配筋率按下式计算：

$$\rho_{sd} = \frac{A_{sd}}{A_{ch}} \tag{11.7}$$

（5）抗剪钢筋在叠合面两侧均应有可靠锚固且锚固长度不应小于 15d，d 为抗剪钢筋直径。

7. 主梁与次梁的连接方法

主梁与次梁连接宜采用铰接连接，也可采用刚接连接。当采用刚接连接时，应符合现行行业标准《装配式混凝土结构技术规程》JGJ1 的有关规定。当采用铰接连接时，可采用牛担板企口连接（图 11.4）或挑耳企口连接形式（图 11.5）。

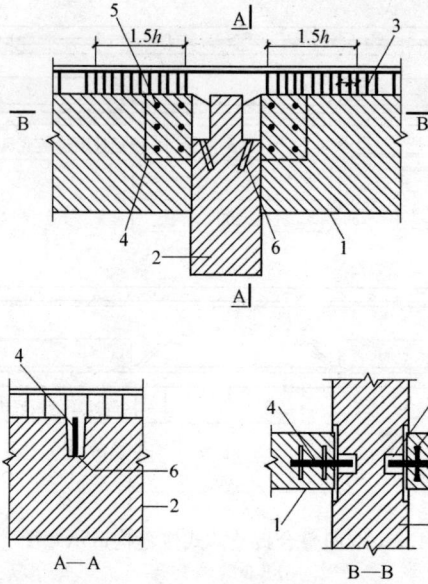

图 11.4　牛担板企口接头示意

1—预制次梁；2—预制主梁；3—次梁端部加密箍筋；4—钢板；5—栓钉；6—预埋件；7—灌浆料

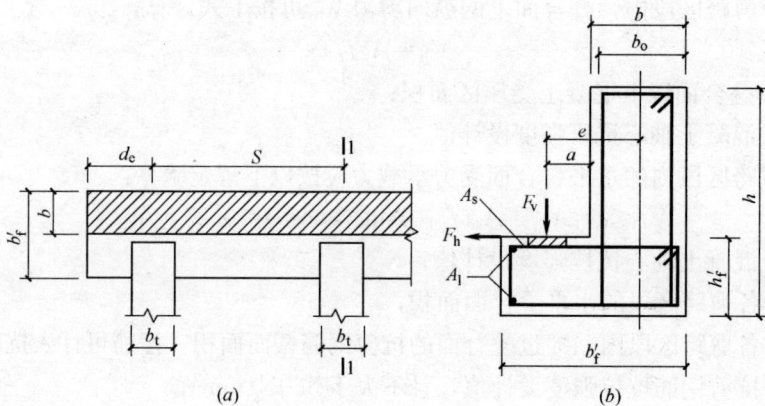

图 11.5　挑耳企口连接示意

（a）平面图；（b）1-1 剖面图

11.6　装配整体式框架结构设计

对抗震等级一、二、三级的装配整体式框架，应进行梁柱节点核心区抗震受剪承载力验算；对四级框架可不进行验算。梁柱节点核心区抗震受剪承载力验算和构造应符合现行国家标准《混凝土结构设计规范》GB 50010 及《建筑抗震设计规范》GB 50011 中的有关规定。

1. 叠合梁端竖向接缝抗剪承载力设计值

（1）混凝土叠合梁端竖向接缝的受剪承载力设计值应按下列公式计算：

1）持久设计状况

$$V_u = 0.07 f_c A_{c1} + 0.10 f_c A_k + 1.65 A_{sd} \sqrt{f_c f_y} \tag{11.8}$$

2）地震设计状况

$$V_{uE} = 0.04 f_c A_{c1} + 0.06 f_c A_k + 1.65 A_{sd} \sqrt{f_c f_y} \tag{11.9}$$

式中　A_{c1}——叠合梁端截面后浇混凝土叠合层截面面积；

　　　f_c——预制构件混凝土轴心抗压强度设计值；

　　　f_y——垂直穿过结合面钢筋抗拉强度设计值；

　　　A_k——各键槽的根部截面面积（图11.6）之和，按后浇键槽根部截面和预制键槽根部截面分别计算，并取二者中的较小值；

　　　A_{sd}——垂直穿过结合面除预应力筋外的所有钢筋的面积，包括叠合层内的纵向钢筋。

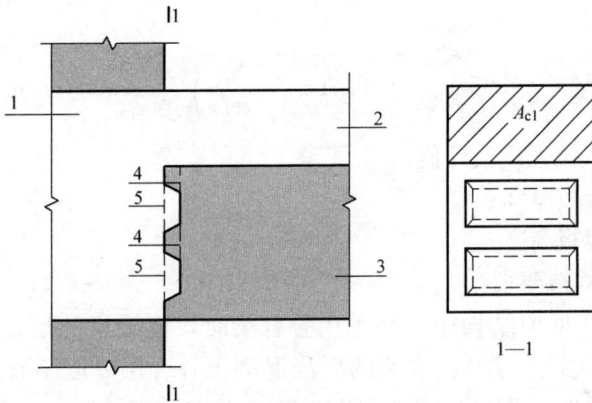

图 11.6　叠合梁端受剪承载力计算参数示意

1—后浇节点区；2—后浇混凝土叠合层；3—预制梁；4—预制键槽根部截面；5—后浇键槽根部截面

（2）型钢混凝土叠合梁端竖向接缝的抗剪承载力设计值应按下列公式计算：

1）持久设计状况

$$V_u = 0.07 f_c A_{c1} + 0.10 f_c A_k + 1.65 A_{sd} \sqrt{f_c f_y} + 0.58 f_s t_w h_w \tag{11.10}$$

2）地震设计状况

$$V_{uE} = 0.04 f_c A_{c1} + 0.06 f_c A_k + 1.65 A_{sd} \sqrt{f_c f_y} + 0.58 f_s t_w h_w \tag{11.11}$$

式中　f_s——型钢抗拉强度设计值；

　　　t_w——型钢腹板厚度；

　　　h_w——型钢腹板高度。

2. 预制柱底水平接缝受剪承载力设计值

（1）在地震设计状况下，预制柱底水平接缝的受剪承载力设计值应按下列公式计算：

1）当预制柱受压时：

$$V_{uE} = 0.8N + 1.65 A_{sd} \sqrt{f_c f_y} \tag{11.12}$$

2）当预制柱受拉时：

$$V_{uE} = 1.65 A_{sd} \sqrt{f_c f_y \left[1 - \left(\frac{N}{A_{sd} f_y} \right)^2 \right]}$$ (11.13)

式中 f_c——预制构件混凝土轴心抗压强度设计值；

f_y——垂直穿过结合面钢筋抗拉强度设计值；

N——与剪力设计值 V 相应的垂直于结合面的轴向力设计值，取绝对值进行计算；

A_{sd}——垂直穿过结合面所有钢筋的面积；

V_{uE}——地震设计状况下接缝受剪承载力设计值。

（2）在地震设计状况下，型钢混凝土预制柱底水平接缝的受剪承载力设计值应按下列公式计算：

1）当柱受压时：

$$V_{uE} = 0.8N + 1.65 A_{sd} \sqrt{f_c f_y} + 0.58 f_s t_w h_w$$ (11.14)

2）当柱受拉时：

$$V_{uE} = 1.65 A_{sd} \sqrt{f_c f_y \left[1 - \left(\frac{N}{A_{sd} f_y} \right)^2 \right]} + 0.58 f_s t_w h_w$$ (11.15)

式中 f_s——型钢抗拉强度设计值；

t_w——型钢腹板厚度；

h_w——型钢腹板高度。

3. 对叠合梁的构造要求

（1）装配整体式框架结构中，当采用叠合梁时，框架梁的后浇混凝土叠合层厚度不宜小于150mm（图 11.7a），次梁的后浇混凝土叠合层厚度不宜小于120mm；当采用凹口截面预制梁时（图 11.7b），凹口深度不宜小于50mm，凹口边厚度不宜小于50mm。

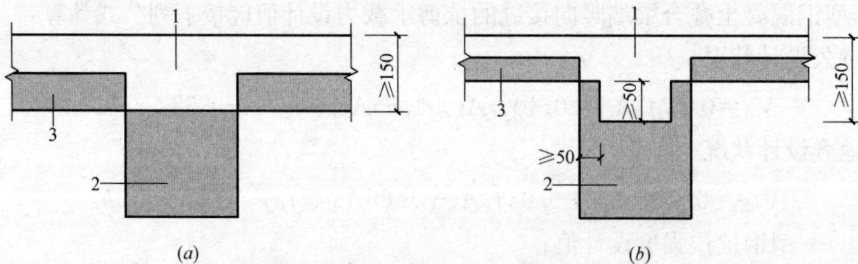

图 11.7 叠合框架梁截面示意

（a）矩形截面预制梁；（b）凹口截面预制梁

（2）叠合梁的钢筋配置应符合下列规定：

1）叠合框架梁的梁端箍筋加密区宜采用整体封闭箍筋，当叠合梁受扭时宜采用整体封闭箍筋，且整体封闭箍筋的搭接部分宜设置在预制部分中（图 11-8a）。

2）当采用组合封闭箍筋的形式时（图 11.8b），开口箍筋上方两端弯钩不应小于 135°，平直段长度不应小于 10d（d 为箍筋直径）；现场应采用箍筋帽封闭开口箍，箍筋帽宜两端做成 135°弯钩，也可做成一端 135°另一端 90°弯钩，但 135°和 90°弯钩应沿纵向受力钢筋方向错开设置，弯钩平直段长度不应小于 10d。

3）框架梁箍筋加密区长度内的箍筋肢距：一级抗震等级，不宜大于 200mm 和 20 倍箍筋直径的较大值，且不应大于 300mm；二、三级抗震等级，不宜大于 250mm 和 20 倍箍筋直径的较大值，且不应大于 350mm；四级抗震等级，不宜大于 300mm，且不应大于 400mm。梁的箍筋可采用并箍。

4. 对预制柱的构造要求

（1）装配整体式框架结构中，预制柱的纵向钢筋连接应符合下列规定：

1）当房屋高度不大于 12m 或层数不超过 3 层时，可采用套筒灌浆连接、机械连接、浆锚搭接连接、钢筋焊接等方式；

2）当房屋高度大于 12m 或层数超过 3 层时，预制柱的纵向钢筋宜采用套筒灌浆连接、机械连接。

（2）预制柱的设计应符合现行国家标准《混凝土结构设计规定》GB 50010 的规定，并应符合下列规定：

1）矩形柱截面宽度或圆柱直径不宜小于 400mm 且不宜小于同方向梁宽的 1.5 倍。

2）柱纵向受力钢筋在柱底连接时，柱箍筋加密区长度不应小于纵向受力钢筋连接区域长度与 500mm 之和；当采用套筒灌浆连接、挤压套筒连接或浆锚搭接连接等方式时，套筒或者搭接段上端第一道箍筋距离套筒或搭接段顶部不应大于 50mm（图 11.9）。

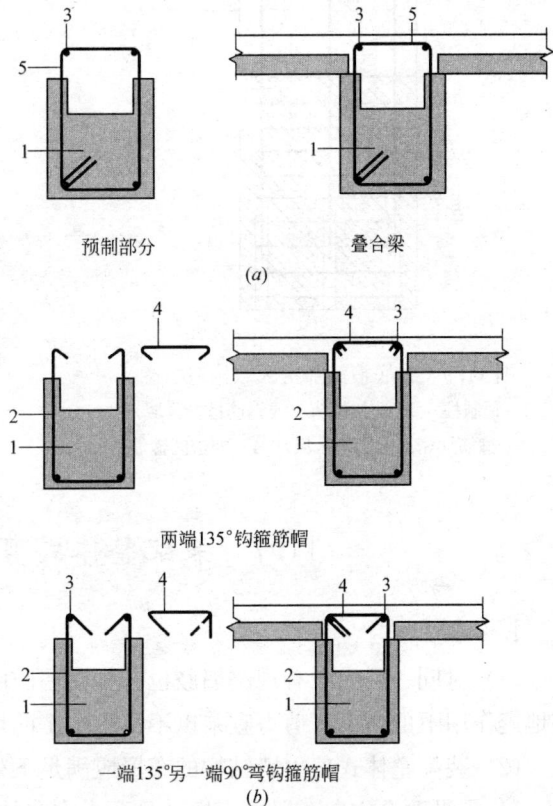

预制部分　　　　　叠合梁

(a)

两端135°钩箍筋帽

一端135°另一端90°弯钩箍筋帽

(b)

图 11.8　叠合梁箍筋构造示意

(a) 采用整体封闭箍筋的叠合梁；(b) 采用组合封闭箍筋的叠合梁

1—预制梁；2—开口箍筋；3—上部纵向钢筋；
4—箍筋帽；5—封闭箍筋

3）柱纵向受力钢筋直径不宜小于 20mm，纵向受力钢筋的间距不宜小于 200mm 且不应大于 400mm。柱的纵向受力钢筋可集中于四角对称配置。当箍筋肢距不满足最大间距要求时，可设置辅助纵向钢筋；辅助纵向钢筋的直径不宜小于 10mm；正截面承载力计算不计入辅助纵向钢筋时，辅助纵向钢筋可不伸入框架节点。

4）预制柱箍筋可采用连续复合箍筋。

（3）当装配整体式框架中上、下层相邻预制柱纵向钢筋套筒灌浆连接时，预制柱顶、底与后浇节点区之间设置拼缝（图11.10），并应符合下列规定：

1）预制柱顶及后浇节点区顶面应做成粗糙面，凹凸深度不小于6mm；

2）预制柱底面应设置键槽；

3）预制柱底面与后浇核心区之间应设置接缝，接缝厚度为20mm，并应采用灌浆料填实。

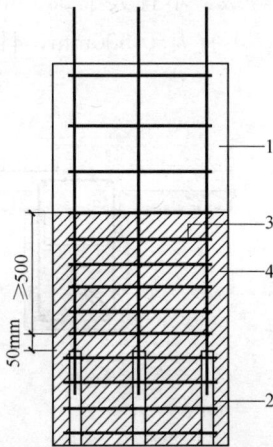

图11.9　柱底箍筋加密区域构造示意

1—预制柱；2—连接接头（或钢筋搭接区域）；

3—箍筋加密区（阴影区域）；4—加密区箍筋

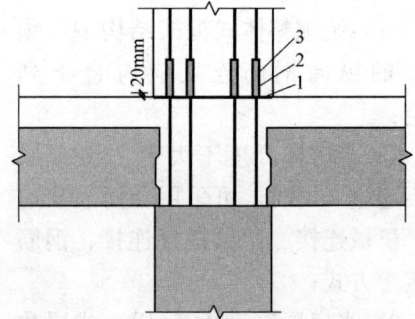

图11.10　预制柱底接缝构造示意

1—后浇节点区混凝土上表面粗糙面；

2—接缝灌浆层；3—后浇区

11.7　装配整体式剪力墙结构设计

1. 一般规定

（1）对同一层内既有现浇墙肢也有预制墙肢的装配整体式剪力墙结构，现浇墙肢在水平地震作用下的弯矩、剪力宜乘以不小于1.1的增大系数。

（2）装配整体式剪力墙结构的布置应满足下列要求：

1）应沿两个方向布置剪力墙，且两个方向的侧向刚度不宜相差过大。

2）剪力墙的平面布置宜简单、规则，自下而上宜连续布置，避免层间侧向刚度突变。

3）门窗洞口宜上下对齐、成列布置，形成明确的墙肢和连梁；抗震等级为一、二、三级的剪力墙底部加强部位不应采用错洞墙，结构全高均不应采用叠合错洞墙。

4）剪力墙墙段长度不宜大于8m，各墙段高度与长度的比值不宜小于3。

2. 墙板设计

（1）上、下层预制剪力墙竖向钢筋采用套筒灌浆连接时，自套筒底部至套筒顶部并向上延伸300mm范围内，预制剪力墙的水平分布筋应加密（图11.11），加密水平分布筋的最大间距及最小直径应符合表11.6的规定，套筒上端第一道水平分布钢筋距离套筒顶部不应大于50mm。

抗震等级	最大间距(mm)	最小直径(mm)
一、二级	100	8
三、四级	150	8

（2）上下层预制剪力墙竖向钢筋采用挤压套筒连接时，预制剪力墙应符合下列规定：

1）预制墙底可在截面厚度的中部设置支腿，支腿不宜在窗洞口位置；

2）预制墙底面可在截面中部设置梯形槽，槽深宜为 50mm，上下边长可分别为 80mm 和 100mm（图 11.12）。

（3）上下层预制剪力墙竖向钢筋采用金属波纹管浆锚搭接连接时，预制剪力墙的底部钢筋连接区域宜采用水平分布筋加密、箍筋加密约束、螺旋箍筋约束或焊接封闭箍筋约束等加强构造，并应符合下列规定：

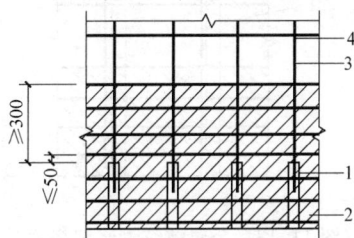

图 11.11　钢筋套筒灌浆连接部位水平
分布钢筋的加密构造示意
1—灌浆套筒；2—水平分布钢筋加密区域
（阴影区域）；3—竖向钢筋；
4—水平分布钢筋

1）剪力墙非边缘构件内的竖向分布钢筋区域宜采用水平分布筋加密构造措施，水平分布筋的加密范围为自金属波纹管底部向上延伸 300mm（图 11.13）。加密区水平分布筋的最大间距及最小直径应符合表 11.7 的规定，最下层水平分布钢筋距离墙身底部不应大于 50mm。

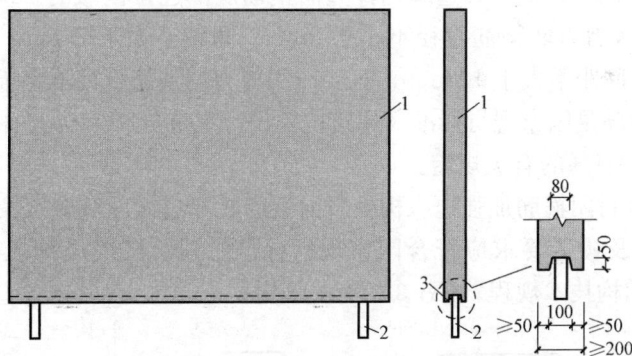

图 11.12　预制剪力墙设置支腿和梯形槽示意
1—预制剪力墙；2—支腿；3—梯形槽

2）当采用螺旋箍筋约束加强边缘构件竖向钢筋底部连接区域时，螺旋箍筋宜采用圆环形，且应沿金属波纹管直线段全高布置（图 11.14），螺旋箍筋保护层厚度不应小于 15mm，螺旋箍筋之间净距不宜小于 25mm，螺旋箍筋下端距预制剪力墙底面之间净距不宜大于 25mm；螺旋箍筋开始与结束位置应有水平段，长度不小于一圈半；螺旋箍筋可选用 HPB300 级、HRB335 级和 HRB400 级热轧钢筋，并可按表 11.7 确定螺旋箍筋配置方案。

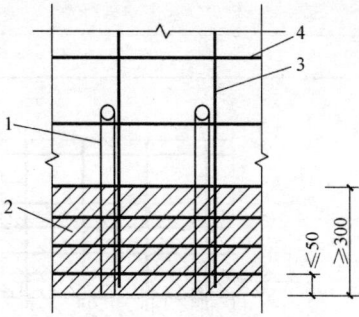

图 11.13　金属波纹管浆锚搭接连接部位
水平分布钢筋的加密构造示意

1—金属波纹管；2—水平分布钢筋加密区域
（阴影区域）；3—竖向钢筋；4—水平分布钢筋

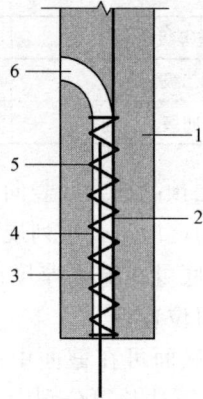

图 11.14　金属波纹管浆锚搭接连接部位
的螺旋箍筋约束构造示意

1—预制墙板；2—上层预制剪力墙竖向钢筋；
3—下层预制剪力墙竖向钢筋；4—金属波纹管；
5—螺旋箍筋；6—灌浆料

连接部位螺旋箍筋选取的要求　　　　　　　　　　　表 11.7

钢筋直径(mm)	抗震等级		
	一级	二、三级	四级
$\phi \leqslant 14$	$\phi 6@50$	$\phi 6@75$	$\phi 6@100/\phi 4@40$
$14 < \phi \leqslant 18$	$\phi 8@40$	$\phi 6@40$	$\phi 6@50$

　　3）当采用箍筋加密构造加强边缘构件竖向钢筋底部连接区域时，应沿金属波纹管直线段全高加密，一级剪力墙箍筋直径不小于 8mm、间距不大于 75mm；二级剪力墙箍筋直径不小于 8mm、间距不大于 100mm；三、四级剪力墙箍筋直径不小于 6mm、间距不大于 150mm，且尚应满足国家现行标准《建筑抗震设计规范》GB 50011 和《高层建筑混凝土结构技术规程》JGJ 3 的有关规定。

　　4）当采用焊接封闭箍筋加强边缘构件竖向钢筋底部连接区域时（图 11.15），宜采用闪光对焊，其配筋及构造要求应符合国家现行标准《建筑抗震设计规范》GB 50011 和《高层建筑混凝土结构技术规程》JGJ 3 的有关规定。

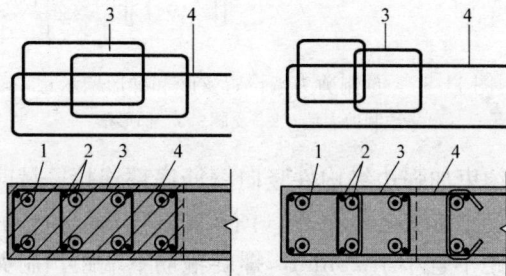

图 11.15　金属波纹管浆锚搭接连接部位的焊接封闭箍约束构造示意
1—金属波纹管；2—边缘构件竖向钢筋；
3—焊接封闭箍筋；4—水平分布钢筋

334

（4）当预制剪力墙采用夹心墙板时，应满足下列要求：

1）内叶墙板按剪力墙设计；外叶墙板按围护墙板设计，且与相邻外叶墙板不连接。

2）内叶和外叶墙板之间应采用具备良好的热工性能和力学性能的连接件可靠连接，宜采用 FRP 连接件或不锈钢连接件。

3）夹心保温层厚度不宜小于 30mm，且不宜大于 120mm。

4）当采用 GFRP 连接件时，连接件应使用高强型、含碱量小于 0.8% 的无碱玻璃纤维或耐碱玻璃纤维，不得使用中碱玻璃纤维及高碱玻璃纤维。

5）当采用 FRP 连接件时，外叶墙板厚度一般不宜小于 60mm，当外侧采用面砖或石材等不燃材料并采用反打工艺做装饰面时，可取 55mm。连接件在混凝土中的锚固长度不宜小于 30mm，其端部距墙板外表面距离不宜小于 25mm。

6）内叶和外叶墙板之间宜采取防塌落措施。

3. 连接设计

（1）楼层内相邻预制剪力墙之间应采用整体式接缝连接，且应符合下列规定：

1）当接缝位于纵横墙交接处的约束边缘构件区域时，约束边缘构件的阴影区域（图 11.16）宜全部采用后浇混凝土，并应在后浇段内设置封闭箍筋。

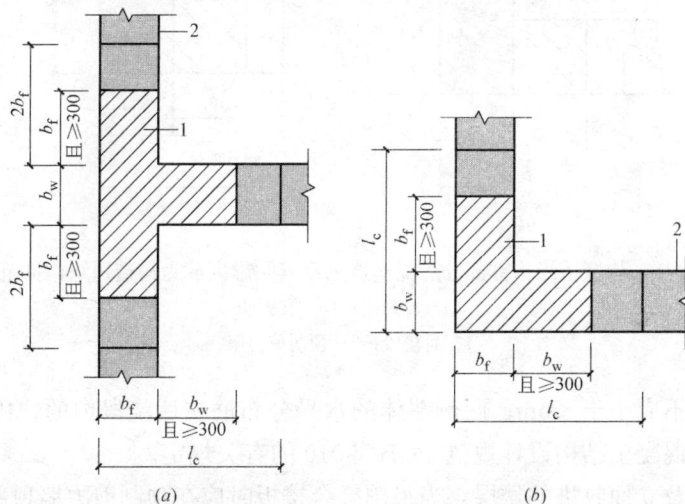

图 11.16　约束边缘构件阴影区域全部后浇构造示意

(a) 有翼墙；(b) 转角墙

1—后浇段；2—预制剪力墙

2）当接缝位于纵横墙交接处的构造边缘构件区域时，构造边缘构件宜全部采用后浇混凝土（图 11.17），当仅在一面墙上设置后浇段时，后浇段的长度不宜小于 300mm（图 11.18）。

3）边缘构件内的配筋及构造要求应符合现行国家标准《建筑抗震设计规范》GB 50011 的有关规定；预制剪力墙的水平分布钢筋在后浇段内的锚固、连接应符合现行国家标准《混凝土结构设计规范》GB 50010 的有关规定。

4）非边缘构件位置，相邻预制剪力墙之间应设置后浇段，后浇段的宽度不应小于墙厚且不宜小于 200mm；后浇段内应设置不少于 4 根竖向钢筋，钢筋直径不应小于墙体竖

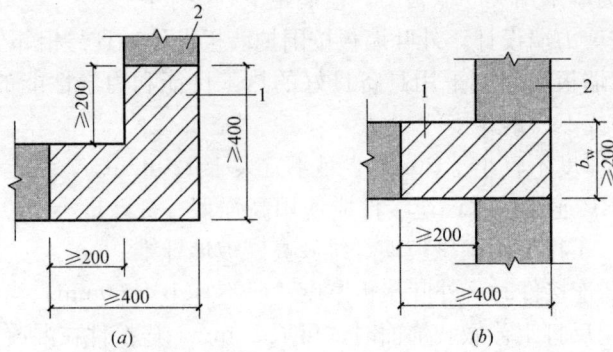

图 11.17　构造边缘构件全部后浇构造示意（阴影区域为构造边缘构件范围）

（a）转角墙；（b）有翼墙

1—后浇段；2—预制剪力墙

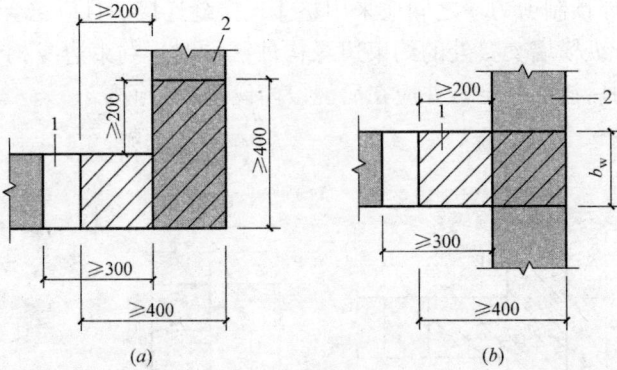

图 11.18　构造边缘构件部分后浇构造示意（阴影区域为构造边缘构件范围）

（a）转角墙；（b）有翼墙

1—后浇段；2—预制剪力墙

向分布筋直径且不应小于 8mm；两侧墙体的水平分布筋在后浇段内的锚固、连接应符合现行国家标准《混凝土结构设计规范》GB 50010 的有关规定。

（2）屋面以及立面收进的楼层，当采用叠合楼板时应在预制剪力墙顶部设置封闭的后浇钢筋混凝土圈梁（图 11.19），并应符合下列规定：

1）圈梁截面宽度不应小于剪力墙的厚度，截面高度不宜小于楼板厚度及 250mm 的较大值；圈梁应与现浇或叠合楼、屋盖浇筑成整体。

2）圈梁内配置的纵向钢筋不应少于 4φ12，且按全截面计算的配筋率不应小于 0.5% 和该剪力墙水平分布筋配筋率的较大值，纵向钢筋竖向间距不应大于 200mm；箍筋间距不应大于 200mm，且直径不应小于 8mm。

3）圈梁混凝土强度等级应不低于预制剪力墙的混凝土强度等级。

（3）各层楼面位置，当采用叠合楼板且预制剪力墙顶部无后浇圈梁时，应设置连续的水平后浇带（图 11.20）；水平后浇带应符合下列规定：

1）水平后浇带宽度应取剪力墙的厚度，高度不应小于楼板厚度；水平后浇带应与现浇或者叠合楼、屋盖浇筑成整体。

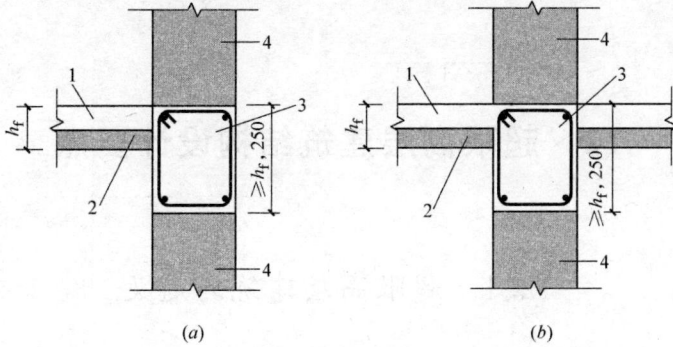

图 11.19　后浇钢筋混凝土圈梁构造示意

(*a*) 端部节点；(*b*) 中间节点

1—叠合板现浇层；2—预制楼板；3—现浇圈梁；4—预制墙板

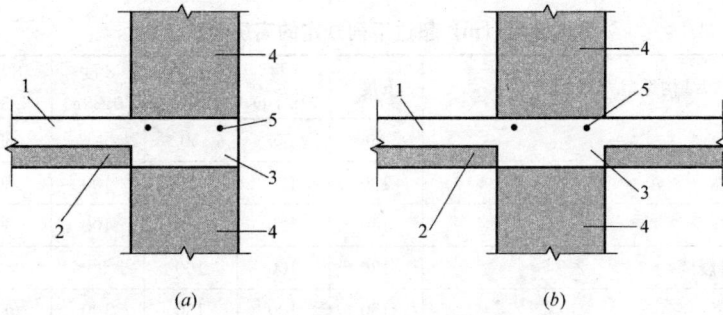

图 11.20　水平后浇带构造示意

(*a*) 端部节点；(*b*) 中间节点

1—叠合板现浇层；2—预制板；3—水平后浇带；4—预制墙板；5—纵向钢筋

2）水平后浇带内应配置不少于 2 根连续纵向钢筋，其直径不宜小于 12mm。

3）水平后浇带的混凝土强度等级应不低于楼板和预制剪力墙的混凝土强度等级。

（4）预制剪力墙底部接缝宜设置在楼面标高处。接缝高度宜为 20mm，且宜采用灌浆料填实，接缝处后浇混凝土上表面应设置粗糙面。

12 超限高层建筑结构设计要点

12.1 超限高层建筑的定义

我国《超限高层建筑工程抗震设防专项审查技术要点》规定，属于下列情况的高层建筑为超限高层建筑。

1. 高度超限的高层建筑

高度超过表 12.1 规定的高层建筑为高度超限的高层建筑。

房屋高度（m）超过下列规定的高层建筑工程　　　　　　表 12.1

	结构类型	6 度	7 度 (0.1g)	7 度 (0.15g)	8 度 (0.20g)	8 度 (0.30g)	9 度
混凝土结构	框架	60	50	50	40	35	24
	框架-抗震墙	130	120	120	100	80	50
	抗震墙	140	120	120	100	80	60
	部分框支抗震墙	120	100	100	80	50	不应采用
	框架-核心筒	150	130	130	100	90	70
	筒中筒	180	150	150	120	100	80
	板柱-抗震墙	80	70	70	55	40	不应采用
	较多短肢墙	140	100	100	80	60	不应采用
	错层的抗震墙	140	80	80	60	60	不应采用
	错层的框架-抗震墙	130	80	80	60	60	不应采用
混合结构	钢框架-钢筋混凝土筒	200	160	160	120	100	70
	型钢（钢管）混凝土框架-钢筋混凝土筒	220	190	190	150	130	70
	钢外筒-钢筋混凝土内筒	260	210	210	160	140	80
	型钢（钢管）混凝土外筒-钢筋混凝土内筒	280	230	230	170	150	90
钢结构	框架	110	110	110	90	70	50
	框架-中心支撑	220	220	200	180	150	120
	框架-偏心支撑（延性墙板）	240	240	220	200	180	160
	各类筒体和巨型结构	300	300	280	260	240	180

注：平面和竖向均不规则（部分框支结构指框支层以上的楼层不规则），其高度应比表内数值降低至少 10%。

2. 规则性超限高层建筑

房屋的高度不一定特别高，但不规则性具有表 12.2 中三项或三项以上，或具有表 12.3 中 2 项或同时具有表 12.3 和表 12.2 中某项，或具有表 12.4 中一项的高层建筑，为规则性超限高层建筑。

同时具有下列三项及三项以上不规则的高层建筑工程（不论高度是否大于表 12.1）

表 12.2

序	小规则类型	简 要 含 义	备 注
1a	扭转不规则	考虑偶然偏心的扭转位移比大于 1.2	参见 GB 50011 第 3.4.3 节
1b	偏心布置	偏心率大于 0.15 或相邻层质心相差大于相应边长 15%	参见 JGJ 99 第 3.2.2 节
2a	凹凸不规则	平面凹凸尺寸大于相应边长 30% 等	参见 GB 50011 第 3.4.3 节
2b	组合平面	细腰形或角部重叠形	参见 JGJ3 第 3.4.3 节
3	楼板不连续	有效宽度小于 50%，开洞面积大于 30%，错层大于梁高	参见 GB 50011 第 3.4.3 节
4a	刚度突变	相邻层刚度变化大于 70%（按《高层建筑混凝土结构技术规程》考虑层高修正时，数值相应调整）或连续三层变化大于 80%	参见 GB 50011 第 3.4.3 节、JGJ3 第 3.5.2 节
4b	尺寸突变	竖向构件收进位置高于结构高度 20% 且收进大于 25%，或外挑大于 10% 和 4m，多塔	参见 JGJ3 第 3.5.5 节
5	构件间断	上下墙、柱、支撑不连续，含加强层、连体类	参见 GB 50011 第 3.4.3 节
6	承载力突变	相邻层受剪承载力变化大于 80%	参见 GB 50011 第 3.4.3 节
7	局部不规则	如局部的穿层柱、斜柱、夹层、个别构件错层或转换，或个别楼层扭转位移比略大于 1.2 等	已计入 1~6 项者除外

注：深凹进平面在凹口设置连梁，当连梁刚度较小不足以协调两侧的变形时，仍视为凹凸不规则，不按楼板不连续的开洞对待；序号 a、b 不重复计算不规则项；局部的不规则，视其位置、数量等对整个结构影响的大小判断是否计入不规则的一项。

具有下列 2 项或同时具有下表和表 12.2 中某项不规则的高层建筑工程（不论高度是否大于表 12.1）

表 12.3

序	不规则类型	简 要 含 义	备 注
1	扭转偏大	裙房以上的较多楼层考虑偶然偏心的扭转位移比大于 1.4	表 12.1 之 1 项不重复计算
2	抗扭刚度弱	扭转周期比大于 0.9，超过 A 级高度的结构扭转周期比大于 0.85	
3	层刚度偏小	本层侧向刚度小于相邻上层的 50%	表 12.2 之 4a 项不重复计算
4	塔楼偏置	单塔或多塔与大底盘的质心偏心距大于底盘相应边长 20%	表 12.2 之 4b 项不重复计算

具有下列某一项不规则的高层建筑工程（不论高度是否大于表 12.1）　　表 12.4

序	不规则类型	简 要 含 义
1	高位转换	框支墙体的转换构件位置：7 度超过 5 层，8 度超过 3 层
2	厚板转换	7~9 度设防的厚板转换结构
3	复杂连接	各部分层数、刚度、布置不同的错层，连体两端塔楼高度、体型或沿大底盘某个主轴方向的振动周期显著不同的结构
4	多重复杂	结构同时具有转换层、加强层、错层、连体和多塔等复杂类型的 3 种

注：仅前后错层或左右错层属于表 12.2 中的一项不规则，多数楼层同时前后、左右错层属于本表的复杂连接。

3. 屋盖或其他超限高层建筑

属于表 12.5 所列范围内的高层建筑，为屋盖超限或其他超限高层建筑。

序	简称	简 要 含 义
1	特殊类型高层建筑	《建筑抗震设计规范》、《高层建筑混凝土结构技术规程》和《高层民用建筑钢结构技术规程》暂未列入的其他高层建筑结构,特殊形式的大型公共建筑及超长悬挑结构,特大跨度的连体结构等
2	大跨屋盖建筑	空间网格结构或索结构的跨度大于 120m 或悬挑长度大于 40m,钢筋混凝土薄壳跨度大于 60m,整体张拉式膜结构跨度大于 60m,屋盖结构单元的长度大于 300m,屋盖结构形式为常用空间结构形式的多重组合、杂交组合以及屋盖形体特别复杂的大型公共建筑

注:表中大型公共建筑的范围,可参见《建筑工程抗震设防分类标准》GB 50223。

为了确保超限高层建筑的安全,住房城乡建设部规定,在进行超限高层建筑的初步设计审查之前,需进行超限高层建筑工程抗震设防专项审查。一般的超限高层建筑由各省、直辖市、自治区超限高层建筑工程抗震设防审查专家委员会审查。350m 以上和特别复杂的高层建筑,由全国超限高层建筑工程抗震设防审查专家委员会审查。只有在超限审查通过之后,才能进行初步设计审查。

12.2 高度超限和规则性超限结构的设计要点

以下设计要点也是高度超限和规则性超限高层建筑抗震设防专项审查的技术要点。

1. 抗震概念设计

(1) 各种类型的结构应有其合适的使用高度、单位面积自重和墙体厚度。结构的总体刚度应适当(含两个主轴方向的刚度协调符合规范的要求),变形特征应合理;楼层最大层间位移和扭转位移比符合规范、规程的要求。

(2) 应明确多道防线的要求。框架与墙体、筒体共同抗侧力的各类结构中,框架部分地震剪力的调整宜依据其超限程度比规范的规定适当增加;超高的框架-核心筒结构,其混凝土内筒和外框之间的刚度宜有一个合适的比例,框架部分计算分配的楼层地震剪力,除底部个别楼层、加强层及其相邻上下层外,多数不低于基底剪力的 8% 且最大值不宜低于 10%,最小值不宜低于 5%。主要抗侧力构件中沿全高不开洞的单肢墙,应针对其延性不足采取相应措施。

(3) 超高时应从严掌握建筑结构规则性的要求,明确竖向不规则和水平不规则的程度,应注意楼板局部开大洞导致较多数量的长短柱共用和细腰形平面可能造成的不利影响,避免过大的地震扭转效应。对不规则建筑的抗震设计要求,可依据抗震设防烈度和高度的不同有所区别。

主楼与裙房间设置防震缝时,缝宽应适当加大或采取其他措施。

(4) 应避免软弱层和薄弱层出现在同一楼层。

(5) 转换层应严格控制上下刚度比;墙体通过次梁转换和柱顶墙体开洞,应有针对性的加强措施。水平加强层的设置数量、位置、结构形式,应认真分析比较;伸臂的构件内力计算宜采用弹性膜楼板假定,上下弦杆应贯通核心筒的墙体,墙体在伸臂斜腹杆的节点处应采取措施避免应力集中导致破坏。

(6) 多塔、连体、错层等复杂体型的结构,应尽量减少不规则的类型和不规则的程度；应注意分析局部区域或沿某个地震作用方向上可能存在的问题，分别采取相应加强措施。对复杂的连体结构，宜根据工程具体情况（包括施工），确定是否补充不同工况下各单塔结构的验算。

（7）当几部分结构的连接薄弱时，应考虑连接部位各构件的实际构造和连接的可靠程度，必要时可取结构整体模型和分开模型计算的不利情况，或要求某部分结构在设防烈度下保持弹性工作状态。

（8）注意加强楼板的整体性，避免楼板的削弱部位在大震下受剪破坏；当楼板开洞较大时，宜进行截面受剪承载力验算。

（9）出屋面结构和装饰构架自身较高或体型相对复杂时，应参与整体结构分析，材料不同时还需适当考虑阻尼比不同的影响，应特别加强其与主体结构的连接部位。

（10）高宽比较大时，应注意复核地震下地基基础的承载力和稳定。

（11）应合理确定结构的嵌固部位。

2. 抗震性能目标

（1）根据结构超限情况、震后损失、修复难易程度和大震不倒等确定抗震性能目标。即在预期水准（如中震、大震或某些重现期的地震）的地震作用下结构、部位或结构构件的承载力、变形、损坏程度及延性的要求。

（2）选择预期水准的地震作用设计参数时，中震和大震可按规范的设计参数采用，当安评的小震加速度峰值大于规范规定较多时，宜按小震加速度放大倍数进行调整。

（3）结构提高抗震承载力目标举例：水平转换构件在大震下受弯、受剪极限承载力复核。竖向构件和关键部位构件在中震下偏压、偏拉、受剪屈服承载力复核，同时受剪截面满足大震下的截面控制条件。竖向构件和关键部位构件中震下偏压、偏拉、受剪承载力设计值复核。

（4）确定所需的延性构造等级。中震时出现小偏心受拉的混凝土构件应采用《高层建筑混凝土结构技术规程》中规定的特一级构造。中震时双向水平地震下墙肢全截面由轴向力产生的平均名义拉应力超过混凝土抗拉强度标准值时宜设置型钢承担拉力，且平均名义拉应力不宜超过两倍混凝土抗拉强度标准值（可按弹性模量换算考虑型钢和钢板的作用），全截面型钢和钢板的含钢率超过 2.5% 时可按比例适当放松。

（5）按抗震性能目标论证抗震措施（如内力增大系数、配筋率、配箍率和含钢率）的合理可行性。

3. 结构计算分析模型和计算结果

（1）正确判断计算结果的合理性和可靠性，注意计算假定与实际受力的差异（包括刚性板、弹性膜、分块刚性板的区别），通过结构各部分受力分布的变化，以及最大层间位移的位置和分布特征，判断结构受力特征的不利情况。

（2）结构总地震剪力以及各层的地震剪力与其以上各层总重力荷载代表值的比值，应符合抗震规范的要求，Ⅲ、Ⅳ类场地时尚宜适当增加。当结构底部计算的总地震剪力偏小需调整时，其以上各层的剪力、位移也均应适当调整。

基本周期大于 6s 的结构，计算的底部剪力系数比规定值低 20% 以内，基本周期 3.5～5s 的结构比规定值低 15% 以内，即可采用规范关于剪力系数最小值的规定进行设计。基本周期在 5～6s 的结构可以插值采用。

6度（0.05g）设防且基本周期大于5s的结构，当计算的底部剪力系数比规定值低但按底部剪力系数0.8%换算的层间位移满足规范要求时，即可采用规范关于剪力系数最小值的规定进行抗震承载力验算。

（3）结构时程分析的嵌固端应与反应谱分析一致，所用的水平、竖向地震时程曲线应符合规范要求，持续时间一般不小于结构基本周期的5倍（即结构屋面对应于基本周期的位移反应不少于5次往复）；弹性时程分析的结果也应符合规范的要求，即采用三组时程时宜取包络值，采用七组时程时可取平均值。

（4）软弱层地震剪力和不落地构件传给水平转换构件的地震内力的调整系数取值，应依据超限的具体情况大于规范的规定值；楼层刚度比值的控制值仍需符合规范的要求。

（5）上部墙体开设边门洞等的水平转换构件，应根据具体情况加强；必要时，宜采用重力荷载下不考虑墙体共同工作的手算复核。

（6）跨度大于24m的连体计算竖向地震作用时，宜参照竖向时程分析结果确定。

（7）对于结构的弹塑性分析，高度超过200m或扭转效应明显的结构应采用动力弹塑性分析；高度超过300m应做两个独立的动力弹塑性分析。计算应以构件的实际承载力为基础，着重于发现薄弱部位和提出相应加强措施。

（8）必要时（如特别复杂的结构、高度超过200m的混合结构、静载下构件竖向压缩变形差较大的结构等），应有重力荷载下的结构施工模拟分析，当施工方案与施工模拟计算分析不同时，应重新调整相应的计算。

（9）当计算结果有明显疑问时，应另行专项复核。

4. 结构抗震加强措施

（1）对抗震等级、内力调整、轴压比、剪压比、钢材的材质选取等方面的加强，应根据烈度、超限程度和构件在结构中所处部位及其破坏影响的不同，区别对待、综合考虑。

（2）根据结构的实际情况，采用增设芯柱、约束边缘构件、型钢混凝土或钢管混凝土构件，以及减震耗能部件等提高延性的措施。

（3）抗震薄弱部位应在承载力和细部构造两方面有相应的综合措施。

12.3 屋盖超限结构的设计要点

以下设计要点也是屋盖超限高层建筑工程抗震设防专项审查的技术要点。

1. 结构体系与布置

（1）应明确所采用的结构形式、受力特征和传力特性、下部支承条件的特点，以及具体的结构安全控制荷载和控制目标。

（2）对非常用的屋盖结构形式，应给出所采用的结构形式与常用结构形式的主要不同。

（3）对下部支承结构，其支承约束条件应与屋盖结构受力性能的要求相符。

（4）对桁架、拱架、张弦结构，应明确给出提供平面外稳定的结构支撑布置和构造要求。

2. 性能目标

（1）应明确屋盖结构的关键杆件、关键节点和薄弱部位，提出保证结构承载力和稳定的具体措施，并详细论证其技术可行性。

（2）对关键节点、关键杆件及其支承部位（含相关的下部支承结构构件），应提出明确的性能目标。选择预期水准的地震作用设计参数时，中震和大震可仍按规范的设计参数采用。

（3）性能目标举例：关键杆件在大震下拉压极限承载力复核。关键杆件中震下拉压承载力设计值复核。支座环梁中震承载力设计值复核。下部支承部位的竖向构件在中震下屈服承载力复核，同时满足大震截面控制条件。连接和支座满足强连接弱构件的要求。

（4）应按抗震性能目标论证抗震措施（如杆件截面形式、壁厚、节点等）的合理可行性。

3. 结构计算分析

（1）作用和作用效应组合：设防烈度为 7 度（0.15g）及以上时，屋盖的竖向地震作用应参照整体结构时程分析结果确定。

屋盖结构的基本风压和基本雪压应按重现期 100 年采用；索结构、膜结构、长悬挑结构、跨度大于 120m 的空间网格结构及屋盖体型复杂时，风载体型系数和风振系数、屋面积雪（含融雪过程中的变化）分布系数，应比规范要求适当增大或通过风洞模型试验或数值模拟研究确定；屋盖坡度较大时尚宜考虑积雪融化可能产生的滑落冲击荷载。尚可依据当地气象资料考虑可能超出荷载规范的风荷载。天沟和内排水屋盖尚应考虑排水不畅引起的附加荷载。

温度作用应按合理的温差值确定。应分别考虑施工、合龙和使用三个不同时期各自的不利温差。

（2）计算模型和设计参数：采用新型构件或新型结构时，计算软件应准确反映构件受力和结构传力特征。计算模型应计入屋盖结构与下部支承结构的协同作用。屋盖结构与下部支承结构的主要连接部位的约束条件、构造应与计算模型相符。

整体结构计算分析时，应考虑下部支承结构与屋盖结构不同阻尼比的影响。若各支承结构单元动力特性不同且彼此连接薄弱，应采用整体模型与分开单独模型进行静载、地震、风荷载和温度作用下各部位相互影响的计算分析的比较，合理取值。

必要时应进行施工安装过程分析。地震作用及使用阶段的结构内力组合，应以施工全过程完成后的静载内力为初始状态。

超长结构（如结构总长度大于 300m）应按《建筑抗震设计规范》的要求考虑行波效应的多点地震输入的分析比较。

对超大跨度（如跨度大于 150m）或特别复杂的结构，应进行罕遇地震下考虑几何和材料非线性的弹塑性分析。

（3）应力和变形：对索结构、整体张拉式膜结构、悬挑结构、跨度大于 120m 的空间网格结构、跨度大于 60m 的钢筋混凝土薄壳结构，应严格控制屋盖在静载和风、雪荷载共同作用下的应力和变形。

（4）稳定性分析：对单层网壳、厚度小于跨度 1/50 的双层网壳、拱（实腹式或格构式）、钢筋混凝土薄壳，应进行整体稳定验算；应合理选取结构的初始几何缺陷，并按几何非线性或同时考虑几何和材料非线性进行全过程整体稳定分析。钢筋混凝土薄壳尚应同时考虑混凝土的收缩、徐变对稳定性的影响。

4. 抗震措施

（1）明确主要传力结构杆件，采取加强措施，并检查其刚度的连续性和均匀性。

（2）从严控制关键杆件应力比及稳定要求。在重力和中震组合下以及重力与风荷载、温度作用组合下，关键杆件的应力比控制应比规范的规定适当加严或达到预期性能目标。

（3）特殊连接构造应在罕遇地震下安全可靠，复杂节点应进行详细的有限元分析，必要时应进行试验验证。

（4）对某些复杂结构形式，应考虑个别关键构件失效导致屋盖整件连续倒塌的可能。

5. 屋盖的支座、下部支承结构和地基基础

（1）应严格控制屋盖结构支座由于地基不均匀沉降和下部支承结构变形（含竖向、水平和收缩徐变等）导致的差异沉降。

（2）应确保下部支承结构关键构件的抗震安全，不应先于屋盖破坏；当其不规则性属于超限专项审查范围时，应符合《超限高层建筑工程抗震设防专项审查技术要点》[建质（2015）67号]的有关要求。

（3）应采取措施使屋盖支座的承载力和构造在罕遇地震下安全可靠，确保屋盖结构的地震作用直接、可靠传递到下部支承结构。当采用叠层橡胶隔震垫作为支座时，应考虑支座的实际刚度与阻尼比，并且应保证支座本身与连接在大震的承载力与位移条件。

（4）场地勘察和地基基础设计应符合《超限高层建筑工程抗震设防专项审查技术要点》[建质（2015）67号]第十五条和第十六条的要求，对支座水平作用力较大的结构，应注意抗水平力基础的设计。

主　要　参　考　文　献

[1]　高层建筑混凝土结构技术规程 JGJ 3—2010. 北京：中国建筑工业出版社，2010.

[2]　建筑结构荷载规范 GB 50009—2012. 北京：中国建筑工业出版社，2012.

[3]　混凝土结构设计规范 GB 50010—2010. 北京：中国建筑工业出版社，2010.

[4]　建筑抗震设计规范 GB 50011—2010（2016 年版）. 北京：中国建筑工业出版社，2016.

[5]　中国地震动参考区划图 GB 18306—2015. 北京：中国标准出版社，2015.

[6]　装配式混凝土结构技术规程 JGJ 1—2014. 北京：中国建筑工业出版社，2014.

[7]　装配式混凝土建筑技术标准 GB/T 51231—2016. 北京：中国建筑工业出版社，2017.

[8]　超限高层建筑工程抗震设防专项审查技术要点［建质（2015）67 号］

[9]　徐培福，黄小坤主编. 高层建筑混凝土结构技术规程理解与应用. 北京：中国建筑工业出版社，2003.

[10]　包世华编著. 新编高层建筑结构. 北京：中国水利水电出版社，2001.

[11]　方鄂华编著. 多层及高层建筑结构设计. 北京：地震出版社，1992.

[12]　赵西安编著. 高层结构设计. 北京：中国建筑科学研究院，1995.

[13]　B. S. Smith and A. Coull. Tall Building Structures：Analysis and Design，John Wiley &.Sons，Inc. 1991.

[14]　胡世德. 我国高层建筑的发展和 90 年代需要解决的问题. 建筑技术，第 22 卷第 2 期，1991.

[15]　胡世德. 国内外近年高层建筑的发展及所采用的施工技术. 建筑技术，第 30 卷第 11 期，1999.

[16]　赵西安，郝锐坤，胡世德. 国内已经建成最高的 100 栋建筑（截至 1998 年末）. 第 30 卷第 6 期，1999.

[17]　王环生等译. 高层建筑进展. 广州：科学普及出版社广州分社，1987.

[18]　沈蒲生. 高层建筑概论. 长沙：湖南科技出版社，1995.

[19]　沈蒲生主编，梁兴文副主编. 混凝土结构设计（第 4 版）. 北京：高等教育出版社，2011.

[20]　Coull A.，Bose B.，Simplified Analysis of Frame-Tube Structures. Struct. Div.，ASCE，1975，101（11）.

[21]　Coull A.. Ahmed A. A.. Deflection of Frame-Tube Structures. Struct. Div.，ASCE，1978，104（5）.

[22]　Kwan A. H. K.. Simple Method for Approximate Analysis of Frame Tube Structure . Struct. Engrg.，ASCE，1994，120（4）.

[23]　Lee K. K.. Simple Analysis of Frame-Tube Structures with Multiple Internal Tubes. Struct. Engrg.，2001，127（4）.

[24]　 Singh Y.，Nagpal A. K.. Negative Shear Lag in Frame-Tube Buildings. Struct. Engrg.，ASCE，1994，120（1）.

[25]　崔鸿超. 框筒（筒中筒）结构空间工作分析及简化计算. 建筑结构学报，1982，3（2）.

[26]　龚炳年. 钢-混凝土混合结构模型实验研究. 建筑科学，1994（2）.

[27]　赵西安. 现代高层建筑结构设计. 北京：科学出版社，2000.

[28]　李国强，丁翔，邓敬有，周向明. 高层建筑钢-混凝土混合结构分区耦合分析模型及开裂层位移参数分析. 建筑结构，2002（2）.

[29] 邹永发，张世良，刘立华，尚春雨. 超高层结构设置加强层问题探讨. 建筑结构，2002（6）.

[30] 罗文斌，张保印. 超高层建筑 S+RC 混合结构竖向变形差的工程对策. 建筑结构学报，2000（12）.

[31] 徐培福，肖从真. 高层建筑混凝土结构的稳定设计. 建筑结构，2001（8）.

[32] 王磊，李家宝. 高层结构精确计算法. 上海：上海科学技术出版社，1981.

[33] 王荫长编著. 高层建筑筒体结构的计算. 北京：科学出版社，1988.

[34] 黄世敏，魏琏，程绍革，衣缝建，赵斌. 地震区框架-剪力墙结构最优剪力墙数量的研究. 工程抗震，2003（1）.

[35] 沈蒲生编著. 高层建筑结构疑难释义（第二版）. 北京：中国建筑工业出版社，2011.

[36] 沈蒲生编著. 高层建筑结构设计例题. 北京：中国建筑工业出版社，2005.

[37] 唐兴荣. 高层建筑转换层结构设计与施工. 北京：中国建筑工业出版社，2002.

[38] 包世华，方鄂华. 高层建筑结构设计. 北京：清华大学出版社，1985.

[39] 沈蒲生. 底层大空间高层建筑中落地剪力墙合理数量的确定方法. 湖南建材，1977（1）.

[40] 孟焕陵，沈蒲生. 均布荷载及集中荷载作用下框-剪结构中剪力墙的合理数量. 华中科技大学学报（城市科学版），2004（1）.

[41] 刘大海，杨翠如，钟锡根编著. 高层建筑抗震设计. 北京：中国建筑工业出版社，1993.

[42] 娄宇，魏琏，丁大钧. 高层建筑中转换层结构的应用和发展. 建筑结构，1997（1）.

[43] 赵西安. 高层建筑结构实用设计方法. 上海：同济大学出版社，1998.

[44] 陈富生，邱国桦，范重. 高层建筑钢结构设计. 北京：中国建筑工业出版社，2000.

[45] 赵宪忠. 考虑施工因素的钢筋混凝土高层建筑时变反应分析. 同济大学申请博士学位论文. 2000（9）.

[46] 林欢. 矩阵递推法在高层框架施工模拟计算中的应用. 建筑结构，1989，19（1）：16～21.

[47] 李国强，张洁. 上海地区高层建筑采用钢结构与混凝土结构的综合经济比较分析，建筑结构学报，2000，21（2）：75-79.

[48] 叶文洪，梁启智. 考虑二阶效应时框-剪结构的简化分析. 工程力学，1999，16（1）：26-34.

[49] Miranda，E. Approximate Seismic Lateral Deformation Demands in Multistory Buildings. [J] Struct. Engrg.，ASCE，1999，125（4）：417-425.

[50] Chopra，A. K. Dynamic of Structures, Theory and Applications to Earthquake Engineering. Prentie-Hall, Englewood Cliffs. N. J. 1995.

[51] Miranda，E. and Reyes C.. Approximate Lateral Drift Demands in Multistory Buildings with Non-uinform Stiffness. [J]Struct. Engrg.，ASCE，2002，128（7）：840-849.

[52] Krawinkler，H.，Seneviratna，G. D. P. K. Pros and Cons of a pushover Ahalysis of Seismic Performance Evaluation. Engineering Strusture. 1998，20：452-464.

[53] 龚胡广，方辉，沈蒲生. 高层混合结构水平荷载下的受力性能. 现代土木工程理论与应用. 南京：河海大学出版社，2003.

[54] 方辉，龚胡广，沈蒲生. 高层混合结构竖向荷载下的受力性能. 现代土木工程理论与应用. 南京：河海大学出版社，2003.

[55] 张兵，沈聚敏，王明娴. 钢筋混凝土框筒结构模型的动力试验研究，清华大学抗震抗爆工程研究室科学报告集（第五集），1990. 4.

[56] 汪基伟，丁大钧，周氏. 钢筋混凝土框筒结构振动台试验研究及有限元分析 [J]. 地震工程与工程振动，1992，12（1），57-67.

[57] 沈聚敏，周锡元，高小旺，刘晶波编著. 抗震工程学 [M]. 北京：中国建筑工业出版社，2000. 12.

[58] 吕西林，李俊兰. 钢筋混凝土核心筒体抗震性能试验研究 [J]. 地震工程与工程振动. 2002. 22

(3)：42-50.

[59] Khan F. R., Amin N. R. Analysis and Design of Frame Tube Structures for Tall Concrete Buildings. Struct. Eng, 1973, 51 (3), 85-92.

[60] 沈蒲生编著. 结构分析的计算机方法（第2版）. 长沙：湖南科学技术出版社，1994.

[61] 李国胜编著. 多高层钢筋混凝土结构设计中疑难问题的处理及算例. 北京：中国建筑工业出版社，2004.

[62] 郭仁俊主编，容柏生主审. 高层建筑框架-剪力墙结构设计. 北京：中国建筑工业出版社，2004.

[63] 孟焕陵，沈蒲生. 倒三角形荷载作用下框剪结构中剪力墙的合理数量. 四川建筑，2004年第2期.

[64] 孟焕陵，沈蒲生. 轴向变形对壁式框架自振周期的影响. 工程抗震与加固改造，2005年2月，第27卷第1期.

[65] 陈伯望，王海波，沈蒲生. 剪力墙多垂直杆单元模型的改进与应用. 工程力学，2005年第3期，22（3）.

[66] 沈蒲生，刘杨. 水平地震作用下框支剪力墙结构的变形研究. 建筑科学与工程学报，2005年第1期.

[67] 刘杨，沈蒲生. 地震作用下转换层上、下结构侧向刚度对框支剪力墙受力性能的影响. 工程抗震与加固改造，2005年6月，第27卷第3期.

[68] 沈蒲生，孟焕陵. 结构选型与布置对混合结构受力性能的影响. 科学技术与工程，2005年11期，Vol. 5，No. 21.

[69] 孟焕陵，沈蒲生. 轴向变形对混合结构受力性能的影响. 工程抗震与加固改造，2005年10月，第27卷第5期.

[70] 沈蒲生编著. 巨型框架结构设计与施工. 北京：机械工业出版社，2007.

[71] 沈蒲生编著. 高层混合结构设计与施工. 北京：机械工业出版社，2008.

[72] 沈蒲生编著. 多塔与连体高层结构设计与施工. 北京：机械工业出版社，2009.

[73] 沈蒲生编著. 带加强层与错层高层结构设计与施工. 北京：机械工业出版社，2009.

[74] 沈蒲生编著. 异形柱结构设计与施工. 北京：机械工业出版社，2010.

[75] 梁益，陆新征，缪志伟，叶列平. 结构的连续倒塌：规范介绍和比较. 第六届全国工程结构安全防护学术会议论文集，洛阳，2007. 8.